通信设备维护

主　编　赵跟党
副主编　王伟任
主　审　梅婧君

重庆大学出版社

内容提要

本书共五个项目。项目一简要介绍了通信工岗位职责;项目二介绍了地铁通信所必须掌握的基本知识;项目三介绍了初级通信工所需掌握理论知识,并对通信各系统设备日常维护基本知识进行了介绍;项目四介绍了中级通信工所需技能及知识,并对各系统设备内、外部接口及常见故障处理进行分析;项目五介绍了高级通信工所需掌握实操技能,并对各系统设备软件操作、数据处理进行分析,并通过案例对各系统重点设备故障进行讲解。

本书的主要服务对象为轨道交通行业的工作人员和职业院校轨道专业在校学生,同时也为热爱轨道交通事业的广大社会人员提供参考。

图书在版编目(CIP)数据

通信设备维护/赵跟党主编. -- 重庆:
重庆大学出版社,2021.6
ISBN 978-7-5689-1771-1

Ⅰ.①通…　Ⅱ.①赵…　Ⅲ.①通信设备—维修—高等职业教育—教材　Ⅳ.①TN914

中国版本图书馆 CIP 数据核字(2019)第 182857 号

通信设备维护

主　编　赵跟党
副主编　王伟任
主　审　梅婧君
策划编辑:周　立

责任编辑:周　立　　版式设计:周　立
责任校对:王　倩　　责任印制:张　策

*

重庆大学出版社出版发行
出版人:饶帮华
社址:重庆市沙坪坝区大学城西路 21 号
邮编:401331
电话:(023)88617190　88617185(中小学)
传真:(023)88617186　88617166
网址:http://www.cqup.com.cn
邮箱:fxk@cqup.com.cn(营销中心)
全国新华书店经销
重庆俊蒲印务有限公司印刷

*

开本:787mm×1092mm　1/16　印张:24　字数:586 千
2021 年 6 月第 1 版　　2021 年 6 月第 1 次印刷
印数:1—2 000
ISBN 978-7-5689-1771-1　定价:82.00 元

编审委员会 （排名不分先后）

主　任	刘峻峰
副主任	曹双胜　岳　海　袁　媛 刘　军　卢剑鸿

成员

丁　杰	王治根
王晓博	元　铭
毛晓燕	田建德
田威毅	付向炜
刘　凯	刘　炜
刘　煜	祁国俊
纪红波	李　乐
李芙蓉	李武斌
杨　珂	张小宏
陈建萍	陈　晓
尚志坚	单华军
赵跟党	禹建伟
侯晶晶	黄小林
梅婧君	梁明晖
廖军生	薛小强

随着城市轨道交通行业通信技术迅速发展，各通信技术不断演进，现针对城市轨道交通行业通信技术通用专业及设备进行简要介绍。本书主要围绕轨道行业通信系统各专业知识技能，由浅入深的进行介绍，通过理论知识、故障处理、数据分析等方面进行讲解。

本书共五个项目。项目一简要介绍了通信工岗位职责；项目二介绍了地铁通信所必须掌握的基本知识；项目三介绍了初级通信工所需掌握理论知识，并对通信各系统设备日常维护基本知识进行了介绍；项目四介绍了中级通信工所需技能及知识，并对各系统设备内、外部接口及常见故障处理进行分析；项目五介绍了高级通信工所需掌握实操技能，并对各系统设备软件操作、数据处理进行分析，并通过案例对各系统重点设备故障进行讲解。

本书主编赵跟党，副主编王伟任，参编宋小韦、张帆、张文君、闫云锋、李嘉辰、陈斌、党超、林海春、张宇飞，主审梅婧君，参与审核石慧、邵希虎、崔晓京、武斌、张怡、燕文文。由于地铁通信行业设备种类较多，加之本书技术性和专业性较强，书中难免有疏漏与不足之处，恳请读者批评指正。

编　者

2021 年 1 月

项目一　通信工岗位职责

任务 1.1　职业名称

城市轨道交通通信维修工。

任务 1.2　职业定义

从事城市轨道交通通信系统设备的检修维护、故障维修的从业人员。

任务 1.3　职业等级

本职业资格共设五个等级,分别为:初级(国家职业资格五级)、中级(国家职业资格四级)、高级(国家职业资格三级)、技师(国家职业资格二级)、高级技师(国家职业资格一级)。

任务 1.4　职业环境条件

室内、室外、地下、常温。

任务 1.5　职业能力特征

有获取、领会和理解外界信息的能力,有语言表达以及对事物的分析和判断的能力;

手指、手臂灵活,动作协调性好;有空间想象及一般计算能力;心理及身体素质较好,无职业禁忌症;听力及辨色力正常,双眼矫正视力不低于5.0。

任务 1.6　岗位职责

①严格遵守各项设备检修规程、规定,并严格按照设备检修规程等相关技术规程的规定开展设备维护、检修工作。

②严格按照规定做好年度施工作业计划申报、月度施工作业计划分解、日常施工作业计划的落实工作,按时完成年、半年、季度、双月、月度、周、日检修工作和记录工作,确保各级修程落实到位。

③完成本专业设备的信息化管理、维修管理、物资管理、设备管理等台账管理工作。

④协助专业技术人员做好本专业检修、故障处理等技术类规程的编制、修订工作,对作业实践中发现的技术规章缺陷问题及时向技术人员反馈,确保技术规程与现场生产作业相符合。

⑤落实各项安全规章制度,实施班组安全生产工作。

⑥服从上级工作安排,参加技术培训及本系统设备标准化作业现场培训,不断提升业务技能。

⑦积极参与设备故障抢修、设备隐患排查、各类专项整治工作,确保设备安全稳定运行。

⑧协助本专业技术人员和工班长完善、落实本系统与其他系统及专业协同工作。

复习思考题

1.熟记通信维修工的职责及专业分级。

2.通信维修工岗位职责有哪些?

项目二　通信通用基础知识概述

任务 2.1　地铁通信系统的作用

地铁通信系统是能传输语言、文字、数据和图像等各种形式信息的综合业务数字通信系统，是确保列车运行、组织运营、提高效率、保证安全及公务联络的重要设施。

地铁通信系统一般设置民用通信、公安通信、专用通信三大通信系统。民用通信系统是地面公众通信系统在地铁的延伸部分，通过设置移动电话引入系统，将地面各运营商的移动通信业务引入地铁，使乘客在进入地铁后仍能够享受与地面一样的公众移动服务。公安通信系统是城市公安通信网络在地铁的扩展部分，用于保障地铁公安各管理部门业务的正常开展，实现地铁安全运营以及打击犯罪行为。地铁专用通信系统是地铁内部公务联络及行车指挥调度的主要通道，可使地铁内部各子系统能够紧密联系，以提高整个系统运行效率。

任务 2.2　地铁通信系统构成及功能

作为城市轨道交通智能化系统重要组成部分的地铁专用通信系统技术含量高，具有网络化、综合化、数字化、智能化的技术特征，一般由传输、无线、交换、电源、视频监控、广播、时钟、集中告警、PIS 及安防等子系统组成。其担负着为乘客提供必要的信息服务，为运营管理和设备维修提供通信条件、传送各种调度命令信息的重要任务，是保证列车安全、快速、高效运行的一种不可缺少的综合系统。

2.2.1　传输子系统构成及功能

传输子系统主要由设备机柜、光电转换模块及区间光缆构成，是一个具有承载语音、数据及图像的多业务光纤传输网络，承载业务包括无线通信、公务电话、专用电话、视频监控系统、广播、时钟、乘客信息、通信电源、信号系统、AFC 系统、综合监控系统、办公计算机网络等。

2.2.2　专用无线通信子系统构成及功能

专用无线通信子系统采用800 MHz频段的TETRA数字集群调度系统,主要由中心服务器、基站及区间漏缆构成,为地铁无线调度台、固定台、车载台及手持台提供可靠的通信手段,为保障行车安全、提高列车运行效率和管理水平、改善服务质量、应对各类突发事件提供重要通信保障。

2.2.3　地铁交换子系统构成及功能

地铁交换子系统主要由中心交换机、车站交换机、配线架、中心服务器、录音服务器、操作台、普通话机及区间电话等设备构成。交换系统主要用于地铁内部各部门之间的电话联系,为运营、管理、维修等部门的工作人员提供通信联络服务,并且可以实现无线集群系统互联互通。地铁交换子系统可与本地公用电话网络互连,实现地铁交换系统与本市用户以及国内、国际长途通信公用电话网用户通话。

2.2.4　专用通信电源子系统构成及功能

为了保证地铁专用通信设备和PIS设备在主电源故障(包括电源波动等)的情况下,仍能可靠地工作一段时间,等待主电源恢复正常,专用通信设备和PIS设备设置了专用后备电源设备。

专用通信电源子系统通过UPS、蓄电池及分时下电组件实现对各专业负载的不间断供电保障。

2.2.5　视频监控子系统构成及功能

视频监控(CCTV)子系统主要由中心服务器、编码器、隔离地、多功能控制器、视频分配器、摄像机及控制终端构成。

视频监控子系统是地铁运营、管理现代化的配套设备,是供运营、管理人员实时监控车站客流、列车出入站及旅客上下车情况,以加强运行组织管理,提高效率,确保安全正点地运送旅客的重要手段。一旦车站发生灾情,视频监控子系统可作为防灾调度员指挥抢险的指挥工具。

本系统组成灵活方便,可扩展、高可靠、可兼容、易维护;监控界面采用图形化,操作简单;系统的网管功能强大,可对车站视频设备进行遥控开关机;车站和控制中心设置数字存储设备,车站对站内全部图像进行录制并保存;控制中心存储设备作为各车站视频存储的管理设备。

本系统在车站的前端摄像机获取的图像信息通过视频分配器分别传给专用视频监视系统和地铁公安监视系统。

2.2.6 广播子系统构成及功能

地铁有线广播子系统主要用于地铁运营时对乘客进行公众语音广播、通告列车运行及安全、向导等服务信息;发生灾害时兼作救灾广播,保证地铁运营的服务管理质量,为运营管理及维护人员提供更灵活、快捷的管理手段。

广播子系统由中心设备机柜、车站设备机柜及扬声器构成,主要负责对车站及场列车进行广播。中心设备机柜设置4套中心综合监控系统,并为中央控制室配备了4套后备广播,4个综合监控系统配有音频话筒,供中心调度员播音使用。

车站广播子系统为车站值班员控制室的车站综合监控系统配备1套话筒,同时后备1套车站广播操作台,为车站值班员提供广播功能。操作台带音频话筒(含监听扬声器),供车站值班员播音使用,音频话筒为一放在桌面的盒式装置。

车站广播主要用于对车站乘客、维修和运行人员进行广播,通知列车到站出站信息、广告信息、安全状况、突发故障等信息或预先录制的通知等,采用车站和控制中心两级方式,日常播放以车站为主,事故抢险时以控制中心为主。

2.2.7 时钟子系统构成及功能

地铁时钟子系统是轨道交通运行的重要组成部分之一,其主要作用是为地铁工作人员和乘客提供统一的标准时间,并为通信系统及其他各有关系统(ATS、AFC、ISCS、PSCADA 等)提供统一的标准时间信号,使各系统的定时设备与本系统同步,从而实现地铁全线统一的时间标准。时钟子系统的设置对保证地铁运行计时准确、提高运营服务质量起到了重要的作用。

时钟子系统按中心一级母钟和车站/车辆段及停车场二级母钟两级组网方式设置,主要由控制中心设备包括主备一级母钟系统、系统维护监控终端、电源、分路输出接口设备、车站/车辆段及停车场主备二级母钟(含各类信号输出接口设备)、时间显示(简称子钟)及传输通道等构成。

2.2.8 集中告警子系统构成及功能

集中告警子系统就是利用计算机数据处理技术和计算机网络传输技术,对地铁各通信子系统设备信息进行采集并集中反映到告警终端,使通信维护人员能及时、准确了解整个通信系统设备的故障信息以便于处理。系统能够对通信各专业系统的告警进行汇总、显示、确认及报告,能进行故障定位,使维护管理人员能够准确、迅速地获得设备的运行状态信息,及时进行维护。

集中告警子系统监测的各通信专业系统包括传输系统、无线通信系统、公务电话系统、专用电话系统、视频监控系统、有线广播系统、时钟分配系统、通信电源设备、乘客信息系统等。

2.2.9 PIS 子系统构成及功能

PIS 子系统由中心服务器、交换机、车站播放控制器、车载服务器、区间 AP、车站查询机、列车司机室监控屏及列车客室摄像头等设备构成，为乘客提供列车到站信息、滚动字幕、视频广告等各类服务性信息。同时为司机提供车厢内现场情况实时播放及录像调取功能，确保列车安全运行。

2.2.10 安防子系统构成及功能

安防子系统是以安全为目的，运用安全防范产品和其他相关产品所构成的周界报警系统、安防视频监控系统等的系统；各个子系统的基本配置包括前端、传输、信息处理控制显示三大单元。

任务 2.3 地铁通信系统相关接口

2.3.1 通信系统内部接口

（1）传输系统与通信各子系统的接口

传输系统作为地铁专用通信系统骨干网络构成系统，为通信各子系统提供数据、语音、视频传输通道。

（2）集中网管与通信各子系统的接口

通信各子系统设备通过传输网络与控制中心网管设备连接，集中告警系统与其他子系统网管进行数据传输，便于网管数据、告警信息、日志数据的管理及存储。

（3）时钟系统与通信各子系统的接口

时钟系统为通信各子系统提供 1 套标准时间信号，确保通信各子系统设备处于同一标准时间内运行，便于设备故障时数据对比及日志查询工作。

（4）电源系统与通信各子系统的接口

电源系统为传输、无线通信等所有通信子系统和 PIS 系统的电源提供 UPS 电源并进行分配输出。

（5）无线系统与交换系统的接口

交换系统和无线通信系统在控制中心、车辆段都有接口，为无线通信系统交换控制中心（MSO）同公务电话系统交换机的联网中继通道接口。

（6）PIS 系统与视频监控系统的接口

PIS 系统将列车车厢内摄像头实时拍摄内容上传至控制中心网管后，分配两路视频信号供视频监控系统调用。

2.3.2 通信系统与外部系统接口

(1)无线系统与综合监控系统的接口

综合监控系统和无线通信系统在控制中心留有接口,用于传输列车状态信息,它们之间的通信通过以太网接口来实现。

(2)无线系统与信号系统的接口

信号系统向无线通信系统提供信号 ATS 信息,无线系统侧对应接口设备为调度 CAD 服务器。

(3)无线系统与车辆专业的接口

车辆专业为无线系统车载设备提供广播信号、110 V 电源。

(4)视频监控系统与公安通信系统的接口

视频监控系统中车站的模拟视频信号供公安监控的视频引入,完成公安视频监控系统和闭路电视监控系统的前端摄像机的视频信号共享功能。

(5)PIS 系统与综合监控系统的接口

综合监控系统和 PIS 系统在控制中心留有接口,用于车站、列车滚屏字幕及各类紧急信息下发。

(6)PIS 系统与车辆专业的接口

车辆专业提供 PIS 系统设备 110 V 电源使用,并接收报站信息,将 TCMS 系统时钟传给车载系统;同时,乘客紧急通信装置向监控编码器提供音频信号和报警开关量信号,实现报警联动。

(7)PIS 系统与公安通信的接口

PIS 系统将 2 路车载视频监控信号通过以太网交换机提供给地铁公安监控系统,从而达到地铁公安监控系统可实时调取 2 路车载监控视频。

(8)传输系统与 AFC、OA 系统的接口

传输系统为 AFC 专业、自动化办公网络提供数据传输通道。

(9)时钟系统与信号、综合监控、OA 等系统的接口

时钟系统为信号、综合监控、OA 等子系统提供 1 路标准时间信号,确保各子系统设备处于同一标准时间内运行。

(10)交换系统与外局的接口

交换系统和中国电信在控制中心留有接口,采用 Q-sig 信令组网,实现公务电话与市话联网,它们之间的通信通过 2 Mbit/s 数字中继线来实现。

任务 2.4　地铁通信系统设备的使用与维护

2.4.1　设备操作使用人员

(一)行车调度
操作使用有线调度台、无线调度台、车站广播控制盒、手持台、普通话机。
(二)司机
操作使用无线车载台、PIS 监控屏、手持台。
(三)站务人员
操作使用 CCTV 操作终端、PIS 工作站、车站广播控制盒、操作台、无线固定台、手持台、普通话机。
(四)车辆段/停车场/检修调度
操作使用无线调度台、固定台、有线调度台、操作台、手持台、普通话机。
(五)其他部门人员
操作使用手持台、普通话机。

2.4.2　设备维护人员

通信设备维护人员负责操作、维护传输系统、无线系统、交换系统、电源系统、视频监控系统、广播系统、时钟系统、集中告警系统、PIS 系统、安防系统所有操作、维护终端及各类相关设备。

任务 2.5　地铁通信设备的日常维护

城市轨道交通通信系统设备检修,由计划性检修和非计划性检修两种方式组成。计划性检修即根据设备运行特点按固有时间周期对设备进行的维护保养工作,分为查看设备运行状态的巡视类巡检和对设备进行拆解、停机或关闭部分功能进行的深度养护及检修;非计划性检修即系统设备出现运行异常、故障或部分功能无法正常使用而进行的维修工作。计划性检修一般设置周期为周、月、季、年,非计划性检修则是根据设备运行情况临时采取的处理维修工作。

2.5.1　设备检修技术规程

（一）通信设备检修规程

为规范城市轨道交通通信系统设备的日常检修工作,确保设备检修工作安全、有序开展,以设备技术规格书、设备说明书、设备维护手册、设备维保模式规定等为依据结合设备特性制定设备检修规程。其规定了地铁通信传输、无线、交换、电源、视频监控、广播、时钟、集中告警、PIS、安防子系统设备的检修周期、工作内容、检修工艺、检修标准等修程要求。全员需严格遵守相关规定开展设备维护、检修工作。

（二）通信设备检修作业指导书

为规范设备检修作业,满足设备检修规程制定的各项检修作业,以设备技术规格书、设备说明书、设备维护手册、设备检修规程等为依据结合设备特性制定设备检修作业指导书。其规定了地铁通信传输、无线、交换、电源、视频监控、广播、时钟、集中告警、PIS、安防子系统设备在执行检修周期、工作内容、检修工艺、检修标准等要求过程中必须执行的检修作业流程、作业安全注意事项、工器具配备。全员需严格遵守相关规定开展设备维护、检修工作。

2.5.2　设备检修安全注意事项

（一）佩戴个人防护器具方面的注意事项

①检修人员必须按照规定穿戴劳保用品,穿护趾鞋,戴安全帽,携带照明手电;

②设备检修时检修人员要相互照应,谨防工具、材料等坠落砸伤身体;

③设备检修登高作业要先放稳梯凳,谨防高处坠落;

④设备检修时必须严格执行各类设备操作规程,防止触电事故的发生;

⑤热插拔设备板卡时必须佩戴防静电手环。

（二）使用设备检修器材方面的注意事项

①使用检修工具时,注意轻拿轻放,涉及设备板件更换及故障处理时应佩戴防静电手环;

②使用临时用电时,注意接电及用电安全;

③设备检修作业完毕后,作业负责人检查现场工器具、物料整理情况,确保现场无遗留。

（三）现场自救和互救注意事项

①严格遵守三不伤害原则;

②若出现人员触电,及时报警并进行紧急救援。

（四）其他需要特别警示的事项

①设备检修作业时严格按照施工作业令进行,严禁超范围、超内容作业;

②上车作业时必须悬挂禁动牌,确保车底无人后方可加电作业;

③设备检修过程中严禁触碰其他设备或线缆;

④设备检修作业未完成、设备检修作业完成后未彻底试验良好不得销点、离开设备区域,不得交付未达到运行标准的设备。

任务 2.6　专用仪器仪表

2.6.1　万用表

（一）万用表的种类和功能

目前的万用表分为指针式和数字式。万用表的 3 个基本功能是测量电阻、电压、电流。现在的万用表添加了部分新功能，尤其是数字式万用表，如测量电容值、三极管放大倍数、二极管压降等。

万用表最大的特点是有一个量程转换开关，各种功能就是靠这个开关来切换的。基本上，用 A－来表示测直流电流，一般有安培挡和毫安挡。V－表示测直流电压，高级点的万用表有毫伏挡，电压挡也分几挡。V~是用来测交流电压的。A~测交流电流。Ω 欧姆挡测电阻，对于指针式万用表，每换一次电阻挡还要做一次调零。调零就是把万用表的红表笔和黑表笔搭在一起，然后转动调零旋钮，使指针指向零的位置。

（二）万用表的使用注意事项

①在使用万用表之前，应先进行"机械调零"，即在没有被测电量时，使万用表指针指在零电压或零电流的位置上。

②在使用万用表过程中，不能用手去接触表笔的金属部分，这样一方面可以保证测量的准确，另一方面也可以保证人身安全。

③在测量某一电量时，不能在测量的同时换挡，尤其是在测量高电压或大电流时，更应注意。否则会使万用表毁坏。如需换挡，应先断开表笔，换挡后再去测量。

④万用表使用时应该水平放着。红表笔插在"＋"孔内，黑表笔插入"－"孔内。测试电流就用电流挡，而不能误用电压挡、电阻挡，其他同理，否则轻则烧坏万用表内的保险丝，重则损坏表头。事先不知道量程，就选用最大量程尝试着测量，然后断开测量电路再换挡，切不可在测试的情况下转换量程。有表针迅速偏转到底的情况，应该立即断开电路，进行检查。

⑤万用表使用完毕，应将转换开关置于交流电压的最大挡。如果长期不使用，还应将万用表内部的电池取出来，以免电池腐蚀表内其他器件。

（三）万用表的使用

（1）电阻的测量

①使用指针式万用表测量电阻。在用欧姆挡测量电阻时，应选适当的倍率，使指针指示在中值附近，最好不使用刻度左边三分之一的部分，这部分刻度密集很差。例如用 R×100 挡测一电阻，指针指示为"10"，那么它的电阻值为 $10 \times 100 = 1\,000$，即 1 kΩ。

②使用数字式万用表测量电阻。将表笔插进"COM"和"VΩ"孔中，把旋钮旋到"Ω"中所需的量程，用表笔接在电阻两端金属部位，测量中可以用手接触电阻，但不要把手同时接触电阻两端，这样会影响测量精确度——人体是电阻很大但是有限大的导体。读数时，

要保持表笔和电阻有良好的接触;注意单位:在"200"挡时单位是"Ω",在"2 K"到"200 K"挡时单位为"kΩ","2 M"以上的单位是"MΩ"。

③使用前要调零。

④不能带电测量。

⑤被测电阻不能有并联支路。

⑥测量晶体管、电解电容等有极性元件的等效电阻时,必须注意两支笔的极性。

⑦用万用表不同倍率的欧姆挡测量非线性元件的等效电阻时,测出电阻值是不相同的。这是由于各挡位的中值电阻和满度电流各不相同。机械表中,一般倍率越小,测出的阻值越小。

(2)电流的测量

①使用万用表测量电流时,应将万用表串联在被测电路中,因为只有串联才能使流过电流表的电流与被测支路电流相同。测量时,应断开被测支路,将万用表红、黑表笔串接在被断开的两点之间。特别应注意电流表不能并联接在被测电路中,这样做是很危险的,极易使万用表烧毁。

②注意被测电量极性。

③使用数字式万用表测量直流电流。先将黑表笔插入"COM"孔。若测量大于200 mA的电流,要将红表笔插入"10 A"插孔并将旋钮打到直流"10 A"挡;若测量小于200 mA的电流,则将红表笔插入"200 mA"插孔,将旋钮打到直流200 mA以内的合适量程。调整好后,将万用表串进电路中,保持稳定,即可读数。若显示为"1.",那么就要加大量程;如果在数值左边出现"−",则表明电流从黑表笔流进万用表。交流电流的测量方法与直流相同,不过挡位应该打到交流挡位,电流测量完毕后应将红笔插回"VΩ"孔,若忘记这一步而直接测电压,万用表会损坏。

(3)电压的测量

①使用数字式万用表测量直流电压。首先将黑表笔插进"COM"孔,红表笔插进"V Ω"。把旋钮旋到比估计值大的量程(注意:表盘上的数值均为最大量程,"V −"表示直流电压挡,"V ~"表示交流电压挡,"A"是电流挡),接着把表笔接电源或电池两端;保持接触稳定。数值可以直接从显示屏上读取,若显示为"1.",则表明量程太小,那么就要加大量程后再测量。如果在数值左边出现"−",则表明表笔极性与实际电源极性相反,此时红表笔接的是负极。交流电压的测量表笔插孔与直流电压的测量一样,不过应该将旋钮打到交流挡"V ~"处所需的量程。

②无论测交流还是直流电压,都要注意人身安全,不要随便用手触摸表笔的金属部分。

2.6.2　光功率计

(一)光功率计的功能

光功率计(optical power meter)是用于测量绝对光功率或通过一段光纤的光功率相对损耗的仪器(图2-1)。在光纤系统中,测量光功率是最基本的,非常像电子学中的万用表;在光纤测量中,光功率计是重负荷常用表。通过测量发射端机或光网络的绝对功率,一台光功率计就能够评价光端设备的性能。用光功率计与稳定光源组合使用,则能够测量连接损耗、检验连续性,并帮助评估光纤链路传输质量。

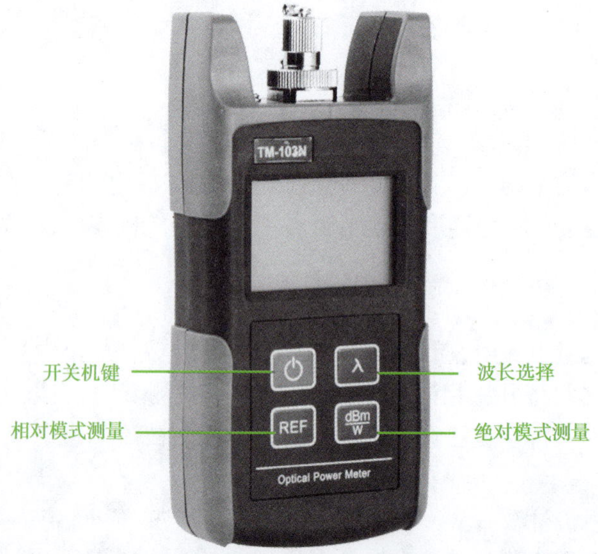

图 2-1　光功率计

ON/OFF:关闭或接通电源。

λ/Select:按键 1 次则显示另一个设置波长,设置波长可往复顺序循环。

W/dBm:主机开机后以 dBm 为单位显示,按键后在 W 和 dBm 之间转换。

REF:按 REF 键,将测量值转换成相对差值以 dB 为单位显示。

(二)光功率计的操作

①首先需要具备以下操作条件:有发光的光源、测试光纤、光衰、光功率计。

②在不确定光功率(很高)的情况下,应先将光衰接在光源或光功率计一端,然后将光源和光功率计用光纤连接好,打开光功率计,按"λ"符号调整对应波长,显示出的值加上光衰的值就是光功率。如果测出的光功率不是很高,建议把光衰取下再测试 1 次。

③设定波长。开机后仪器自动设定为 1 310 nm 波长。要改变测量波长,按"λ"键,显示其对应的波长(nm),每按一次该键,改变一个选定波长,其值一般可以在 850、980、1 300、1 310、1 480、1 550 nm 之间循环。

(三)光功率计的测量

(1)一般测量

仪器在测量状态下,可以根据使用者的习惯和测试特点选择测量数据的显示方式为"dBm"或"W",用按"W/dBm"键来完成。每按一次键,显示方式按"dBm"或"W"交换一次。这两种方式都是显示数据的绝对值,"dBm"是以 1 mW 为基准的对数表示值。

(2)相对测量"dB(REL)"

如果希望得到相对测量数据,如损耗测量等,可用按"dB(REL)"键来实现。先按一般测量方式(dBm)测量(得到初始值),接着按一次"dB(REL)"键(就以按键时的当前测量值为参考点),再去测量变化了的光功率数据,显示数据是以上一次测量的初始值为参考点的相对"dB"数。

（3）光功率测量显示方式

光功率测量显示方式有 3 种：W、dBm 和 dB（REL），即线性显示方式、对数显示方式和相对显示方式。

1）线性显示方式（W）

这种方式以"瓦（W）"为单位度量光功率大小的绝对值表示。"W"是光功率的基本度量单位，$1\ W = 1 \times 10^3\ mW = 1 \times 10^6\ \mu W = 1 \times 10^9\ nW$。

2）对数显示方式（dBm）

此方式是以光功率值的对数值来表示光功率值。"dBm"是以 1 mW 为参考点的功率绝对值表示方法，其单位为"dBm"，即 1 mW 对应 0 dBm。dBm 与 mW 的换算如下：PdBm = 10 × 1 lg（PW ÷ 1 mW）。其中，PdBm 是以 dBm 为单位的功率值，PW 是以 mW 为单位的功率值。

3）相对显示方式［dB（REL）］

这种方式显示是以第 1 次的测量值 P1dBm 为参考点，按"dB（REL）"键后，再进行第 2 次测量，其值为 Pr，则有 Pr = P2dBm − P1dBm（dB）。其中，Pr 是相对测量读数，单位为dB；P1dBm 是第一次测量读数，单位为 dBm；P2dBm 是以 1 mW 为参考点时的读数，即相当于"dB（REL）"键上方指示器不发光，单位为 dBm。

（四）使用光功率计的注意事项

①测试前必须对被测光波长、光功率大小有一定了解。必须选择仪器的正确测量波长，才能得到正确的测量结果。切勿使输入的光功率超过本仪器测量范围的上限，波长不对（特别是波长比 1 100 nm 更短或比 1 550 nm 更长）时，输入光功率很强，仪器也显示不出来。过强的光功率会烧毁仪器的光探测器。

②必须保证输入电源电压在本仪器要求的范围内。

③光功率输入口必须连接好，定位准确，否则测量结果可能是不正确的。

（五）维护光功率计的注意事项

合理使用与妥善保管可使仪器长期保持良好的性能指标，延长其使用寿命，因此维护工作不能忽视。

①仪器应避免强烈的机械振动、碰撞、跌落及其他机械损伤。

②应当经常保持仪器清洁，工作环境应无酸、碱等腐蚀性气体存在。可用沾有清水或肥皂水的干净毛巾轻轻擦洗机箱和面板，禁止用酒精、汽油等溶剂擦洗。

③光输入口直接接光探测器，卸下光缆连接线应即时戴上防尘帽，以防止硬物、灰尘或其他脏物触及光敏面，污染和损伤光探测器。

④禁止过强的光直接进入光输入口。

⑤仪器应存放在干净通风的环境中，如果长期不用，应取出电池。

⑥仪器出现故障，应由专业技术人员修理或送修，禁止自行拆修仪器。

2.6.3 驻波比测试仪

驻波比表用来测量射频传输系统的阻抗匹配情况，是测量无线电发射系统的重要仪器，也是业余无线电爱好者最常用的射频测量仪器。

(一)驻波比测试仪的种类和功能

按显示方式,驻波比表分为指针表、数显表、发光管显示型。就像万用表一样,驻波比表的显示有指针指示和数字显示。数显的优势是消除读数误差,而且对于微小的读数分辨率高,但与产品的测量性能(准确度)并没有直接关系。

(1)数显驻波比表

数显驻波比表实物参见图2-2。数显的缺点是不能很好地显示快速变化的数据,这对显示快速变化的功率读数非常不利,所以有的产品在提供液晶数字直接显示的同时,也提供液晶指示条模拟指针显示和外接指针表头显示。数显表消除了读数误差,同时更容易暴露检测误差,知名品牌产品的数显驻波比表往往出现在中高端产品线。数显驻波比表大多采用单片机控制,除了读数直观的优点外,每次测量不需要像普通单表单针驻波比表那样进行满刻度校准,操作更为方便。发光管显示型驻波比表采用点亮特定发光二极管来表示特定的驻波比数值,基本属于传统指针表线路的变形,优点是直接读数无须满刻度校准操作,缺点是功能单一,往往只能提供驻波比显示。传统指针表具有结构简单、电路可靠性高、大部分是无源设计、无需电池供电、价格便宜等特点,目前依然是实场应用的主力。

图2-2　数显驻波比表

(2)指针式驻波比表

指针式驻波比表实物参见图2-3。按指针表表头的类型可分为单针单表头、单针双表头、双针单表头几种。驻波比功率计主要测量的就是驻波比兼具正反向功率,所以就有3个数据(驻波比、正向功率、反向功率)需要输出。

普通单针单表头型输出采用开关切换不同的项目。结构简单、成本低,是目前中低档驻波表的主流形式。缺点是查看每个项目数据都需要通过开关切换,显示驻波比需要进行校满刻度操作。

单针双表头驻波比表采用两个普通单指针常规表头,用来同时提供正反向功率或者驻波比,通过开关来切换,优点是不需要专用的特制表头就可以同时显示正反向功率,见图2-3(a)。对于发射机用户,驻波比只是一个参考,最大的正向功率和最小的反向功率才是调整天线的最终目标。该表的缺点是显示驻波比仍需要进行人工校满刻度操作。

双针单表头采用一个特殊的表头,表头内有两套指针分别指示正向功率和反向功率,再通过两指针的交叉点配合表盘上的刻度显示驻波比,这样利用 1 个表面、2 个表针就能同时显示 3 项信息。双针单表头结构的驻波比表读数直观,无须每次测量都进行校准操作,特别方便配合手动天线调谐器改善天线匹配状况,见图 2-3(b)。缺点是加工专用表头比较复杂,同时还需要绘制专用的非线性表盘。

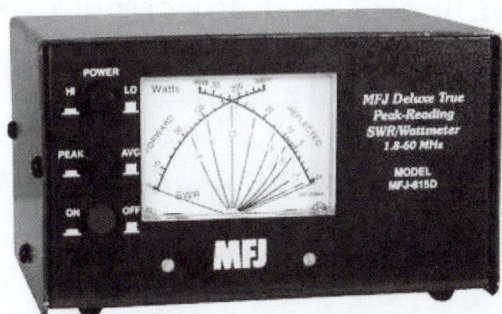

(a)单针双表头驻波比表　　　　　　　(b)双针单表头驻波比表

图 2-3　指针式驻波比表

(二)驻波比测试仪的使用注意事项

驻波仪在每次使用之前需要进行校准。指针型驻波比表与数显驻波比表的验收与校准注意事项存在差别。

(1)指针型驻波比表

验收指针型驻波比表,第一步看表针状况,要求保证零位准确(如果有偏移,应通过微调校准),走针灵活,没有卡针现象,指针表头通常是最易损的部件。第二步初步检查各个挡位开关是否拨动灵活,高频接口氧化是否严重,如果严重氧化将直接影响测试结果。第三步实际测试与校准。有些驻波比表放置时间长了,内部调校电位器电阻值改变,导致测量误差增加。业余条件下可以用一个信得过的驻波比表作为参照比对测试,比较专业的测试和校准可以用功率信号源(或者发射机)与驻波比表输入相连,驻波比表输出与终端匹配负载相连,并准备 50 Ω、75 Ω、100 Ω、150 Ω 标准负载作为匹配负载和失配负载。准备一台终端式功率计作为参考功率测量之用,通过功率信号源输出信号,比对驻波比表正向功率的读数与功率计上的读数,如果误差过大,可以通过调校驻波比表内部对应校正电位器进行修正,使用已知阻抗的失配负载校准驻波比表的驻波指示数值。建议在不同频段和功率状况下多调试几次,同时检测各拨动开关功能是否正常。

(2)数显驻波比表

对于数显的驻波比表,第一步先看电池仓是否有被电池严重腐蚀的情况。有的产品电池是内置在仪器内部的,有必要打开机壳观察,对于老化的电池应该及时更新。第二步开机看显示部件是否有故障损伤,有的高档仪表有开机自检功能,注意是否有出错信息提示。第三步实际测试与校准。数显表与指针表的基本一样,只是有些高档仪表内部结构复杂,建议先阅读维修说明书的有关调校章节后再动手。对于有些探头,建议没有专用仪器校准的情况下不要轻易打开和拆卸,很多探头的物理空间结构都是测试准确度的基本保证,不规范的拆卸容易影响仪器精度。

(三)驻波比测试仪的使用

(1)测试步骤

①按"MODE"键,用"∧"或"∨"键选中"频率—驻波比"或"频率—回波损耗",按"ENTER"键确认;

②按"Ferq"键,可以在25 MHz到4 GHz频率范围内设定对S331D校准的频率范围;

③按"F1"设起始频率(如800 MHz),按"F2"设终止频率(如2 500 MHz);

④按"StartCal",将自动校准件连接到S331D的射频输出口,按"ENTER"确认,仪表开始实现自动校准,校准完成后,屏幕的左上角显示"校准有效";

⑤取下自动校准件,将被测件连接到仪表的射频输出口,仪表自动扫描测试被测件,测试结果以曲线显示在屏幕上;

⑥按"Mark"键—M1—编辑,可以用"∧"或"∨"键将标记移动到想要观测的任何频点上,标记的频率和幅度值自动显示在屏幕上;

⑦按"SAVEDISPLAY"编辑希望保存的曲线名,按ENTER即可将测试结果保存到仪表的内存中;

⑧按"RECALLDISPLAY",用"∧"或"∨"键选中希望呼出的曲线名称,按"ENTER"键即可调出仪表内存中存储的曲线;

⑨按"SAVESETUP"键,再按"ENTER"键即可保存当前的测试条件,以便下次使用;

⑩按"RECALLSETUP"键,用"∧"或"∨"键选中希望呼出的测试条件,再按"ENTER"键即可呼出希望的测试条件,简化仪表的操作。

(2)时域测量(故障定位)

①按"MODE"键,用"∧"或"∨"键选中"频率—驻波比"或"频率—回波损耗",按ENTER键确认;

②按"Ferq"键,可以在25 MHz到4 GHz频率范围内设定对S331D校准的频率范围;

③按"F1"设起始频率(如800 MHz),按"F2"设终止频率(如2 500 MHz);

④按"StartCal",将自动校准件连接到S331D的射频输出口,按"ENTER"键确认,仪表开始实现自动校准。校准完成后,屏幕的左上角显示"校准有效";

⑤按"MODE"键,用"∧"或"∨"键选中"故障定位—驻波比"或"故障定位—回波损耗",按"ENTER"键确认;

⑥按D1设起始距离(如0 m),按D2设终止距离(如50 m);

⑦按"DTF帮助",在弹出菜单中按照被测电缆修改相对传播速度;

⑧取下自动校准件,将被测件连接到仪表的射频输出口,仪表自动扫描测试被测件,测试结果以曲线显示在屏幕上;

⑨按"Mark"键—M1—编辑,可以用"∧"或"∨"键将标记移动到想要观测的任何位置上,标记的距离和幅度值自动显示在屏幕上;

⑩按"Mark"键—M1—峰值搜索,标记可以自动标记到测试曲线的最大值位置,这一点也就是故障点的位置。如果测试曲线上有多个峰值,可以最多同时标记6个;

⑪按"SAVEDISPLAY"编辑希望保存的曲线名,按"ENTER"键即可将测试结果保存到

仪表的内存中；

⑫按"RECALLDISPLAY"，用"∧"或"∨"键选中希望呼出的曲线名称，按"ENTER"键即可调出仪表内存中存储的曲线；

⑬按"SAVESETUP"键，再按"ENTER"键即可保存当前的测试条件，以便下次使用；

⑭按"RECALLSETUP"键，用"∧"或"∨"键选中希望呼出的测试条件，再按"ENTER"键即可呼出希望的测试条件，简化仪表的操作。

（3）功率计（选件功能）

①按"MODE"键，用"∧"或"∨"键选中"功率计"，按"ENTER"键确认；

②将被测信号的输出口连接到仪表的射频输入口，仪表直接显示测试功率值。

（4）GPS 设置

①按"system"键，再按"GPSOn/Off"功能软键，开启 GPS；

②当仪表的内置 GPS 接收机锁定 3 颗星以上时，仪表自动显示当前相关的地理信息；

③按下"Location"软键，观察纬度、经度、海拔信息及 UTC 定时；

④按下"Quality"软键，显示被跟踪卫星的数量和 GPS 质量。

2.6.4 光时域反射仪

（一）OTDR 原理及功能

光时域反射仪（Optical Time Domain Reflectometer，OTDR）是利用光线在光纤中传输时的瑞利散射和菲涅尔反射所产生的背向散射而制成的精密的光电一体化仪表，被广泛应用于光缆线路的维护、施工之中，可进行光纤长度、光纤的传输衰减、接头衰减和故障定位等的测量。

OTDR 测试是通过发射光脉冲到光纤内，然后在 OTDR 端口接收返回的信息来进行。当光脉冲在光纤内传输时，会由于光纤本身的性质、连接器、接合点、弯曲或其他类似的事件而产生散射、反射，其中一部分的散射和反射就会返回到 OTDR 中。返回的有用信息由 OTDR 的探测器测量，作为光纤内不同位置上的时间或曲线片段。从发射信号到返回信号所用的时间，再确定光在玻璃物质中的速度，就可以计算出距离。

（二）OTDR 使用注意事项

①电池要避免空载，即使长期不使用，也要定期充电，防止电池性能下降。

②在 OTDR 接上电源后，不要把电池盒插入 OTDR 本体或把电池盒拔出。

③大部分 OTDR 接口为 FC 接口（圆头），注意防尘，防油污，每次测量前要用棉花蘸酒精将各接头进行清洁，测量完毕后也要对其进行清洁。

④由于 OTDR 是集发光和收光为一体的设备，为保证人身安全，请先接光纤再开机测量，测量完毕后先关机再取下光纤，测量中光口不能对准人尤其是人的眼睛，防止灼伤眼睛。

⑤使用 OTDR 测量时，一定要保证所测试的线路当中没有光信号接入，否则容易烧毁发光管等核心元器件。

⑥禁止使用 OTDR 测量无信号的通信光缆以外的一切待测对象。

(三) OTDR 的使用

（1）准备工作

①光时域反射仪光口清洁。

②连接光纤。

（2）开始测试

①开机,进入主界面,点击"OTDR"进入 OTDR 测试界面。

②在测试模式中可以选择"手动测试",也可以选择"自动测试"。对于手动测试,需对以下参数进行设置。

波长:选择所需要的波长即可,一般来说,1 310 nm 在光纤中的平均损耗要比 1 550 nm 的要大一些。如果需要测试"宏弯曲",可以选择"SM 1 310 nm 1 550 nm",此时仪表会自动测量两个波长并进行判断。

范围:如果知道被测光纤大概的长度,那么选择大于该长度的量程即可(推荐量程值为 1.5 倍光纤长度);如果不知道光纤的大概长度,那么可以选择"自动测试"来进行测试。

脉冲:一般来说,被测光纤长度与脉冲设置见表 2-1。此为推荐设置参数,具体可以根据实际被测环境来进行设置。

表 2-1　被测光纤长度与脉冲设置

被测光纤长度	0 ~ 50 m	50 m ~ 1 km	1 ~ 10 km	10 ~ 40 km	>40 km
脉冲宽度	5 ~ 10 ns	10 ~ 30 ns	100 ~ 300 ns	300 ns ~ 3 μs	>3 μs

持续时间:一般来说,在选择脉宽为 5 ~ 30 ns 时,时间选择长一点,以大于 60 s 为宜;对于其他脉宽,一般选择 60 s 以内即可。如需进行动态范围测试,则选择最大测试时间。

自动保持结果:勾选后,每次测量完成会自动保存结果,否则测量完成后,当执行退出曲线界面操作(按测试键、主菜单键或后退键)时,会弹框提示是否需要保存。

另外,可以在"其他设置"项里面进行诸如"折射率""启动光纤长度""损耗阈值"等参数的设定。

③如果用户选择了"自动测试",那么只需要设置"波长"和"持续时间"即可,可参考②中说明。

④设置完成之后,按开始测试进行测试,如需中途停止测试,再次按此键即可。

（四）OTDR 常见问题

①光时域反射仪测试数据不稳定,测试精度不够,测试距离不准确,该故障原因可以从以下几点分析:

a.光时域反射仪的设置参数设置不合理;

b.光时域反射仪的内置光纤适配器脏污或已损坏;

c.光时域反射仪的光模块损坏。

②光时域反射仪提示错误,该故障原因可以从以下几点分析:

a.仪表错误操作;

b.提示部件损坏;

c.系统软件出故障。

③光时域反射仪屏幕无显示,但仍可正常启动,该故障原因可以从以下几点分析:

a. 仪表数据线松动;

b. 屏幕坏。

④光时域反射仪无法开机,该故障原因可以从以下几点分析:

a. 电源供电不正常;

b. 主板损坏。

⑤电池无法充电,该故障原因可以从以下几点分析:

a. 电池组芯损坏;

b. 仪表充电电路损坏。

⑥无法连接 PC,无法编辑打印轨迹,该故障原因可以从以下几点分析:

a. 仪表数据线接口不正常连接;

b. 仿真软件安装不正常,或仿真软件受损;

c. 接口电路损坏。

⑦光时域反射仪无法存贮测试结果,该故障原因可以从以下几点分析:

a. 存贮容量已满;

b. 存贮信息有误;

c. 存贮电路损坏。

⑧操作个别选项无反应,该故障原因可以从以下几点分析:

a. 该选项属于非法操作;

b. 因个别按键失灵;

c. 仪表反应缓慢但并非无反应。

任务 2.7　城市轨道交通通信系统相关规定

为规范管理城市轨道交通行业的各种试运营、运营行为,2013 年 10 月 10 日中华人民共和国国家质量监督检验检疫总局、中国国家标准化管理委员会发布《城市轨道交通试运营基本条件》《城市轨道交通运营管理规范》,并于 2014 年 4 月 1 日起正式实施,其中对信号系统的试运营基本条件、运营管理规范也做出了明确规定及要求。

2.7.1　城市轨道交通试运营基本条件(节选)

①传输系统、广播、公务电话、调度电话、无线通信和闭路电视等应符合 GB 50157、GB 50382 和 GB 50490 的规定。公务电话应实现路网内各线路间互通,并与实话互联互通。

②传输系统的语音、文字、数据和图像等各种信息的数据传输功能以及告警、网管和保护功能应符合 GB 50490 的规定。

③时钟系统应实现母钟、子钟各项功能和网络管理功能,并能够向相关设备系统发送时间信号。

④通信系统应按一级负荷供电；通信电源应具有集中监控管理功能，并应保证通信设备不间断、无瞬变地供电；通信电源的后备供电时间应不少于 2 h。

⑤通信设备机房的温度、湿度和防电磁干扰，应满足 GB 50157 的要求。

⑥在应急情况下，通信系统应保持正常的通信功能。

⑦换乘站应实现直通电话互联互通，实现闭路电视监控图像互联互通。

⑧进行长达 144 h 的测试。

2.7.2 城市轨道交通运营管理规范(通信系统)

①通信系统包括传输、公务电话、专用电话、无线通信、广播、时钟、闭路电视、乘客信息等子系统。运营单位应确保通信系统的正常使用，满足调度指挥、信息传送和安全保障的功能要求。

②通信系统应按一级负荷供电；通信电源应具有集中监控管理功能，并应保证通信设备不间断、无瞬变地供电；通信电源的后备供电时间应不少于 2 h。

③通信系统应确保 24 h 不间断运行，各项功能均达到设计要求，符合 GB 50382 和 GB 50490 的规定。

④通信设备机房的温度、湿度和防电磁干扰，应满足 GB 50157 的要求。

⑤录音设备应能实时对调度电话、无线调度电话进行不间断录音。录音资料应至少保存 3 个月。

⑥时钟系统应实现母钟、子钟各项功能和网络管理功能，为工作人员、乘客及相关系统设备提供统一的标准时间信息。

⑦闭路电视系统应为调度员、车站值班员和列车驾驶员等提供有关列车运行、防灾救灾及乘客疏导等方面的视觉信息，系统应进行不间断录像。录像资料应至少保存 7 d。

⑧运营单位应确保换乘站实现直通电话互联互通，实现闭路电视监控图像互联互通。

⑨乘客信息系统应为乘客提供各类运营服务信息，确保信息发布安全可靠，并应优先提供运营和紧急信息的发布。

⑩列车采用无人驾驶运行模式时，列车车厢内应设有运营控制中心行车调度员对列车内乘客进行广播的功能；列车采用有人驾驶运行模式时，列车车厢内应设有运营控制中心行车调度员及列车驾驶员对列车内乘客进行广播的功能。列车驾驶员对列车乘客进行广播的功能具有最高优先权。

⑪应能实现列车驾驶员与乘客双向语音通信功能。

⑫需要加锁、加封的通信设备，应确保加锁、加封可靠，并由使用设备的人员负责保证其完整。加封设备启封时应登记；加封设备启封使用后，应及时通知维修人员加封。

⑬通信设备保养与维修应按无线通信、闭路电视和调度电话等子系统逐级负责的原则组建通信维修班组，配置所需的专业工具及测试设备，按照有关规章制度和操作办法组织作业。

⑭通信维修班组应制定工作职责与维修管理办法，建立日常维修记录、设备及设备维修台账和设备故障记录等。

⑮运营单位应制订通信设备维修计划，明确设备检修周期并严格执行。

⑯运营单位应建立通信系统的基础资料归档管理制度,包括维修与保养手册、部件功能描述、配线图、模块电路图和设备台账等。

复习思考题

1. 无线系统的主要功能是什么?
2. 传输系统与哪些专业设备有接口?
3. 交换系统的具体功能有哪些?
4. PIS 系统主要由哪些设备组成?
5. 地铁 PIS 系统的构成。

项目三　初级工理论知识及实操技能

任务 3.1　传输系统

3.1.1　传输系统基础知识

SDH 概述:SDH 全称叫作同步数字传输体制(Synchronous Digital Hierarchy),是一种传输的体制(协议),规范了数字信号的帧结构、复用方式、传输速率等级、接口码型等特性。

(一)SDH 的优缺点

(1)SDH 的主要优点

1)接口方面

①电接口方面。接口的规范化与否是决定不同厂家的设备能否互连的关键。SDH 体制对网络节点接口(NNI)作了统一的规范。规范的内容有数字信号速率等级、帧结构、复接方法、线路接口、监控管理等,使 SDH 设备容易实现多厂家互连,也就是说在同一传输线路上可以安装不同厂家的设备,体现了横向兼容性。

SDH 体制有一套标准的信息结构等级,即有一套标准的速率等级。基本的信号传输结构等级是同步传输模块——STM-1,相应的速率是 155 Mbit/s。高等级的数字信号系列例如 622 Mbit/s(STM-4)、2.5 Gbit/s(STM-16)等,可将低速率等级的信息模块(例如 STM-1)通过字节间插同步复接而成,复接的个数是 4 的倍数,例如:STM-4 = 4 × STM-1,STM-16 = 4 × STM-4。

②光接口方面。线路接口(这里指光口)采用世界性统一标准规范,SDH 信号的线路编码仅对信号进行扰码,不再进行冗余码的插入。

扰码的标准是世界统一的,这样对端设备仅需通过标准的解码器就可与不同厂家 SDH 设备进行光口互连。扰码的目的是抑制线路码中的长连"0"和长连"1",便于从线路信号中提取时钟信号。由于线路信号仅通过扰码,所以 SDH 的线路信号速率与 SDH 电口标准信号速率相一致,这样就不会增加发端激光器的光功率代价。

2)复用方式

由于低速 SDH 信号是以字节间插方式复用进高速 SDH 信号的帧结构中的,这就使低速 SDH 信号在高速 SDH 信号的帧中的位置固定、有规律性,也就是说是可预见的。这样就能从高速 SDH 信号[如 2.5 Gbit/s(STM-16)]中直接分/插出低速 SDH 信号[如

155 Mbit/s（STM-1）］,简化了信号的复接和分接,使 SDH 体制特别适合于高速大容量的光纤通信系统。

另外,由于采用了同步复用方式和灵活的映射结构,可将 PDH 低速支路信号（例如 2 Mbit/s）复用进 SDH 信号的帧中（STM-N）,使低速支路信号在 STM-N 帧中的位置也是可预见的,于是可以从 STM-N 信号中直接分/插出低速支路信号。注意此处不同于前面所说的从高速 SDH 信号中直接分插出低速 SDH 信号,此处是指从 SDH 信号中直接分/插出低速支路信号,例如 2、34 Mbit/s 与 140 Mbit/s 等低速信号。于是节省了大量的复接/分接设备（背靠背设备）,增加了可靠性,减少了信号损伤、设备成本、功耗,降低了复杂性等,使业务的上、下更加简便。

SDH 的这种复用方式使数字交叉连接（DXC）功能更易于实现,使网络具有了很强的自愈功能,便于用户按需动态组网,实时灵活地调配业务。

3）运行维护方面

SDH 信号的帧结构中安排了丰富的用于运行维护（OAM）功能的开销字节,使网络的监控功能大大加强,即维护的自动化程度大大加强。PDH 的信号中开销字节不多,以至于在对线路进行性能监控时,还要通过在线路编码时加入冗余比特来完成。以 PCM30/32 信号为例,其帧结构中仅有 TS0 时隙和 TS16 时隙中的比特用于 OAM 功能。

SDH 信号丰富的开销占用整个帧所有比特的 1/20,大大加强了 OAM 功能。这样就使系统的维护费用大大降低,而在通信设备的综合成本中,维护费用占相当大的一部分,于是 SDH 系统的综合成本要比 PDH 系统的综合成本低,据估算仅为 PDH 系统的 65.8%。

4）兼容性

SDH 有很强的兼容性,这也就意味着当组建 SDH 传输网时,原有的 PDH 传输网不会作废,两种传输网可以共同存在,即可以用 SDH 网传送 PDH 业务。另外,异步转移模式的信号（ATM）、FDDI 信号等其他体制的信号也可用 SDH 网来传输。

SDH 网中用 SDH 信号的基本传输模块（STM-1）可以容纳 PDH 的 3 个数字信号系列和其他各种体制的数字信号系列——ATM、FDDI、DQDB 等,从而体现了 SDH 的前向兼容性和后向兼容性,确保了 PDH 网向 SDH 网和 SDH 向 ATM 的顺利过渡。SDH 把各种体制的低速信号在网络边界处（例如:SDH/PDH 起点）复用进 STM-1 信号的帧结构中,在网络边界处（终点）再将它们拆分出来即可,这样就可以在 SDH 传输网上传输各种体制的数字信号了。

在 SDH 网中,SDH 的信号实际上起着运货车的功能,它将各种不同体制的信号（本课程主要是指 PDH 信号）像货物一样打成不同大小的（速率级别）包,然后装入货车（装入 STM-N 帧中）,在 SDH 的主干道上（光纤上）传输。在收端从货车上卸下打成货包的货物（其他体制的信号）,然后拆包封,恢复出原来体制的信号。即不同体制的低速信号复用进 SDH 信号（STM-N）,在 SDH 网上传输和最后拆分出原体制信号的全过程。

（2）SDH 的缺陷

凡事有利就有弊,SDH 以上优点是以牺牲其他方面为代价的。

1）频带利用率低

通信的有效性和可靠性是一对矛盾,增加有效性必将降低可靠性,增加可靠性也会相应地使有效性降低。例如,收音机的选择性增加,可选的电台就增多,这样就提高了选择性。但是由于这时通频带相应的会变窄,必然会使音质下降,也就是可靠性下降。相应的,SDH 的一个很大的优势是系统的可靠性大大地增强了(运行维护的自动化程度高),这是由于在 SDH 的信号——STM-N 帧中加入了大量的用于 OAM 功能的开销字节,这样必然会使在传输同样多有效信息的情况下,PDH 信号所占用的频带(传输速率)要比 SDH 信号所占用的频带(传输速率)窄,即 PDH 信号所用的速率低。例如:SDH 的 STM-1 信号可复用进 63 个 2 Mbit/s 或 3 个 34 Mbit/s(相当于 48×2 Mbit/s)或 1 个 140 Mbit/s(相当于 64×2 Mbit/s)的 PDH 信号。只有当 PDH 信号以 140 Mbit/s 的信号复用进 STM-1 信号的帧时,STM-1 信号才能容纳 64×2 Mbit/s 的信息量,但此时它的信号速率是 155 Mbit/s,速率要高于 PDH 同样信息容量的 E4 信号(140 Mbit/s),即 STM-1 所占用的传输频带要大于 PDH E4 信号的传输频带(二者的信息容量一样)。

2）指针调整机制复杂

SDH 体制可从高速信号(例如 STM-1)中直接下低速信号(例如 2 Mbit/s),省去了多级复用/解复用过程。这种功能的实现是通过指针机制来完成的。指针的作用就是时刻指示低速信号的位置,以便在"拆包"时能正确地拆分出所需的低速信号,保证 SDH 从高速信号中直接下低速信号的功能的实现。可以说指针是 SDH 的一大特色。

但是指针功能的实现增加了系统的复杂性。最重要的是使系统产生 SDH 的一种特有抖动——由指针调整引起的结合抖动。这种抖动多发于网络边界处(SDH/PDH),其频率低、幅度大,会导致低速信号在拆出后性能劣化。这种抖动的滤除会相当困难。

3）软件的大量使用对系统安全性的影响

SDH 的一大特点是 OAM 的自动化程度高,这也意味着软件在系统中占用相当大的比重,使系统很容易受到计算机病毒的侵害。另外,在网络层上人为的错误操作、软件故障,对系统的影响也是致命的。

SDH 体制是一种新生事物,尽管还有这样那样的缺陷,但它已在传输网的发展中,显露出了强大的生命力,传输网从 PDH 过渡到 SDH 已是一个必然的趋势。

(二)SDH 信号的帧结构和复用步骤

(1)SDH 信号——STM-N 的帧结构

STM-N 信号帧结构的安排应尽可能使支路低速信号在 1 帧内均匀地、有规律地分布。这样便于实现支路的同步复用、交叉连接(DXC)、分/插和交换,即便于从高速信号中直接上/下低速支路信号。鉴于此,ITU-T 规定了 STM-N 的帧是以字节(8 B)为单位的矩形块状帧结构,如图 3-1 所示。

为了便于对信号进行分析,往往将信号的帧结构等效为块状帧结构,这不是 SDH 信号所特有的,PDH 信号、ATM 信号、分组交换的数据包,它们的帧结构都算是块状帧。例如,E1 信号的帧是 32 个字节组成的 1 行×32 列的块状帧,ATM 信号是 53 个字节构成的块状帧。将信号的帧结构等效为块状,仅仅是为了分析的方便。

从图 3-1 看出 STM-N 的信号是 9 行 270N 列的帧结构。此处的 N 与 STM-N 的 N 相一致,取值范围:1、4、16、64……表示此信号由 N 个 STM-1 信号通过字节间插复用而成。由此可知,STM-1 信号的帧结构是 9 行 270 列的块状帧。当 N 个 STM-1 信号通过字节间插复用成 STM-N 信号时,仅仅是将 STM-1 信号的列按字节间插复用,行数恒定为 9 行。

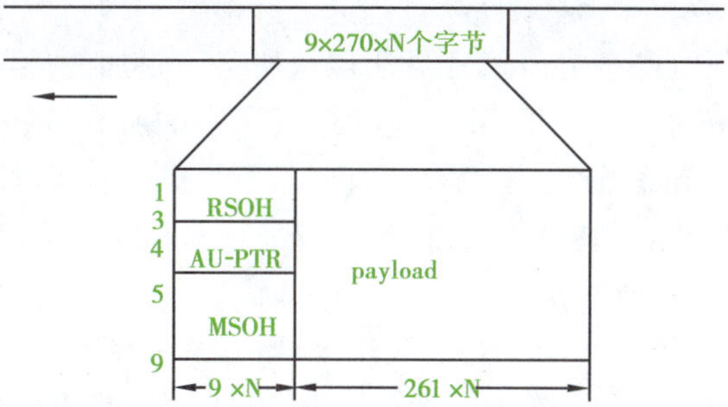

图 3-1　STM-N 帧结构图

信号在线路上传输时是按比特进行的,STM-N 信号的传输也遵循按比特的传输方式。SDH 信号帧传输的原则:帧结构中的字节(8 bit)从左到右,从上到下逐字节地传输,传完一行再传下一行,传完一帧再传下一帧。

STM-N 信号的帧频:ITU-T 规定对于任何级别的 STM 等级,帧频都是 8 000 帧/s,也就是帧长或帧周期为恒定的 125 μs。8 000 帧/s 听起来很耳熟,对了,PDH 的 E1 信号也是 8 000 帧/s。

值得注意的是对于任何 STM 级别帧频都是 8 000 帧/s,帧周期的恒定是 SDH 信号的一大特点。由于帧周期的恒定使 STM-N 信号的速率有其规律性。例如 STM-4 的传输数速恒定地等于 STM-1 信号传输数速的 4 倍,STM-16 恒定等于 STM-4 的 4 倍,等于 STM-1 的 16 倍。而 PDH 中的 E2 信号速率≠E1 信号速率的 4 倍。SDH 信号的这种规律性使高速 SDH 信号直接分/插出低速 SDH 信号成为可能,特别适用于大容量的传输情况。

从图 3-1 中看出,STM-N 的帧结构由 3 部分组成:段开销,包括再生段开销(RSOH)和复用段开销(MSOH);管理单元指针(AU-PTR);信息净负荷(payload)。下面我们讲述这三大部分的功能。

1)信息净负荷(payload)

信息净负荷区是在 STM-N 帧结构中存放将由 STM-N 传送的各种信息码块的地方。相当于 STM-N 这辆运货车的车厢,车厢内装载的货物就是经过打包的低速信号——待运输的货物。为了实时监测货物(打包的低速信号)在传输过程中是否有损坏,在将低速信号打包的过程中加入了监控开销字节——通道开销(POH)字节。POH 作为净负荷的一部分,与信息码块一起装载在 STM-N 这辆货车上在 SDH 网中传送,它负责对打包的货物(低速信号)进行通道性能监视、管理和控制(有点儿类似于传感器)。

例如 STM-1 信号可复用进 63 × 2 Mbit/s 的信号。可将 STM-1 信号看成一条传输大道,在这条大路上又分成了 63 条小路,每条小路通过相应速率的低速信号,每一条小路就相当于一个低速信号通道,通道开销的作用就可以看成监控这些小路的传送状况。这 63 个 2M 通道复合成了 STM-1 信号这条大路——此处可称为"段"。所谓通道,指相应的低速支路信号,POH 的功能就是监测这些低速支路信号由 STM-N 这辆货车承载,在 SDH 网上运输时的性能。

这与将 STM-N 信号类比为货车,将低速支路信号打包装入车中运输相一致。

信息净负荷并不等于有效负荷,因为信息净负荷中存放的是经过打包的低速信号,即在低速信号中加上了相应的POH。

2)段开销(SOH)

段开销是为了保证信息净负荷正常灵活传送所必须附加的供网络运行、管理和维护(OAM)使用的字节。例如其可对STM-N这辆运货车中的所有货物在运输中是否有损坏进行监控,而POH的作用是当车上有货物损坏时,通过它来判定具体是哪一件货物出现损坏。也就是说,SOH完成对货物整体的监控,POH完成对某一件特定的货物的监控,当然,SOH和POH还有其他一些管理功能。

段开销又分为再生段开销(RSOH)和复用段开销(MSOH),分别对相应的段层进行监控。我们讲过段其实也相当于一条大的传输通道,RSOH和MSOH的作用也就是对这一条大的传输通道进行监控。

RSOH和MSOH二者的区别在于监管的范围不同。举个简单的例子,若光纤上传输的是2.5 Gbit/s信号,那么,RSOH监控的是STM-16整体的传输性能,而MSOH则是监控STM-16信号中每一个STM-1的性能情况。

RSOH、MSOH、POH提供了对SDH信号的层层细化的监控功能。例如2.5G系统,RSOH监控的是整个STM-16的信号传输状态,MSOH监控的是STM-16中每一个STM-1信号的传输状态,POH则是监控每一个STM-1中每一个打包了的低速支路信号(例如2 Mbit/s)的传输状态。这样通过开销的层层监管功能,使你可以方便地从宏观(整体)和微观(个体)的角度来监控信号的传输状态,便于分析、定位。

再生段开销在STM-N帧中的位置是第1~3行的第1到第9′N列,共3′9′N个字节;复用段开销在STM-N帧中的位置是第5~9行的第1到第9′N列,共5′9′N个字节。与PDH信号的帧结构相比较,段开销丰富是SDH信号帧结构一个重要的特点。

3)管理单元指针(AU-PTR)

管理单元指针位于STM-N帧中第4行的9′N列,共9′N个字节。SDH能够从高速信号中直接分/插出低速支路信号(例如2 Mbit/s),是因为低速支路信号在高速SDH信号帧中的位置有预见性,也就是有规律性。预见性的实现就在于SDH帧结构中指针开销字节功能。AU-PTR是用来指示信息净负荷的第一个字节在STM-N帧内的准确位置的指示符,以便收端能根据这个位置指示符的值(指针值)正确分离信息净负荷。换言之,若仓库中以堆为单位存放了很多货物,每堆货物中的各件货物(低速支路信号)的摆放是有规律性的(字节间插复用),那么若要确定仓库中某件货物的位置就只要知道这堆货物的具体位置就可以了,也就是说只要知道这堆货物的第一件货物放在哪儿,然后通过本堆货物摆放位置的规律性,就可以直接确定出本堆货物中任一件货物的准确位置,这样就可以直接从仓库中搬运(直接分/插)某一件特定货物(低速支路信号)。AU-PTR的作用就是指示这堆货物中第一件货物的位置。

其实指针有高、低阶之分,高阶指针是AU-PTR,低阶指针是TU-PTR(支路单元指针),TU-PTR的作用类似于AU-PTR,只不过所指示的货物堆更小一些而已。

(2)SDH的复用结构和步骤

①SDH的复用包括两种情况。一种是低阶的SDH信号复用成高阶SDH信号;另一种是低速支路信号(例如2、34、140 Mbit/s)复用成SDH信号STM-N。

第 1 种情况在前面已有所提及,复用的方法主要通过字节间插复用方式完成,复用的个数是 4 合 1,即 4′STM-1→STM-4,4′STM-4→STM-16。在复用过程中保持帧频不变(8 000 帧/s),这就意味着高一级的 STM-N 信号是低一级的 STM-N 信号速率的 4 倍。在进行字节间插复用过程中,各帧的信息净负荷和指针字节按原值进行间插复用,而段开销则会有些取舍。在复用成的 STM-N 帧中,SOH 并不是所有低阶 SDH 帧中的段开销间插复用而成,而是舍弃了一些低阶帧中的段开销,其具体的复用方法在下一节中讲述。

第 2 种情况用得最多的就是将 PDH 信号复用进 STM-N 信号中。

②传统的将低速信号复用成高速信号的方法有两种

a. 比特塞入法(又叫作码速调整法)。这种方法利用固定位置的比特塞入指示来显示塞入的比特是否载有信号数据,允许被复用的净负荷有较大的频率差异(异步复用),因为存在一个比特塞入和去塞入的过程(码速调整),而不能将支路信号直接接入高速复用信号或从高速信号中分出低速支路信号,也就是说不能直接从高速信号中上/下低速支路信号,要一级一级地进行,这也就是 PDH 的复用方式。

b. 固定位置映射法。这种方法利用低速信号在高速信号中的特殊位置来携带低速同步信号,要求低速信号与高速信号同步,也就是说帧频相一致,可方便地从高速信号中直接上/下低速支路信号,但当高速信号和低速信号间出现频差和相差(不同步)时,要用 125 μs(8 000 帧/s)缓存器来进行频率校正和相位对准,导致信号较大延时和滑动损伤。

③从上面看出这两种复用方式都有一些缺陷,比特塞入法无法从高速信号中上/下低速支路信号;固定位置映射法引入的信号时延过大。

SDH 网的兼容性要求 SDH 的复用方式既能满足异步复用(例如:将 PDH 信号复用进 STM-N),又能满足同步复用(例如 STM-1→STM-4),而且能方便地由高速 STM-N 信号分/插出低速信号,同时不造成较大的信号时延和滑动损伤,这就要求 SDH 需采用自己独特的一套复用步骤和复用结构。在这种复用结构中,通过指针调整定位技术来取代 125 μs 缓存器用以校正支路信号频差和实现相位对准,各种业务信号复用进 STM-N 帧的过程都要经历映射(相当于信号打包)、定位(相当于指针调整)、复用(相当于字节间插复用)3 个步骤。

ITU-T 规定了一整套完整的复用结构(也就是复用路线),通过这些路线可将 PDH 的 3 个系列的数字信号以多种方法复用成 STM-N 信号。ITU-T 规定的复用路线如图 3-2 所示。

从图 3-2 中可以看到此复用结构包括了一些基本的复用单元:容器(C)、虚容器(VC)、支路单元(TU)、支路单元组(TUG)、管理单元(AU)、管理单元组(AUG),这些复用单元的下标表示与此复用单元相应的信号级别。在图中从一个有效负荷到 STM-N 的复用路线不是唯一的,有多条路线(即有多种复用方法)。例如:2 Mbit/s 的信号有两条复用路线,即可用两种方法复用成 STM-N 信号。不知你注意到没有,8 Mbit/s 的 PDH 信号是无法复用成 STM-N 信号的。

尽管一种信号复用成 SDH 的 STM-N 信号的路线有多种,但是对于一个国家或地区则必须使复用路线唯一化。我国的光同步传输网技术体制规定了以 2 Mbit/s 信号为基础的 PDH 系列作为 SDH 的有效负荷,并选用 AU-4 的复用路线,其结构如图 3-3 所示。

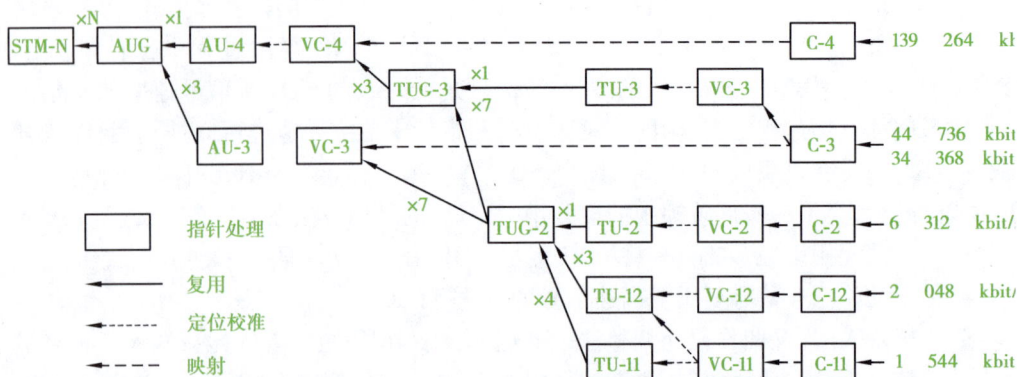

图 3-2　G.709 复用映射结构

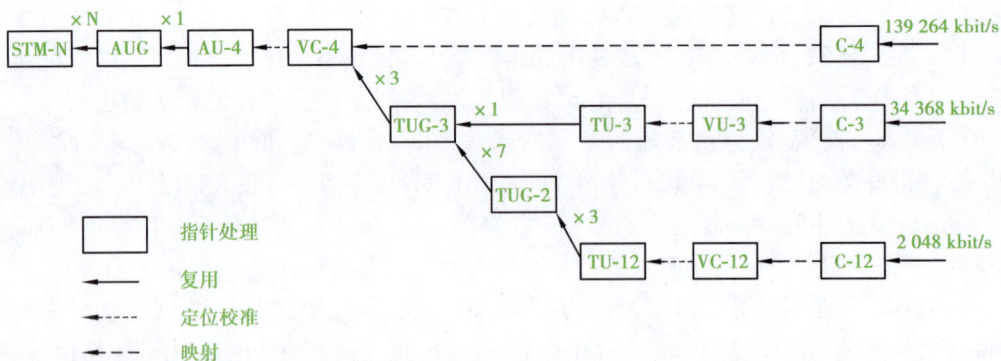

图 3-3　我国的 SDH 基本复用映射结构

④下面分别讲述 2、34、140 Mbit/s 的 PDH 信号是如何复用进 STM-N 信号中的。

A. 140 Mbit/s 复用进 STM-N 信号。

a. 首先将 140 Mbit/s 的 PDH 信号经过码速调整（比特塞入法）适配进 C-4,C-4 是用来装载 140 Mbit/s 的 PDH 信号的标准信息结构。参与 SDH 复用的各种速率的业务信号都应首先通过码速调整适配技术装进一个与信号速率级别相对应的标准容器:C-12 速率为 2 Mbit/s,C-3 速率为 34 Mbit/s,C-4 速率为 140 Mbit/s。容器的主要作用就是进行速率调整。140 Mbit/s 的信号装入 C-4 也就相当于将其包封,使 140 Mbit/s 信号的速率调整为标准的 C-4 速率。C4 的帧结构是以字节为单位的块状帧,帧频是 8 000 帧/s,也就是说经过速率适配,140 Mbit/s 的信号在适配成 C-4 信号时已经与 SDH 传输网同步了,这个过程也就相当于 C-4 装入异步 140 Mbit/s 的信号。C-4 的帧结构如图 3-4 所示。

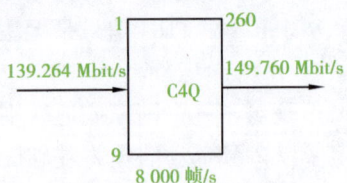

图 3-4　C-4 的帧结构图

C-4 信号的帧有 260 列′9 行（PDH 信号在复用进 STM-N 中时,其块状帧一直保持是 9 行）,那么 E-4 信号适配速率后的信号速率（也就是 C-4 信号的速率）为:8 000 帧/s′9 行′260 列′8 bit =149.760 Mbit/s。所谓对异步信号进行速率适配,其实际含义就是指当异步信号的速率在一定范围内变动时,通过码速调整可将其速率转换为标准速率。在这里,E-4信号的速率范围是139.264 Mbit/s ± 15 ppm(G.703规范标准) = (139. 261 ~ 139.266) Mbit/s,那么通过速率适配可将这个速率范围的E-4信号,调整成标准的C-4速率149.760 Mbit/s,也就是说能够装入C-4容器。

E-4信号的速率调整:可将C-4的基帧(9行×260列)划分为9个子帧,每个子帧占一行。每个子帧又可以13字节为一个单位,分成20个单位(20个13字节块)。每个子帧的20个13字节块的第1个字节依次为W、X、Y、Y、Y、X、Y、Y、Y、X、Y、Y、Y、X、Y、Y、Y、X、Y、Z,共20个字节,每个13字节块的第2 ~ 13字节放的是140 Mbit/s的信息比特,见图3-5。

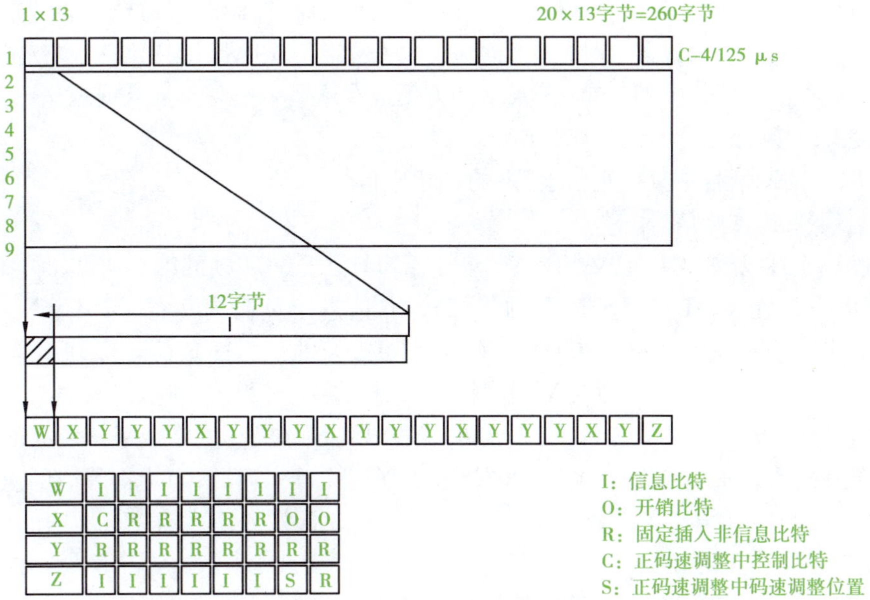

图 3-5　C-4 的子帧结构

E-4信号的速率适配就是通过9个子帧的共180个13字节块的首字节来实现。一个子帧中每个13字节块的后12个字节均为W字节再加上第1个13字节的第1个字节也是W字节共241个W字节,5个X字节、13个Y字节、1个Z字节。各字节的比特内容见图3-5。那么一个子帧的组成是:

C-4子帧 = 241W + 13Y + 5X + 1Z = 260个字节 = (1934I + S) + 5C + 130R + 10O = 2 080 bit

1个C-4子帧总计有8×260 B = 2 080 B,其分配是信息比特I:1 934;固定插入比特R:130;开销比特O:10;调整控制比特C:5;调整机会比特S:1。

C比特主要用来控制相应的调整机会比特S,当CCCCC = 00 000时,S = I;当CCCCC = 11111时,S = R。分别令S为I或S为R,可算出C-4容器能容纳的信息速率的上限和下限。

当S = I时,C-4能容纳的信息速率最大,C-4$_{max}$ = (1 934 + 1) × 9 × 8 000 = 139.320 Mbit/s;当S = R时,C-4能容纳的信息速率最小,C-4$_{min}$ = (1 934 + 0) × 9 × 8 000 = 139.248 Mbit/s。也就是说C-4容器能容纳的E4信号的速率范围是139.248 ~ 139.32 Mbit/s。而符合G.703规范的E4信号速率范围是139.261 ~ 139.266 Mbit/s,这样,C-4容

器就可以装载速率在一定范围内的 E-4 信号,也就是可以对符合 G.703 规范的 E-4 信号进行速率适配,适配后为标准 C-4 速率 149.760 Mbit/s。

b. 为了能够对 140 Mbit/s 的通道信号进行监控,在复用过程中要在 C-4 的块状帧前加上一列通道开销字节(高阶通道开销 VC4-POH),此时信号成为 VC4 信息结构,见图3-6。

VC4 是与 140 Mbit/sPDH 信号相对应的标准虚容器,此过程相当于对 C-4 信号再打一个包封,将对通道进行监控管理的开销(POH)打入包封中,以实现对通道信号的实时监控,见图3-6。

虚容器(VC)的包封速率也是与 SDH 网络同步的,不同的 VC(例如与 2 Mbit/s 相对应的 VC12,与 34 Mbit/s 相对应的 VC3)是相互同步的,而虚容器内部却允许装载来自不同容器的异步净负荷。虚容器这种信息结构在 SDH 网络传输中保持其完整性不变,也就是可将其看成独立的单位(货包),十分灵活和方便地在通道中任一点插入或取出,进行同步复用和交叉连接处理。

其实,从高速信号中直接定位上/下的是相应信号的 VC 这个信号包,然后通过打包/拆包来上/下低速支路信号。

在将 C-4 打包成 VC4 时,要加入 9 个开销字节,位于 VC4 帧的第 1 列,这时 VC4 的帧结构,就成了 9 行 × 261 列。STM-N 的帧结构中,信息净负荷为 9 行 × 261 × N 列,当为 STM-1 时,即为 9 行 × 261 列。VC4 其实就是 STM-1 帧的信息净负荷。将 PDH 信号打包成 C,再加上相应的通道开销而成 VC 这种信息结构,这个过程就叫映射。

c. 货物都打成了标准的包封,现在就可以往 STM-N 这辆车上装载了。装载的位置是其信息净负荷区。在装载货物(VC)的时候会出现这样一个问题,当货物装载的速度和货车等待装载的时间(STM-N 的帧周期 125 μs)不一致时,就会使货物在车厢内的位置"浮动"。SDH 采用在 VC4 前附加一个管理单元指针(AU-PTR)来解决这个问题。此时信号由 VC4 变成了管理单元 AU-4 这种信息结构,见图3-7。

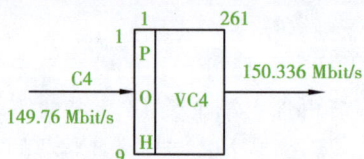

图 3-6 VC4 结构图　　　　图 3-7 AU-4 结构图

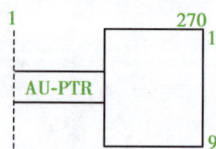

AU-4 这种信息结构已初具 STM-1 信号的雏形——9 行 × 270 列,只不过缺少 SOH 部分而已,这种信息结构其实也算是将 VC4 信息包再加了一个包封——AU-4。

管理单元为高阶通道层和复用段层提供适配功能,由高阶 VC 和 AU 指针组成。AU 指针的作用是指明高阶 VC 在 STM 帧中的位置,也就是说指明 VC 货包在 STM-N 车厢中的具体位置。通过指针的作用,允许高阶 VC 在 STM 帧内浮动,也就是说允许 VC4 和 AU-4 有一定的频偏和相差。换句话说,允许货物的装载速度与车辆的等待时间有一定的时间差异,即允许 VC4 的速率和 AU-4 包封速率(装载速率)有一定的差异。这种差异性不会影响收端正确的定位、分离 VC4。尽管货物包可能在车厢内(信息净负荷区)"浮动",但是 AU-PTR 本身在 STM 帧内的位置是固定的。AU-PTR 不在净负荷区,而是和段开销在一起。这就保证了收端能正确地在相应位置找到 AU-PTR,进而通过 AU 指针定位 VC4 的位置,进而从 STM-N 信号中分离出 VC4。

一个或多个在 STM 帧由占用固定位置的 AU 组成 AUG——管理单元组。

d. 将 AU-4 加上相应的 SOH 合成 STM-1 信号,N 个 STM-1 信号通过字节间插复用成 STM-N 信号。

B. 34 Mbit/s 复用进 STM-N 信号。

a. 同样 34 Mbit/s 的信号先经过码速调整将其适配到相应的标准容器 C-3 中,然后加上相应的通道开销 C-3 打包成 VC3,此时的帧结构是 9 行×85 列。为了便于收端定位 VC3,以便能将它从高速信号中直接拆离出来,在 VC3 的帧上加了 3 个字节的指针—— TU-PTR(支路单元指针),注意 AU-PTR 是 9 个字节。此时的信息结构是支路单元 TU-3 (与 34 Mbit/s 的信号相应的信息结构),支路单元提供低阶通道层(低阶 VC,例如 VC3)和 高阶通道层之间的桥梁,也就是说是高阶通道(高阶 VC)拆分成低阶通道(低阶 VC),或低 阶通道复用成高阶通道的中间过渡信息结构。

支路单元指针 TU-PTR 用以指示低阶 VC 的起点在支路单元 TU 中的具体位置。与 AU-PTR 很类似,AU-PTR 是指示 VC4 起点在 STM 帧中的具体位置,实际上二者的工作机 制也很类似。可以将 TU 类比成一个小的 AU-4,那么在装载低阶 VC 到 TU 中时也就要有 一个定位的过程——加入 TU-PTR 的过程。

此时的帧结构 TU-3 如图 3-8 所示。

b. TU-3 的帧结构有点残缺,先将其缺口部分补上,形成图 3-9 所示的帧结构。其中 R 为塞入的伪随机信息,这时的信息结构为 TUG-3——支路单元组。

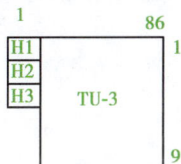

图 3-8　装入 TU-PTR 后的 TU-3 结构图

图 3-9　填补缺口后的 TU-3 帧结构图

c. 3 个 TUG-3 通过字节间插复用方式,复合成 C-4 信号结构,复合过程如图 3-10 所示。

因为 TUG-3 是 9 行×86 列的信息结构,所以 3 个 TUG-3 通 过字节间插复用方式复合后的信息结构是 9 行×258 列的块状帧 结构,而 C-4 是 9 行×260 列的块状帧结构。于是在 3×TUG-3 的合成结构前面加两列塞入比特,使其成为 C-4 的信息结构。

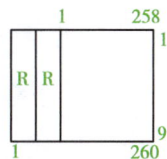

图 3-10　C-4 帧结构图

d. 这时剩下的工作就是将 C-4→STM-N 中去了,过程同前面 所讲的将 140 Mbit/s 信号复用进 STM-N 信号的过程类似:C-4→ VC4→AU-4→AUG→STM-N。

此处有两个指针 AU-PTR 和 TU-PTR,两个指针提供了两级定位功能,AU-PTR 使收端 正确定位、分离 VC4,而 VC4 可装载 3 个 VC3,那么 TU-PTR 相应地定位每个 VC3 起点的 具体位置。在接收端通过 AU-PTR 定位到相应的 VC4,又通过 TU-PTR 定位到相应 的 VC3。

C. 2 Mbit/s 复用进 STM-N 信号。当前运用得最多的复用方式是将 2 Mbit/s 信号复用进 STM-N 信号中,这也是 PDH 信号复用进 SDH 信号最复杂的一种复用方式。

首先,将 2 Mbit/s 的 PDH 信号经过速率适配装载到对应的标准容器 C-12 中,为了便于速率的适配采用了复帧的概念,即将 4 个 C-12 基帧组成 1 个复帧。C-12 的基帧帧频也是 8 000 帧/s,那么 C-12 复帧的帧频就成了 2 000 帧/s。

采用复帧纯粹是为了码速适配的方便。例如若 E-1 信号的速率是标准的 2.048 Mbit/s,那么装入 C-12 时正好是每个基帧装入 32 个字节(256 bit)有效信息。由于 C-12 帧频 8 000帧/s,PCM30/32[E-1]信号也是 8 000 帧/s。但当 E-1 信号的速率不是标准速率 2.048 Mbit/s 时,那么装入每个 C-12 的平均比特数就不是整数。例如:E-1 速率是 2.046 Mbit/s 时,那么将此信号装入 C-12 基帧时平均每帧装入的比特数是$(2.046 \times 10^6 \text{ bit/s})/(8\ 000\ \text{帧/s}) = 255.75$ bit 的有效信息,比特数不是整数,因此无法进行装入。若此时取 4 个基帧为 1 个复帧,那么正好 1 个复帧装入的比特数为$(2.046 \times 10^6 \text{ bit/s})/(2\ 000\ \text{帧/s}) = 1\ 023$ bit,可在前 3 个基帧每帧装入 256 bit(32 字节)有效信息,在第 4 帧装入 255 bit 的有效信息,这样就可将此速率的 E-1 信号完整地适配进 C-12 中。C-12 基帧结构是 $9 \times 4 - 2$ 个字节的带缺口的块状帧,4 个基帧组成 1 个复帧,C-12 复帧结构和字节安排如图 3-11 所示。

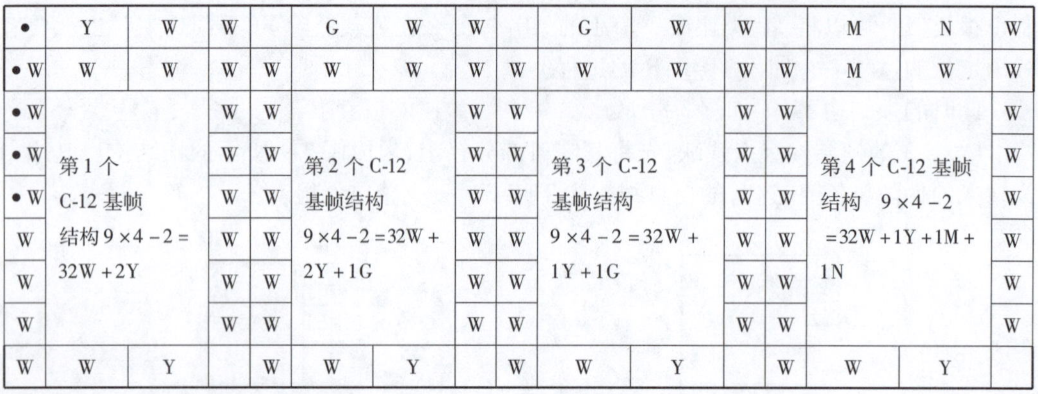

•	Y	W	W	G	W	W	G	W	W	M	N	W
•W	W	W	W	W	W	W	W	W	W	W	M	W	W
•		W	W		W	W		W	W			W
•	第1个	W	W	第2个 C-12	W	W	第3个 C-12	W	W	第4个 C-12 基帧		W
•	C-12 基帧	W	W	基帧结构	W	W	基帧结构	W	W	结构 $9 \times 4 - 2$		W
W	结构 $9 \times 4 - 2 =$	W	W	$9 \times 4 - 2 = 32W +$	W	W	$9 \times 4 - 2 = 32W +$	W	W	$= 32W + 1Y + 1M +$		W
W	$32W + 2Y$	W	W	$2Y + 1G$	W	W	$1Y + 1G$	W	W	$1N$		W
W		W	W		W	W		W	W			W
W	W	Y		W	W	Y		W	W	Y		W	W	Y

每格为 1 个字节(8 bit),各字节的比特类型:

W = IIIIIIII   Y = RRRRRRRR   G = C1C2OOOORR

M = C1C2RRRRRS1   N = S2IIIIIII

I:信息比特   R:塞入比特   O:开销比特

C1:负调整控制比特	S1:负调整位置	C1 = 0	S1 = I;C1 = 1	S1 = R*
C2:正调整控制比特	S2:正调整位置	C2 = 0	S2 = I;C2 = 1	S2 = R*

R* 表示调整比特,在收缩去调整时,应忽略调整比特的值,复帧周期为 $125 \times 4 = 500$ μs。

图 3-11　C-12 复帧结构和字节安排

复帧中的各字节的内容如图 3-11 所示,一个复帧共有:C-12 复帧 $= 4(9 \times 4 - 2) = 136$ 字节 $= 127W + 5Y + 2G + 1M + 1N = (1023I + S1 + S2) + 3C1 + 49R + 8O = 1\ 088$ bit,其中负、正调整控制比特 C1、C2 分别控制负、正调整机会 S1、S2。当 C1C1C1 $= 000$ 时,S1 放有效信息比特 I,而 C1C1C1 $= 111$ 时,S1 放塞入比特 R,C2 以同样方式控制 S2。

那么复帧可容纳有效信息负荷的允许速率范围是:

C-12 复帧$_{max} = (1\ 023 + 1 + 1) \times 2\ 000 = 2.050$ Mbit/s

C-12 复帧$_{min} = (1\ 023 + 0 + 0) \times 2\ 000 = 2.046$ Mbit/s

当 E-1 信号适配进 C-12 时,只要 E-1 信号的速率范围在 2.046 ~ 2.050 Mbit/s,就可以将其装载进标准的 C-12 容器中,也就是说可以经过码速调整将其速率调整成标准的 C-

12 速率 2.176 Mbit/s。

a. 1 个复帧的 4 个 C-12 基帧是并行搁在一起的,这 4 个基帧在复用成 STM-1 信号时,不是复用在同一帧 STM-1 信号中,而是复用在连续的 4 帧 STM-1 中。这样为正确分离 2 Mbit/s 的信号就有必要知道每个基帧在复帧中的位置即在复帧中的第几个基帧。

b. 为了在 SDH 网的传输中能实时监测任一个 2 Mbit/s 通道信号的性能,需将 C-12 再打包——加入相应的通道开销(低阶通道开销),使其成为 VC12 的信息结构。此处 LP-POH(低阶通道开销)是加在每个基帧左上角的缺口上的,一个复帧有一组低阶通道开销,共 4 个字节:V5、J2、N2、K4。因为 VC 可看成一个独立的实体,因此对 2 Mbit/s 的业务的调配是以 VC12 为单位的。

一组通道开销监测的是整个一个复帧在网络上传输的状态,一个 C-12 复帧装载的是 4 帧 PCM30/32 的信号,因此,一组 LP-POH 监控的是 4 帧 PCM30/32 信号的传输状态。

c. 为了使收端能正确定位 VC12 的帧,在 VC12 复帧的 4 个缺口上再加上 4 个字节的 TU-PTR,这时信号的信息结构就变成了 TU12,9 行 ×4 列。TU-PTR 指示复帧中第 1 个 VC12 的起点在 TU12 复帧中的具体位置。

d. 3 个 TU12 经过字节间插复用合成 TUG-2,此时的帧结构是 9 行 ×12 列。

e. 7 个 TUG-2 经过字节间插复用合成 TUG-3 的信息结构。请注意 7 个 TUG-2 合成的信息结构是 9 行 ×84 列,为满足 TUG-3 的信息结构 9 行 ×86 列,则需在 7 个 TUG-2 合成的信息结构前加入两列固定塞入比特,如图 3-12 所示。

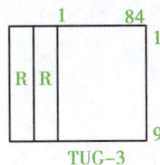

图 3-12　TUG-3 的信息结构

D. TUG-3 信息结构再复用进 STM-N 中的步骤则与前面所讲的一样。从 140 Mbit/s 的信号复用进 STM-N 信号的过程可以看出,1 个 STM-N 最多可承载 N 个 140 Mbit/s,即 1 个 STM-1 信号只可以复用进 1 个 140 Mbit/s 的信号,也就是说,从 140 Mbit/s 复用进 STM-1,此时 STM-1 信号的容量相当于 64 个 2 Mbit/s 的信号。

同样的,从 34 Mbit/s 的信号复用进 STM-1 信号,STM-1 可容纳 3 个 34 Mbit/s 的信号,即有 48 个 2 Mbit/s 的容量。

从 2 Mbit/s 信号复用进 STM-1 信号,STM-1 可容纳 3 ×7 ×3 =63 个 2 Mbit/s 信号。

综上所述,从 140 Mbit/s 和从 2 Mbit/s 复用进 SDH 的 STM-N 中,信号利用率较高。而从 34 Mbit/s 复用进 STM-N,1 个 STM-1 只能容纳 48 个 2 Mbit/s 的信号,利用率较低。

从 2 Mbit/s 复用进 STM-N 信号的复用步骤可以看出 3 个 TU12 复用成 1 个 TUG-2,7 个 TUG-2 复用成 1 个 TUG-3,3 个 TUG-3 复用进 1 个 VC4,1 个 VC4 复用进 1 个 STM-1,也就是说 2 Mbit/s 的复用结构是 3—7—3 结构。由于复用的方式是字节间插方式,所以一个 VC4 中的 63 个 VC12 的排列方式不是顺序排列的。头一个 TU12 的序号和紧跟其后的 TU12 的序号相差 21。

有个计算同一个 VC4 中不同位置 TU12 的序号的公式:

VC12 序号 = TUG3 编号 + (TUG2 编号 − 1) ×3 + (TU12 编号 − 1) ×21。TU12 的位置在 VC4 帧中相邻是指 TUG3 编号相同,TUG2 编号相同,而 TU12 编号相差为 1 的两个 TU12。

这个公式在用 SDH 传输分析仪进行相关测试时会用到。

注:此处指的编号是指 VC4 帧中的位置编号,TUG3 编号范围为 1~3,TUG2 编号范围为 1~7,TU12 编号范围为 1~3。TU12 序号指本 TU12 是 VC4 帧 63 个 TU12 按复用先后顺序的第几个 TU12,如图 3-13 所示。

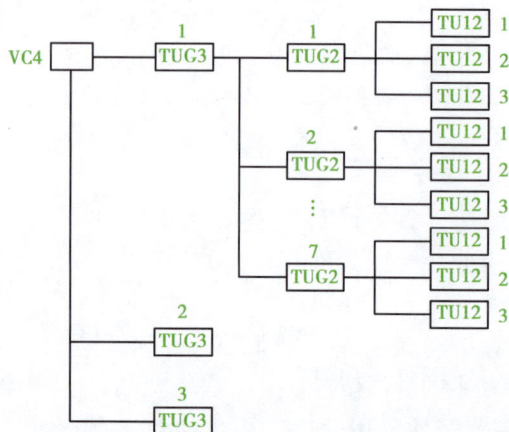

图 3-13 VC4 中 TUG3、TUG2、TU12 的排放结构

以上讲述了中国所使用的 PDH 数字系列复用到 STM-N 帧中的方法和步骤,它是提高维护设备能力需要掌握的最基本的知识,也是接下来深入学习 SDH 原理的基础。

(3)映射、定位和复用的概念

在将低速支路信号复用成 STM-N 信号时,要经过 3 个步骤:映射、定位、复用。

定位是指通过指针调整,使指针的值时刻指向低阶 VC 帧的起点在 TU 净负荷中或高阶 VC 帧的起点在 AU 净负荷中的具体位置,使收端能据此正确地分离相应的 VC,这部分内容在下一节中将详细论述。

复用的概念比较简单。复用是一种使多个低阶通道层的信号适配进高阶通道层[例如 TU12('3)→TUG2('7)→TUG3('3)→VC4]或把多个高阶通道层信号适配进复用层的过程[例如 AU-4('1)→AUG('N)→STM-N]。也就是通过字节交错间插方式把 TU 组织进高阶 VC 或把 AU 组织进 STM-N 的过程。由于经过 TU 和 AU 指针处理后的各 VC 支路信号已相位同步,因此该复用过程是同步复用,复用原理与数据的串并变换相类似。

PDH 140、34、2 Mbit/s 信号适配进标准容器的方式:一般都属于异步装入方式,因为要经过相应的塞入比特进行码速调整才能装入。例如,在将 2 Mbit/s 的信号适配进 C-12 时,不能保证每个 C-12 正好装入的是 1 个 E1 帧。

映射是一种在 SDH 网络边界处(例如 SDH/PDH 边界处),将支路信号适配进虚容器的过程。像我们经常使用的将各种速率(140、34、2 Mbit/s)信号先经过码速调整,分别装入相应的标准容器,再加上相应的低阶或高阶的通道开销,形成各自相对应的虚容器的过程。

为了适应各种不同的网络应用情况,有异步、比特同步、字节同步 3 种映射方法与浮动 VC 和锁定 TU 两种模式。

1)异步映射

异步映射是一种对映射信号的结构无任何限制(信号有无帧结构均可),也无须与网络同步(例如 PDH 信号与 SDH 网不完全同步),利用码速调整将信号适配进 VC 的映射方法。在映射时通过比特塞入将其打包成与 SDH 网络同步的 VC 信息包,在解映射时,去除这些塞入比特,恢复出原信号的速率,也就是恢复出原信号的定时。因此说低速信号在 SDH 网中传输有定时透明性,即在 SDH 网边界处收发两端的此信号速率相一致(定时信号相一致)。

此种映射方法可从高速信号中(STM-N)中直接分/插出一定速率级别的低速信号(例如 2、34、140 Mbit/s)。因为映射的最基本的不可分割单位是这些低速信号,所以分/插出来的低速信号的最低级别也就是相应的这些速率级别的低速信号。

2)比特同步映射

比特同步映射是对支路信号的结构无任何限制,但要求低速支路信号与网同步(例如 E1 信号保证 8 000 帧/s),无须通过码速调整即可将低速支路信号打包成相应的 VC 的映射方法。注意:VC 时刻都是与网同步的。原则上讲,此种映射方法可从高速信号中直接分/插出任意速率的低速信号,因为在 STM-N 信号中可精确定位到 VC,由于此种映射是以比特为单位的同步映射,那么在 VC 中可以精确定位到你所要分/插的低速信号具体的那一个比特的位置上,这样理论上就可以分/插出所需的那些比特,由此根据所需分/插的比特不同,可上/下不同速率的低速支路信号。异步映射能将低速支路信号定位到 VC 一级就不能再深入细化地定位了,所以拆包后只能分出 VC 相应速率级别的低速支路信号。比特同步映射类似于将以比特为单位的低速信号(与网同步)进行比特间插复用进 VC 中,在 VC 中每个比特的位置是可预见的。

3)字节同步映射

字节同步映射是一种要求映射信号具有字节为单位的块状帧结构,并与网同步,无须任何速率调整即可将信息字节装入 VC 内规定位置的映射方式。在这种情况下,信号的每一个字节在 VC 中的位置是可预见的(有规律性),也就相当于将信号按字节间插方式复用进 VC 中,那么从 STM-N 中可直接下 VC,而在 VC 中由于各字节位置的可预见性,可直接提取指定的字节。所以,此种映射方式就可以直接从 STM-N 信号中上/下 64 kbit/s 或 N×64 kbit/s 的低速支路信号。由于 VC 的帧频是 8 000 帧/s,而 1 个字节为 8 bit,若从每个 VC 中固定的提取 N 个字节的低速支路信号,那么该信号速率就是 N×64 kbit/s。

4)浮动 VC 模式

浮动 VC 模式指 VC 净负荷在 TU 内的位置不固定,由 TU-PTR 指示 VC 起点的一种工作方式。它采用了 TU-PTR 和 AU-PTR 两层指针来容纳 VC 净负荷与 STM-N 帧的频差和相差,引入的信号时延最小(约 10 μs)。

采用浮动模式时,VC 帧内可安排 VC-POH,可进行通道级别的端对端性能监控。3 种映射方法都能以浮动模式工作。前面讲的映射方法:2、34、140 Mbit/s 映射进相应的 VC,就是异步映射浮动模式。

5)锁定 TU 模式

锁定 TU 模式是一种信息净负荷与网同步并处于 TU 帧内的固定位置,因而无须 TU-PTR 定位的工作模式。PDH 基群只有比特同步和字节同步两种映射方法才能采用锁定模式。

锁定模式省去了 TU-PTR,且在 TU 和 TUG 内无 VC-POH,采用 125 μs 的滑动缓存器使 VC 净负荷与 STM-N 信号同步。这样引入信号时延大,且不能进行端对端的通道级别的性能监测。

综上所述,3 种映射方法和两类工作模式共可组合成 5 种映射方式,我们着重讲一讲当前最通用的异步映射浮动模式的特点。

异步映射浮动模式最适用于异步/准同步信号映射,包括将 PDH 通道映射进 SDH 通道的应用,能直接上/下低速 PDH 信号,但是不能直接上/下 PDH 信号中的 64 kbit/s 信号。异步映射接口简单,引入映射时延小,可适应各种结构和特性的数字信号,是一种最通用的映射方式,也是 PDH 向 SDH 过渡期内必不可少的一种映射方式。当前各厂家的设备绝大多数采用的是异步映射浮动模式。

浮动字节同步映射接口复杂但能直接上/下 64 kbit/s 和 N ×64 kbit/s 信号,主要用于不需要一次群接口的数字交换机互连和两个需直接处理 64 kbit/s 和 N×64 k/s 业务的节点间的 SDH 连接。

综上所述,PDH 各级别速率的信号和 SDH 复用中的信息结构的一一对应关系为 2 Mbit/s—C12—VC12—TU12;34 Mbit/s—C3—VC3—TU3,140 Mbit/s—C4—VC4—AU4;通常在指 PDH 各级别速率的信号时,也可用相应的信息结构来表示,例如用 VC-12 表示 PDH 的 2 Mbit/s 信号。

3.1.2　传输系统设备日常维护基本知识

(一)设备硬件板卡状态信息

(1)操作方法

SDH 系统的硬件设备提供了大量的状态的监控信息,掌握板卡的状态显示对系统运行维护具有重要的参考意义,是设备检修与维护人员必须具备的。

记录板块面板上的各种指示灯并标注。

参考系统文件,查找并记录指示灯的含义。

联系接入用户及设备运行,记录板卡正常工作时的状态显示。

联系接入用户及模拟运行,记录非正常运行情况下的状态显示。

形成设备日常检修的一项内容。

(2)注意事项

板卡的显示状态可能由多种原因引起,必须联系实际,加深理解。

(二)配线操作

(1)配线架(MDF)

SDH 系统拥有多种数据接口,涉及大量的接线,需具备熟练配线及快速查线的技能。

为了方便维护及扩容,一般低速数据的用户接入都采用配线架的方式,相关查线技能及配线操作详见程控交换机技能部分。

(2)光配线架(ODF)

传输系统大量采用光纤媒质,良好的布线利于光纤保护,降低损耗,便于查找维护。

光配线架主要有架体部分、走线部分、配线部分、熔接部分、光缆固定和接地部分所组成。

1）光纤配线架跳线操作方法

将光纤连接器（跳线），从配线架的配线板左面单侧引出。

将尾纤垂直走线槽向下，经过底部绕线环环绕。

根据纤的长短选不同位置的挂线环，顺势自然盘绕。

顺走线引出并连接系统，注意预留接线长度。

2）注意事项

光纤跳线在环绕时不可过紧或过松，盘绕时勿生拉硬拽。

（三）光纤接头清洁

传输系统大量采用光纤媒质，在检修或故障处理时对光纤接头的清洁不当，会增大损耗，影响传输质量。

（1）光纤接头清洁操作方法

1）推开光纤接口清洁器的拉键。

2）将光纤连接器的接头放入其中一个清洁槽内，按箭头指示方向略微用力擦一次。

3）为了保证清洁效果，可再把接头放入另一个清洁槽内清洁一次。

4）清洁结束后，将拉键松开，光纤清洁器自动关闭。

（2）注意事项

1）不可使用棉球沾酒精对光线接头进行清洁，因为棉花的纤维较粗，容易造成光纤接头的磨损。

2）清洁时，眼睛不可直视光接头，防止有光信号时对眼睛造成伤害。

（四）网管查看告警信息

（1）告警信息查看操作

通过网管计算机查询设备数据，了解设备的工作状态，在故障时，对告警信息的查询能协助分析、定位故障点。

1）进入传输系统集中网管，打开告警信息窗口栏，记录告警信息。

2）进入传输系统集中网管，打开事件信息记录窗口，记录事件，包括事件发生的时间、事件的种类，事件的要素及事件的描述。

3）区分告警信息的颜色显示，代表不同级别的报警。

4）对告警信息解读，查找相应的节点或板卡。

（2）注意事项

告警信息在关闭服务器软件时会自动清空当前的告警信息，注意备份。

任务 3.2　无线系统

3.2.1　无线系统基础知识

地铁无线通信系统是为了保证地铁能够安全、高密度、高效运营而建设的一个安全、可靠、有效的通信系统,为地铁固定用户和移动用户之间的语音和数据信息交换提供可靠的通信手段,对行车安全、提高运输效率和管理水平、改善服务质量提供了重要保证;同时,在地铁运营出现异常情况和有线通信出现故障时,亦能迅速提供防灾救援和事故处理等指挥所需要的通信手段。

地铁无线通信是地铁内部固定人员(如中心操作员、车站值班员等)与流动人员(如司机、运营人员、流动工作人员等)之间进行高效通信联络的唯一手段。在应用上能满足地铁无线各子系统如行车调度、环控防灾调度、维修调度、车辆段/停车场值班员等通信的相互独立性,使其在各自的通话组内的通信操作互不妨碍,同时又可以独立为列车状态信息和车载信息显示系统提供传输通道。可为以下通话组对象提供调度服务:控制中心行车调度员、沿线各站的车站值班员和外勤工作人员、运行线路上的列车司机;控制中心环控调度员、外勤环控人员、维修调度员、外勤维修人员;车辆段/停车场值班员、列检值班员、车辆段/停车场内列车司机,列检及车辆段/停车场外勤工作人员等。

西安地铁一、二号线专用无线通信系统以 800 MHz 频段 TETRA 数字集群系统为基础,以基站加漏缆的方式,通过漏缆、天线实现对线路区间、车站站厅及车辆段的覆盖。除了提供 TETRA 系统标准的功能之外,针对地铁的特别功能要求进行二次开发,以实现地铁工作人员对无线系统集中网管、调度系统、车载台、车站固定台等终端设备的应用。

(一)集群通信系统

(1)集群系统简介

集群通信系统是专用调度通信系统。专用指挥、调度通信是很早就出现的一种通信方式,从一对一对讲机的形式、同频单工组网形式、异频单(双)工组网形式到单信道一呼百应以及进一步带选呼的系统,发展到多信道自动拨号系统。而近十年来,专用调度系统又向更高层次发展,成为多信道用户共享的调度系统,这种系统称为集群通信系统。

目前,由于移动通信发展迅猛,移动通信的频段已从低处向高处发展,从原来的甚高频低端频段(几十兆赫)发展到 100 MHz 频段、250 MHz、450 MHz,目前已到 800 MHz、900 MHz、1 800 MHz 频段,2 110~2 200 MHz 为下行频段。但是一味向高频段发展也不是办法,频率资源总是有限的,而且越向上发展,技术越困难。于是除了开辟新频段外,还要从缩小信道间隔、减少覆盖区域(如缩小蜂窝半径)等方面想办法。如模拟通信从 100 kH 间隔缩到 50 kH 间隔,后来又缩小到 25 kH,甚至缩到 12.5 kH;而数字通信从 30 kH、25 kH 或更低。还有一条措施是从频率利用率上想办法,即提高频率使用效率。因此人们考虑将各个专用网改为统一规划、统一管理、共用频率、共用覆盖区域的网。因为各个专用移动通信网都是为各部门自身业务服务的,它们建立自己的基地台、控制中心和移动台,使用分配给各自的少数几对频率(信道),容量也不可能很大,而统一规划后,可将各个专用网的基地台、无线交换机集中建网和管理,各个部门只要建立自己使用的调度指挥台(指令台)和移动用户台,用户即可入网。这样不仅可以共用频率和共用覆盖区域,还可共享时间和通信业务,使频谱可以得到最大限度的利用。

(2)集群系统的用途和特点

集群系统主要以无线用户为主,即以调度台与移动台之间及移动台相互之间的通话为主。集群系统与蜂窝式在技术上有很多相似之处,但在主要用途、网络组成和工作方式上有很多差异。

①集群通信系统属于专用移动通信网,适用于在各个行业中间进行调度和指挥,对网中的不同用户常常赋予不同的优先等级;蜂窝通信系统属于公众移动通信网,适用于各阶层和各行业中个人之间通信,一般不分优先等级。

②集群通信系统通常能够根据调度业务的特征,具有一定的限时功能;蜂窝系统则不。

③集群通信系统的主要服务业务是无线用户和无线用户之间的通信;蜂窝系统却有大量的无线用户和有线用户之间的通话业务,而集群系统的这种业务一般只允许占总话务量的 5% ~10% 。

④集群通信系统一般采用半双工工作方式,因此 1 对移动用户间通信只需占用 1 对频道;蜂窝系统采用全双工方式,1 对移动用户之间通信必需占用两对频道。

⑤在蜂窝通信中,主要采用频道再用技术来提高频率利用率;在集群系统中,主要是以改进频道共用技术来提高系统的频率利用率。

⑥集群通信系统正在向多个区域构成的大区覆盖通信网发展;蜂窝通信系统正在向微小区和微微区的通信网发展。

(3)集群系统的基本设备

转发器:由收、发信机和电源组成。每个频道均配 1 个转发器,对于分布式控制的集群系统,每个转发器均有 1 个逻辑控制单元。

天线馈线系统:包括天线、馈线和共用器(如收发天线共用器、基站的发射合路器和接收耦合器)。

系统控制中心(系统控制器):分布式控制系统虽无集中控制器,但联网时,需要用网络控制终端。

调度台:分无线调度台和有线调度台。无线调度台由收发信机、控制单元、操作台、天线和电源组成;有线调度台可以是简单的电话机或带显示的操作台。

移动台:有车载台和手机。均由收发信机、控制单元、天线和电源组成。

除上述基本设备外,还可根据系统设计和用户要求,增设系统中心操作台、系统监控设备、中继转发器以及计费和打印设备等。

(4)集群方式

按通信占用频道的方式,集群系统可分为消息集群、传输集群和准传输集群等 3 种方式。

①信息集群(Message Trunking)。在消息集群系统中,每一次呼叫通话期间,一次性分

配一对无线频道,而且在通话完毕后(即松开 PTT 开关),转发器继续在该频道上工作 6 s 左右(即脱离时间约 6 s),才算完成此次接续过程。信息集群的典型呼叫格式如图所示。这里所谓的典型呼叫格式,是由大量实测和统计而得到的结果,指的是在一次通信过程中,通信双方占用时间的统计规律,并非通常所说的信息格式。

②传输集群(Transmission Trunking)。传输集群的通话中,并非始终占用某一频道,当发话一方松开 PTT,对这一频道的占用即告结束,对方回答或本方再发话时,都要重新分配并占用新的空闲频道,亦即在通话中,每按 1 次 PTT 开关就重新占用频道 1 次。因此,传输集群可以充分利用频道的空闲时间,其频道利用率可明显提高。不过,要实现这种传输集群,用户所用的 PTT 必须保证用户讲话时立即接通,讲话停顿时立即松开。这样做会带来一个问题,即用户的话音略有间隙时,PTT 就可能松开,使所用频道也立即放弃而被其他用户所占用,其后讲话时又要重新占用新的空闲频道,从而会导致消息传输不连续或形成通话中断现象。

③准传输集群(Quasi Transmission Trunking)。准传输集群是为了克服传输集群的缺点而提出的一种改进型集群方式,也可以看作传输集群和消息集群的折中方案。其做法是一方面(和消息集群相比)把脱离的时间缩短为 0.5 ~ 2 s,另一方面(和传输集群相比)在每次 PTT 松开之后增加 0.5 s 的保持时间,然后释放频道。

(5)集群系统的体制与类型

按网络结构可分为单区网和多区网。单区网中又有单基站和多基站之分。

按控制方式可分为集中控制和分布控制。集中控制方式使用专用控制信道传送信令,信令速率教高,如 9.6 kbit/s;分布控制方式采用随路信令,即在 1 个信道上同时传送信令和语音,通常利用话音带外的亚音频传送信令。随路信令方式不单独占用控制信道,允许信令速率较低(如 300 bit/s),但控制功能较差,通常适用于中、小容量的调度系统。

按呼叫处理方式可分为损失制和等待制系统。在损失制系统中,当话务频道全忙时,新到的呼叫申请将被自动损失,用户必须重新进行呼叫申请;在等待制系统中,当话务频道全忙时,新到的呼叫申请将进入排队系统,一旦出现空闲频道,控制设备即根据用户级别及先来先服务的规则为呼叫指配频道。显然,等待制系统的频道利用率高于损失制系统。目前,各种集群系统均普遍采用等待方式。

(6)模拟集群通信

通信最早是从模拟通信方式开始的,而且这种方式一直持续了很长一段时间。1988 年,进入我国最早的集群通信系统就是模拟集群通信系统。第 1 台进入我国的模拟集群通信系统是芬兰诺基亚公司采用 MPT-1327 信令的 450 MHz 成为 Actionet 的模拟集群系统。

模拟集群通信是采用模拟话音进行通信,整个系统内没有数字制技术。后来为了使通信连接更为可靠,不少集群通信系统供应商采用了数字信令,使集群通信系统的用户连接比较可靠、连通的速度有所提高,而且系统功能也相应增多。因此模拟集群通信系统中,实际上信令是数字制的。

(7)数字集群通信

十几年来,"数字化"这个名词已经深入人心,数字化最早的电信产品是无线电寻呼通信系统,它虽然简单,但是属于数字通信的范畴,后来蜂窝通信时分多址的 GSM、DAMPS

系统问世了,这是典型的数字移动通信系统。

集群通信数字化不仅使通信质量提高,信道数增加,容量也增大了,而且数字集群系统也容易满足多区联网需求。数字化的优点诸如抗干扰能力强,可实现高质量的远距离通信,容易实现高保密度的加密,数字电路集成化使设备可靠性提高,具有适应各种业务(特别是 ISDN)需要的高灵活性以及容易与计算机连接等,早已为人们熟悉和了解。

真正的数字集群通信系统是要在各个环节上进行数字处理的,除了数字信令外,其中最重要的是多址方式、话音编码技术、调制技术等。当然,实现数字通信后,还需要采用一些新技术来配合,如同步技术、检错纠错技术以及分集技术等。

(8)集群通信的特点

根据集群通信的基本情况,集群通信的主要特点可归纳为以下几点。

①共用频率:将原分配给各部门的专用频率集中管理,供各家一起使用。

②共用设施:由于频率共用,就有可能将各家分建的控制中心和基地台等设施集中管理。

③共享覆盖区:可将各家邻接覆盖的网络互连起来,从而形成更大的覆盖区域。

④共享通信业务:除可进行正常的通信业务外,还可有组织地发布共同关心的一些信息,如天气预报等。

⑤改善服务:共同建网,信道利用可调剂余缺,共同建网时总信道数所能支持的总用户数,要比分散建网时分散到各网的信道所能支持的用户总和要大得多,因此也能改善服务质量;集中建网还能加强管理和维护,因而可以提高服务等级,增强系统功能。

⑥共同分担费用:共同建网肯定比各自建网费用要低,机房、电源、天线塔和天馈线等都可共用,有线中继线的申请开设和统一处理也比较方便,管理、值勤人员也可相应减少。

若要再具体一些,集群通信系统的特点还应包括得更多:接续时间短,能快速获取信道和脱开信道;具有先进的数字信令系统;采用分散式容错处理,有故障弱化功能;采用灵活的多级分组;具有详细的管理报告;可进行动态重组;可进行紧急呼叫;可进行数据传输,能进行传真和话音保密业务;可与有线交换机互联。

总之,集群通信系统是一种高级移动指挥、调度系统,是一种共享资源、分担费用、向用户提供优良服务的多用途、高效能而又廉价的先进的无线电指挥、调度通信系统,是一种专用移动通信系统。

(9)集群通信系统的信道控制方式

集群通信系统的信道控制方式有两种:集中式控制方式(也称专用控制信道控制方式)和分散式控制方式(也称分布式控制方式)。

集群通信系统的信令通常有 3 种配置方式:

①专用信令信道方式。

②非专用信令信道方式。

③随路信令信道方式。

集中式控制方式主要采用前两种。集中式控制方式必须有一传输信令的专用信道,这个信道也称为控制信道或信令信道。所谓"专用",是相对于"非专用"来说的,专用信道是指当系统中话音信道全部都被占用时,这个信道仍作为控制用,则叫"专用";若在话音信道全部被占用时,这个控制信道可以临时改成话音信道,用于通话,就叫"非专用"。因此,信道集中式控制方式,实际又可分为集中式控制的专用信令信道方式和集中式控制的非专用信令信道方式。

这里需要说明的有两点:一是集中式控制专用信令信道方式中的这个控制信道是专用的,不是定死的,须根据系统中所有信道实际质量来选定;二是集中式控制非专用信令信道方式的控制信道,当系统其他所有信道全被占用而改成话音信道之后,就不再执行处理呼叫请求,当系统中有空闲信道出现时,它就自动改回控制信道。

所谓集中式控制方式,是指在系统中用一个系统控制器(或控制中心,实际上通常使用1条信道作控制信道)来统一管理系统的所有信道,以能自动选择可用的空闲信道供用户使用并能实施系统各种功能等控制能力的方式;而所谓分散式控制方式,是指系统中每个信道既是业务信道又是控制信道,即每个信道都由自己的智能控制终端(或模块)来管理自动选择空闲信道和完成系统功能等控制能力的方式。

对于比较小的集群通信系统来说,专门把一个信道用作控制信道会使整个系统的信道利用率降低。因此,把所有信道同时既用作话音信道又用作信令信道更合适一些,并借助一个装备给空闲信道加上标志,使移动用户通过搜索找到下一个尚未使用的信道,一般把这样的系统称为"搜索"系统。对于较大的系统来说,信令联络时间更为重要,故用专用的信令信道较为合适。由于控制方式与信令系统密切相关,所以集群通信系统因采用不同的控制方式和信令方式而形成了不同的机制。

对于采用集中式控制的集群通信系统来说,一般都采用专用信令信道方式,但是那些需要使用信道数较小的系统,信令信道的负荷相对较少,利用率不高,所以比较著名的MPT-1327 信令系统则采用了专用信令信道和非专用信令信道相结合的技术方式。

随路信令信道方式意指信令与话音同路,即这个信道的信令和话音可同时传输。随路信令通常用亚音频频率,如用 300 Hz 以下来传输信令信号,以防止相互干扰。显然,分布式控制系统是由各信道自己控制的,采用随路信令方式。

(二)Dimetra IP 系统基础知识

地铁无线通信是专门为地铁内部人员之间进行高效通信联络设计的。它提供运营控制中心的行车调度员、环境调度员、公安值班员、维修调度员,对诸如列车司机、运营人员、维修人员等无线用户分别实施无线通信,车辆段值班员对段内的车辆实施无线通信,以及相应的无线用户之间必要的无线通信,同时还提供相应的呼叫、广播、录音、存储、显示、检测要求和优先权等功能。为了实现无线调度系统设计的功能,MOTOROLA 公司提供的Dimetra 系统是一个无线与有线相结合的网络。主站到基站采用有线连接,基站到移动台采用无线连接。

Dimetra(Digital MOTOROLA Enhenced Trunked Radio)是 MOTOROLA 公司生产的完全符合 TETRA 开放标准的数字集群无线通信系统。Dimetra 系统基于 TDmA 时分多址技术、ACELP 话音编码技术、π/4-DQPSK 调制技术,集调度指挥、双工互联电话、短消息、数据通信于一体,提供有效的无线通信平台。

(1)Dimetra 系统的服务对象

目前,Dimetra 系统主要为三类用户提供服务。

①无线用户:系统内的移动台用户可以在系统提供的无线覆盖范围内漫游,无线用户通过移动台接入系统服务,移动台与基站之间通过 TETRA 的空中接口进行通信。

②调度员:接入系统提供功能先进的固定用户,这些功能可以使调度员和移动用户群(组)之间进行有效的通信,并对无线用户进行管理。

③网络管理者:负责管理和维护 Dimetra 系统。系统提供了很多管理工具,允许网络管理者有效的管理系统。

(2) Dimetra 系统提供的服务

①语音服务:描述系统提供的语音通信服务,除非特别声明,无线用户和调度台均获得这些服务。包括通话组呼叫、通播组呼叫、紧急呼叫和私密呼叫。

②数据服务:描述系统提供的数据通信服务,除非特别声明,无线用户和调度台均获得这些服务。他包括状态信息服务、紧急报警、短数据传输服务、字符文字文本服务。

③补充服务:描述系统提供的额外服务,这些服务不能单独使用,仅用来补充语音和数据服务的功能。他包括遇忙排队和回呼、排队优先级、新近用户优先、动态站分配、有效站点及关键站点分配、通话方识别、迟后加入、优先监视及动态重组。

(三)无线系统设备组成及其功能

西安地铁一、二号线无线通信系统采用的是 800 MHz 频段 TETRA 数字集群系统。全线设置控制中心交换设备、基站设备、集群调度设备、网管设备及无线终端等设备,实现全线的调度通信。中心控制设备到基站之间采用有线传输系统所提供的通道连接,基站到移动台之间采用无线连接,无线电波通过漏泄同轴电缆和天线辐射传播。

所采用 TETRA 系统的内部数据处理和交换基于 IP。由于采用了最先进和最流行的 IP 核心,系统具备更平滑的扩容能力,通过不断地扩容实现将来各轨道交通线路共享整个系统,同时支持话音和数据的 VPN 服务,为不同线路适度保持其相互独立提供了保证,分别由不同线路的网络管理终端管理各自的设备和用户,完全互不干扰。

TETRA 数字集群移动通信系统由网络基础设施和移动台组成,其中网络基础设施主要有单元和设备包括控制中心集群交换控制设备(MSO)、基站、调度台、二次开发平台和网管系统,网络各构成元素通过标准通信接口接入传输系统,由传输系统提供的通道有机协调运行,行使网络职能,最终使网络设施在逻辑上呈现以控制中心集群交换控制设备(MSO)为中心的星形拓扑结构;移动台包含便携台、固定台和车载台。网络设施和移动终端相互作用共同完成无线通信系统的通信功能。该系统可以保证位于控制中心(OCC)、车辆段/停车场的调度员与列车司机、运营人员、维护人员及车辆段/停车场人员等不同的用户之间进行有效的话音和数据通信,保障地铁运营的通信畅通。

中心集群交换控制设备(MSO)是无线通信系统网络的核心,该设备主要包括核心路由器、以太网交换机、节点控制器及各种网关等网络设备。特别值得提及的是,当基站与交换控制设备失去联系时,基站可以进入单站集群方式,继续支持单站系统的正常运行。

系统设有独立的调度服务器设备,能够接入 ATS 信号系统及时钟系统,管理全线的调度终端设备。另外,为该系统设置一套完整的综合网管系统,可以监测和管理全线设备,显示全线设备运行状态并对故障信息进行告警。

系统框图见图 3-14。

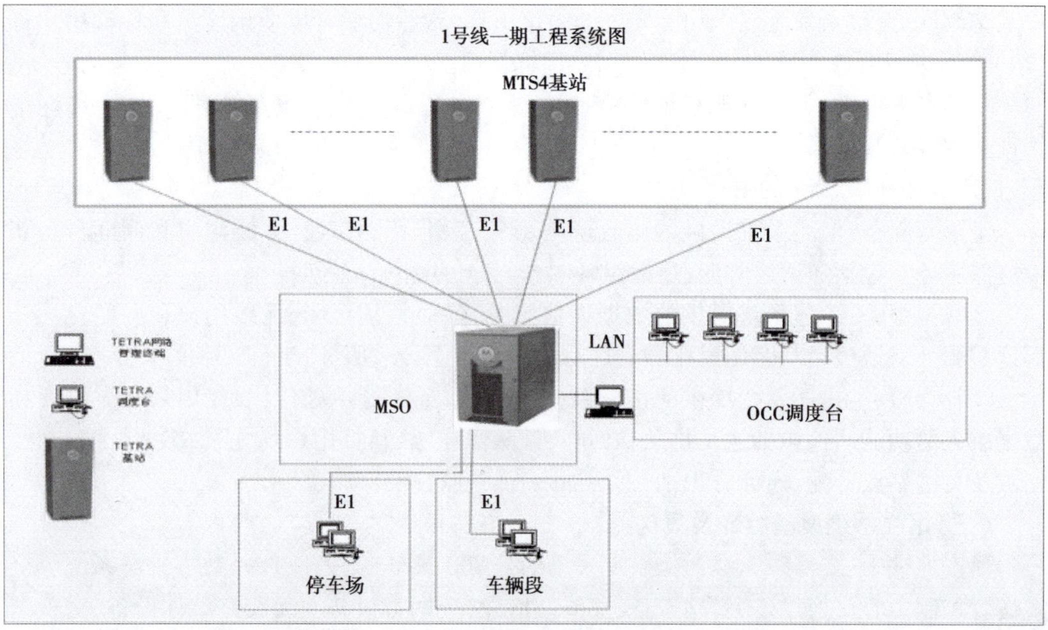

图 3-14　西安地铁一号线一期工程系统构成图

（1）用户组构成

根据系统使用要求,西安地铁一号线一期工程包含以下无线通信子系统。

①列车调度员子系统:通话的权限仅限于车载电台、固定电台。

②车辆段和停车场调度员子系统:权限仅限于本段、场内移动台(部分车载电台、便携电台)。

③维修调度员子系统:权限仅限于本部门内移动作业人员(部分便携台)。

④环控(防灾)调度员子系统:权限仅限于本部门内移动作业人员(部分便携台)。

（2）全线设备组成

西安地铁一号线无线通信系统全线由 1 套 MSO、20 套两载频基站、1 套三载频基站、1 套调度服务器(主备冗余)、7 套调度设备、1 套 TETRA 网络管理设备、20 套 TETRA 固定电台、50 套 TETRA 车载电台及 300 套手持终端等设备构成。

控制中心设备到各基站之间采用有线传输系统所提供的通道(2 M)星状连接。在沿线 19 个车站分设 19 套集群基站,在车辆段/停车场各设置 1 套集群基站,共同完成对全线车站、区间、车辆段及停车场的无线信号覆盖。

西安地铁一号线项目无线通信系统的调度系统采用调度服务器/终端配置,实现对本线的调度管理。同时配置 8 个调度终端,其中 4 个调度终端设在控制中心,分别为行车调度台 1、行车调度台 2、环控防灾调度台及维修调度台;车辆段设置 2 台远端调度台,完成对全线及车辆段的调度管理;停车场设置 2 台远端调度台,完成对全线及停车场的调度管理。

各调度终端与 MSO 之间采用 IP 连接,实现供二次开发使用的数据传输。各调度台的话音及控制信令经过 MSO,通过有线通道、基站及漏泄同轴电缆传给列车司机、车站值班员及其他流动作业人员。车站值班员及其他流动作业人员的话音及呼叫信息经无线基站、漏缆及有线通道传给调度台,从而达到上、下行不间断互通信息的目的。

将为本线开发一套综合的无线网管系统,能够对系统的 TETRA 设备、二次开发设备等设备进行故障监测、告警及信息上传,充分保证了系统的安全可靠。

(3)系统设备描述

1)MSO 设备

摩托罗拉 TETRA 系统的 MSO 采用全 IP 的交换机构,整个系统通过以太网交换机和路由器实现话音、控制、管理、数据业务的 IP 交换,同时以服务器为硬件平台的各个功能模块用来对各类业务进行"软交换",分别实现控制、管理、话音、数据等功能。

MSO 包括 1 个 19 英寸机柜,柜内包括以下设备。

①节点控制器/网管服务器(ZC/NM)。节点控制器(ZC)是整个系统的中心处理设备,采用新型的基于 Netra 的控制器平台,安装在 19 英寸机架内。基于 Netra 的控制器支持冗余配置,由主用和备用两个 Netra 组成,这种冗余配置方式允许在备用 Netra 上进行系统软件升级,同时主用 Netra 继续处理呼叫。

当主用 Netra 出现故障时,备用 Netra 会取代所有的呼叫处理过程,从主用到备用 Netra 的转换会在短时间内中断广区服务。从主用到备用控制器的转换既可以从网络管理器由"用户发起",也可以"自动"转换。在"自动"转换情况下,由备用控制器负责检测需要进行转换的条件,自动采取转换动作,并担任主用控制器的工作。

ZC 的主要功能包括:处理和产生与呼叫有关的信令、控制和分配空中接口资源、处理移动台注册和通话组注册、移动台的移动性管理、控制和分配电话互联网关资源、为短数据路由器和分组数据网关提供移动台位置信息。

网管服务器(NM)功能包括:节点数据库服务器(ZDS)、FullVision 服务器(FVS)、空中话务路由器(ATR)、节点统计服务器(ZSS)、用户配置服务器(User Configuration Server, UCS)。

②核心路由器/网关路由器(CR/GR)。核心路由器(CR)用于将 IP 数据包路由到远端控制室和基站,并提供相应的物理接口。

网关路由器(GR)用于过滤以太网上的所有业务信息,并将其路由到以太网上的相应设备(控制器、分组数据网关、短数据路由器等)。

出口路由器用于实现与其他 MSO 的互联。

③广域网接口设备(CWR)。广域网接口设备(CWR)用于将核心路由器连接基站和远端控制室的接口转换为标准的广域网接口,并可以直接与传输系统相连。

④以太网交换机。以太网交换机用于集合所有控制器、服务器、终端和路由器的以太网接口。

⑤NTP 服务器(NTS)。NTS 是一个时间参考时钟模块,为所有 IP 连接设备(NTP 客户端)提供 UTC 时间和日期参考,并协助基站同步。

⑥边界路由器。该路由器作为 Dimetra IP 系统外部网络的一部分,在 DMZ(Demilitarised Zone)和客户网络之间路由业务信息。

⑦数据网关。短数据路由器(Short Data Router, SDR)和分组数据网关(Packet Data Gateway, PDG)集成到一个设备机架,称为数据网关。系统可以利用数据网关同时支持短数据服务(Short Data Service, SDS)和分组数据服务(Packet Data Service, PDS),SDS 由 SDR 支持,PDS 由 PDG 支持。

SDR:SDR 以 TETRA 短用户识别码(ISSI)为基础,对系统里的短数据信息进行路由选择,支持短数据传输服务。所有将通过 TETRA 短数据服务(SDS)传输的短数据包被发送到 SDR。对于传送到移动台(MS)的短数据信息而言,SDR 将与节点控制器(ZC)进行通信,以便找到移动台目前登记的基站,然后将短数据信息发送给相应的基站(EBTS)。对于传输到(外部)固定主机的短数据信息而言,SDR 将 TETRA 地址映射成 IP 地址,并通过 IP 包将短数据信息传输到此主机。

PDG:Dimetra 的 PDG 需要两个模块,它通过两根 10 Base T 连接线与主站以太网交换机进行通信,其中一根以太网连接主要用于与远端 EBTS 基站之间的通信,另一根用于与外部 IP 主机之间的通信。为了支持 IP 分组数据服务,PDG 采用了两个模块分别运行无线数据网关(RNG)和 PDG 这两个应用,其中 RNG 用于处理 TETRA 空中接口协议,而 PDG 用于处理 TETRA 与 IP 地址的映射和 IP 路由功能。分组数据用户可以从两个接入点接受服务:一个在移动台的外围设备接口(PEI),另一个在局域网(LAN)的中心网络设备侧,与移动台的 PEI 连接是标准的 RS232 接口,而局域网接口提供与 PDG 的 10 Base T 连接。

⑧GGSN。GPRS(General Packet Radio Service)是欧洲电信标准委员会(ETSI)指定的标准。GPRS 起先是为 GSM 网络开发的基于 IP 数据包的数据服务。GPRS 包括两个新的网络单元,分别为 GPRS 服务节点(SGSN)和 GPRS 支持节点(GGSN)。在 Dimetra IP 系统中同样采用 GPRS 技术实现分组数据的传送。

GGSN 允许移动用户接入客户专用的 IP 网络,移动用户的通信请求首先进入 RNG,再经过 PDR 接入 GGSN,进而接入用户自己的数据网。PDR 与 GGSN 之间的连接采用 GPRS 隧道协议(GTP),因此 PDR 起到了 SGSN 的作用。

⑨电话互联网关(MTIG)。电话互联网关(MTIG)支持 Dimetra 系统和专用自动小交换机(PABX)之间的 E1 接口。Dimetra 和 PABX 之间的信令协议是 ETSI Q-SIG 协议。对于电话互连呼叫而言,ZC 可控制 MTIG 的音频信号的路由选择以及为传输给 PABX 的呼叫建立信令。MTIG 将语音与来自 ZC 的 Q-SIG 信令进行组合,并将其传输给 PABX(通过回声消除器)。在相反的方向,TIG 可对语音和来自 PABX 的 Q-SIG 信令进行分解,将语音传输给交换网络,将信令传输给 ZC。此外,在 ZC 的控制下,MTIG 可按照要求生成呼叫过程音。

MITG 可为用户提供 60 路话音中继。

⑩回声消除器。从移动台(MS)到 PABX,再从 PABX 到移动台的往返音频延迟非常显著,外部电话网络里生成的任何移动台用户的语音回声会被大大延迟。回声消除器可抑制任何来自电话网络的回声,使其不影响无线用户的通话。

⑪鉴权服务器(AuC)。鉴权服务器用来存储移动台的密钥,并提供给节点控制器,由节点控制器在线实现移动台的上电鉴权过程。

⑫基站链路复用器(MUX)。基站链路复用器用来将来自线路的 E1 链路复用(10 个基站共用 1 个 E1)后接入广域网接口设备。

2)调度系统设备

①TETRA 调度台。调度员座席是调度通信系统最重要的人机界面,由一个基于 PC 的控制台和一套控制台接口电子设备(GPIOM)构成。GPIOM 设备为调度员提供语音接口,包括麦克风、扬声器、音频录音接口和其他附件。

GPIOM 的外观参如图 3-15 所示。

图 3-15　GPIOM 设备

音频附件配套设备如图 3-16 所示。

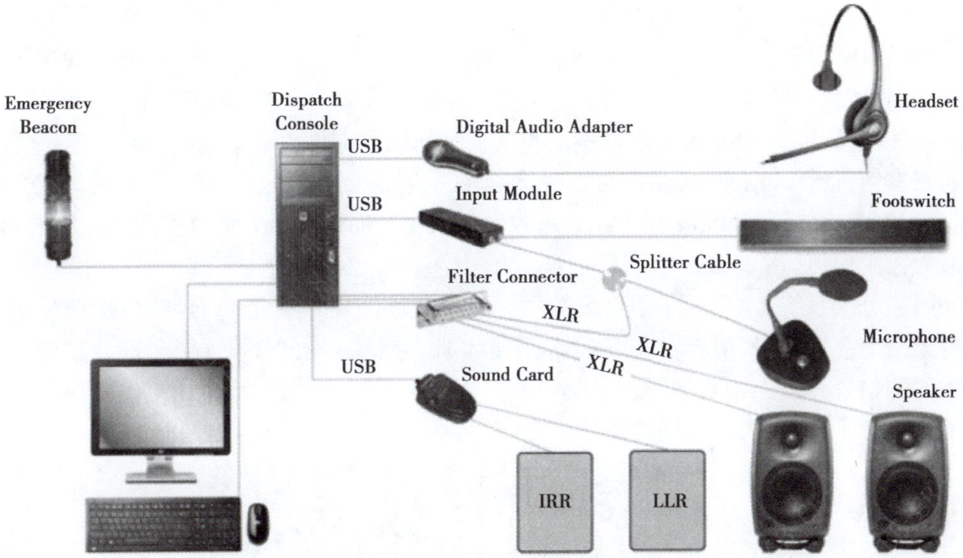

图 3-16　音频附件配套设备

调度台界面采用中文操作。调度员通过键盘或鼠标向系统发出命令或请求,系统通过监视器或其他输出设备进行响应,为调度员提供友好的人机界面。

②二次开发 CAD 调度台。二次开发 CAD 调度系统采用客户机/服务器配置方式,由 CAD 服务器和调度操作控制台组成。二次开发 CAD 调度台采用全中文界面,界面直观,操作方便。

调度服务器设备将放置于控制中心的标准 19″无线设备柜中。设备柜中设备包括调度/网管服务器设备主机、24 路以太网交换机、多频道液晶显示器等。

③基站。基站设备为系统提供无线覆盖,它通过基站链路连接到控制中心,并通过核心路由器与以太网交换机相连。

基站作为无线网关,提供 TETRA 空中接口协议与 ZC 和数据网关(包括短数据路由器和分组数据网关)接口协议的转换。基站将来自移动台的话音、数据、呼叫处理、信令和网络管理信息集成到一个 E1 基站链路。

工作电源 220 V AC 或 −48 V DC。由 Tetra 基站控制器(TSC)、收发信机(BR)、环境告警系统(EAS)、射频分配系统(RFDS)组成。

④基站控制器(TSC)。TSC 提供到 TETRA 系统网络中心的 E1 远端链路,并通过以太网控制收发信机。TSC 同时包括基站参考 ISA(SRI)时间和频率基准模块,此模块包含高稳定度晶振,由其提供参考频率。

TSC 也可通过 GPS 接收机提供本地校准信息，GPS 接收机通过 GPS 天线接收 GPS 信号。GPS 同步为可选配置。本项目中未采用 GPS 同步方式，所需的校准信息由 MSO 的 NTP 服务器通过基站链路下发到每个基站。

TSC 基本工作系统软件包括依据 TETRA 标准实施的动态射频功率控制和单站集群（LST）功能。另外，TSC 基本工作系统软件还可以支持短数据传送服务（SDTS）和分组数据服务（PDS）。

在"系统功能"部分所述的"单站集群"功能就是由此智能的基站控制器来实现的。除了"单站集群"功能之外，基站控制器还支持新加入此基站的无线用户注册，同时可将多达 1 000 个无线用户的注册信息暂存在基站控制器的存储器内，一旦基站与 MSO 的通信恢复，基站控制器会自动将这些注册信息上传给 ZC，而无需像其他厂商的基站一样需要无线用户重新注册，因此大大加快了系统恢复正常工作所需的时间。

⑤收发信机（BR）。每个基站可支持 8 个收发信机。每个收发信机可采用 2 或 3 分集接收机和 25 kHz 信道间隔的发信机，每收发信机 4 个时隙，第 1 个收发信机载频的第 1 个时隙为控制信道。

⑥射频分配系统（RFDS）。RFDS 采用合路将载波输出信号进行合路，以便馈送到一个发射天线上去。同时，射频分配系统采用接收机多路耦合器（RMC）把多根分集接收天线接收到的信号分配到接收机单元。另外，它还采用了双工器把射频收发信号进行混合，减少了天线数量，如图 3-17 所示。

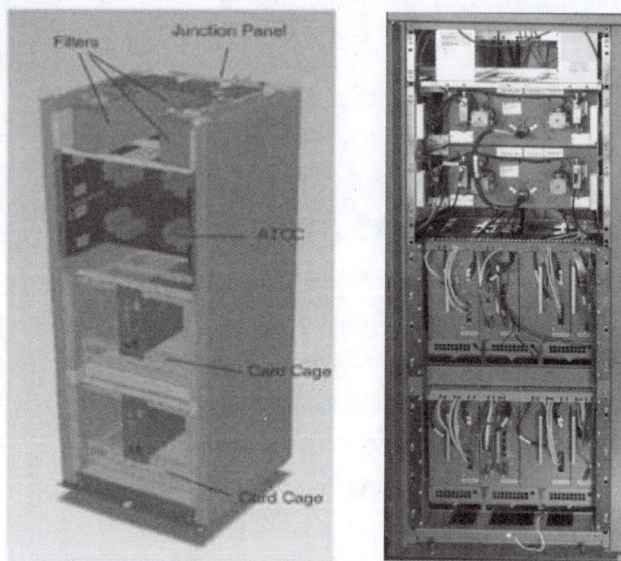

图 3-17 MTS 整机内部的结构和布局

图 3-17 显示了 MTS 整机内部的结构和布局。两个机框用来安装基站控制器（TSC）、电源模块及载频收发信机（BR），每个机框 2 个 BR。射频和无线控制模块均由摩托罗拉制造。安装在上部的合路器、分路器等射频器件同样为国际顶级品质，并同机柜集成在一起，通过严格的射频指标、电磁兼容指标的测试，形成一体化的结构。

3）网管设备

①网络管理终端（NMT）。Dimetra 系统网管终端可为网管用户提供不同网管应用的图形用户界面（GUI），网管终端可以位于主站或远端站。Dimetra 系统的网管终端通过以太网接口连接到中心无线设备机柜内的以太网交换机上。

②二次开发网管终端设备。为适应地铁业主的实际需求和日常操作，上海铁路通信有限公司为西安地铁业主量身定制了二次开发网管设备。二次开发网管设备采用客户机/服务器配置方式，由网管服务器和网管终端设备组成。网管终端采用全中文界面，界面直观，操作方便。

4）固定台设备

固定台为采用固定安装方式的无线设备，内置有 MTM800E 移动无线终端。

固定台安装在车站，能使车站值班员轻松接入无线系统。固定台设备采用交流 220 V 供电，同时包括麦克、电源、喇叭等配件。固定台同样具有坚固的特性。

5）车载台设备

车载台是由摩托罗拉的 MTM800E 车载台经过二次开发而成，采用了最新的数字信号处理器（DSP）和线性 RF 功率放大器（PA）技术，可满足移动和"固定"操作需求。

为方便司机使用，定制了全新的车载台控制面板并采用中文界面。车载安装的无线用户机必须提供可靠的防冲击和防震动能力，也包括较好的机械强度、耐久性和良好的热散性。

MTM800E 与手持台一样具备坚固的特性，设备原型已经经受了加速老化试验，此试验模拟了 5 年残酷工作环境，而丝毫不影响服务。它同样满足美国军队测试标准 MIL-STD 810C/D/E 及 IP54 防尘防水标准。

保持用户机的冷却状态对于维持设备的工作寿命尤其重要，无线用户机具备铸件结构，使散热途径远离温度敏感的器件而直接进入外部散热风扇。其余的外机构采用聚碳酸酯材料，与一般金属材料相比，它提供了更好的热隔绝性，同时具备更好的防冲击性，并且不褪色、防锈、防刮和防裂。

MTM800E 有完善的保护，不会由于不正确的使用而损坏。比如，当设备处于过热的危险时，热传感器会探测到，并限制功率的输出；音频放大器也会保护短路和过热；无线收发信机在反向功率灌入时（由于天线不匹配）进行保护。

MTM800E 车载台的主机如图 3-18 所示。

6）手持终端设备

MTP3150 是一款小型轻便并具有结实耐用特性的手持台，提供了按键、高分辨率显示屏和声音接口（麦克风和扬声器），可以方便地访问无线通信服务。与 MTP850 手持台相比，功能齐备的 MTP3150（含 GPS）提供了完整的 TETRA 功能包，并且配备全键盘。

7）漏缆设备

无线系统沿线隧道区间主要采用漏泄同轴电缆辐射方式进行场强覆盖，用射频同轴电缆对漏缆和主设备进行连接。

本工程无线系统选用的泄漏电缆是专门针对地铁无线通信系统（800、900、350 MHz）而设计的，此款电缆在此频段中有着良好的传输损耗及耦合耗损，使系统总损耗达到最优化，这样一来，在长区间里使得信号不用放大器就能实现长距离传送，保证了系统的可靠性和易维护性。电缆在安装方面也非常方便,在电缆外皮上有两条突起线,施工人员只需将电缆的突起线与相之匹配的夹子对齐即可将漏缆卡好,这样可方便施工人员安装也能保证泄漏电缆的最大辐射方向朝向隧道。

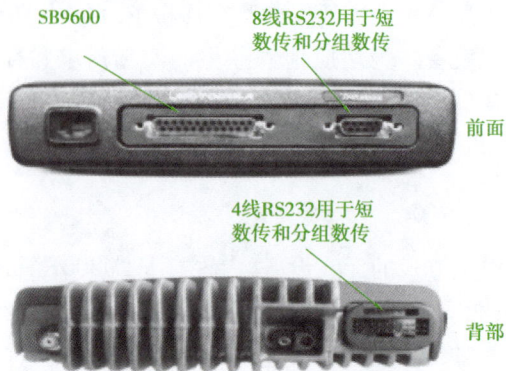

图 3-18　MTM800E 主机(背部)

①漏缆的开槽孔。开槽结构为短间距斜向槽孔群,频率范围为 800 MHz、900 MHz、350 MHz;选择最佳的漏缆需考虑它的系统损耗,系统损耗是指传输损耗和耦合损耗的总和,传输损耗是电缆本身的线损,耦合损耗是指通过孔或开槽从电缆散发出的电磁波的损耗。因此系统损耗可以说是整个电缆的损耗,表 3-1。

表 3-1

开槽结构	频率范围	应　用
短间距斜向槽孔群	800 MHz、900 MHz、350 MHz	地铁无线通信系统

在指定频率的系统损耗是测试点的电缆衰减加上 95% 耦合损耗,所有的电缆的特性阻抗都为 50 Ω,漏缆开槽孔如图 3-19 所示。

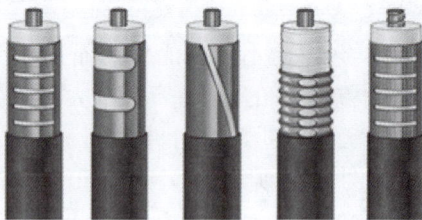

图 3-19　漏缆开槽孔

②馈线电缆。所选用的馈线电缆为泡沫绝缘电缆,可靠性高、性能优越,可用于多种无线通信系统,具有以下特点:良好的机械性能(既有良好的柔性,又具备高抗冲击性)、低衰减(射频信号传送效率高)、低反射系数和低 VSWR(系统噪声小)、高额定功率(能在高功率下长期工作)、低互调(基于高质量的内外导体)、良好的屏蔽效果(将系统干扰减到最低)、能在较差环境下可靠工作(温度和气候)。

③漏缆连接器。漏缆连接器有弹性爪状卡盘,用来与电缆形成可靠的连接,以确保良好和稳定的互调性能,具有以下特点:整体式结构,安装更快捷、更简便;低损耗;低 VSWR,典型值小于 1.02;低互调,小于 −155 dBc;介质密封;接触面贴合紧密;符合 IP66 和 IP68

要求,如图 3-20 所示。

8)天馈设备

①双工器,如图 3-21 所示。

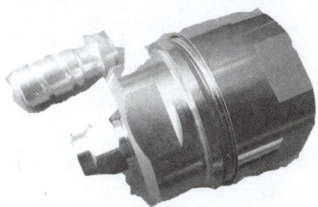

图 3-20　漏缆连接器

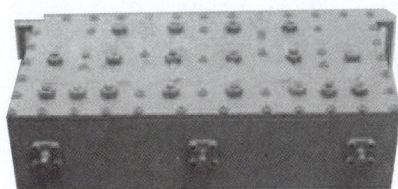

图 3-21　双工器

②耦合器,如图 3-22 所示。

③功分器,如图 3-23 所示。

图 3-22　耦合器

图 3-23　功分器

④馈线,如图 3-24 所示。

⑤天线,包括全向天线,如图 3-25 所示;定向八木天线,如图 3-26 所示。

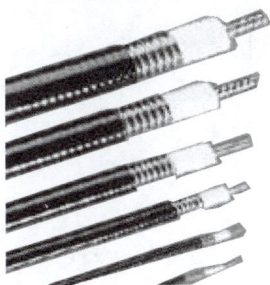

图 3-24　馈线

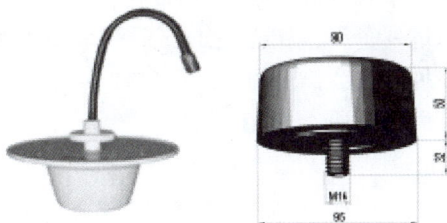

图 3-25　全向天线

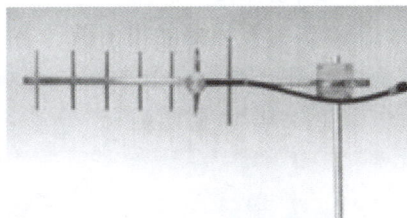

图 3-26　定向八木天线

3.2.2　无线系统设备日常维护基本知识

根据地铁无线系统点多线长的布局特点,为了快捷准确地监控系统运行状态,在巡检工作中根据实际情况,在不同地点采取不同方式进行验证。

(一)无线系统工作状态的检查

(1)通过网管监视系统工作状态

①根据操作规程打开网管监控界面,查看系统各模块及链路工作状态,可判断系统是否正常运行。

②该方式无法全部反映现场无线信号实际覆盖情况。

③常用缩略语见附录。

(2)通过列车电台与中心调度台呼叫、状态信息的发送来判断系统工作状态

①沿运营线利用车载电台在不同基站覆盖区呼叫中心调度台,并观测列车归属变化。该种方式可验证无线系统及全线场强覆盖状态是否正常。

②该种方式会长时间占用用户台,对用户台正常使用影响比较大,只适用于局部区间故障恢复后的验证。

(3)利用便携台判断系统运行状态

①无线系统巡视以空中接口为切入点,使用便携台开启场强监控界面乘车沿覆盖区观测场强分布情况,与原始场强分布曲线图进行核对,以此判断基站的发射工作状态。

②通过便携台与集群专用场强测试软件的连接更加准确地验证场强覆盖情况,从而判断基站工作状态。

③便携台之间通话、信息发送验证系统运行状态。

④该种方式不能验证调度台工作状态。

(4)利用列车头、尾电台判断运行状态

①利用车载电台与调度台通话实验可验证无线系统及调度台运行状态。

②通过列车头、尾电台之间通话可验证无线场强覆盖及基站工作情况。

③该种方式会长时间占用用户台,对用户台正常使用影响比较大,只适用于局部区间故障恢复后的验证。

(5)通过固定台与便携台通话实试验验证系统工作状态

①利用固定台与便携台私密通话试验可以验证本站场强覆盖及基站与中心链路的运行情况。

②该种方式只能覆盖本站区无线场强覆盖情况。

根据不同情况采取以上各种方式的不同组合,可以全面、准确地验证系统工作情况。

(二)无线系统设备日常巡视

无线系统日常巡视包括中心无线设备、基站巡视、车载电台、固定台,具体工作内容如下:

(1)中心无线设备巡视

①查看 FullVision 中的设备告警信息;

②通过 Zone Watch 查看基站的工作状态;

③查看 CAD 服务器中关于调度台的信息；

④直放站网管查看直放站设备工作状态；

⑤巡视检查各调度台的工作状态。

(2)无线基站的巡视

查看基站指示灯显示情况。

①基站控制器指示灯显示：如图 3-27 基站控制器指示灯显示图和表 3-2 指示灯状态定义所示。

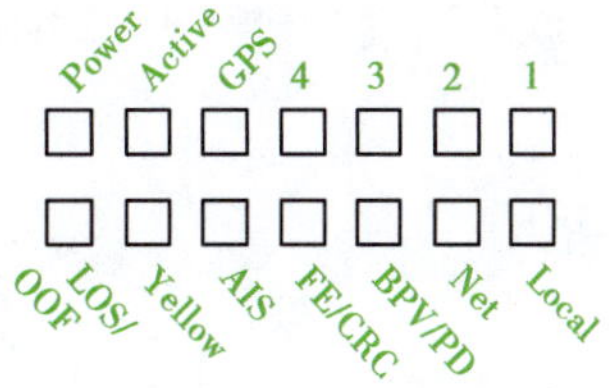

图 3-27　基站控制器指示灯显示

表 3-2　指示灯状态定义

指示灯	颜　色	功　　能
电源(Power)	绿色	点亮：电源设备正常运行 熄灭：电源设备发生故障，或者断电
启用(Active)	绿色	点亮：表示当前控制器处于工作状态 熄灭：表示当前控制器处于备用状态
GPS	绿色	点亮：GPS 接收机依靠接收到的卫星信号正常工作 闪烁：自由震荡 熄灭：GPS 接收机未跟踪卫星
网络(Net)	红色	点亮：TSC 处于单站集群或降级模式 熄灭：正常运行
本地(Local)	黄色	点亮：TSC 处于单站集群 熄灭：正常运行
1·4	绿色	与 E1 连接接口状态

注：基站正常时，只有 Power、Active、GPS 3 个灯均亮绿色，1·4 中有 1 个亮为绿灯。

②查看基站环境报警单元指示灯工作状态；

③查看基站信道机指示灯显示状态，正常工作时只有 BR 指示灯亮绿灯；

④天馈设备工作状态；

⑤场强覆盖状况，根据场强测试仪或用户台测试模式的数据判断天馈系统的状态；

⑥查看天线接头，漏缆接头，终端负载接头，设备连接用同轴电缆接头紧固情况，各类耦合器、功分器的连接紧固情况，并利用功率计测试天线驻波比判断天馈系统的状态。

注意事项：在发射机正常工作时严禁断开基站天馈连接及部件。

(3)无线电台巡视

①查看车载台电源显示状态；

②查看车载台界面中场强指示、通话组状态、模式显示、列车归属，判断其工作状态；

③利用车载台与维修用便携台私密通话验证车载台通话功能。

(4)固定台巡视

①查看固定台电源显示状态；

②查看固定台界面中场强指示、通话组状态、模式显示；

③利用固定台与维修用便携台私密通话验证固定台通话功能。

任务 3.3 交换系统

3.3.1 交换系统基础知识

(一)交换系统组成

交换系统由公务电话系统与专用电话系统两部分组成。

公务电话系统主要用于地铁内部各部门之间的电话联系;地铁公务电话系统能与西安市公用电话网连接,实现地铁用户与公网用户间的通信;可向地铁用户提供语音、数据、传真等通信服务业务。

专用电话系统是调度员和车站、车辆段值班员指挥列车运行和下达调度命令的重要通信工具,是为列车运营、电力供应、日常维修、防灾救护提供指挥手段的专用通信系统。该系统可为运营中心指挥人员,如行车调度、电力调度、环控(防灾)、维修调度等提供专用直达通信,具有单呼、组呼、全呼、紧急呼叫和录音等功能,同时可为站内各有关部门提供与车站值班员之间,以及车站值班员与邻站值班员的直达通话。因此,要求该系统设备高度安全可靠,操作方便快捷。根据运营需要和业务性质,专用电话系统包括调度电话、站内电话、站间电话。

调度电话为列车运营、电力供应、防灾救护、维修管理等提供可靠的指挥手段。

站内电话为车站(段)值班员与站(段)内重要用户直接进行通话提供手段。

站间电话为车站值班员与相邻车站(段)值班员直接进行通话提供手段。

公务与专用电话系统都采用河北远东哈里斯通信有限公司生产的 H20-20® IXP2000 交换机,集完备的专用调度功能和丰富的公务电话功能于一身,与其他单纯的公务型电话交换机和单纯的调度型电话交换机相比有巨大的优势,完全可以满足西安地铁停车场和各个车站公务、专用交换机合一的方案要求。在保证专用电话系统可靠性的基础上,增加了公务电话系统的可靠性,同时减少了后期维护管理的工作量。

(1)IXP2000 LX3072 数字程控交换机

20-20® IXP2000 LX3072 数字程控交换机所有的公共控制设备(包括中央处理器CPU、时隙交换单元 MXU、二次电源等)均采用冗余热备份,一套出现故障会自动切换到另外一套,不会影响整个系统的正常运行。同时配置网络管理系统、计费系统、查询系统及话务台、测量台等设备。

初期配置的数字程控交换机本期容量为 3 072 线,可以平滑扩充为 20-20® IXP2000 LX 型万门数字程控交换机。由于程控交换机采用了先进的通用端口设计,用户、中继可以混合占用任意机柜的端口,不需要区分用户及中继机框;另外,在 IXP2000 型中对 E1 中继板没有数量的限制,甚至整个交换机的全部端口都配置为中继线。

LX3072 数字程控交换机配置了 63 块 16 路模拟用户板(ALU),提供 1 008 个用户端口;31 块数字中继电路板(其中 6 块与就近市话局联网,2 块与无线集群交换机联网,21 块与 21 个车站采用内部信令联网,2 块与停车场采用内部信令联网,满足初期容量 1 000 L/2 000 容量的需求。配置 2 块多功能用户板 MFUA(16DTMF + 8ASG + 6DLU + 2EM),提供双音多频,并且提供来电显示等功能,同时还可以提供 12 个数字用户端口,为配置的 2 块 16 路数字用户板提供 44 个数字用户端口,如图 3-28 所示。

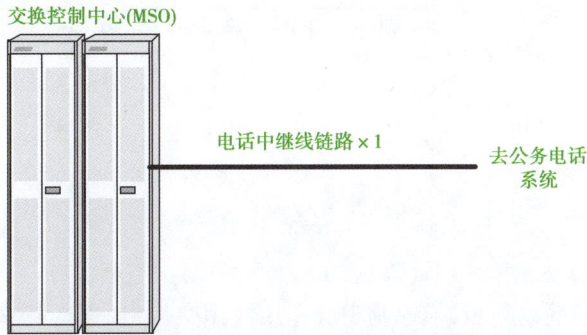

图 3-28　IXP2000 LX3072 数字程控交换机

(2)IXP2000 C1024 数字程控调度交换机

IXP2000 C1024 数字程控调度交换机所有的公共控制设备(包括中央处理器 CPU、时隙交换单元 TSA、二次电源等)均采用冗余热备份,一套出现故障会自动切换到另外一套,不会影响整个系统的正常运行。

IXP2000 C1024 数字程控调度交换机本期容量为 1024 端口,由于 20-20® 程控交换机采用了先进的通用端口设计,用户、中继可以混合占用任意机柜的端口,不需要区分用户及中继机框;另外,在 IXP2000 型中对 E1 中继板没有数量的限制,甚至整个交换机的全部端口都配置为中继线。该机型的最大端口数可以达到 2048 端口,并且可以平滑扩充为 20-20® IXP2000 LX 型万门数字程控交换机。

配置 2 块 16 路模拟用户板提供 32 个模拟端口,可以连接各种调度分机和站内电话分机;配置 1 块 8 路 2B + D 数字用户板(8BRIU)提供 8 个调度台接口(作为控制中心调度台的主用 U 口使用)和 25 块数字中继电路板,与车辆段、停车场和 21 个车站组成的点对点的星型网络(其中与车辆段备用交换机通过 3 个 2M 数字中继联接,与停车场和车站通过 1 个 2M 数字中继联接);配置 2 块多功能用户板 MFUA(16DTMF + 8ASG + 6DLU + 2EM),提供双音多频,提供来电显示等功能,还提供 12 个数字用户端口,同时配置了 1 块 16 路录音板对重要电话进行录音,如图 3-29 所示。

(3)IXP2000 C1536 数字程控调度交换机

IXP2000 C1536 数字程控调度交换机本期容量为 1536 端口,由于 20-20® 程控交换机采用了先进的通用端口设计,用户、中继可以混合占用任意机柜的端口,不需要区分用户及中继机框;另外,在 IXP2000 型中对 E1 中继板没有数量的限制,甚至整个交换机的全部端口都配置为中继线。该机型的最大端口数可以达到 2048 端口,并且可以平滑扩充为 20-20® IXP2000 LX 型万门数字程控交换机。

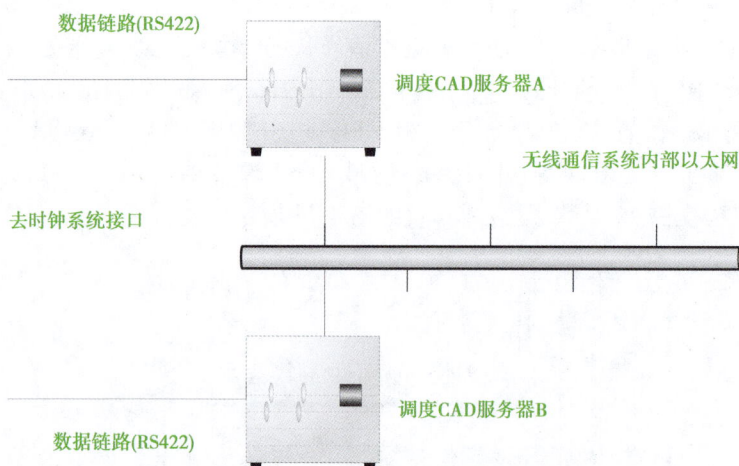

图 3-29　IXP2000 C1024 数字程控调度交换机

配置 25 块数字中继电路板,与控制中心专用主用交换机、停车场和 21 个车站组成点对点的星形网络(其中与控制中心专用主用交换机通过 3 个 2M 数字中继联接,与停车场和车站通过 1 个 2M 数字中继联接)。

配置 2 块多功能用户板 MFUA(16DTMF + 8ASG + 6DLU + 2EM),提供双音多频,并且提供来电显示等功能,还提供 12 个数字用户端口连接值班员操作台。

配置 1 块 8 路 2B + D 数字用户板(8BRIU)提供 8 个调度台接口(作为控制中心调度台的备用 U 口使用)。

配置 2 块 16 路录音板对重要电话进行录音,提供 32 路录音接口。

配置 7 块 16 路模拟用户板提供 112 个模拟端口,用以连接 34 个调度分机、34 个直通电话,每个工区分配 3 个端口供便携电话使用,如图 3-30 所示。

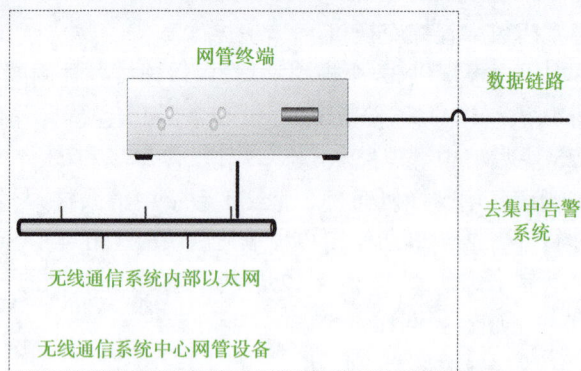

图 3-30　IXP2000 C1536 数字程控调度交换机

(4)IXP2000 C512 数字程控调度交换机

停车场和车站配置 1 台 IXP2000 C512 数字程控调度交换机,所有的公共控制设备(包括中央处理器 CPU、时隙交换单元 TSA、二次电源等)均采用冗余热备份,一套出现故障会自动切换到另外一套,不会影响整个系统的正常运行。同时配置了专用电话所需的操作员值班台、调度电话、直通电话等设备和公务电话系统所需的数字电话机和自动电话机。

配置的 IXP2000 C512 数字程控调度交换机本期容量为 512 端口,由于 20-20® 程控交换机采用了先进的通用端口设计,用户、中继可以混合占用任意机柜的端口,不需要区分用户及中继机框;另外,在 IXP2000 型中对 E1 中继板没有数量的限制,甚至整个交换机的全部端口都配置为中继线。该机型的最大端口数可以达到 2048 端口,并且可以平滑扩充为 20-20® IXP2000 LX 型万门数字程控交换机。

配置 3 块数字中继电路板,分别通过 1 块与控制中心公务、专用 2 套交换机和车辆段专用备用交换机组成点对点的星型网络;配置 1 块多功能用户板 MFUA(16DTMF + 8ASG + 6DLU + 2EM),提供双音多频,并且提供来电显示等功能,同时配置 1 块数字用户板提供 14 个数字用户端口,可以连接数字话机和值班员操作台。

配置 7 块 16 路模拟用户板提供 112 个模拟端口。其中专用电话系统配置 2 块提供 32 个模拟用户端口,用以连接各种调度分机,如图 3-31 所示。

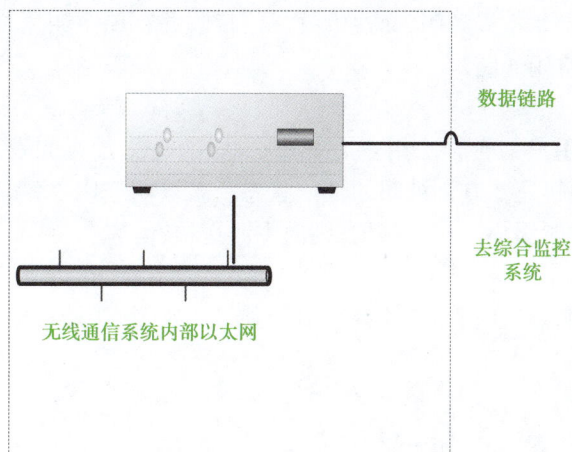

数据链路

去综合监控系统

无线通信系统内部以太网

图 3-31　IXP2000 C512 数字程控调度交换机

(二)电话呼叫建立的过程

(1)用户摘机

主叫用户摘机是一次呼叫的开始。交换机为了能及时地发现用户摘机事件,必须周期性地对用户进行扫描,检测出用户的呼叫请求。

(2)送拨号音

用户摘机后,交换机确认主叫用户的呼叫(摘机)请求,首先检查一些必要资源:是否有空闲时隙,是否有空闲寄存器和存储器。若以上资源都为空闲,CPU 立即安排一个通道向主叫用户发送拨号音,并准备好与用户话机类型相适应的收号器及收号通道,以便接受拨号信息。

(3)收号

主叫用户听到拨号音后就可进行拨号。用户拨号所发出的号码信息形式有两种:一种是号盘话机所发出的支流脉冲,脉冲的个数表示号码数字,这要用脉冲收号器进行收号;另一种是按钮话机所发出的双音多频信号,它以两个不同频率的信号组合来表示号码数字,这要用双音频收号器进行收号。

交换机除了为用户准备好收号器外,还要为该用户安排好 1 条接收其拨号信息的通道。

与此同时,还要有限时计时器来限制用户听到拨号音后在规定的时间内(一般为 10 s 左右)拨出第 1 个号码数字,否则交换机将拆除收号器,并向用户送忙音。

(4)号码分析

交换机收到主叫用户拨出的第 1 位号码后停送拨号音并进行号码分析。号码分析的第 1 项内容是查询主叫用户的话务等级,不同的话务等级表示不同的通话范围(国际长话、国内长话或市话)。

如果该用户不能拨打国内长话,但拨的第 1 位码为"0",就要向该用户送特殊信号音,以提示用户拨号有误。

接收 1-3 位号码后,就可进行局向分析,并决定该收几位号。

(5)接至被叫用户

如果局向分析确定是本局呼叫,交换机就逐位接收并存储主叫用户所拨的被叫号码,找出一条通向被叫的空闲通路。

(6)振铃

交换机检测被叫用户是否合法用户。若非合法用户,则给主叫发送特殊信号音。若用户是合法用户,交换机还要查询被叫的忙闲状态。若被叫空闲,将振铃信号送往被叫用户,同时送回铃音给主叫用户。若被叫忙,则向主叫送忙音。

(7)被叫应答、通话

交换机检测到被叫摘机应答后,停振铃信号和停回铃音,接通话路通话,并监视主、被叫的用户状态。

(8)话终,主叫先挂机

交换机检测到主叫挂机后,路由复原,向被叫送忙音。

(9)被叫先挂机

交换机检测到被叫挂机后,路由复原,向主叫送忙音。

(三)交换系统的组网

在控制中心配置一台 20-20® IXP2000 LX 3072 数字程控交换机作为公务电话交换机,同时配置网络管理系统、计费系统、查询系统及话务台、测量台等;配置一台 20-20® IXP2000 C1024 数字程控交换机作为专用电话主用交换机,同时配置一套(1 + 1)冗余热备录音系统,安装放置在录音机柜中,录音设备与控制中心专用交换机、车辆段专用交换机互联。为公务系统配置的网络管理系统可对公务、专用电话系统中的所有交换机进行集中统一维护管理。

同时在车辆段配置一套 20-20® IXP2000 C1536 数字程控交换机,除了完成车辆段内各种功能外,还作为专用电话备用中心交换机,当控制中心的专用电话主用交换机出现故障时,代替控制中心的专用电话主用交换机,保证专用电话系统的正常工作。

在停车场和各个车站分别配置一套 20-20® IXP2000 C512 数字程控交换机,采用虚拟分割,分别完成专用电话功能和公务电话功能,如图 3-32 所示。

控制中心专用主用交换机和车辆段备用交换机通过 3 个 2 M 数字中继联网,支持包括 HDN、Qsig、Dss1 信令在内的共路信令,本次采用 HDN 或 Qsig 共路信令联网。

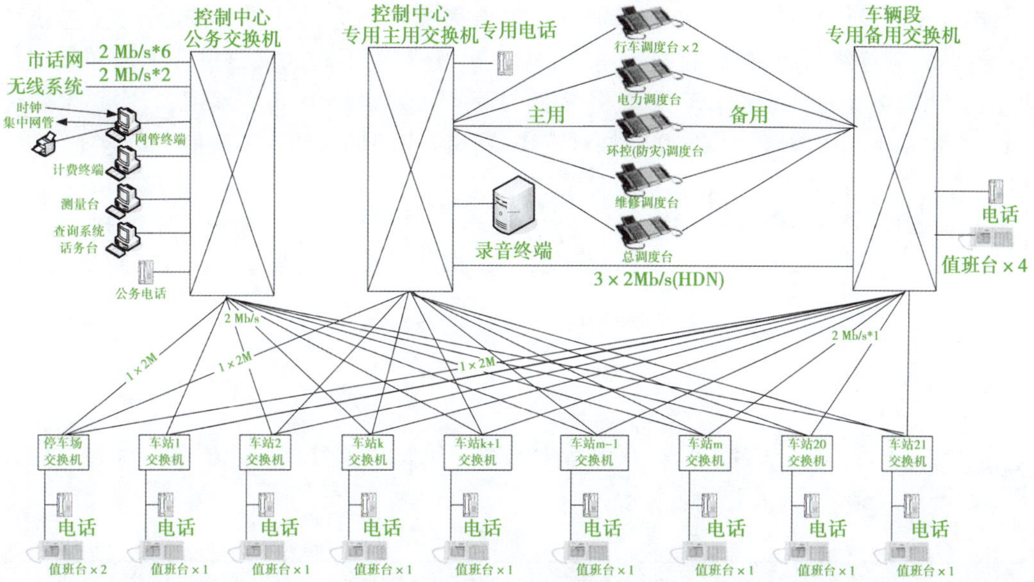

图 3-32　西安地铁 2 号线交换系统组网图

各个车站的数字交换机与控制中心的 2 套数字交换机(公务电话交换机和专用电话主用交换机)和车辆段的数字程控交换机分别通过 1 个 2 M 数字中继联网,组成星形的系统结构。

停车场的数字交换机分别与控制中心的 2 套数字交换机(与公务电话交换机通过 2 个 2 M 数字中继联网,与专用电话主用交换机通过 1 个 2 M 数字中继联网)和车辆段的数字程控交换机通过 1 个 2 M 数字中继联网,组成星形的系统结构。

车辆段、停车场和各个车站的数字程控交换机还配有 4WEM 模拟中继板,实现与相邻车站的模拟中继连接,作为备用路由,当传输通道出现故障后,保证站间电话的畅通。

同时,相邻车站之间通过主干通信电缆互放电话分机,保证在本站交换机出现故障时,能够通过临站交换机放置在本站的电话机与相邻车站及控制中心通话畅通。

设置在控制中心的调度台为双 U 接口配置,分别连接控制中心、车辆段的 2 套专用电话主备交换机,实现了调度接口的主备用配置。当与控制中心专用电话主系统连接出现故障时,调度台自动切换到车辆段电话交换机(备用专用电话系统)的备用 U 接口上进行通信。同时,当控制中心主用交换机的数字程控机故障恢复后,自动切换回控制中心主用交换机的 U 接口上。

(四)通信线缆基本知识

(1)地铁通信电缆线路建筑方式及电缆类型

1)建筑方式

主干电缆为管道电缆,分支电缆车场广播为直埋,埋深一般为地面下 0.7 m,过轨、过道均加钢管防护,楼内配线为暗配方式。

2)电话电缆的结构及型号

全塑电缆及其结构:凡是电缆的芯线绝缘层、缆芯包带层、扎带和护套均采用高分子聚合物塑料制成的电缆称为全塑市内通信电缆。全塑电缆在结构上主要由缆芯(包括芯线、芯线绝缘、缆芯绝缘、缆芯扎带及包带层等)、屏蔽层、护套和外护层构成。

电缆型号及识别：电缆型号是识别电缆规格程式和用途的代号。按照用途、芯线结构、导线材料、绝缘材料、护层材料、外护层材料等,分别用不同的汉语拼音字母和数字来表示,称为电缆型号,如图3-33所示。[示例]HYA—100×2×0.5表示铜芯、实心聚烯烃绝缘、涂塑铝带粘接屏蔽、容量100对、对绞式、线径为0.5 mm的市内通信全塑电缆。

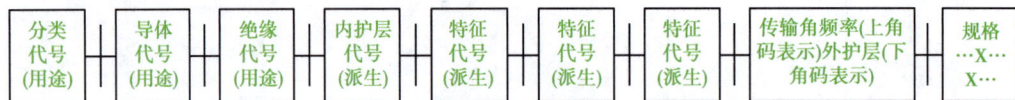

分类代号(用途)	导体代号(用途)	绝缘代号(用途)	内护层代号(派生)	特征代号(派生)	特征代号(派生)	特征代号(派生)	传输角频率(上角码表示)外护层(下角码表示)	规格…X…X…

图3-33　电缆型号分类

（2）电缆色谱

1）缆芯组成

①缆芯由若干单位绞合而成,或由若干基本单位直接绞合而成。缆芯的推荐结构规定见表3-3。

表3-3　缆芯的推荐结构规定

标称对线组数	25对基本单位缆芯结构	10对基本单位缆芯结构	适用的导体标称直径/mm
10	同心层式	同心层式	0.8、0.6、0.5、0.4
20	同心层式	(4)×(5);同心层式	0.8、0.6、0.5、0.4
30	(8+9+8+5)*	(3)×(10)*	0.8、0.6、0.5、0.4
50	(12+13)*+(12+13)*	(5)×(10)*	0.8、0.6、0.5、0.4
100	(1)×(25)*+(3)×(12+13)*	(2+8)×(10)*	0.8、0.6、0.5、0.4
100	(4)×(25)*		0.5、0.4
200	(2)×(12+13)*+(6)×(25)*	(4)×(50)*	0.8、0.6、0.5、0.4
200	(4)×(50)*		0.5、0.4
300	(3+9)×(25)*		0.8
300	(1+5)×(50)*	(1+5)×(50)*	0.8、0.6、0.5、0.4
400	(1)×(100)*+(6)×(50)*	(1)×(100)*+(6)×(50)*	0.8、0.6、0.5、0.4
600	(3+9)×(50)*	(3+9)×(50)*	0.6、0.5、0.4
600	(1+5)×(100)*	(1+5)×(100)*	0.5、0.4

注:a.带*括号内的数表示对线组的数量;

　　b.未带*括号内的数表示其本单位、单位或子单位的数量。

②单位由若干基本单位或子单位绞合而成。单位分为两种:50对单位和100对单位。

③基本单位由若干对线组绞合而成。基本单位分为两种:10对基本单位和25对基本单位。

④必要时,可将若干对线组绞合成等效于一个基本单位的若干子单位[扎带(丝)颜色均与所代替的基本单位相同],再将这些子单位绞合成单位或缆芯。

20 对及以下的缆芯可采用同心层式结构。

100 对及 100 对以上电缆加放预备线对,数量为标准对数的 1%,但最多不超过 6 对。

备线组应置于缆芯的间隙中,可单独提供,也可绞合在一起构成一个单位提供。交货时,电缆中合格的对线组数不得少于电缆标称对线组数。

备线组的色谱规定见表3-4。

表 3-4　备线组色谱规定

备线组序	绝缘导体颜色	
	a 线	b 线
1	白	红
2	白	黑
3	白	黄
4	白	紫

2)基本单位的组成及色谱

基本单位分两种:10 对基本单位和 25 对基本单位。基本单位由 10 个或 25 个对线组绞合(扬同心层和交叉结构)而成,并螺旋疏绕不同颜色的非吸湿性扎带(丝)。扎带(丝)的颜色规定见表 3.7,基本单位内对各线组的绞合节距应不相同。

①10 对基本单位的组成及色谱。10 对基本单位绝缘导体色谱规定见表 3-5。除交叉绞结构外,对线组的排列应顺层顺序,序号 1 对线组应在最内层。

表 3-5　10 对基本单位绝缘导体色谱规定

对线组序号	绝缘导体颜色		对线组序号	绝缘导体颜色	
	a 线	b 线		a 线	b 线
1	白	蓝	6	红	蓝
2	白	橙	7	红	橙
3	白	绿	8	红	绿
4	白	棕	9	红	棕
5	白	灰	10	红	灰

②25 对基本单位的组成及色谱。25 对基本单位绝缘导体色谱规定见表 3-6。除交叉结构外,对线组的排列应顺层顺序,序号 1 对线组应在最内导层。

3)单位、缆线芯的组成及色谱

采用 10 对基本单位的单位或缆芯组成及色谱。

①100 对及以下的单位和缆线芯。基本单位的扎带(丝)颜色规定见表 3-7。基本单位的排列应顺层顺序,序号 1 基本单位应在最内层。对于同民层式结基本单位,所有基本单位对线组的色谱顺序方向应相同。

谐波(Harmonics):在标准 50 Hz 的电网频率上叠加了 50 Hz 整数倍或非整数倍的信号,使正弦波形严重失真。

为了消除这些电网公害的影响,一方面通过制定有关的法规来限制电器对电网造成的公害,如国际电工技术委员会制定的标准 IEC 555—2(1982 年生效)和 IEC 1000—3—2(1996 年 1 月 1 日生效),取代(IEC 555—20)欧洲标准 EN 605552、瑞士标准 ASE3600 以及美国标准 IEEE519,对电器给公共电网带来的公害进行限制;另一方面就是人们用了几年的时间来寻找解决的方法,最后才创造出 UPS 这样的新型设备,将电网和电器进行隔离,既避免负载对电网产生干扰,又避免电网中的干扰影响负载。

(三)UPS 的主要作用

UPS 的主要作用就是解决上述电网干扰,可以归纳为 5 个方面。

①两路电源之间的无间断相互切换,如图 3-34 所示。

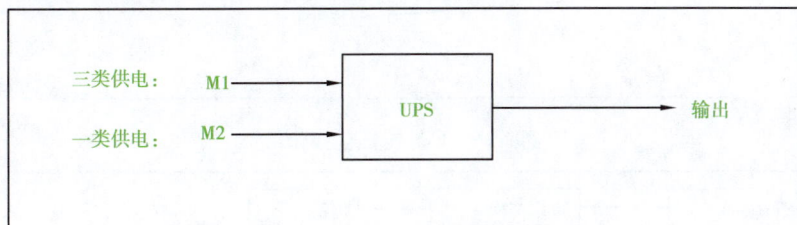

图 3-34　UPS 的两路电源无间断相互切换功能

②隔离作用:将瞬间间断、谐波、电压波动、频率波动以及电压噪声等电网干扰阻挡在负载之前,既使负载对电网不产生干扰,又使电网中的干扰不影响负载,如图 3-35 所示。

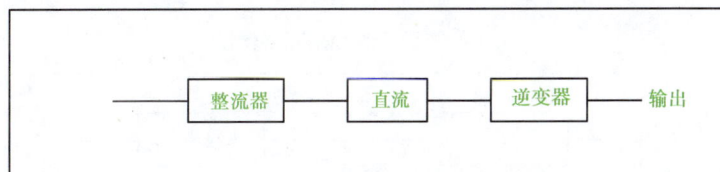

图 3-35　UPS 的隔离作用

③电压变换作用:使输入电压不等于输出电压,如图 3-36 所示。

④频率变换作用:使输入频率不等于输出频率,如图 3-37 所示。

⑤提供一定的后备时间:UPS 带有电池,能贮存一定的能量,一方面在电网停电或发生间断时继续供电一段时间来保护负载;另一方面在 UPS 的整流器发生故障时使用户有时间来保护负载。按照用户的要求,后备时间可以是 5 min,10 min,15 min,30 min(电池占 UPS 价格的一半),90 min 等,甚至更长,如图 3-38 所示。

如上所述,①点和⑤点是为了保证对负载供电的连续性;②、③和④点是为了保证给负载供电的质量。

(四)UPS 各种工作状态的切换操作程序

(1)二号线施耐德 PW 系列 UPS 主机开机、停机和维修旁路操作顺序

①UPS 主机开机(完全下电转正常工作):闭合 Q4S—闭合 Q5N—闭合 Q1—闭合 QF1—启动逆变器(按面板上的绿色按钮)—完成。

②UPS 主机停机(正常工作转完全下电):关闭逆变器(按面板上的灰色按钮)—断开

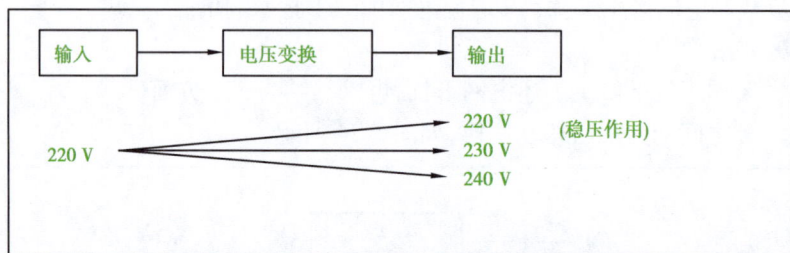

图 3-36 UPS 电压变换作用

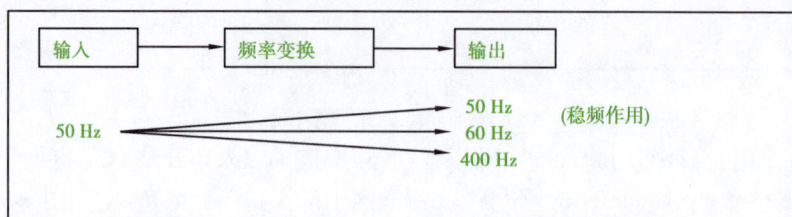

图 3-37 UPS 的频率变换作用

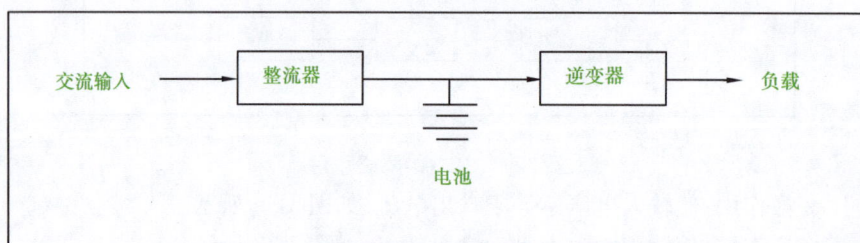

图 3-38 UPS 的后备功能

QF1—断开 Q1—断开 Q5N—断开 Q4S—完成。

③UPS 正常工作转维修旁路：关闭逆变器（按面板上的灰色按钮）—断开 QF1—断开 Q1—闭合 Q3BP—断开 Q5N—断开 Q4S—完成。

④UPS 维修旁路转正常工作：闭合 Q4S—闭合 Q5N—断开 Q3BP—闭合 Q1—闭合 QF1—启动逆变器（按面板上的绿色按钮）—完成。

（2）二号线施耐德 G300 系列 UPS 主机开机、停机和维修旁路操作顺序

①UPS 主机开机（完全下电转正常工作）：闭合 QM1（等整流器绿灯常亮）—闭合 QOP—闭合 QM2（等旁路和输出绿灯常亮）—闭合电池开关 QF1—启动逆变器（按面板上的绿色按钮）—完成。

②UPS 主机停机(正常工作转完全下电):关闭逆变器(按面板上的灰色按钮)—断开电池开关 QF1—断开 QOP—断开 QM2—断开 QM1—完成。

③UPS 正常工作转维修旁路:关闭逆变器(按面板上的灰色按钮)—闭合 Q3BP—断开电池开关 QF1—断开 QOP—断开 QM2—断开 QM1—完成。

④UPS 维修旁路转正常工作:闭合 QM1(等整流器绿灯常亮)—闭合 QOP—闭合 QM2(等旁路和输出绿灯常亮)—断开 Q3BP—闭合电池开关 QF1—启动逆变器(按面板上的绿色按钮)—完成。

(3)紧急情况下,UPS 倒切维修旁路的操作方法

UPS 发生严重故障,面板指示灯不正常,负载已经断电,按照如下方法操作,对负载进行供电。

①二号线施耐德 PW 系列 UPS 的操作步骤(由于 UPS 已故障,负载已经断电,面板指示灯显示不正确,因此不用观察面板指示灯状态,直接操作即可):断开 QF1—断开 Q1—断开 Q4S—断开 Q5N—闭合 Q3BP—完成。

②二号线施耐德 G300 系列 UPS 的操作步骤(由于 UPS 已故障,负载已经断电,面板指示灯显示不正确,因此不用观察面板指示灯状态,直接操作即可):断开 QF1—断开 QM1—断开 QM2—断开 QOP—闭合 Q3BP—完成。

(五)电源设备各种参数的定义

(1)电压

电压也称作电势差或电位差,是衡量单位电荷在静电场中由于电势不同所产生的能量差的物理量。其大小等于单位正电荷因受电场力作用从 A 点移动到 B 点所做的功,电压的方向规定为从高电位指向低电位的方向。电压的国际单位制为伏特(V),常用的单位还有毫伏(mV)、微伏(μV)、千伏(kV)等。

(2)电流

导体中的自由电荷在电场力的作用下做有规则的定向运动就形成了电流。电流的国际单位为安培,简称安,符号为 A。除了 A,常用的单位有千安(kA)、毫安(mA)、微安(μA)。1 A = 1 000 mA = 1 000 000 μA。电学上规定:正电荷定向流动的方向为电流方向。

(3)电功率

电流在单位时间内做的功叫作电功率,是表示消耗电能快慢的物理量,用 P 表示,功率的国际单位是瓦特(Watt),简称"瓦",符号是 W,常用的单位还有兆瓦(MW)、千瓦(kW)。1 MW = 1 000 000 W,1 kW = 1 000 W。

(4)容量

容量通常用安时(Ah)或瓦时(Wh)表示,即放电电流的安培数乘以放电时间的积,或放电的瓦数乘以时间的积。

(5)标称容量

标称容量有较为严格的规定,即在 25 ℃的环境下,采用 10 小时率的电流进行放电,至终止电压为 1.80 V 时放出的容量。放电截止电压为 1.8 V,可提供的恒电流与放电时间乘积——C10,放电截止电压为 1.75 V,可提供的恒电流与放电时间的乘积——C20。

3.4.2 电源设备日常维护基本知识

(一)UPS 的维护要求

①UPS 主机现场应放置操作指南,指导现场操作。

②UPS 的各项参数设置信息应全面记录、妥善归档保存并及时更新。

③检查各种自动、告警和保护功能均应正常。

④定期进行 UPS 各项功能测试,检查其逆变器、整流器的启停,UPS 与市电的切换等是否正常。

⑤定期检查主机、电池及配电部分引线及端子的接触情况,检查馈电母线、电缆及软连接头等各连接部位的连接是否可靠,并测量压降和温升。

⑥经常检查设备的工作和故障指示是否正常。

⑦定期查看 UPS 内部元器件的外观,发现异常及时处理。

⑧定期检查 UPS 各主要模块和风扇电机的运行温度有无异常。

⑨保持设备清洁,定期清洁散热风口、风扇及滤网。

⑩定期检查并记录 UPS 控制面板中的各项运行参数,便于及时发现 UPS 异常状态。其中电池自检参数宜每半年记录一遍,如设备可提供详尽数据,可作为核对性容量试验的参数,以此作为电池状态的定性参考依据。

⑪经常查看告警和历史信息,发现告警及时处理并分析原因。

⑫UPS 宜使用开放式电池架,以利于蓄电池的运行及维护。

⑬对于 UPS 使用的蓄电池,应按照产品技术说明书以及规程中关于蓄电池维护的要求,定期维护。

(二)UPS 维护注意事项

①UPS 主机 0 ~ 40 ℃ 都能正常工作,但要求室内清洁、少尘,否则灰尘加上潮湿会引起主机工作紊乱。储能蓄电池使用温度为 25 ℃,平时不能超过 15 ~ 30 ℃。温度低会使电池容量下降。容量会随温度升高而增加,但寿命降低。

②主机中设置的参数在使用中不能随意改变,特别是对电池组设置的参数,会直接影响其使用寿命,但随着环境温度的改变,对浮充电压要做相应调整。

③UPS 自行供电时,应先关断负载,起动后再加负载。带载启动易造成 UPS 瞬间过载,严重时将损坏变换器等设备。

④UPS 使用中避免随意增加大功率设备,也不允许在满负载状态下长期运行,即使是在基本满载状态下工作,也会造成主机故障。由于蓄电池组电压很高,存在电击危险,因此装卸导电联接条、输出线时应有安全保障措施。

⑤蓄电池无论是在浮充工作状态,还是在充电、放电检修测试状态,都要保证电压、电流符合规定要求。电压、电流过大、过小都会影响电池的使用寿命。

⑥防止电池短路或深度放电,电池的循环寿命和放电深度有关。容量试验或放电检修,放电达到容量的 30% ~50% 即可。

⑦实际操作中应尽量避免蓄电池大电流充放电,否则会造成电池极板膨胀变形,极板活性物质脱落,内阻增大,温升,容量下降,寿命提前终止。

⑧检修时针对电池的目检项目:清洁度、电池端柱是否损坏或有过热痕迹、电池槽和盖是否损坏或有过热痕迹。

⑨一个串联电池组内测量得到的各个电池的端电压,如果有一支电池的电压太低,就说明该电池可能已短路;如果有一支电池的电压非常高,而其余电池接近开路电压,就说明该电池可能已经开路。

(三)蓄电池维护保养的要求

①LIBERTY 阀控式铅酸蓄电池采用了促进氧再复合反应的技术。其主要结果是最大程度地减少了电解液因气体生成造成的水损耗。无论是胶体或是 AGM 电池,电解液均被吸附在极板间的吸附式隔板内而不再流动,因此,电池不再需要电解液的维护,也就是没有必要,也无法对电池补充水,更不需要逐个地测量单元格的电解液比重。

②阀控式铅酸蓄电池的维护和使用需要由熟悉铅酸蓄电池的人员实施,并且应注意人身和设备的安全,非专职人员必须远离电池以及维护活动。

③电池系统有电击和高短路电流的危险。维护阀控式铅酸蓄电池时必须注意下列告诫:a. 去除一切个人金属物件(如手表、戒指等);b. 采用绝缘工具;c. 穿戴全套眼镜和橡皮手套;d. 注意电路极性;e. 不要连接或断开带电电路;f. 电池上面不可放置金属工具和物品;g. 在金属电池架上搬动电池前,先用接地故障探测器检查电池是否被无意接地。

④某些类型的阀控式铅酸蓄电池充电系统整流器可能没有采用隔离式变压器。这种情况下,在电池系统上进行维护和收集(测量)数据时必须特别小心。

⑤有时阀控式铅酸蓄电池装在非常紧凑的机箱内。同样,在这种情况下,在电池系统上进行维护和收集(测量)数据时必须特别小心。

⑥废弃的阀控式铅酸蓄电池应进行再生处理。电池内含有铅和稀硫酸,处理时必须按照国家和当地法规的规定。

⑦皮肤如果接触了电解液,应立即用清水彻底地清洗;如果电解液进入眼睛,必须用清水彻底冲洗 10 min,或使用特殊的中和性洗眼液,并立即就医治疗。

⑧阀控式铅酸蓄电池在过充电时可能溢出含氢的爆炸性混合气体,应保持适当的通风,换气。

⑨搬动电池之前先触碰一下接地的金属物件,如金属机架,释放掉人体可能带有的静电。

⑩不要在密封容器里对电池充电,各电池之间要留 12.7 mm 的间隔以利于对流冷却。

(四)蓄电池的维护标准

(1)浮充电压

25 ℃时,电解液密度 1.280~1.300 的阀控式铅酸蓄电池推荐的浮充电压为电池单元格数乘以 2.25~2.30 V;遇到极端温度时,浮充电压应考虑温度补偿,温度补偿系数是每华氏度 −0.002 8 V/单元格(每摄氏度 −0.005 V/单元格)。

(2)均充电压

所谓均衡充电,就是均衡电池特性的充电,指在电池的使用过程中,因为电池的个体差异、温度差异等造成电池端电压不平衡,为了避免这种不平衡趋势的恶化,需要提高电池组的充电电压,对电池进行活化充电。25 ℃时,均充电压一般为电池单元格数乘以 2.35 V。

（3）电池额定容量

环境温度为 25 ℃，电池以 10 小时放电率（10 Hr）的恒定电流放电到终止电压 1.8 V 所能放出的电量，用 C10 表示。

（4）电池清洁

电池的清洁度和正确的电池间的间隔至关重要。电池盖上累积的污物尘埃和水分能形成导电体，因而产生短路和接地故障。当清洁电池时，电池应置于开路位置，用软布蘸小苏打水溶液进行清洁，不要用玻璃清洁剂或不明清洁剂和溶液。某些石油基的清洁剂会损害电池塑料外壳，导致其老化和龟裂。

（5）外观检查

①破裂：一旦发现电池槽/盖开裂或穿透，就应更换。电池槽的开裂会使电解液从电池内漏出导致接地短路。

②渗液：电池电解液渗出，会导致电解液干涸，并引起该单元电阻增大产生热量。判断电池是否液渗可以用 pH 试纸进行测试。如果是酸性物质，pH 试纸会变色。

③变形：过槽热和热失控将导致电池极度地膨胀和产生永久变形。热失控同样也会导致电解液干涸和极板失效。

④极柱连线：如果端柱上的保护油脂熔化并流淌到电池盖上，说明连接处发热，并很可能是由连接松动或高的连接电阻导致。

任务 3.5　视频监控系统

3.5.1　视频监控系统基础知识

闭路电视监视系统（CCTV 系统）是保证地铁行车组织和安全的重要手段。调度员和车站值班员利用它监视列车运行、客流、乘客上下车情况等，是提高行车指挥透明度的辅助通信工具。当车站发生灾情时，电视监视系统可作为防灾调度员指挥抢险的指挥工具。

西安地铁闭路电视监视系统将组建一个数字与模拟相结合的视频网络，为控制中心的调度员、各车站值班员等提供有关列车运行、防灾救灾以及旅客疏导等方面的视觉信息。

摄像机：本系统设置有固定彩色摄像机、一体化球形彩色摄像机，可监视到车站站台、站厅及自动扶梯、乘客集散厅、出入口设备区出入口、卫生间出入口等重要场所。

车站和运营中心监视功能：本系统由车站现场监视和运营中心监视两大部分构成，分别采用车站模拟监视和中心数字监视的方式。

车站本地模拟监视：前端所有视频源经叠加字符并分配后，一路接入模拟视频矩阵，车站值班员将通过控制键盘对模拟视频矩阵进行切换，观看到最清晰、无延时的本站实时模拟图像；或通过综合监控终端软件控制调看数字图像信号。

运营中心远程数字监视：前端所有视频源经叠加字符并分配后，一路接入数字编码器编码后经过以太网交换机接入传输系统网络，运营中心通过控制键盘或综合监控终端软件选取所需图像，经解码器处理后送至大屏、电视墙及监视器。

云台调用及优先级：在车站设置多级调用管理器进行云台调用及优先级管理。中心调度员及车站值班员能够控制车站任何一台球形一体化摄像机云台的转动及其变焦镜头的焦距调节。可最多设置255个遥控优先等级，当高优先级用户在操作云台时，低级别用户不能操作，只有当高级别用户释放时，低级别用户才能操作云台。

数字视频录像存储：在车站设置48路数字视频录像存储设备（服务器加磁盘阵列），可对站内全部图像进行录制并按D1分辨率保存15 d(24 h/d)。在车站可以利用综合监控终端软件调用录像存储系统点播历史图像，同时运营中心的总调度可以利用录像回放终端软件调看任意车站的任意一幅历史视频录像。每台数字视频录像存储设备可同时支持32路的视频回放。

网管：在车站设置网管主机，对电视监视系统设备进行参数设置、编程及故障告警等综合管理，并可对车站电视设备进行遥控开关机。同时中心网管可将网管信息发送至综合网管系统。

系统组成应简单、易扩容、易升级、易维护；在瞬间电源倒换时不死机；设备及板卡允许带电热插拔。

"公安（安全部门）电视监视系统"与"闭路电视监视系统"共享摄像机、前端处理设备、编码设备、录像存储设备。

（一）系统功能

（1）车站闭路电视系统介绍

前端摄像机的视频信号经隔离地变压器消除干扰后接入多功能控制器（集字符叠加、视频分配、故障检测、矩阵调用功能），多功能控制器可以提供叠加字符的视频分配信号和矩阵输出信号。其中，矩阵输出的模拟视频信号提供给车站控制室的监视器、公安与安全部门的监视器、四画面处理器（行车值班员用，四画面输出重新接入多功能控制器）；视频分配信号提供给编码器、四画面处理器（站台司机监视用）等。

编码器将接收到的模拟视频信号转换为两路数字视频信号（MPEG2、MPEG4），并送入车站交换机。车站交换机将MPEG4格式的数字视频信号送入数字录像存储服务器（含磁盘阵列）进行录像存储；将MPEG2格式的数字视频信号送入传输设备后进入通信传输网络，同时将其提供给公安以太网交换机、车站综合监控系统（行车值班员控制终端）、安全部门监控系统等。

车站设置的多级调用管理器可以接受控制键盘对多功能控制器矩阵功能的调用命令，并可接受控制键盘与控制终端对云台及变焦镜头的控制命令。同时可以对云台控制进行优先级设置。

车站调度员控制键盘直接接入多级调用管理器；车站调度员控制终端、中心调度员的控制键盘及控制终端所发出的视频图像调用命令和云台控制命令由数字视频通道传输至多级调用管理器。

车站网管主机可以对模拟视频设备进行网络管理，并将网管信号送入传输设备后进入通信传输网络。车站数字视频设备及以太网交换机的网管由其设在中心的相应网管服务器进行。所有网管信息最终接入设在中心的综合网管服务器。车站设置的紧急启动按钮可对车站 CCTV 设备电源进行紧急启动。

（2）运营中心电视监视系统描述

数字视频信号由通信传输网送入网络传输设备后，接入中心以太网交换机。中心交换机将数字视频信号提供给解码器、录像回放终端、综合监控系统控制终端、数字视频管理服务器、交换机网管服务器、公安部门监控系统等。

解码器将还原出的模拟视频信号分别送入综合显示屏和多画面处理器（调度员监视器用）。

中心调度员的控制键盘及控制终端所发出的视频图像调用命令和云台控制命令由数字视频通道传输。

中心网管主机可以通过传输网管通道对模拟视频设备进行网管，并将网管信号接入综合网管服务器。同时数字视频管理服务器、交换机网管服务器可分别对数字视频设备、以太网交换机进行网管，并将网管信息接入综合网管服务器。中心设置的紧急启动开关可对各车站 CCTV 设备电源进行紧急开关。

（3）网管功能

1）故障管理

能识别系统故障，并能对设备发生的故障进行定位及迅速查询；能报告所有告警信号及其记录的细节；具有告警过滤和遮蔽功能（不应产生误告警）；提供声光告警显示功能。

2）系统管理

能利用软件菜单对系统设备进行报警参数、报警门限数值的设置和修改。每个前端视频设备的故障报警、设备输出参数在该操作平台上通过点击屏幕即可看到。

可以与其选用的切换矩阵控制设备配套使用。

所有视频切换及系统各控制功能在该操作平台上点击屏幕或屏幕上的预置位即可实现。其模拟实际线路和站内摄像机位置的图像标识及分层点击站内摄像机的操作方式均可使操作和控制过程简化。

能自动适应光线变化不产生误报警。

本系统还能实现以下基本功能：①远程开机和关机；②与多个传输厂家的协议兼容；③适应各种传输模式，包括共线和点对点传输。

3）录像存储系统管理

运营中心应配备录像存储管理中心软件，车站所有录像存储设备的工作状态要在网管终端上显示。

中心软件具有如下功能：控制车站录像状态的开启和停止；可以提供给网管系统录像存储设备的各种故障报警信息等；录像存储设备的状态同时也可以被中心网管系统灵活控制；可实现录像存储设备的死机告警，开启实时录像，开启移动侦测录像，提高录像画质等。

4）对图像编解码设备进行控制管理

负责对系统内的编解码设备实现系统设置、故障告警等综合管理。识别系统故障，能对系统设备发生的故障进行定位。能报告所有告警信号及其记录的细节，具有告警过滤和遮蔽功能。

可提供声光告警显示功能、系统日志功能，并可根据维护需要查询、导出及打印系统数据及故障报告。

强大的设备配置管理功能，可使用户利用图形化的界面、菜单，直观方便地对系统进行快速简单的设置，以按钮、图像标识、地形图等表现形式，使操作和控制过程简化。

实时向中心提供各车站机柜的温湿度，当温湿度超过预设值时网管中心可以自动报警。

接受来自时钟系统的时钟信号，并发送给全线 CCTV 设备，使其时钟与地铁标准时钟保持一致。

在紧急情况下车站通过 CCTV 电源紧急启动按钮，可经车站网管主机控制电源机箱，紧急开启 CCTV 设备的电源；中心通过 CCTV 电源紧急启动开关，可实现分站开关 CCTV 设备的电源的功能。

(二)系统构成及设备框图

(1)车站系统的构成及设备框图

车站闭路电视监视系统设备包括摄像机(固定摄像机及一体化快球摄像机)、隔离地变压器、多功能控制器(每台包括 48 路视频输入字符叠加、48×288 视频分配、48×32 矩阵和 48 路故障检测)、多级调用管理器、四画面处理器、控制键盘、数字录像存储系统、数字编码器、以太网交换机、网管主机、电源机箱、21″彩色液晶监视器(车站控制室)、32″彩色液晶监视器(车站站台)、电源紧急启动开关等。

另外，车站综合监控系统控制终端的 CCTV 部分软件为配合综合监控专业提供的，如图 3-39 所示。

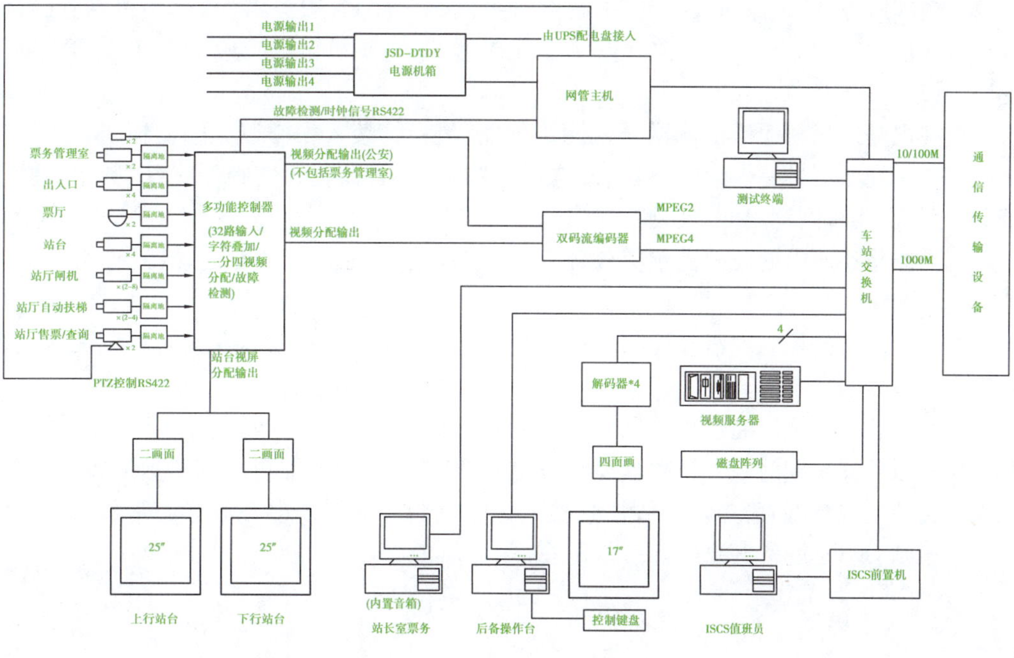

图 3-39　车站设备构成框图

前端摄像机的视频信号经隔离地变压器消除干扰后接入多功能控制器(包括字符叠加、视频分配、故障检测、矩阵调用功能)，多功能控制器可以提供叠加字符的视频分配信号和矩阵输出信号。其中,矩阵输出的模拟视频信号提供给车站控制室的监视器、公安与安全部门的监视器、四画面处理器(行车值班员用,四画面输出重新接入多功能控制器);视频分配信号提供给编码器、四画面处理器(站台司机监视用)等。

编码器将接收到的模拟视频信号转换为两路数字视频信号(MPEG2、MPEG4),并送入车站交换机。车站交换机将 MPEG4 格式的数字视频信号送入数字录像存储服务器(含磁盘阵列)进行录像存储;将 MPEG2 格式的数字视频信号送入传输设备后进入通信传输网络,同时将其提供给公安以太网交换机、车站综合监控系统(行车值班员控制终端)、安全部门监控系统等。

车站设置的多级调用管理器可以接受控制键盘对多功能控制器矩阵功能的调用命令,并可接受控制键盘与控制终端对云台及变焦镜头的控制命令,同时可以对云台控制进行优先级设置。

车站调度员控制键盘直接接入多级调用管理器;车站调度员控制终端、中心调度员的控制键盘及控制终端所发出的视频图像调用命令和云台控制命令由数字视频通道传输至多级调用管理器。

车站网管主机可以对模拟视频设备进行网管,并将网管信号送入传输设备后进入通信传输网络。车站数字视频设备及以太网交换机的网管由其设在中心的相应网管服务器进行。所有网管信息最终接入设在中心的综合网管服务器。车站设置的紧急启动开关可对车站 CCTV 设备电源进行紧急启动。

(2)运营中心设备组成

运营中心闭路电视监视系统设备包括数字视频解码器、九画面处理器、控制键盘、数字视频管理服务器、录像回放终端、中心网管主机、综合网管服务器(含交换机网管、打印机)、PIS 协议转换服务器(含软件)、三层核心交换机、电源机箱、电源紧启动开关等。如图3-40、图 3-41 所示。

数字视频信号由通信传输网送入网络传输设备后,接入中心以太网交换机。中心交换机将数字视频信号提供给解码器、录像回放终端、综合监控系统控制终端、数字视频管理服务器、交换机网管服务器、公安部门监控系统等。

解码器将还原出的模拟视频信号分别送入综合显示屏和九画面处理器(调度员监视器用)。

中心调度员的控制键盘及控制终端所发出的视频图像调用命令和云台控制命令由数字视频通道传输。

中心网管主机可以通过传输网管通道对模拟视频设备进行网管,并将网管信号接入综合网管服务器。同时数字视频管理服务器、交换机网管服务器可分别对数字视频设备、以太网交换机进行网管,并将网管信息接入综合网管服务器。中心设置的紧急启动开关可对各车站 CCTV 设备电源进行紧急开关。

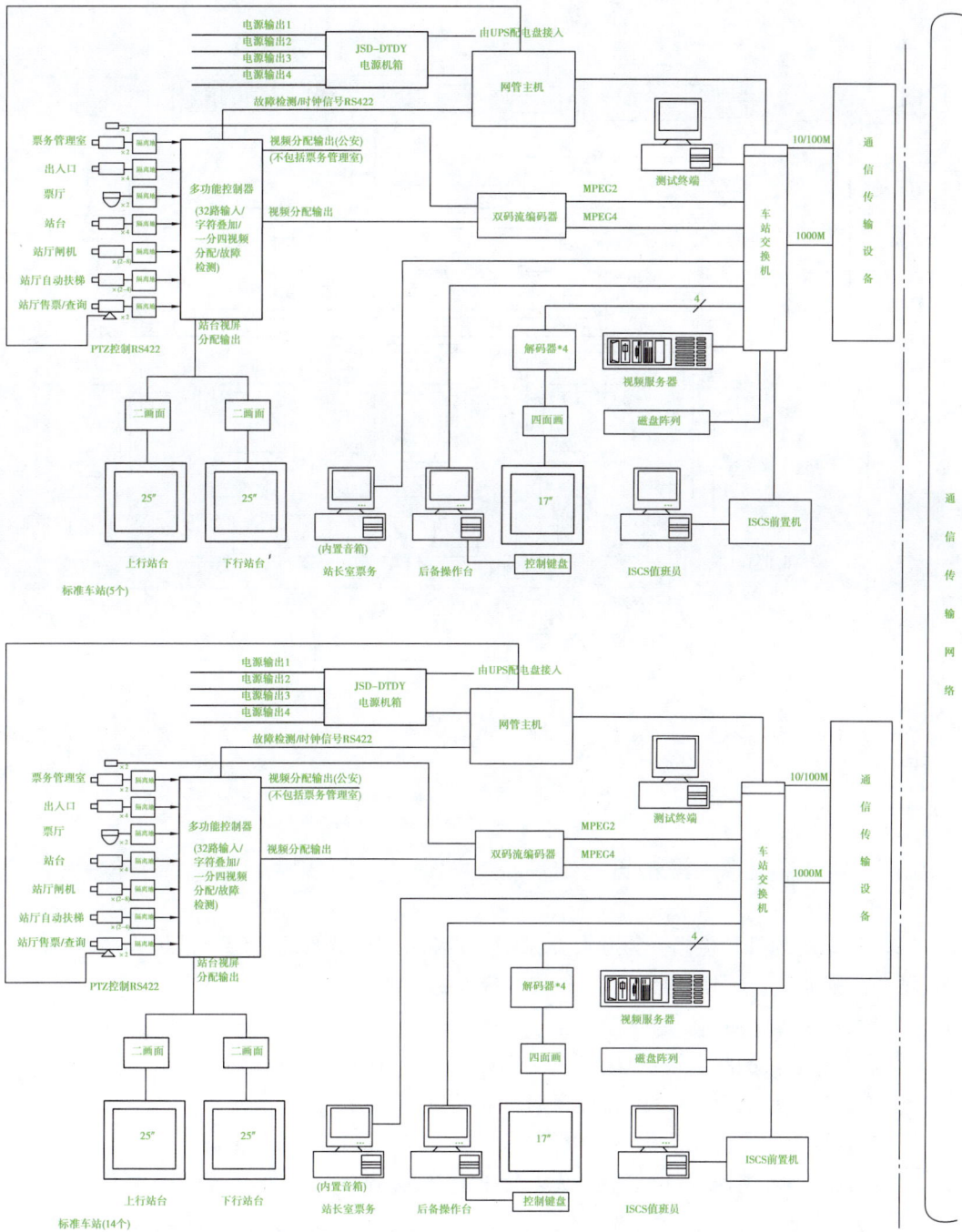

图 3-40　车站至中心设备构成框图

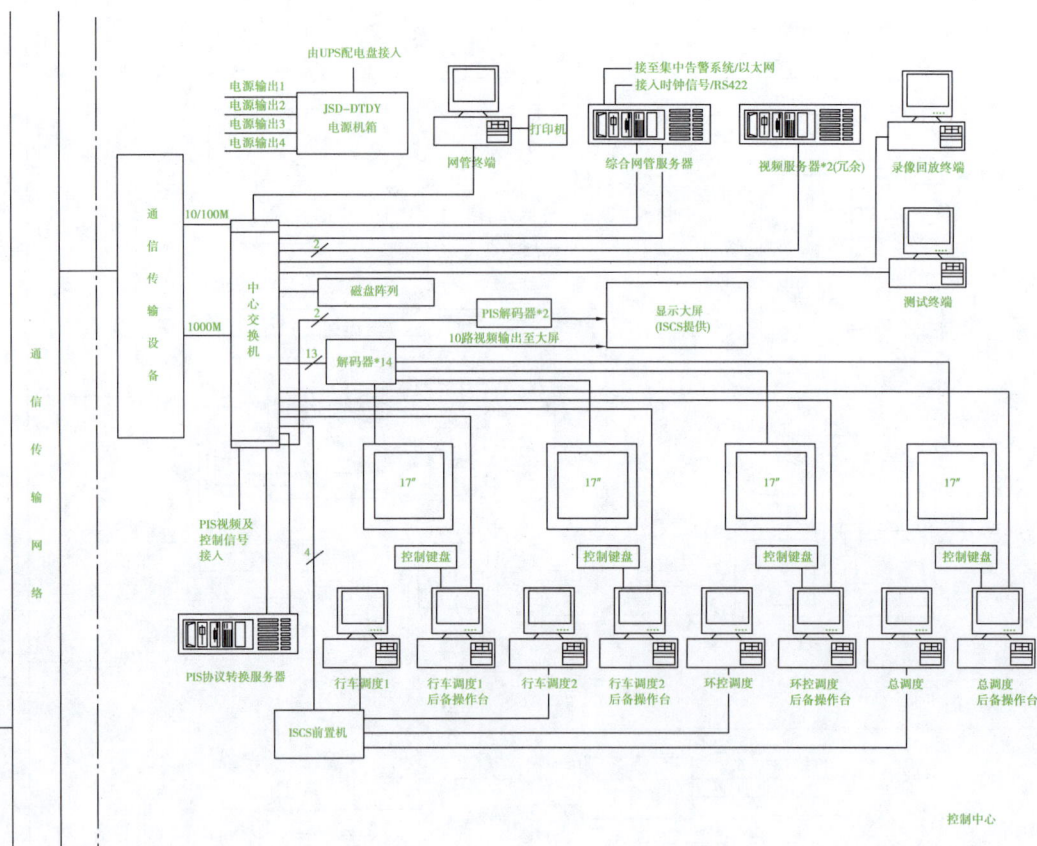

图 3-41　中心至车站设备构成框图

3.5.2　视频监控系统设备日常维护基本知识

CCTV 系统的日常检修分为五大类：CCTV 设备机柜，摄像机，CCTV 维护终端，控制键盘，站台监视器；检修周期均为周检，检修内容及标准如下：

（一）CCTV 设备机柜

①检查各模块的状态指示灯（各模块工作电压绿灯亮，故障红灯灭）；

②检查机柜顶部风扇运转情况（风扇转动顺畅，无异响）；

③检查视频信号有无干扰和噪声（图像无波动、失真、花纹和雪花）；

④检查设备各类连线（电缆表皮无老化破损，标牌齐全）。

（二）摄像机

①通过观察图像判断摄像机的工作状态（在监视器状态良好情况下，图像应清晰无失真）；

②通过观察图像检查摄像机位置有无变动（应覆盖想要监视的范围，分屏图像准确分屏）。

（三）CCTV 维护终端

①检查维护终端网管软件运行情况（终端网管软件正常开启，无告警信息，实时图像

信息正常,录像存储连续,录像存储满足连续存储要求);

②鼠标和键盘按键是否灵活、有效(鼠标和键盘按键灵活、有效);

③主机、显示器工作是否正常(主机工作正常,显示器显示画面清晰,无色差);

④检查站长室内 CCTV 数字维护终端密码狗(密码狗接插正确)。

(四)控制键盘

①检查控制键盘的按键功能(维护终端工作正常);

②检查图像切换功能能否正常工作(能按操作正常切换);

③检查控制键盘的连线及接头(连线牢固,接头无松动)。

(五)站台监视器

检查上下行站台监视器的工作状态(图像显示正常、无失真)。

任务 3.6　广播系统

3.6.1　广播系统基础知识

(一)概述

广播系统是通信系统的一个子系统,在地铁运营中,为保证列车安全高效运营,为乘客提供高质量的出行服务,起到了非常重要的作用。在异常情况下,可立即为防灾救援、事故处理指挥等提供防灾广播功能。本广播系统方案是针对西安地铁二号线中心、车站、车辆段以及停车场广播系统特定环境、广播使用要求、运营维护等特点制订,在功能设计需求方面,以行车及乘客安全至上为原则,以为广大乘客服务为宗旨,充分发挥现场广播、指挥、引导功能的重要作用,具有播控使用快捷、方便,效果优质,技术先进等特点。西安地铁二号线广播系统主要用于地铁运营时对乘客进行公告信息广播,发生灾害时兼做救灾广播,以及运营维护广播。

(二)系统构成

西安地铁二号线广播系统设备包括 1 个 OCC 设备、21 个车站设备、1 个车辆段、1 个停车场设备。地铁有线广播系统由正线(中心和车站)广播、车辆段广播、停车场广播这 3 个相互独立的子系统构成,如图 3-42 所示。

(1)正线广播系统

采用数字语音广播技术,按中心级广播和车站级广播系统两级方式设置,满足各级管理人员对相应广播区进行广播。中心级广播系统与各车站广播系统通过有线传输网连接,构成一个多站址的网络化广播系统,可实现中心对全线各站广播设备的遥控、遥测和管理,语音和数据均采用以太网传输技术。

(2)车辆段和停车场广播系统

车辆段和停车场广播系统分别为一套独立的区域广播系统,分设于车辆段和停车场内。中心广播设备与车辆段、停车场,通过传输设备进行联网,只进行监测,不对车辆段广播。

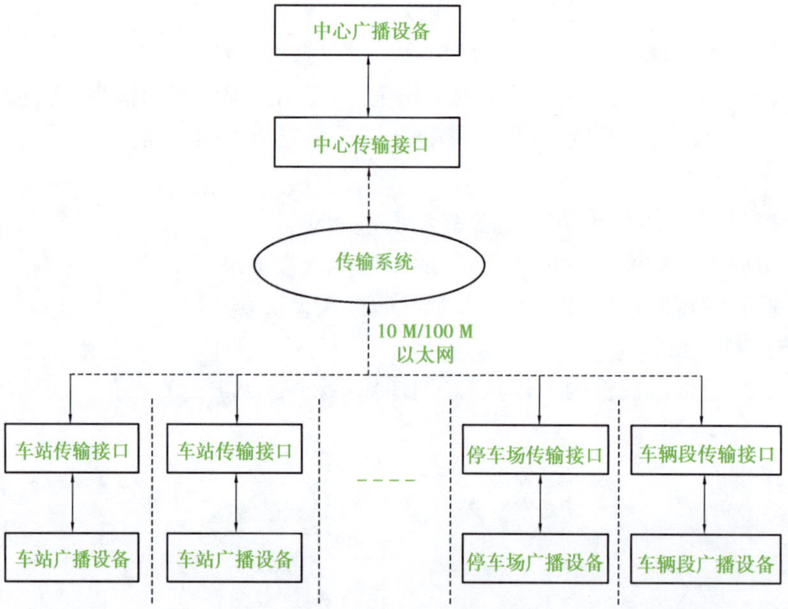

图 3-42　广播系统的组网结构图

（3）综合监控系统

由于西安地铁二号线设立综合监控系统，所以有线广播系统车站级和中心级的广播操作功能均由综合监控系统设置的车站和中心广播控制终端来实现，广播系统的中心和车站广播控制盒，分别作为综合监控系统中心及车站的后备，其功能与综合监控系统广播控制终端完全相同。平时以综合监控系统控制终端广播为主，当综合监控系统出现故障时，值班员在获得授权的情况下，运用专用钥匙开启并使用后备广播控制盒进行各种操作，后备广播控制盒的使用优先级高于综合监控系统的广播控制功能。

（三）系统功能

（1）广播子系统功能

西安地铁二号线设有综合监控系统，广播子系统的中心、车站行车广播控制功能由融入综合监控系统工作站的中心、车站行车广播控制终端来实现，广播系统与综合监控系统数据通道接口，用于连接综合监控系统，中心行车调度员可通过中心综合监控系统工作站、中心广播设备及车站广播设备对全线各站各广播区进行选择广播。

中心值班员可通过中心广播设备及车站广播设备对全线各站各广播区进行选择性的广播。

车站行车值班员可通过车站综合监控工作站、车站广播设备对本站各广播区进行选择的广播。

车站值班员可通过车站广播设备对本站各广播区进行选择性的广播。

站台工作人员通过无线移动广播设备对本站广播区进行广播。

车辆段、停车场值班员可通过车辆段广播设备对车辆段各广播区进行选择性的广播。

车辆段、停车场运转值班员可通过车辆段广播设备对车辆段各广播区进行选择性的广播。

系统在每次开始广播前都将发出标准的预示音。

系统网管终端可对全线各车站、车辆段、停车场广播系统设备的运行状态进行查看和设置，完成中心对全线各车站、车辆段及停车场广播设备的监控和管理，并将设备告警信息送网集中告警终端，进行集中管理。

各站广播设备当收到列车将要进站的控制信号时，可自动启动广播系统设备并播放相应的列车进站语音广播信息。

在车站、车辆段和停车场广播机柜上设有 RS232 数据接口，用于连接便携式笔记本电脑，可在任一车站、车辆段和停车场对全线其他各站、车辆段、停车场广播系统设备的运行状态进行查看，便于系统的维护和管理。

（2）优先分级功能

根据西安地铁二号线运营的广播要求设置优先级，系统网管终端可区分中心的广播优先级，车站数字汇接模块可区分出中心、车站广播优先级，车辆段、停车场数字汇接模块可区分出车辆段、停车场广播优先级，且本系统的优先级可在本系统的中心网管处人为设置，其默认优先级的顺序如下：

1）正线广播设备

第一级为中心防灾调度员；第二级为中心行车调度员；第三级为车站行车值班员；第四级为列车进站自动广播；第五级为站台客运值班员广播；第六级为语音广播（线路广播）。

2）车辆段及停车场广播设备

第一级为车辆段信号楼行车值班员；第二级为车辆段运用库值班员；第三级为扩音终端（由电话系统提供）。

高优先级的使用可自动打断低优先级的广播，高优先级广播退出后，可自动恢复低优先级的广播。优先级的顺序可通过软件进行调整。系统中优先级显示设备，可根据调整的变化自动变更相应的显示。

3）平行广播功能

中心广播、车站广播、行车广播、无线移动站台广播、列车进站自动广播均可通过不同的通道，将各音频信号同时连接到不同的广播区，实现平行广播功能。

4）中心行车广播控制终端功能

中心行车调度员通过融入综合监控系统工作站的广播控制终端人机界面，完成广播系统所有必需的功能。中心调度员可通过广播控制终端对全线各车站进行广播，并具有以下广播功能：

①广播选择功能。单选广播：可对某一个车站的广播区进行广播。

分区、编组广播：可对所有车站的站台区、站厅区等广播区或任意车站、任意广播区组合编组，实现分区、编组广播。

全开广播：可对所有站的广播区进行开关控制，实现全开广播的操作。

②话筒/语音合成/线路广播。中心广播控制终端界面上设有话筒、语音、语音段、线路选择按钮图标，用于选择不同的信源，可对车站进行广播。

③监听功能。中心广播控制终端界面上设有监听选择图标，可对广播权限内的某站某广播区的广播内容进行监听，监听音量可调。

④显示功能。此功能可显示全线各站的工作、空闲、故障、广播区选择及信源选择等

内容。

⑤自动记录和查询功能。中心广播控制终端还可自动记录中心广播的操作者、操作对象、操作日期、操作开始时间和结束时间，并可查阅。

5）车站行车广播控制终端功能

车站行车值班员通过操作融入综合监控系统工作站的行车广播控制终端人机界面，完成广播系统所有必需的功能。其功能如下：

①广播选择功能。车站广播控制终端界面上设有选区、全选、编组选择按钮图标，点击该图标可对本站的所有广播区、单个广播区和多个广播区进行广播。

②话筒/语音合成/线路广播。车站广播控制终端界面上设有话筒、语音、语音段、线路选择按钮图标，点击某信源及广播区可进行相应的广播。

③背景音乐播放功能。车站广播控制终端设有线路输入插口，可外接 CD、MP3 等音源，用于对车站广播区播放背景音乐，其优先级的顺序在广播系统中设为最后一级，当其他音源播出时，背景音乐电平将自动降低，待其他音源退出后，背景音乐将自动恢复原来的电平。

④监听功能。车站广播控制终端界面上设有监听选择图标，可对广播权限内的各广播区的广播内容进行选择性的监听，监听音量可调。

⑤显示功能。车站广播控制终端界面上可显示优先级的占用状态、设备的工作状态、故障情况、广播区选择及信源选择等内容。

⑥自动记录和查询功能。车站广播控制终端可自动记录操作日期、操作开始时间和结束时间，并可查阅。

6）车站后备广播控制盒功能

DK-SC-1 型车站后备广播控制盒具有控制功能、故障显示功能、MP3 语音合成选择广播功能、话筒广播功能、线路播音功能、紧急广播功能、监听功能、编组功能及显示功能等。

7）广播退出功能

广播完毕后，5～10 s 如果没有话音信号，将自动关闭话筒广播，释放话筒广播占用的广播区（防灾广播除外），语音信源播放完毕，自动释放所占用的广播区。

8）无线移动广播功能

站台广播采用无线移动便携式广播控制方式，由站台工作人员随身携带专用无线手持台，在站台区内任意地点的移动中对本站台进行语言广播。无线移动广播设备性能稳定，语音清晰，无反馈、无啸叫、无盲区，并可长期连续工作。

9）列车进站自动广播功能

各站广播设备设有与信号系统相连的控制接口，当收到上行、下行列车将要进站的控制信号时，可自动启动广播系统设备播放列车进站预告广播信息，可同时播放两个不同方向的语音广播。

10）具有多种语音合成应用方式

系统中语音合成采用 MP3 存储播放方式，内置 MP3 播放器以及外设 USB2.0 接口，可快速将需更改的声音文件从电脑上下载到 MP3 芯片上。

11）噪声检测及音量自动调节功能

本系统设有噪声检测控制设备用于对站台广播区环境噪声进行自动检测，在话音信号停顿期间自动对该区噪声进行检测,并根据检测结果对该区的音频信号进行调整,然后将音频信号送往各广播区的功率放大级,自动调节各广播区功率放大器输出音量,以保证播音现场具有最佳信噪比,达到较好的播音效果。

12)噪声检测工作方式及调整频段的描述

由于人耳所能听到的频率范围为30 Hz~12 kHz,所以噪声检测控制分机的噪声输入放大器的带宽应为30 Hz~12 kHz。由于人耳听觉最敏锐的频率为300 Hz~4 kHz,所以噪声检测控制分机应根据现场噪声的大小自动调节为300 Hz~4 kHz,即中音段的音量。由于广播现场的噪声经常和广播混杂在一起,所以噪声检测分机利用语音停顿期间进行现场噪声采样。

13)音量频响数控调节功能

车站和车辆段广播设备的增益、频响均为软件数控调整。根据本站声场情况,可对音频输出信号的音量,高、中、低音分别进行调节,通过机柜控制模块单元上的专用按键进行调节,可使广播声音更加清晰。调节结果在设备断电后不消失。

14)广播输出电平自动压缩

各信源均设有输入电平自动限制电路,避免了功率放大器因输入信号过大而过载保护。

15)扬声器线路自动检测故障功能

在全线各站、车辆段设置扬声器线路检测系统,可对本站每个广播区的扬声器线路进行自动检测,并向系统网管终端上报故障信息,在车站机柜内的扬声器线路检测主机处还可显示故障类型及故障地址,便于维护人员对扬声器线路的维护和管理。

16)扬声器网过载(短路)检测功能

功放检测模块具有负载检测电路,当扬声器网出现短路或负载过重情况时,自动将故障信息送往数字汇接模块,同时切断该回路,故障信号经传输通道发往网管终端显示并记录。

17)功放自动检测与切换功能

功放自动检测模块可对功率放大器进行自动检测,功放切换模块可对故障功放进行切换,功放的备用方式采用 N + 1 热备方式,功放未启用时处于静态,功耗极低。当某台功放出现故障时,系统可将备用功放替代故障功放。当故障功放恢复运行后,可自动恢复到原工作方式。功放的切换也可采用手动方式。

18)机柜监听功能

通过设于广播机柜的采样及监听模块可对各广播区的输出进行监听,监听音量可调。

19)声光报警功能

当某站控制模块或功放出现故障时,系统网管终端、该站行车广播控制终端、广播机柜显示屏均有显示,并显示报警内容,同时数字汇接模块所带的蜂鸣器将发出报警音,报警音可人工消除。

20)电源检测及时序控制功能

系统中的电源时序控制器用于防止系统设备开机时对电网的冲击和电网瞬间断电对本系统运行的干扰。当广播系统开机时,本设备可实现逐台设备的顺序供电,从而分散对电网的冲击;当出现瞬间断电时,再次来电,本设备可自动复位,经延时后以一定的间隔顺序向各功放及控制模块逐台加电,防止瞬间断电对系统程序运行造成干扰及导致故障。同时,本设备还具有过压保护功能,当有高压浪涌时,自动切断外部供电。

21)系统不停机检修功能

当功放及部分模块出现故障(或需检修)时,可在系统不停机情况下拆、装机,实现系统不停机检修功能。

22)自动录音功能

广播系统留有广播录音接口,通过专用音频电缆与录音设备相连,向录音设备提供中心广播的音频信号,以实现中心自动录音功能。

23)车辆段和停车场广播功能

①广播选择功能。车辆段广播控制终端界面上设有选区、全选、编组图标,点击该图标可对本站的所有广播区,以及单个广播区和多个广播区进行广播。

②话筒/语音合成/线路广播。车辆段广播控制终端界面上设有话筒、语音、语音段、线路选择按钮图标,点击某信源及广播区可进行相应的广播。

③监听功能。车辆段广播控制终端界面上有监听选择图标,可对广播权限内各广播区的广播内容进行选择性地监听,监听音量可调。

④显示功能。可显示全线各站的工作、空闲、故障、广播区选择及信源选择等内容。

⑤自动记录和查询功能。车辆段广播控制终端可自动记录操作日期、操作开始时间和结束时间,并可查阅。

⑥车辆段行车广播控制盒功能。列检库运转值班员可通过广播控制盒对某一个广播区或所有广播区进行广播,可选择话筒、语音、线路等信源进行广播。广播控制盒上还设有"直通"按键,当控制盒控制部分、系统控制通道发生故障时,按下"直通"广播按键,可直接将音频信号与功放输入端相连,并选通全部广播区,进行直通广播。

24)系统网管终端功能

系统网管终端经传输系统与全线各站、车辆段及停车场相连,进行通信,可实时显示监测全线各站、车辆段及停车场的所有信息。其具有如下功能:

①以图形方式模拟显示全线各站、车辆段及停车场的地理位置。

②具有集中维护和自诊断功能,可进行故障管理、性能管理、配置管理、安全管理。

③能实时监测并显示全线各站、车辆段及停车场广播设备(包括各模块及分机)的运行状态。当设备出现故障时能发出声光报警,并可以图形和表格的方式显示和查询。监测的内容为:系统中各模块及功放的工作状态,电源状态,播音区的选择,优先级的占用,操作开始,结束时间及定位,告警产生和恢复的时间及告警类型等,并提供声光报警信息。

④可完成自动检测、遥控遥测、故障定位、故障报警、远端维护集中告警等功能。

⑤历史记录及远程维护功能:包括操作记录和故障记录。自动记录中心广播、车站广播设备及车辆段广播设备、停车场广播设备的操作。操作记录的内容包括操作命令、操作开始、结束时间等,并定位到操作的站号、广播区号等;故障记录的内容包括自动监测记录电源告警、设备故障告警(可监测各模块)、传输通道故障告警、车站的站号、故障内容、故障类型、故障产生的时间和恢复时间等,便于维修人员及时检查、维修,实现广播系统的远程维护。

⑥在车站广播设备全部故障时,或传输通道出现故障的情况下,系统网管终端将接收

不到该站的有关信息,这时系统网管终端将发出报警,提示维修人员线路故障或某个车站广播设备出现故障。

⑦可设置车站与广播区的数量及控制车站的开通与关闭。

通过系统网管终端可设置车站的数量和广播区的数量,并可对车站进行开通与关闭,对未开通的车站不进行操作和报警信息处理,本系统设有"操作权限密码"保护,以防未经授权人员误操作,对上述操作时间及内容本系统可自动记录。

⑧对系统发生的故障和操作进行全面记录,记录内容保留在硬盘内,保留最近3个月的内容不删除(保存时间可根据用户的需要和硬盘容量调整),记录内容不可人工删除,记录方式为滚动方式并提供信息打印功能。

⑨对上述报警记录按日期、车站全部分类或组合查阅,并可通过打印查询结果。

⑩统一时间管理功能。

本系统具有时钟信息接口(RS422口),用于接收时钟系统发来的标准时间信号。当收到时钟信号后,定时向中心防灾广播控制终端和系统网管终端发送校时信号,以保证系统的统一管理时间。

25)集中告警功能

系统网管终端具有与集中告警管理终端进行通信的接口(10 M以太网),用于将广播系统设备的故障信息发往集中告警管理终端,便于整个通信系统的集中管理。通信格式及协议由广播系统和集中告警系统双方商定,同时双方协议互相开放。

本系统网管终端接收到车站的报警信息后进行分类处理,可按照3种类型故障传至集中告警管理终端:

①致命故障。致命故障即系统不能运行,广播不出去的故障,需立即维修。此类故障包括电源故障、数字汇接模块故障、音频汇接模块故障。

②严重故障。严重故障即影响正常广播的故障,需抓紧维修。此类故障包括功放故障且功放不能切换的故障、语音合成模块故障、扬声器网络故障。

③一般故障。一般故障即某些功能模块出现故障,不影响正常的广播。此类故障包括功放检测模块故障、采样模块故障、噪声检测模块故障、扬声器检测设备故障。

3.6.2 广播系统设备日常维护基本知识

广播系统设备巡检作业主要检查机柜、主设备及各单板模块、电源及线缆。

检修内容:检查机柜内侧配线图和业务配置图是否齐全。检查机柜和设备地线是否连接。检查机柜内部防火泥封堵情况。检查机柜内部清洁情况。检查机柜门锁情况。

(一)总电源控制器

总电源控制器TBA-8410用于连接电源分线箱,向系统提供交流电源。如图3-43、图3-44所示。

①检修内容:检查电压表和电流表是否在正常值范围之内。

②检测方法:目测。

③检修标准:电压:220 V, +7% ~ -10%。

图 3-43　TBA-8410 总电源控制器

图 3-44　电压指示器

（二）可编程电源控制器

可编程电源控制器 TBA-8420 用于向系统中的功率放大器顺序延时加电,避免系统对电网的冲击,如图 3-45、图 3-46 所示。

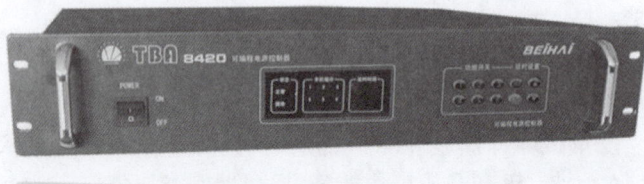

图 3-45　TBA-8420

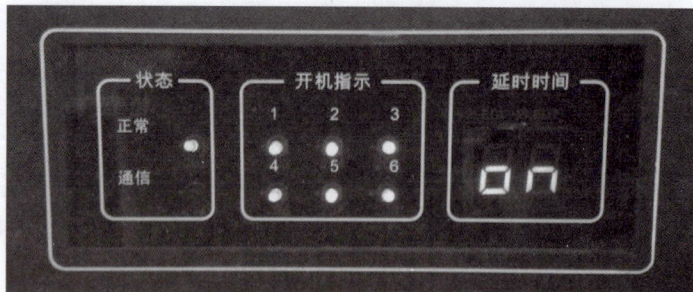

图 3-46　电源状态指示

①检修内容:检查状态灯和开机指示灯。

②检测方法:目测。

③检修标准:正常状态显示绿色。

（三）功率放大器

功率放大器 TBA-2724 用于将音频信号的功率进行放大,如图 3-47、图 3-48 所示。

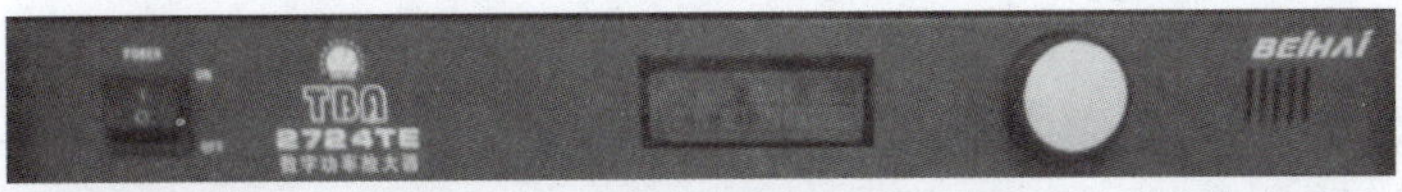

图 3-47　TBA-2724 功率放大器

图 3-48　功放液晶面板

任务 3.7　时钟系统

3.7.1　时钟系统基础知识

（一）GPS 简介

GPS（Global Positioning System）即全球定位系统，是一个 20 年来在美国国防部支持发展下形成的全球实时导航系统。它可以通过人造卫星来测定全球范围内的移动或固定物体的位置。GPS 全球定位系统的发展，始于 1973 年 12 月美国国防部批准其海陆空三军联合研制新的军用卫星导航系统——NAVSTAR GPS 系统，即 GPS 系统。

GPS 工作卫星及其星座由 21 颗工作卫星和 3 颗在轨备用卫星组成，记作（21 + 3）GPS 星座。24 颗卫星均匀分布在 6 个轨道平面内，轨道倾角为 55°，各个轨道平面之间相距 60°，即轨道的升交点赤经各相差 60°。每个轨道平面内各颗卫星之间的升交角距相差 90°，一轨道平面上的卫星比西边相邻轨道平面上的相应卫星超前 30°。

在两万千米高空的 GPS 卫星，当地球对恒星来说自转 1 周时，它们绕地球运行 2 周，即绕地球 1 周的时间为 12 恒星时。这样，对于地面观测者来说，每天将提前 4 min 见到同一颗 GPS 卫星。位于地平线以上的卫星颗数随着时间和地点的不同而不同，最少可见到 4 颗，最多可见到 11 颗。在用 GPS 信号导航定位时，为了结算观测站的三维坐标，必须观测 4 颗 GPS 卫星，称为定位星座。这 4 颗卫星在观测过程中的几何位置分布对定位精度有一定的影响。对于某地某时，甚至不能测得精确的点位坐标，这种时间段叫作"间隙段"。但这种时间间隙段是很短暂的，并不影响全球绝大多数地方的全天候、高精度、连续实时。

GPS 系统设计的最初设想，是用于军事目的，使之可在任何时间、任何地点提供三维位置、速度和时间的信息服务系统。GPS 全球定位中卫星发射的新高包括 P 码、C/A 码和 D 码，其中 P 码供美国军方及特许用户使用，C/A 码供民用。出于商业需要，美国政府对全球免费开放 GPS 系统，同时，出于战争及安全需要，又对于 GPS 信号进行区域控制。民用 GPS 接收装置只能接收卫星发射的 C/A 码广播信号。同时,美国政府为其国家安全考虑,对 C/A 码的定位精度实施限制,使用时空基准误差方式,降低用户 GPS 接收装置的定位精度,即 SA(Selective Availability)工作方式。

每个卫星包含铯和铷两部分,作为备用,参考频率与 GPS 频率同步,设为 10.23 MHz。所有的传输和调制频率与随之携带的原子参考频率相同。所有的 GPS 卫星传输频率同在两条低频带上传输,传输频率为 1 575.42 MHz 和 1 227.6 MHz。由于每个卫星在低频带上的载波伪随机码与其他 GPS 卫星应用的码正交,所以单个卫星的传输是独立进行的。传输的基本码速为 1.023 Mbs 和 10.23 Mbs。

西安地铁二号线采用 GPS 全球定位系统,主要应用 GPS 所提供的时间信息服务系统,为各系统提供统一的定时同步信号,使整个地铁执行统一的定时标准,确保通信系统及其他重要控制系统协调一致。

(二)时钟系统概述

地铁时钟系统是轨道交通运行的重要组成部分之一,其主要作用是为地铁工作人员和乘客提供统一的标准时间,并为通信系统及其他有关系统(ATS、AFC 、ISCS、SCADA 等)提供统一的标准时间信号,使各系统的定时设备与本系统同步,从而实现地铁全线统一的时间标准。时钟系统的设置对保证地铁运行计时准确,提高运营服务质量起到了重要的作用。

时钟系统按中心一级母钟和车站/车辆段及停车场二级母钟两级组网方式设置,主要由控制中心设备包括 GPS 信号接收单元、主备一级母钟系统、系统维护监控终端、电源、分路输出接口设备、车站/车辆段及停车场主备二级母钟(含各类信号输出接口设备)、时间显示(简称"子钟")及传输通道等构成。中心一级母钟设在运营中心通信室,在沿线各车站、车辆段、停车场设置二级母钟和子钟。

中心一级母钟通过信号输入端口不断(每秒)接收来自 GPS 信号接收装置发出的标准时间信号,随时对自身内部时钟信号源进行校准,使系统实现无累积误差运行。一级母钟不断接收来自 GPS 的时间码及其相关代码,并对接收到的数据进行分析,判断这些数据是否真实可靠。如果数据可靠即对母钟进行校对;如果数据不可靠便放弃,继续接收。当外部信号中断或无效时,中心一级母钟将自动转换,采用自身的高稳定晶振产生的时间信号作为时间基准,驱动二级母钟或自带子钟正常工作并向时钟系统网管设备发出告警或向通信网管控制中心集中告警系统发出告警信息。

当一级母钟发生故障和传输通道故障,二级母钟接收不到一级母钟的校时信号时,二级母钟立即转入独立工作状态,采用自身的高稳定晶振产生的时间信号作为时间基准,以"独立运行"模式运行,使其本身及附属系统(子钟)保持连续性。

一级母钟的标准校时信号通过传输子系统传给车站/车辆段及停车场的二级母钟,二级母钟根据标准时间信号校准自身精度,再由二级母钟把标准时间信号发送给所辖子钟,子钟根据标准时间信号对自身校时,从而使所有子钟按统一标准显示时间信息,为各车站/车辆段及停车场的运行管理及各车站站厅等主要工作场所的工作人员提供统一的标准时间信息和定时信号,为广大乘客提供统一的标准时间。

中心一级母钟和二级母钟通过系统配置的标准多路输出接口设备为其他各系统提供统一的标准时间信号,使全线其他通信系统与时钟系统同步,从而实现地铁全线统一的时间标准。

中心一级母钟与车站/车辆段及停车场二级母钟通过传输系统连接,采用点对点传输连接,接口形式是标准 RS422 接口。

时钟子系统的网络结构是采用运营中心一级母钟及车站/车辆段及停车场二级母钟(含所带子钟)两级组网方式,分为控制中心级和车站/车辆段及停车场级。中心级设备主要由 GPS 信号接收装置(接收天线)、中心一级母钟、多路输出接口箱(包括子钟接口、标准时间接口、二级母钟接口)、系统监控网管(计算机)、运营中心子钟(时间显示单元)、设备间各种连线以及设备电源配置等组成;车站/车辆段及停车场级主要由二级母钟、多路输出接口箱(包括子钟接口箱、标准时间接口箱)子钟(时间显示单元)、二级母钟与子钟的传输通道以及电源等组成。

中心一级母钟设备与各车站/车辆段及停车场二级母钟的设备通过传输系统连接,控制中心的子钟通过通信电缆直接与控制中心一级母钟的接口箱连接,各车站及车辆段/停车场的子钟通过通信电缆连接至各站二级母钟多路输出接口箱。

中心一级母钟接收来自 GPS 的标准时间信号,在控制中心通过传输线路为其他各系统提供统一的标准时间(毫秒级)信号,使各通信系统及其他子系统的定时设备与时钟系统保持时间同步,从而实现西安地铁全线执行统一的时间标准。

3.7.2　时钟系统设备日常维护基本知识

(一)设备硬件板卡状态信息

时钟系统的硬件设备提供了大量状态的监控信息,掌握模块的状态显示对系统运行维护具有重要的参考意义,是设备检修与维护人员必须具备的基本知识。

记录母钟面板上的各种指示灯并标注。参考系统文件,查找并记录指示灯的含义。记录母钟正常工作时的状态显示。记录非正常运行情况下的状态显示。形成设备日常检修的一项内容。

(二)配线操作

母钟系统拥有多种数据接口,涉及大量的接线,需具备熟练配线及快速查线的技能。

RJ45 配线架(NDF):时钟系统大量采用 RJ45 接头,良好的布线利于线路保护,降低损耗,便于查找维护。NDF 配线架主要有架体部分、走线部分、配线部分、接地部分所组成。打开机柜门,检查接地及 RJ45 线缆接头状况。对凌乱的线缆进行重新绑扎。对有变更的线缆在台账上进行更新。

(三)网管查看告警信息

通过网管计算机查询设备数据,了解设备的工作状态。在故障时,对告警信息的查询能协助分析、定位故障点。进入时钟系统网管,打开告警信息窗口栏,记录告警信息。对告警信息进行解读,查找相应的站点或模块。

(四)操作网管、数据备份

网管数据是监控软件运行的基础,数据包含所有的服务连接配置,重要性可想而知。在软件运行出现故障时,可重新导入数据库,恢复网络监控。

（五）母钟基本操作方法

（1）母钟面板说明

母钟面板说明如图 3-49、图 3-50 所示。

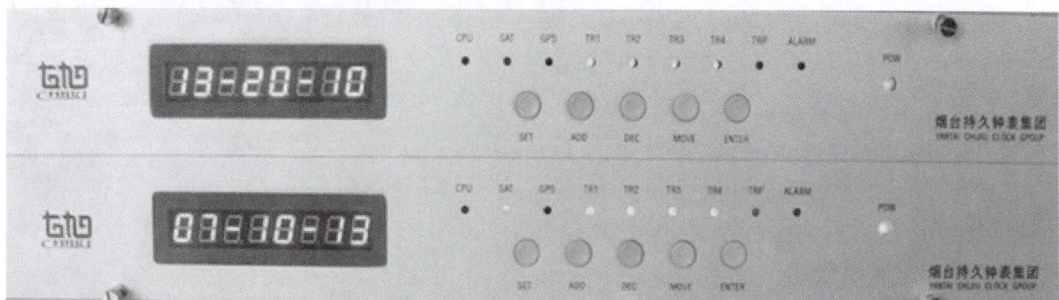

图 3-49　母钟面板示意图

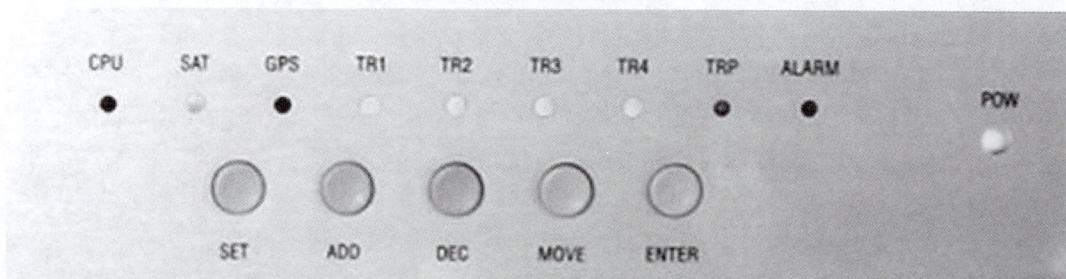

图 3-50　母钟面板指示灯

指示灯说明：

TR1：TXd1 发送本站 1 区子钟信号指示；RXd1 接收本站 1 区子钟信号指示。

GPS：GPS 信号指示。

Sat：卫星信号接收指示。

CPU：中央处理器工作状态指示。

（2）中心母钟操作方法

中心母钟操作方法如图 3-51、图 3-52 所示。

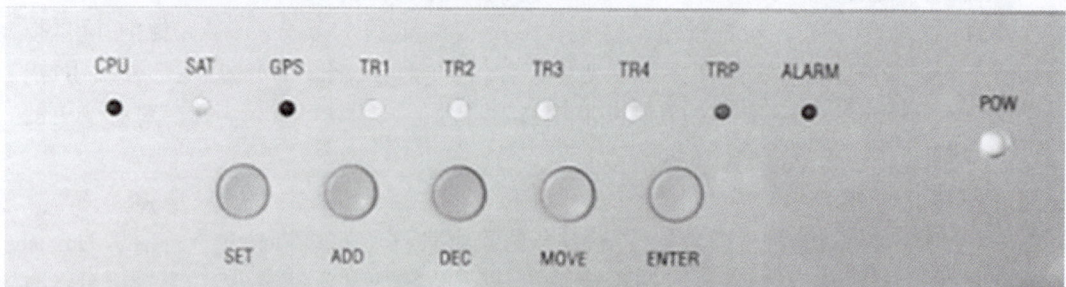

图 3-51　母钟面板按键分布

1）说明

①数码管第 1、2 位是小时位：正常显示时，表示标准时间的小时数。

②数码管第 4、5 位是分钟位：正常显示时，表示标准时间的分钟数。

③数码管第 7、8 位是秒钟位：正常显示时，表示标准时间的秒数。

图 3-52　数显子钟面板图

④SET:用于观察和调整各二级母钟及其子钟的时间。

⑤ADD:加数键。

⑥DEC:减数键。

⑦MOVE :右移位键。

⑧ENTER:执行和存储程序键。

注:操作以上按键时,按压时间不要少于 1 s。

2)母钟调整方法

①按 SET 1 次后,显示并闪烁时位→88—88—88。

②按 ADD 或 DEC,输入标准的小时时间,显示并闪烁→88—88—88。

③按 MOVE,显示并闪烁分位→88—88—88。

④按 ADD 或 DEC,输入标准的分钟时间,显示并闪烁→88—88—88。

⑤按 MOVE,显示并闪烁秒位→88—88—88。

⑥按 ADD 或 DEC,输入标准的秒时间,显示并闪烁→88—88—88。

⑦按 ENTER 键存储设置的时间,显示→88—88—88。

⑧若调整有误,请重新按①—⑦步骤调整。

注:在 GPS 正常工作状态下,母钟时间被实时校准。

3)日期设置方法

①按 SET 两次后,显示并闪烁年位→88—88—88。

②按 ADD 或 DEC,输入标准的年后两位,显示并闪烁→88—88—88。

③按 MOVE,显示并闪烁月位→88—88—88。

④按 ADD 或 DEC,输入标准的月,显示并闪烁→88—88—88。

⑤按 MOVE,显示并闪烁日位→88—88—88。

⑥按 ADD 或 DEC,输入标准的日期,显示并闪烁→88—88—88。

⑦按 ENTER 键存储设置的日期,显示→88—88—88。

⑧若调整有误,请重新按①—⑦步骤调整。

注:在 GPS 正常工作状态下,母钟日期会被实时校准。

4)子钟及二级母钟设置方法

通过设置键可察看子钟及二级母钟的运行状态,具体方法如下:

按 SET 键 3 次,显示并闪烁左边两位→00—00—00。左边两位代表区域号,数值为 00 ~01(其中 00 代表本站一区,01 代表本站二区,)。按 MOVE 1 次,显示并闪烁中间两位→88—88—88。中间两位代表子钟编号,数值为 00 ~60,如需察看某个子钟的状态,只需用 ADD 或 DEC 将数值调整为该子钟的地址编号,然后察看右边两位的数值(00:通信正常;10:通信异常)。

5）照明设置方法

①按 SET 4 次后，显示并闪烁时位→ 88—88—88。

②按 ADD 或 DEC，输入照明开启的小时时间，显示并闪烁→ 88—88—88。

③按 MOVE，显示并闪烁照明关闭的时间位→ 88—88—88。

④按 ADD 或 DEC，输入照明关闭的小时时间，显示并闪烁→ 88—88—88。

⑤按 MOVE，显示并闪烁照明强度位→ 88—88—88。

⑥按 ADD 或 DEC，输入强度值，显示并闪烁→ 88—88—88。

⑦按 ENTER 键存储设置的值，显示→ 88—88—88。

若调整有误，请重新按①—⑦步骤调整。

（3）监控系统操作手册

检查整个系统连线无误后，先打开控制柜总电源开关，再打开计算机电源开关，待计算机启动进入正常状态后，运行桌面上的"子母钟系统"主程序，进入启动过程中的密码设置状态。按提示操作，输入密码，用鼠标点击"进入"，程序运行至主界面。原始密码为"123456"。

界面功能如下：

显示母钟时间：年、月、日、星期、时、分、秒。

显示母钟状态：当主机通信、主备母钟、GPS 正常时，显示"正常"字样，否则在相应故障部分，红色闪烁显示"故障"字样。

显示校时方式：GPS 正常时，文本框显示"GPS 正在校时"；GPS 故障时，文本框内显示"GPS 无校时"。

显示母钟切换状态：主母钟正常时，文本框显示"主母钟正在工作"；主母钟故障时，系统将切换到备母钟校时，并在文本框内显示"备母钟正在工作"。

报警设置：可对报警进行允许、暂停、禁止设置。

设置：进行区名和钟号设置。

输入密码，按确定键，进入区名和钟号设置状态。此处原始密码为"7979"。

帮助：对系统进行版权、操作、技术说明，用户可在此了解部分信息。

子钟状态区域：显示的是监控区域的子钟情况。故障时，小方框将红色闪烁示警，将鼠标光标移到站名处，当光标变形后，按左键进入相应下一级子界面，显示出故障定位及信息，可进一步了解故障信息及各子钟运行状况。

区名：显示的是监控子钟分区的子钟情况。故障时，小方框将红色闪烁示警，将鼠标光标移到站名处，当光标变形后，按左键进入相应下一级子界面，显示出故障定位及信息，可进一步了解故障信息及各子钟运行状况。根据提示，可对子钟进行追时、停止和正常走时操作。注意在每次发送时，应先在主界面输入密码处输入密码并按"确定"，确认密码正确后，按"发送"才能生效。此处原始密码为"111111"。

值班记录：值班员在此处可进行日志操作。

按"存盘、打印、文档"三键可实现存盘、打印值班记录，调用故障记录功能。按"文档"键系统可调入该软件的安装目录下的"guji.dat"，即可查阅近期 1 000 条故障记录，如超过 1 000 条记录，系统将记录文档自动转存为"gujib.dat"，再超过 1 000 条，最初 1 000 条将放弃。

时间设置:在此对母钟时间进行修改后,按发送即可。注意在每次发送时,应先在输入密码处输入密码并按"确定"确认密码正确后,按"发送"才能生效。此处原始密码为"111111"。

任务 3.8　集中告警系统

3.8.1　集中告警系统基础知识

集中告警系统就是利用计算机数据处理和计算机网络传输技术,对各通信子系统设备信息进行采集并集中反映到告警终端,使通信维护人员能及时、准确了解整个通信系统设备的故障信息以便于处理。系统能够对通信各专业系统的告警进行汇总、显示、确认及报告,能进行故障定位,使维护管理人员能够准确、迅速地获得设备的运行状态信息,及时进行维护。集中告警系统由软件结构和物理结构组成。

集中告警系统监测的各通信专业系统包括传输系统、无线通信系统、公务电话系统、专用电话系统、视频监视系统、有线广播系统、时钟分配系统、通信电源设备、乘客信息系统等。

(一)软件结构

集中告警系统采用分层和模块化的设计方式,系统由数据采集适配层、应用层和表示层组成。其中,表示层部署在集中告警终端上、应用层和数据采集层部署在集中告警服务器上。其软件结构图见图 3-53。

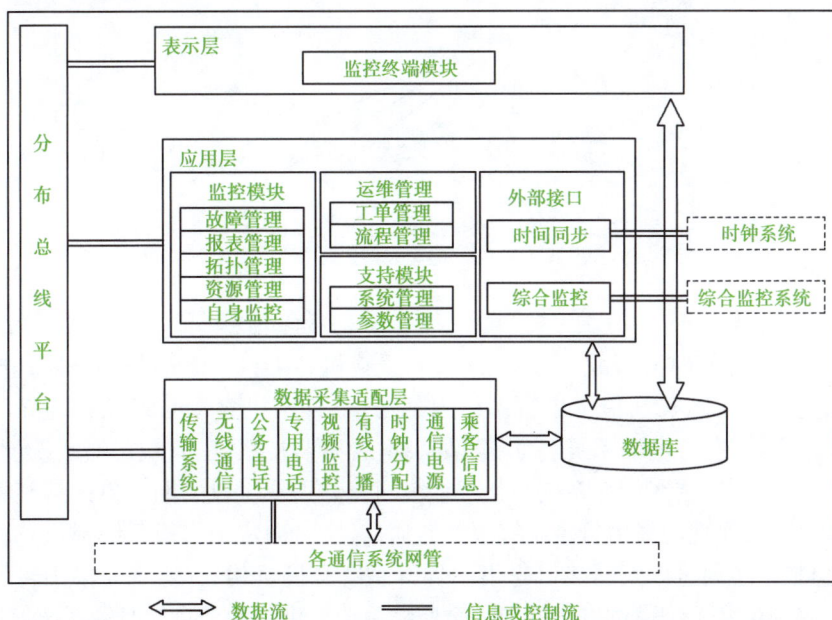

图 3-53　集中告警系统软件结构图

应用层包括监控、系统支持、运维管理以及外部接口 4 类模块。监控类包括故障管理、报表管理、拓扑管理、资源管理、自身监控 5 个模块；系统支持包括系统管理和参数据管理 2 个模块；运维管理包括工作管理和流程管理 2 个模块；外部接口包括时钟同步和综合监控 2 个模块。

在数据采集适配层，对传输系统、无线通信系统、公务电话系统、专用电话系统、视频监视系统、有线广播系统、时钟分配系统、通信电源设备、乘客信息等系统分别采用相对独立的采集适配模块，它们之间互不相干，有利于系统的扩展和维护。

表示层、应用层和数据采集适配器层之间通过分布式总线平台进行通信，以消息模式实现各种模块信息的交互，这样各层不仅相对独立，而且可以灵活地部署在不同的物理位置，有利于系统的扩展和维护。各通信系统网管直接与数据采集接口适配模块进行通信。表示层、应用层和数据采集适配器层都可以直接访问数据库，这样不仅可以简化系统结构，而且可以提高系统的响应速度。

与时钟同步和综合监控系统接口是通过应用层的接口模块来实现的，针对每个接口，采用一个完全独立的模块，增加系统的灵活性和可扩展性。与外部接口的通信是通过应用层的接口模块直接与外部系统进行通信，以降低分布式总线平台的复杂性。

(二)物理结构

各通信系统网管和集中告警系统都布置在 OCC，它们之间通过以太网进行传输，时钟系统通过 RS422 与集中告警服务器进行通信，集中告警系统通过以太网给综合监控系统输送信息，其物理结构图见图 3-54。

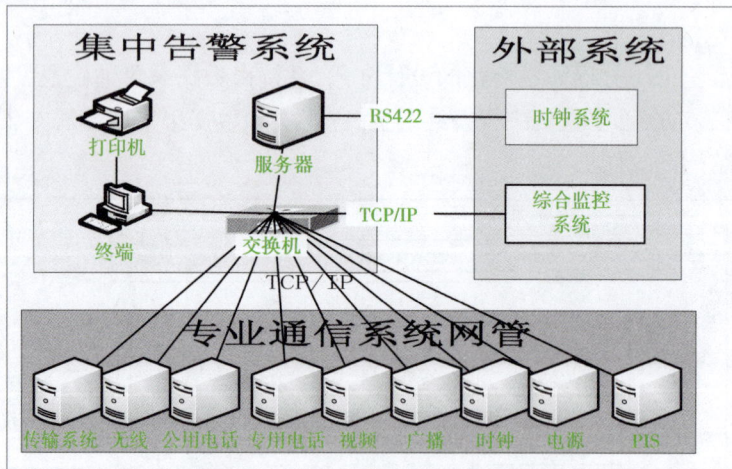

图 3-54　集中告警系统物理结构图

集中告警系统在 OCC 设置服务器、终端和交换机各 1 台。终端与服务器直接连接到交换机上，通过以太网实现集中告警系统内部通信，打印机直接与终端相连接。传输系统、无线通信系统、公务电话系统、专用电话系统、视频监视系统、有线广播系统、时钟分配系统、通信电源设备、乘客信息系统等各子系统网管分别提供以太网接口连接到集中告警系统的交换机上，实现与集中告警系统服务器通信，实时向集中告警系统提供各种告警信息。综合监控系统通过以太网接口与集中告警系统交换机相连，实现与集中告警系统服务器通信，集中告警系统通过以太网向综合监控系统提供各种信息。时钟系统通过 RS422

接口直接与集中告警服务器相连接,为集中告警系统提供时间信息。

3.8.2 集中告警系统设备日常维护基本知识

(一)安全管理

①系统具有内部安全管理机制,能够防止非法用户的访问。系统提供安全操作管理功能,使用某些影响系统运行的功能时必须输入口令,经系统确认后方可进行操作。操作口令具有不同等级、不同权限,用以限制用户的操作范围。

为了确保综合网管系统操作的安全性,将操作人员分为网络管理员、维修管理员和监视管理员三级。根据密码进行登录,并将其操作写入值班员操作日志。各等级操作人员的操作权限设置如下。

监视管理员:只能看信息,不能修改任何数据。

维修管理员:能对一般维修所需的数据进行修改,不能对数据库进行修改。

网络管理员:能修改数据库的任何数据。

无论何等级操作人员都只有修改自己密码的权限,并且需要进行密码验证。

用户进行登录、退出及交班,综合网管平台都需要进行密码校验。

②为一些重要功能操作增加二次提示,以防止误操作。

③系统提供操作日志管理,详细记录操作过程、操作人名称、操作时间等。

④系统操作日志数据可长期保留,管理人员可随时调出查阅。

(二)故障告警管理

故障管理是对被监控对象发生异常情况——故障时采取的一系列管理活动。当系统发现故障或接到告警信息时,首先将向操作人员发出告警信息,告警信息以异常声光形式发出,以提示操作人员注意。

(1)通信设备运行状态等级设置

根据告警的严重性将故障告警等级分三类,即正常状态、一般故障和严重故障。

1)正常状态

表示系统在正常工作。

2)一般故障

表示系统已发生了不影响设备及通信安全但应注意的事件。

3)严重故障

表示系统已经发生了危及设备及通信安全必须立即处理的事情。

通信系统设备运行状态等级设置可以在设计联络中根据实际需要确定。

(2)故障告警显示

可以对网络进行实时监视,一旦发生故障,可以将通信系统各子系统上报的故障告警信息存储入数据库并显示在屏幕上。根据告警等级,可以通过接口连接外部的告警设备来达到声光报警的功能。通过语音来进行故障报警并说明故障等级及故障位,便于维护人员及时确定故障的具体位置。

1)信息显示方式

①数据表显示:以表格的方式显示运行状态和故障数据信息。点击数据表当前信息

记录,将显示其详细的信息数据。

②图形显示:以图形的方式显示全线设备运行状态和故障信息。

在西安市地铁二号线一期的线路网络拓扑图上,根据设备的颜色变化动态,实时地进行设备的故障告警和超门限告警显示,并伴随文本框提示详细的故障信息,可将当前拓扑图保存或输出到打印机。

图层划分:具备按线路、车站和按系统两种显示方式。

线路图层:显示全线设备点。

本站设备图层:显示本车站设备连接拓扑图。

通过点击拓扑图上的地点,可以选择按站点进入下一层拓扑图,查看详细故障点及故障内容。视图是逐步进入的,并可以进行上下图层的自由切换。

2)基本信息

①基本属性信息:此对象的名称、标签、位置、状态等基本属性数据。

②基本告警信息:当前告警条数、告警级别、告警内容、告警原因等。

以上两种设备信息显示方式是相关联的,故障告警伴随有声光报警。

3)告警通知

当收到故障信息时,进行声光告警显示,值班员通知维护人员及时进行处理。

4)故障确认

故障确认分为人工和自动两种。

故障告警信息上传至综合网管系统时,会弹出故障确认信息。在值班员没有确认或来不及确认就故障自动清除的情况下采取故障自动确认,否则采取人工确认。人工确认将记录下确认者身份。

5)故障清除

故障清除分为自动和手动两种。

当系统发送故障恢复信息至综合网管系统时,综合网管系统将自动清除相应的活跃告警,相应告警记录将从活跃告警列表转到历史告警列表。对于未能接收到故障恢复信息而本身故障已经恢复的情况,进行故障手动清除,并记录清除者身份。

6)故障压缩

对于重复收到的同一条告警,将消除重复告警,只保留最初一条告警,同时记录告警重复上报的次数。

(三)配置管理

可以进行综合网管系统与通信系统各子系统的接口配置、通信协议的配置和故障告警声音的配置及自身 IP 地址的设置。配置管理不会因为通信协议的改动而进行软件代码修改,保证了平台的灵活性。

对监测对象的管理从数据结构上采用统一规格的管理树结构,因此被监测对象的增加、修改和删除只是对管理树进行生长、节点信息的调整和树枝的删砍,从而保证配置功能的实现。其他数据信息根据管理树的变化可以自动地形成或调整相关数据表,从而简化了配置操作。人机交互界面采用向导的方式使操作简单、方便。

系统中的服务器和客户端功能采用的是服务器/客户机结构,因此客户端的调整只需进行相应的用户的增加和调整以及权限设定即可完成。同时客户端软件提供软件功能的定制功能,使操作者可以方便地对人机界面和功能进行调整设置。系统为用户提供了两个阶段的配置管理,第一是系统初次运行的初始配置管理,用户通过初始配置管理,可以将管理区域内相关通信资源的分布、状态、辅助信息等输入系统;第二是系统运行过程中的配置管理,如对被监视设备的监视和设置。

(1)接口配置

可以分配、查看及修改综合网管系统设备 IP 地址和通信端口号,可以查看并修改分配给通信系统各子系统的通信端口号。其中包括与通信系统各子系统、与 PIS、与时钟系统时钟同步、与综合监控系统端口分配及设置。

(2)协议配置

可以查看及修改通信协议,当通信协议发生变化时,方便修改通信协议。通过软件的配置管理,基本不影响软件代码的修改及硬件设备的设置。通信协议包括综合网管系统与各子系统通信协议、与时钟系统时间同步通信协议、与综合监控系统通信协议。

(3)声音配置

可以根据故障告警等级或系统名称来配置不同的告警声音,按故障性质选择告警信息到达时是否产生报警声音等。

(4)颜色配置

可以根据故障告警等级来配置不同的告警颜色。

(5)告警显示过滤配置

可以控制告警信息的显示,根据操作人员的需求设置告警显示的过滤条件,只有符合条件的告警信息才显示,具备查询、修改、取消过滤条件功能。告警显示过滤仅是对告警信息屏幕显示进行过滤,不影响任何告警事件的上报及其存储,也不影响对告警事件的查询和统计。

(四)数据库管理

数据库管理包括故障数据的导出和导入、故障查询、故障统计、值班员操作日志,同时可以形成统一报表进行管理和打印。这些操作有利于各子系统故障的统一管理,同时也进行了故障数据的存储,方便以后历史故障数据的查询和分析。

(1)切换用户

进行交接班操作。交接班时,值班人员填写值班日志。值班日志内容包括值班人姓名、接班时间、仪表工具资料情况、设备状态、设备或网络故障情况、值班记事、网管系统运行情况、交班时间、接班人姓名等。

(2)用户管理

用户管理包括增加用户/用户组、删除用户/用户组、查询用户/用户组属性、修改用户/用户组属性等功能。

管理员可以添加、删除用户。无论是管理员还是值班员都只能修改自己的密码,并需要密码验证。

(3)故障统计

可以根据告警源、告警级别、状态、类型、产生时间等组合条件对故障告警信息进行统计,以报表、图形(直方图、曲线图、饼图等)等方式显示,并可以将统计结果进行打印预览及打印,为用户对通信系统各子系统的可靠性评估提供依据。

（4）故障查询

可以根据告警源、告警级别、状态、类型、产生时间等组合条件进行故障信息查询，显示详细的故障信息，并可以将查询到的故障信息进行打印预览及打印。

（5）值班员操作日志查询

可以按各种条件，进行值班员操作日志查询，显示详细的值班员操作信息及操作时间，并可以进行打印预览及打印。这样为每个值班员的责任增加了合法的依据。

（6）故障数据导出备份及导入查询

当故障数据积累到一定时间后，可以将数据库中故障数据导出到存储介质上形成文件进行备份。如果需要查询，可以对故障文件进行查询及打印，也可以将介质上的故障文件导入数据库进行查询及打印。

（7）值班员操作日志导出备份

当值班员操作日志积累到一定时间后，可以将数据库中值班员操作日志导出到存储介质上形成文件进行备份，并可以对文件进行查询及打印。

（8）资源管理功能

及时了解、掌握全网的各种资源的使用、分配情况，提高资源的利用率，对光传输通道、无线信道、交换信道的使用情况、带宽、通道中所承载的业务信号提供查询。

（9）运维业务管理功能

实现可视化的业务流程管理功能。用户可以根据实际的维护需要，在图形界面上，生成业务处理流程，并设定触发条件。当条件满足时，会按照流程的定义，自动执行相应的操作。

告警处理流程以数据库为核心，其各环节，包括实时接收设备告警信号，启动测试，故障定位，障碍通知，生成派工单，文档更新等均由系统自动完成，加快系统响应速度，缩短网络故障时间。

将通信设备按其功能分为不同的"区域"，而后根据维护要求，将不同的维护区域分配给指定的用户。通过多用户管理机制，当用户登录系统后，其所操作的对象范围仅为指定区域，不会涉及其他的数据信息。

（10）时钟同步

接受时钟系统的时钟同步信号，具备标准时间显示及定时校时功能，对综合网管系统设备进行时间同步。

（11）自身告警记录

具有自检功能，对自身故障、信息采集设备进行监测并显示、记录。

任务 3.9　PIS 系统

3.9.1　PIS 系统基础知识

(一)PIS 系统概述

乘客信息系统(PIS 系统)是依托多媒体网络技术,以计算机系统为核心,以车站和车载显示终端为媒介向乘客提供信息的系统。在正常情况下,提供乘车须知、列车到站时间、列车时刻表、媒体新闻、广告等实时动态的多媒体信息;在火灾、阻塞及恐怖袭击等非正常情况下,提供动态紧急疏散提示。使乘客通过正确的服务信息引导,安全、便捷地乘坐轨道交通。

PIS 系统,是运用现代科技的网络技术与多媒体技术进行信息的多样化显示。它通过运营中心、车站控制等系统,实现对所需信息的实时编辑、制作、传递,同时在车站通过液晶显示器进行信息显示,向乘客发布更直观、更形象的各种资讯信息。

系统支持集中和分布式的管理方式,对于车站和车载系统的信息发布可支持如下工作模式,以确保在正常和非常状态下能够充分发挥服务和引导的功能。

(1)直播模式

系统由运营中心直接组织信息实时播放并控制终端显示设备,车站子系统在接收同步播放列表和节目内容的同时处于热备份状态。车载子系统通过有线和无线网络接收运营中心直接下发的信息实时在列车上播放。

(2)准实时模式

当车载系统无法与地面进行不间断实时高速通信时,车载系统进入准实时播出模式。车载子系统在列车进站停靠期间或车辆回库期间,通过采取有效的准实时传输设备或必要的手段在非移动的情况下自动高速传输并预存显示信息,供车载系统组织播出。

(3)录播模式

车辆运营时,车载系统按照预存的素材和播放列表自行组织播放。在正常情况下预存的素材和播放列表可在列车在线运营时利用富余无线带宽接收下载。车载设备同时提供相关接口能够使列车在入库后在线或通过移动存储设备下载素材和播放列表,至少满足次日播放要求。

(4)应急模式

当运营中心故障或网络通信中断以及系统检测到非法入侵时,受到影响的车站子系统迅速自动转入降级模式,按已接收到的播放列表和节目内容自行组织播放;通信中断的车载子系统也按预定义节目内容迅速自行组织播放。

(5)单点故障模式

当个别终端显示设备与系统通信中断时,通信中断的终端设备按照无输入显示方式运行,其余设备按照原有模式运行。

（二）PIS 系统子系统介绍

（1）PIS 系统构成

1）PIS 系统总体架构

PIS 系统是运营信息与资源开发兼顾的系统，因此在正常情况下，双方共同协调使用，在紧急情况下运营信息优先使用。

PIS 系统从功能控制上分为 3 层结构：第 1 层是西安地铁总编播中心（简称"总控中心"），第 2 层是本线分中心，第 3 层是车站显示及车载显示，包括车载视频监视系统。

①地铁总编播中心负责 PIS 系统的乘客导乘信息（面向各线的一般和紧急状态下的运营服务、安全、票务等多方面的自编辑信息）、公共信息（面向各线的一般广告、实时新闻、天气预报、交通、股市行情等外部信息）的制作、接收和发布，能够集中定义和管理全线 PIS 系统各类型和级别的用户所拥有的操作权限（如系统管理权限、广告管理权限、发布管理权限等），可通过地理位置图的方式全面监视系统运营，包括控制器的各种状态，如硬盘空间、播出内容、LCD 及 LED 屏的开关状态、音量及相关系统设备的状态，包括但不限于在地铁线路上使用到的交换机、服务器、磁盘柜、工作站、播放控制器（内容监视及回放）、车载 PIS 设备和车载监控设备等。

其信息流程 1：总编播中心←→各线分中心←→各线车站。

其信息流程 2：总编播中心←→各线分中心←→各线列车。

②中心接收相应线路乘客导乘及公共信息的播放列表及媒体文件素材信息，通过传输网络下发传送到本线路各车站、移动宽带传输网络 AP 或车辆段及停车场设备。操作员可编辑、储存及发送本线的乘客导乘信息（一般和紧急状态下的运营服务、安全、票务等多方面的自编辑信息），按照地铁运营以及有关商业要求，定义相应模板文件，并上传总编播中心；同时可监视本线系统运营，包括控制器的各种状态，如硬盘空间、播出内容、LCD 及 LED 屏的开关状态、音量及相关系统设备的状态，包括但不限于在本线地铁线路上使用到的交换机、服务器、磁盘柜、工作站、播放控制器、车载 PIS 设备和车载监控设备等。

其信息流程 1：本线分中心←→本线车站。

其信息流程 2：本线分中心←→本线列车。

其信息流程 3：本线分中心←→总编播中心。

③车站设备主要负责从分线控制中心接收发布的内容信息，通过播放控制器对本车站所有 LCD 和 LED 显示终端播放信息，并进行统一的控制和管理。车站设备可监视本站系统运营，包括控制器的各种状态，如硬盘空间，播出内容，LCD 及 LED 屏的开关状态、音量及相关系统设备的状态。

其信息流程：本线车站←→本线分中心。

④车载设备主要负责接收、发布信息内容（通过车站网络交换机和移动宽带传输网络设备），经过车载 LCD 播放控制器进行解码后，在本列车的所有 LCD 显示屏上实时播放。同时，车载设备利用移动宽带传输网络通道将车上监视图像传递到分、总中心。

其信息流程：本线列车←→本线车站←→本线分中心←→总编播中心。

本线 PIS 系统的构成包括信息采集、信息处理、信息分发、信息显示等。

信息采集：通过各种接口（RJ45/RS232/RS422/RS485/ModBUS 等），设置专门的接口服务器对实时/非实时信号进行采集、分析处理，转换为统一的制式在 IP 网络上可控制地传递。

信息处理：中心对采集到的信号加以控制，设定各种对应的参数，媒体编辑工作站对媒体素材进行重新编制，按照划分的区域进行播放，并加以播放排程，加密等。

信息分发：包括发布范围控制：A.可单点发布——发布至某个车站/车载的某个显示控制器上；B.可全局发布——发布至所有的显示控制器上；C.任意组合发布——发布至某几个显示控制器上。

获取方式控制：A.中心推送——中心强制推送媒体信息至播放前端设备；B.前端自取——播放前端设备接收到播放任务后，按照设定的时间、媒体目标去获取相应的资源。

发布传输控制：A.断点续传——保证内容的完整到达；B.分时传输——指定时间推送/自取；C.限速下载——对系统运营时间段的发布，可设定下载速度限制。

安全性控制：A.媒体存储加密——保证媒体文件不被篡改；B.网络传输加密——保证网络信息的安全性。

网络承载：可通过有线网络和无线网络发布信息，满足地面和车载设备的信息发布。

信息显示：通过设置在播放前端的显示控制器，对信息内容进行接收、缓存、解析、输出等一系列动作，并及时响应来自中心或车站的管控指令。

2）控制/临时中心子系统

集中管理整个PIS系统、实时监控整个PIS系统、外部视频信息源的导入、外部系统数据的导入和导出、中心公共信息的编辑保存、中心集中发放信息、中心集中控制终端显示设备的显示模式/开关、中心播放实时网络视频流数据。系统结构图见图3-55。

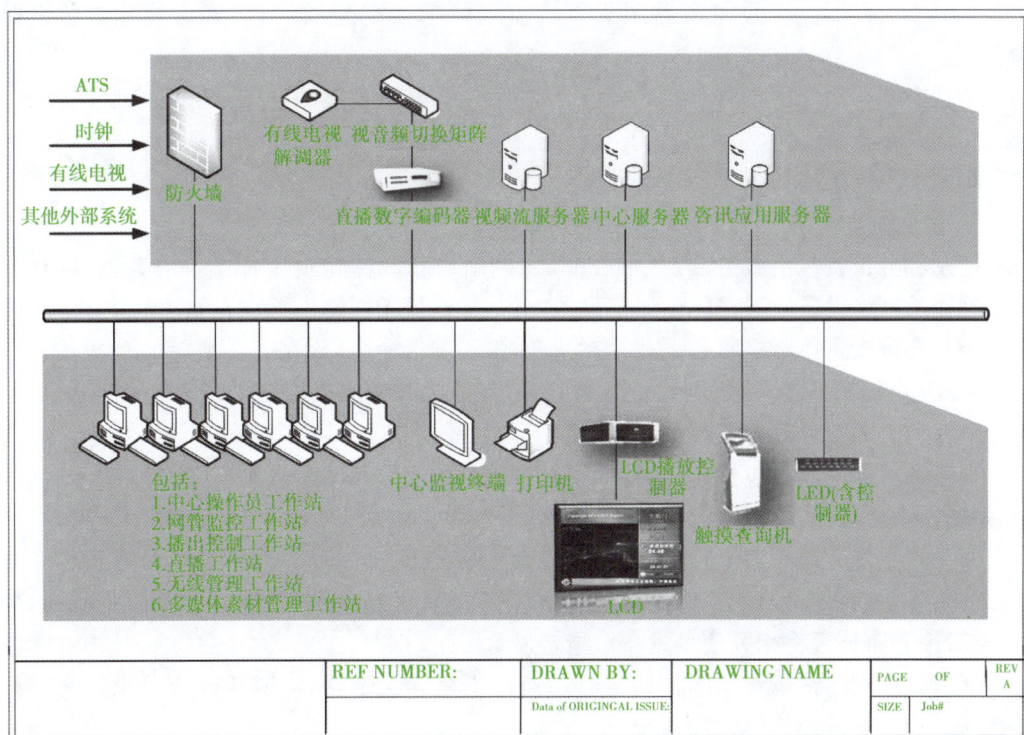

图 3-55　PIS 系统结构图

中心子系统设备包括服务器、中心工作站组、直播编码器、播放控制器、触摸查询机。核心设备功能描述如下。

①中心服务器。创建并从车站子系统导入各种日志数据(包括报警日志、事件日志、用户操作日志、分类信息的播放日志)、外部系统信息导入/导出日志等。

集中保存各种系统数据,包括系统的工作模式参数,系统配置信息,各种管理、维护程序的运行参数,用户配置信息,用户名,用户密码,用户权限等。

数据库管理平台的应用功能包括灵活的数据接口,完善的权限管理、工作流程管理、统计及报表管理等。

辅助业务管理功能包括系统培训,设备运行状态、检修、维护记录,备品备件的管理,广告合同管理、财务统计报表、播出统计等。

②多媒体媒体素材编辑工作站。负责对媒体信息收集、整理、编辑各个车站的播放页面,通过中心服务器下发至各个车站进行播放。

③中心播出控制工作站。负责播出设备集中控制管理,包括直播视频控制、紧急信息控制、设备开关等状态的控制等。

④中心系统管理工作站。监控 PIS 系统网络和主机设备的工作状态,负责系统故障维修的集中管理,确保系统正常运营。

⑤中心操作员工作站。基于直观、友好的图形操作界面实现 PIS 系统的配置,包括各车站子系统的总体配置,各车站子系统工作站的配置,各车站子系统终端显示设备的配置,终端显示设备分组管理。

⑥中心监视器。中心监视器用于直观监视列车客室监视信息,确认视频上传链路状态。

⑦直播编码器。用于对有线电视信号进行编码,并将视频内容传至播放控制器。

3)车站子系统

车站子系统架构如图 3-56 所示。

车站子系统分为控制部分和现场显示部分。

控制部分设备包括服务器、显示控制器、网络设备和操作员工作站。服务器、LCD 显示控制器及网络设备设置在车站通信设备室内,操作员工作站设置在车站控制室内。

控制部分设备负责接收和下载控制/临时中心下传命令(设备开关机等)、各类信息内容(节目列表等)、系统参数(时钟信息等),在控制/临时中心或网络子系统故障时,按照下载的节目列表和节目内容在本站显示终端上自动播放。

现场显示部分设备包括 LED 显示屏、LCD 显示屏及多媒体查询机,设置在车站出入口、站厅及站台区域,统一从机房馈电。

车站子系统无须人工干预,只有特殊或紧急情况下,通过车站权限操作员登录将需要发布的信息(或预定义号码)、发布信息显示屏组或者发布申请提交控制/临时中心,由控制/临时中心审核后将相关信息发布至指定显示屏组。

播出版面在正常运营期间自动定时切换而不需人工干预,以避免固定显示的文字或图像对显示终端的灼伤(烧屏)现象。

车站子系统由车站操作工作站、LCD/LED 控制器、视频分配转换器、接收器、显示屏构成,几个设备的功能如下:

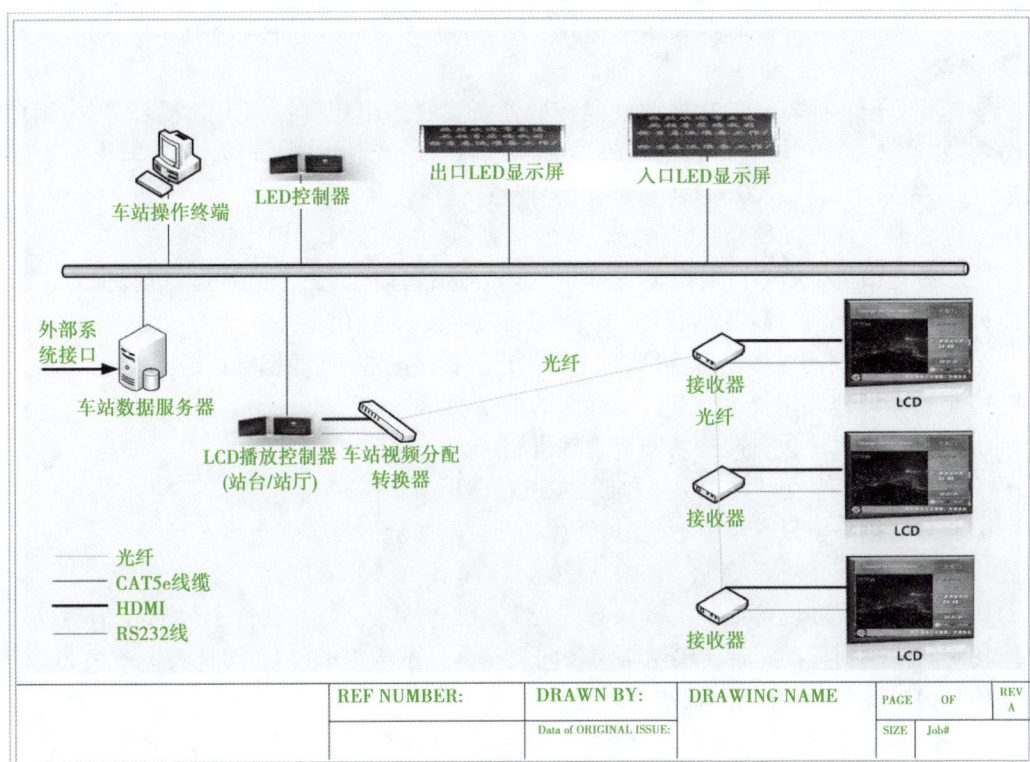

图 3-56　车站子系统架构

①车站数据服务器。车站数据服务器在车站实现与外部数据的接口,实现与外部数据的交互,管理本站系统设备。

②车站操作终端。车站操作员工作站在中心授权范围内,监控本站设备的运行情况,可以编辑即时信息显示在本站指定终端设备指定位置处。在正常工作情况下,车站操作员工作站关机不影响系统的正常自动运行。同时车站操作终端可以作为车站数据服务器的一个备份,当车站数据服务器出现故障时,车站操作终端可以代替车站数据服务器,行使与外部接口的功能。

③LCD 播放控制器。LCD 控制器支持 1～2 路视频信号输出,可控制多台显示终端,采用组合屏幕方式显示,并且能智能地处理各种异常情况。支持文本和图像动画的显示,支持 MPEG-2. AVI 等影视文件的播放,支持各种常用格式文件(包括 Flash、JPG 等文件格式)和网络视频流的显示、网页的显示、模拟时钟及数字时钟的显示。

LCD 控制内置 HDMI 接口高清晰显示卡,输出信号分辨率可以完全达到 1 920 × 1 080,轻松实现高清显示。

显示控制器支持动态分屏播放模式。屏幕的子窗口结构、布局配置、分辨率等能够根据时间表的预先设定,动态地改变。布局的改变不需要重新启动机器。

显示控制器支持15 个以上的子窗口分屏播放模式,并且所有子窗口中播放的节目能够自动缩放至适合子窗口的显示。

当检测到无信号输入时,应自动切换到本机预存的节目信息播放,信号恢复正常接收后,自动切换到初始实时节目内容播放。

④LED 控制器。LED 控制器接收中心发来的播放列表,控制本站所有 LED 显示屏的播放内容。

⑤视频分配转换器。车站视频分配转换器负责将播出控制器输出的视/音频控制信号分配后,通过光纤传输到站台的接收器,接收器将视/音频控制信号还原后输出至 LCD 显示屏,整个长距离(>300 m)传输过程信号没有任何衰减。

⑥接收器。接收视频分配器传送过来的信号,并进行转制输出图像至显示屏。

⑦触摸查询机。中心可对触摸查询机的内容进行远程更新,乘客可通过触摸点击方式查询换乘、周边交通、票价等相关内容,提供可交互的人性化服务。

A. 对交互查询的媒体信息,可通过 PIS 平台直接进行管理、数据更新;

B. 可针对性地调用查询交互终端存储的数据,如问卷调查等;

C. 交互查询系统进行严格的安全管理机制:

a. 媒体数据——交互终端只做接收、本机数据更新工作;

b. 交互数据——只有当中心调用其数据的时候,才会进行数据上传。

4)车辆段停车场子系统

车辆段及停车场设备主要负责从分线控制中心接收数据,并在列车停靠在车辆段及停车场时间内利用移动宽带传输网络设备向列车车载设备传送数据,同时收集车载 PIS 的状态信息,自动测试和管理车载 PIS 设备。

①系统构成。车辆段及停车场设备主要由交换机、车辆段和停车场服务器、AP 设备等组成。

②系统功能。车辆段子系统主要负责从控制中心接收数据,在列车停在段内期间,通过车地无线网络(必要时也可用移动数字设备)向列车传送视频、数据信息。

车辆段子系统实时监控段内系统设备工作状态。

5)网络子系统

①有线网络子系统

A. PIS 的传输网络

乘客信息系统(PIS)是一个综合计算机网络技术和电子媒体技术的服务性系统,是一个多媒体资讯发布、播控与管理的平台。在地铁正常运营时,PIS 系统通过车站和车载显示终端向乘客发布乘车须知、列车到发时间、换乘指引、运营安全、列车时刻表、管理者公告、政府公告、出行参考、股票信息、媒体新闻、赛事直播、广告等实时动态的多媒体资讯与娱乐信息,包括天气预报、时事新闻、电视节目等。当地铁出现火灾、阻塞及恐怖袭击等非正常情况,PIS 系统提供动态紧急疏散提示,车载设备通过移动宽带传输网传输实时或预录接收信息,同时在列车 LCD 显示屏上进行音视频播放。乘客通过正确的服务信息引导,能够安全、便捷地乘坐轨道交通。

PIS 系统的功能定位应是主播运营、安防反恐信息,适当插播地铁公益广告、天气预报、新闻、交通信息,实现列车视频监控,在紧急情况下运营紧急救灾信息优先使用。PIS 系统具有监视列车上乘车情况的功能,通过摄像机采集运营中各列车箱室内乘车情况的视频信息,并记录在司机室内的视频服务器(或视频存储设备)上,同时能实时上传到控制中心,其上传信息可作为管理部门安全决策支持信息。系统还兼有对司机监视的功能,通过设置在司机室的摄像机对司机行车进行监视。

B. PIS 的传输网络构成

PIS 系统传输网络按照层次化的设计思想,根据应用信息流程的方式进行设计。整个系统从功能控制上分为 3 层结构:第 1 层是西安地铁总编播中心(简称"总控中心"),第 2 层是本线分中心,第 3 层是车站显示及车载显示,包括车载视频监视系统。PIS 系统分中心和西安地铁总编播中心设于渭河 OCC 内。

整个传输网络分为核心层、分布层、接入层 3 个层次,总编播中心为 PIS 系统传输网的核心层,控制中心(分中心)构成传输网的分布层,各车站、车辆段构成传输网的接入层。

C. 传输网络构成

遵循 PIS 系统的整体设计,在中心,采用全冗余的方式组网;在控制中心二级、车站和车辆段、停车场,均采用以太网交换机的方式组网。

控制中心配置单独的网络管理系统以管理整个传输系统的所有网络设备,分中心交换机、控制中心二级、车站和车辆段、停车场交换机以及无线网络交换机及无线 AP。

D. 内部接口描述

中心核心交换机通过千兆铜缆与分中心二级交换机相连,与各车站利用专用通信传输网通过千兆多模光纤相连,与车辆段、停车场通过百兆多模光纤利用专用通信传输网进行连接。与无线交换控制服务器通过千兆多模光纤连接。光纤接口均为 SFP,需配置相应的模块。连接不同的用户终端则通过相应交换机所提供的 10/100 M 的 RJ-45 接口。

②车地无线网络子系统

A. 移动宽带传输网结构

a. 应用需求

乘客信息系统为传输数据提供所需的网络平台,其上需要支持的应用主要包括以下几类:控制中心向各趟列车广播式发送的音频、视频等多媒体信息;由各趟列车发送回到控制中心的车内实时监控信息;其他控制数据等。

b. 技术指标

由于需要在高速移动的地铁列车环境中支撑上层的相关应用,无线网络子系统具有以下技术指标的需求:

具有不得小于 15 Mbps 的传输层双向平均带宽;

在列车时速达到 80 km/h 的时候,能够实现车载系统在无线网络子系统内的无缝切换(切换时间应小于 30 ms)。

c. 架构组成

安全性——组建高安全级别的无线网络传输系统;

高可用性——无线网络具备抗无线干扰能力、无线自愈功能、高冗余性无线链路以及设备冗余性;

多媒体业务融合支持——支持视频等多媒体业务传输需求;

快速移动性——支持列车在 80 km/h 的速度下保持列车和地面的 WiFi 信号连接。

根据地铁无线网络的结构,采用无线 AP 配合无线控制器集中控制和管理,在地铁线路沿线架设无线 AP,通过沿线架设的光纤汇集到控制中心。

B. 整体架构

a. 原则

结合地铁中的网络和应用需求,无线网络子系统中的结构原则可以分为以下几大点:

采用无线交换架构组建无线网络子系统;

利用现有的有线网络资源,架设"层叠"网络,保持已有的有线网络配置和设置不更改;

用户子网和设备子网隔离,无线用户无法访问设备子网;

AP 的 IP 网络设置从 DHCP 获取或者进行安装前静态配置,AP 的无线网络设置由交换机集中推送,如图 3-57 所示。

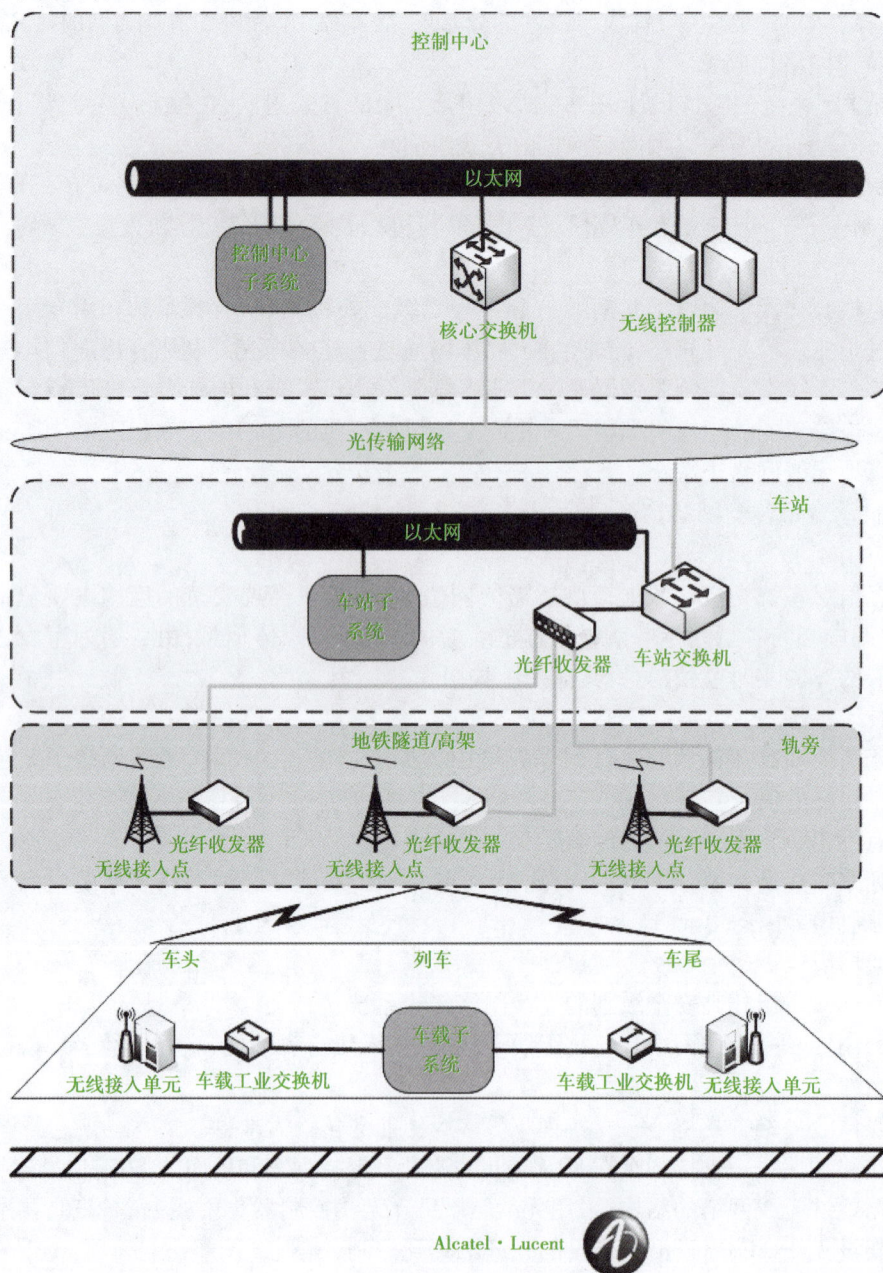

图 3-57　无线子系统拓扑结构图

移动宽带传输系统由三层网络结构组成,即控制中心子系统、网络子系统及车载子系统。列车通过无线接入轨道边 AP,轨道边 AP 通过以太网接入车站交换机,车站交换机通过传输系统接入主干网络。

每个站台、轨道边沿线都铺设 5.8 GHz 遵循 802.11 标准的无线接入点(AP),通过铺设在轨道边内的以太网,接收从子系统控制中心发来的信号,列车终端依靠无线网络和以太网通信技术接收来自列车所到位置对应 AP 发送的即时信息,并实现视频信号的实时传输、播放。同时,由于无线信息传输的双向性,无线视频系统也可以将列车上的实时乘客信息、监控情况及时上传到车站控制室及子系统控制中心。

无线视频传输系统主要涉及轨道边沿线的无线接入点 AP 和天线的布放,高速移动情况下的无缝切换,以及与上级交换机设备互联和与媒体分发中心进行数字多媒体数据传输等。

C.结构描述

无线 AP 和天线,在控制中心的无线控制器,负责管理和控制无线传输网的工作,以达到在全线范围内,实时、无缝地完成车、地间的图像和数据传递。

车载无线单元、车载视频控制器、车载交换机等构成车载局域网络。

无线网络作为有线局域网的延伸,提供了地面与列车的通信。无线接入点通过单模光纤连接到车站与有线局域网构成整体。无线网络负责车站和列车之间的数据通信,由无线控制器和无线 AP 两个部分构成。无线控制器位于控制中心,无线 AP 接入各个车站的交换机。

车载局域网络主要对车载设备连接到网络系统中,通过车头、车尾的无线接收单元采用 WI-FI 接入轨旁的无线接入点。车载设备主要负责通过无线局域网设备接收编播中心发布的信息内容,通过车载 LCD 控制器进行解码后,在本列车的所有 LCD 显示屏上实时播放。同时,车载设备利用无线局域网通道将车上监视图像传递到编播中心。车载 PIS 子系统主要由车载交换机、服务器、存储设备、播放控制器、显示屏、摄像机及车-地无线通信(车载部分:无线网桥、天线、车载服务器等)等设备组成。本方案涉及设备包括无线控制器、无线 AP、天线。

6)车载子系统

车辆构造速度:100 km/h,最高运行速度:80 km/h。初、近、远期采用 2 800 mm 宽的 B 型车,6 辆编组(两个驾驶室),三动三拖,全封闭双线独立运行系统,如图 3-58 所示。列车运行采用右侧行车制,车载子系统由车载显示系统和车载视频监视系统组成,如图 3-62、图 3-63 所示。

图 3-58 六编组车辆图

①车载显示系统。车载显示系统设备主要包括司机室媒体服务器、工业以太网交换机,设置于客室的工业以太网交换机、客室媒体播放器、客室视频接口单元、客室视频分配器、客室信息显示器(车辆系统提供),如图 3-62 所示。

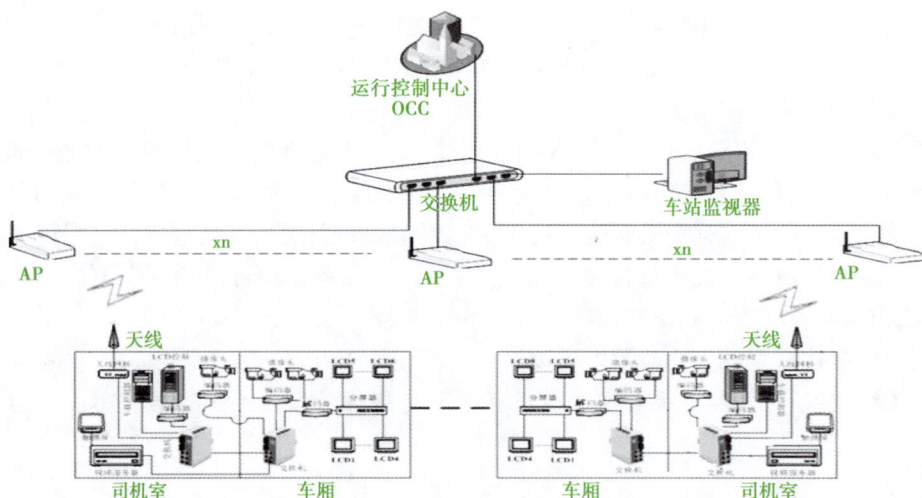

图 3-61　车载子系统

②车载视频监视系统。车载视频监视系统设备主要包括司机室视频服务器、工业以太网交换机、司机室触摸显示屏、司机室监控编码器、司机室摄像机；车载视频监视系统由设置于客室的客室摄像机、客室监控编码器、工业以太网交换机以及监控软件、数据转发软件等组成，如图 3-63 所示。

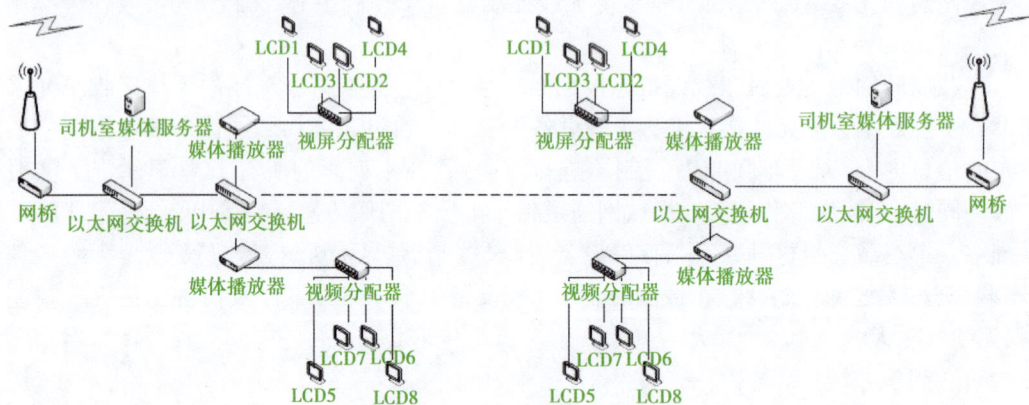

图 3-62　车载显示系统

（2）通用功能

1）紧急疏散功能

①预先设定紧急信息

系统可以预先设定多种紧急灾难告警模式，方便自动或人工触发进入告警模式。通过分中心发布管理工作站，设定每种模式的警告信息及各种警告发布参数。在发生火警、恐怖袭击等情况时，由自动告警系统或人工触发，进入紧急灾难告警模式。此时，相应的终端显示屏显示发布乘客警告信息及人流疏导信息。

PIS 系统可以预先设定多种紧急灾难告警模式，方便自动或人工触发进入告警模式。通过中心操作员工作站，操作员可以预先设定多种紧急灾难告警模式，如火警、恐怖袭击等，并设定每种模式的警告信息及各种警告发布参数。当指定的灾难发生时，由自动告警

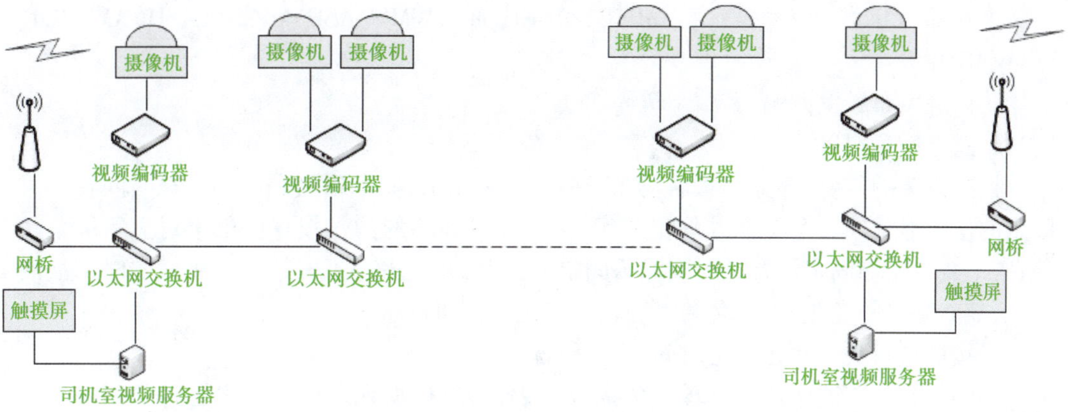

图 3-63　车载视频监视系统原理图

系统或人工触发,将乘客信息系统控制进入紧灾难告警模式。此时,相应的终端显示屏显示发放乘客警告信息及人流疏导信息。

②即时编辑发布紧急信息

当车站发生非预期的灾难且需要 PIS 系统即时发布灾难警告信息时,PIS 系统软件可以即时编辑发布紧急信息。通过中心发布管理工作站,由操作员即时编辑各种警告信息,送至指定的终端显示屏,使乘客及时看到警告信息及人流疏导信息。

系统环境可能会发生非预期的灾难,并且需要乘客信息系统即时发布非预期的灾难警告信息,乘客信息系统软件可以即时编辑发布紧急信息。

通过中心操作员工作站或车站操作员工作,操作员可以即时编辑各种警告信息,并发布至指定的终端显示屏发放乘客警告信息及人流疏导信息。

③即时消息编辑发送

当中心操作员接收到需要告知车站操作员的信息时,可通过 PIS 系统对车站操作员进行即时消息发送。由中心操作员编辑即时消息内容,并发送至指定的车站操作员工作站,使车站操作员工作站可获取来自本线中心的指令或消息。

2)乘客信息服务功能

①支持信息内容

西安地铁 PIS 系统可为乘客提供多样的信息服务,以满足不同乘客对不同资讯的需求。

乘客导乘信息、列车到发信息、票价信息、换乘信息、进车站口指示、地面交通指引信息、紧急事件信息、火灾、地震等警报、紧急站务信息、乘车安全须知、疏散通道指示、乘客服务信息、列车航班信息、寻人、寻物启事、天气预报和空气指数、财经资讯、实时沪深股票、娱乐节目、电视台节目转播、公告信息、地铁公司公告、车站公告、政府公告、地铁增值信息、视频、图片、文字、动画广告。

②支持媒体格式

文本信息包括各种色彩的中、英文文字、数字时钟;支持显示方式包括滚动显示、固定显示、闪烁显示、淡入淡出显示、融像特技显示、划像特技显示等不同方式。

图形信息包括各种色彩、灰度和黑白图像信息以及模拟表盘时钟信息。支持的信息格式:TIF、JPG、BMP、GIF、TGA、PSD、PNG 等常用格式。

多媒体数字视频：主要包括 MPEG1/2/4、WmA、WMV、ASF、MP3、FLASH、AVI、RM、WAV、MIDI 等。

③信息发布触发方式

a. 固定信息的显示

根据服务的需要，部分信息需要在屏幕上始终显示，如车站名和时钟。长时间在屏幕固定的位置显示同一个文字或静止图像，会造成对屏幕的灼伤损坏。出于对显示屏幕的保护，不建议采用固定位置长时间显示固定的信息，系统采用了屏幕显示版式定时切换的方式，随着版式的变化，车站名和时钟也会变化位置和式样。

b. 按照节目表编排在指定时间、指定位置显示

不同屏幕的不同区域都有单独的播放列表，系统根据列表的编排将各种类型的信息在指定的时间和指定的屏幕区域进行显示。可根据时间的编排，在同一个区域分时段显示不同类型的信息。

c. 操作员触发显示

中心和车站操作员编辑或选定的预定义信息，经授权后可采用人工触发的方式在屏幕指定的区域进行显示，比如紧急信息、站务信息、列车阻塞信息等。

d. 临时信息的显示

中心和车站操作员根据情况可以临时编辑信息，经授权后采用人工触发的方式在屏幕指定的区域进行显示，如临时通告等。

e. 由乘客触发显示

乘客可以在车站多媒体查询终端上，通过点击触摸屏，查询所关心的信息。系统会根据乘客提交的查询请求迅速作出响应并显示相关的信息。

f. 由来自其他系统接口的信号触发显示

系统可以接收来自其他系统的相关信息，并根据接收到的信息，触发显示相关的内容，包括来自 ATS 系统的进站、离站信息，来自火灾报警系统的火灾报警信息等。

g. 无输入触发显示

车站查询终端在一定时间内（可根据需要进行调整）内无人触摸时，查询终端可按照播出列表的设定播出相关的信息。

h. 系统故障时信息显示

当系统设备发生故障或传输线路故障时，系统显示控制器无法得到更新的信息数据，显示控制器可根据事先下载的节目播出表进行播出，需要播出实时更新数据的显示区域可进行旧有数据的循环播出，或进行预制信息的播出或其他文字、图片、显示控制器预制的宣传视频和广告视频等。

④信息显示优先级

系统支持数据传送优先级别定义，对定义级别高的数据优先传送处理。

显示信息具备不同的优先级属性，当各种显示信息在同一时间、同一个显示设备的同一区域需要显示时，高优先级的信息能够取代低优先级的信息优先显示在屏幕上。同级别的信息按照"先进先出"的原则进行显示（最高优先级除外）。

临时编辑发布文本信息及其在显示终端的播放形式，可以由该信息的发布操作员指定优先级，并经过必要的审批程序，经批准后按照相应优先级控制播出。

优先级管理,从 1 级到 5 级,权限从高到低排列,各优先级别的定义如下:

1 级:为最高级别的紧急事件信息,允许在所有地铁线路所有车站以及车载显示终端全屏发布紧急信息。

2 级:线路级别的紧急事件信息,允许在地铁某条线路全线的车站以及车载显示终端全屏发布紧急信息,地铁线路的定义按照实际地铁运营线路设定,各条线路之间的发布权限彼此独立,互不影响,可以组合分配权限。

3 级:车站级别的紧急事件信息,允许在各线路的车站(可以为同一线路或者不同线路的一个或者多个车站)所有 LCD 显示终端全屏发布紧急信息,车站的定义按照实际地铁运营的线路车站设定,各车站之间的权限发布彼此独立,互不影响,可以组合分配权限。

4 级:车载级别的紧急事件信息,允许在各线路的车载(可以为同一线路或者不同线路的一个或者多个车载)所有 LCD 显示终端全屏发布紧急信息,车载的定义按照实际地铁运营的列车设定,各车载之间的发布权限彼此独立,互不影响,可以组合分配权限。

5 级:最低级别的紧急信息,只能通过人工选择线路——车站/车载——LCD/LCD 某个特定显示区域发布,而不是全屏显示。

临时编辑发布文本信息,在显示终端全屏播放的播放形式,播放的规则与上述紧急信息定义级别一致。

3)形象宣传功能

本乘客信息系统可为西安地铁引入一个多媒体形象的展示平台,通过形象视频、图片、文字的播出,可以为西安地铁进行更多的形象宣传。

播出控制工作站,编辑时间表指定宣传节目的播放顺序及播放位置,最后将时间表和节目数据发布至指定车站信息播出工作站,并显示于终端显示屏。

时间表播放机制包括周时间表、日时间表、节目时间表。

形象宣传的多媒体播放方式支持:DVD 视像播放、VCD 视像播放、AVI 及 GIF 等动画效果播放、文本动画显示、图像动画显示、常用文件播放显示。

4)区域屏幕分割功能

终端显示屏幕可根据要求划分为多个区域,不同区域可同时显示不同的资讯,包括文字、图片和视频信息;不同区域的信息可采用不同的显示方式,以吸引更多的观众。播出的版面可以根据不同需要随时进行调整,各子窗口可以独立指定时间表,通过时间表的控制,每一子窗口可以单独用于显示列车服务信息、乘客引导信息、商业广告信息、一般站务信息及公共信息、新闻、天气、通告等,同时也可对某个信息进行全屏播放。播出区域可达到 20 个以上,极大地增加了信息的播出量,可以给观众耳目一新的感觉。

操作员可以即时编辑指定的提示信息,并发布至指定的终端显示屏,提示乘客注意。

操作员可以设定实时信息是否以特别信息形式或者紧急信息形式发放显示,发放高优先的信息可以即时打断原来正在播放的信息内容,即时显示。

按照地铁运营以及有关商业要求,定义本线模板文件,并具有模板文件的新建、修改和删除;图形化界面完成模板文件的定义;模板文件区域的划分;模板文件区域的标识;结构化格式保存模板文件布局。模板文件模块元素包括视频、实时有线电视、FLASH、文本、ATS、时钟、日期、图标、音乐等,每个模板文件包含标识、名称、制定时间、启用时间、被引用的播放列表名称等属性信息。

5）播出版式定时切换功能

本系统提供用户自定义信息播出版式功能，用户可以根据需要自行制作 PDP、LCD 屏的播出版式，并可采用定时版式切换的方式，定期更换显示的方式。播出版式的切换可采用手工触发、定时触发以及播出表预定义触发 3 种方式。切换版式无须重新启动显示控制器或程序，版式切换流畅，无黑场、停顿、闪烁，保证了播出效果。由于系统定期进行播出版式的切换，避免了文字、图像长时间停留在 PDP 或 LCD 屏的固定位置而造成对屏幕的灼伤。

6）实时信息的显示功能

屏幕不同区域的信息可根据数据库信息的改变而随时更新。实时信息的更新可以采用自动的方式或由操作员人为干预。实时信息包括新闻、天气、通告等。

通过车站操作员工作站或中心操作员工作站，操作员可以即时编辑指定的提示信息，并发布至指定的终端显示屏，提示乘客注意。

操作员可以设定实时信息是否以特别信息形式或者紧急信息形式发放显示，发放高优先的信息可以即时打断原来正在播放的信息内容，即时显示。

7）时钟显示的功能

PIS 系统通过接收时钟系统的时钟信号，可在车站显示屏上显示准确时间。显示屏可以在播出各类信息的同时提供日期时间显示。通过设置时间显示模式，设定车站显示屏的全屏或指定的区域显示多媒体时钟。

PIS 系统可以读取时钟系统的时钟基准，并同步整个乘客信息系统所有设备的时钟，确保终端显示屏幕显示时钟的准确性。屏幕可以在播出各类信息的同时提供显时服务和日期显示。在没有安装时钟的地方或任何希望在终端显示屏上显示时钟的地方，通过时间表可以设定终端显示屏的全屏或指定的子窗口显示多媒体时钟。

时钟的显示可以为数字方式，也可以为模拟时钟方式。

8）终端显示屏的广泛兼容性

能够良好地兼容多种显示设备，包括视频 PDP 屏、双基色 LED 屏、视频全彩 LED 屏、双基色 LED 图条屏、电视机和其他各种显示终端。另外本乘客信息系统也能良好地支持 LCD 显示屏、投影仪、电视墙幕等当前流行的多媒体显示设备。

9）定时自动播出的功能

PIS 系统可具备定时播出的功能，资讯的播出可以采用播出表播出的方式。系统可以根据事先编辑设定好的播出列表自动进行资讯的播出。播出列表可以以日播出列表、周播出列表、月播出列表或任意周期播出列表的形式定制。播出过程无须人为操作。提高了系统信息发布和管理的自动化程度，并避免了由人为操作失误造成的播出故障。

10）多语言支持功能

本乘客信息系统可支持简体中文、英文同时混合输入、保存、传输、显示，并支持其他微软 WindowSXP 操作系统支持的国家的语言文字的导入、保存、传输、显示。

11）显示列车服务信息

控制中心子系统实时接收 ATS 列车服务信息，并控制指定的终端显示器显示相应的列车服务信息，如下班车的到站时间、列车时间表、列车阻塞/异常、特别的列车服务安排、列车下站到站及到站时间等。

12）集中网管维护功能

为了确保系统正常运行,乘客信息系统应具备完整的网管功能。控制中心设置的中心服务器可实时监控各终端节点的状态,包括各车站、各车载设备、有线网络设备、无线网络设备。车站服务器管理各自车站的乘客信息系统。中心网管工作站提供基于地理位置分布图的管理界面,动态显示系统各设备的工作状态,实时监控系统,实现智能声光报警,并能自动生成网络故障统计报表,智能分析故障,以减少各个车站维护人员的编配。

13）扩容功能

目前系统要求实时传输一路数字电视信号,系统配置的单个中心视频服务器最大可以支持单路实时电视信号转播,今后完全可以采用堆叠的方式进行连接,这样多个视频服务器可以相互协同工作,最多可以支持同时处理 200 个电视频道(传输带宽需相应升级)。

14）全数字传输功能

整个乘客信息系统从中心信号采集开始就采用全数字的方式,经过视频服务器处理和 DVB-IP 编码器的封包,转换成 DVB-IP 数据包进入传输网传输,经过传输网传输的数字视频流信号在车站播出服务器,由车站播出工作站进行多区域信息叠加,并在 PDP 等离子显示屏和列车 LCD 屏显示。

15）广播级的图像质量

PIS 系统的显示控制设备、中心视频服务器采用了广播级质量的设备,并被国内外多家电视台采用。另外由于乘客信息系统从中央到显示终端的整个过程都是采用全数字的方式,避免了图像质量由传输过程中过多的转换而造成的下降,真正做到广播级的图像质量。

为适应国家广播电视的远景规划,视频服务器作为核心设备具备升级到高清晰度电视的能力,在中央电视台、地方电视台升级到高清晰度电视后,或者本系统主动播出高清节目时,可以通过技术升级,继续使用。

16）灵活多样的显示功能

所有车站的车站显示控制器和车载显示控制器在整个乘客信息系统中都是相对独立的,因此中心和车站操作员可以直接控制每台车站或车载显示控制器的显示内容和显示版式效果(车站操作员限本站),即根据需要在同一时间内每组的显示终端显示不同的信息。

中心操作员可以根据需要自由设定任意一台显示控制器的播出界面,包括屏幕播出的区域数目、每个播出区域的播出内容、播出时间,且能得到所见即所得的效果。中心传来的实时图像和显示控制器预存的视频图像可根据需要在任意 PDP 屏、LED 屏、LCD 屏上播放,窗口模式和全屏模式均可。

17）信息定制

各类预定义的文本显示信息(种类、数量和内容等)均可以由操作员进行编辑、修改和定制,经过必要的审批程序后进入预定义信息库,供选择播出。可定制信息的种类和数量仅受限于中心硬盘存储空间。

广告信息及其他视频、图片信息的制作编辑由地铁内部广告制作系统完成,或者直接取自外部广告制作商。在控制中心仅对制作完成并通过必要审批程序后的广告及其他媒体文件进行存储和控制播出。

3.9.2　PIS 系统设备日常维护基本知识

（一）监控终端日常保养常识

（1）理想的工作环境

①电脑工作的理想温度为 5～35 ℃。电脑应尽量远离热源。

②相对湿度为 30%～80%。

③远离电磁干扰（避免硬盘上数据丢失）。

④配备稳压电源或 UPS 电源。

⑤工作环境应清洁（否则易引起电路短路和读写错误）。

（2）养成良好的使用习惯

①正确开关机。

②不要频繁地开\关计算机。

③在更换或安装硬件时，应该断电操作。

④在接触电路板时，切忌用手直接触摸电路板上的铜线及集成电路的引脚，以免人体所带的静电击坏这些器件。

⑤电脑在加电之后，不应随意移动和震动，以免造成硬盘表面划伤。

（3）保护硬盘及硬盘上的数据

①准备干净的系统引导盘。该盘上除了必要的系统启动文件外，还应包括 ATTRIB、CHKDSK、DEBUG、FDISK、FORmAT、XCOPY、SYS 文本编辑程序等常用程序文件。

②经常进行重要数据资料的备份。

③不到万不得已，不用格式化、分区等破坏性命令。

④备份分区表和主引导区信息。

（二）PIS 系统维修的总体要求

①应保证乘客信息系统（PIS）设备安全、可靠地连续 24 h 长期不间断运行。在正常情况下为乘客提供高质量的出行服务，异常情况下能迅速转变为供防灾救援和事故处理发布、显示信息。

②系统设备应按照其相应技术规格书、作业指导书、操作使用规程定期进行维护、保养工作，保证其系统设备处于良好的工作状态。

③系统设备应建立故障记录、维修记录、检查记录及设备档案，并按要求及时填写，以便管理和维护人员在工作中有章可循。

④应定期进行巡检，保证投入运行的系统设备的完整性、运行可靠性、运行环境正常及外观清洁美观。

⑤光、电缆应定期进行巡检，保证设备运行处于良好状态。

⑥定期检查设备的相关接口，防止线缆接口松脱，并及时与相关专业协调，保证系统外部接口的正常运行。

⑦定期检查设备内部插件的紧固情况，预防设备运行故障。检查设备的运行状态，对于带伤带病运行的设备应及时换下送修，防止出现更大的问题。对于下架检查的设备，检查完毕后应恢复所有外部连接，测试运行状态，设备正常运行后方可离开。

⑧定期进行功能测试,及时发现故障和缺陷,并给予及时调整,保证设备使用功能完好。在使用、测试、维修后必须恢复正常运营状态模式,确保设备正常运行。

⑨定期更换播出版式,防止显示终端灼伤。

⑩网管值班人员应实时通过网管软件监视系统的运行,对出现故障的设备,及时派员处理,保证系统正常运营。

⑪通过网管软件可以查看系统中所有受控设备的运营状态,如设备未能按时正常启动需要在中心或车站通过网管软件远程唤醒。

⑫系统管理员应定期利用系统管理软件备份系统信息,定期对系统数据库进行备份操作。

⑬保证所有的计算机平台在防病毒软件的保护之下并定期更新病毒库,防止病毒入侵造成系统瘫痪。定期更新操作系统软件,杜绝安全漏洞。定期扫描所有计算机,预防病毒感染。发现计算机染有病毒后立即断开其网络连接,杀灭病毒后方可恢复网络连接,防止通过网络感染其他计算机。

⑭对新增加的设备及时通过中心操作员软件,纳入系统分类数据库,实现对新增设备的监管。系统中所有更换过的设备,在运行正常后,应在系统管理软件上更新 MAC 地址,否则无法实现远程开机功能。

⑮系统设备更换或者维护后应恢复原有的防震、防尘措施,恢复原有的系统配置包括网络 IP、防病毒程序的运行。

⑯值班人员离开岗位应即刻注销用户,防止他人破坏系统的正常运行或发布虚假有害信息。严格执行用户权限制度,无权限用户禁止代他人操作系统。

⑰其他系统维护工作中如出现与 PIS 系统有关的工作,应有相应人员在场协作,防止发生意外,影响 PIS 的正常运行。

⑱根据设备状况、运行时间及时调整、确定检修周期,保证 PIS 系统设备在良好技术状况下运行。

任务 3.10 安防系统

3.10.1 安防系统基础知识

安防系统组网结构图如图 3-57 所示。

(一)周界报警设备

采用报警探测器报警方式,即将报警探测器安装在周界范围,对周界进行布防。当有人或物入侵限界时监控中心就会发出警报,并与监控画面进行联动。周界报警系统由报警探测器、报警主机、报警信息传输设备构成。

图 3-57　安防系统组网结构图

（1）报警探测器

①报警探测器按工作原理主要分为红外对射报警探测器、微波报警探测器、被动式红外/微波报警探测器、玻璃破碎报警探测器、振动报警探测器、超声波报警探测器、激光报警探测器、磁控开关报警探测器、开关报警探测器、视频运动检测报警探测器、声音探测器等许多种类。

②报警探测器按工作方式可分为主动式报警探测器和被动式报警探测器。

③报警探测器按探测范围的不同又可分为点控报警探测器、线控报警探测器、面控报警探测器和空间防范报警探测器。

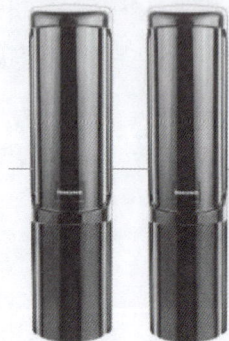

图 3-58　红外对射

城市轨道交通现行主要采用主动式红外对射报警探测器，即利用红外线经 LED 红外光发射二极体，通过 A 端的光学镜面做聚焦处理使光线传至 B 端（A、B 为一对射端）的受光器接受探测，当光线被遮断时就会发出警报。

车辆段及停车场安防系统周界报警前端设备采用周界红外对射探测器，利用主动红外触发报警信号。周界红外对射探测器与周界摄像机存在位置对应关系，以 1 台摄像机的监控范围为一个防区单元，每个防区单元安装 1 对 4 束红外对射探测器。系统采用总线制方式，每对红外对射探测器配置 1 个单元地址模块，将信息通过报警总线接入报警主机，如图 3-58 所示。

（2）报警主机

报警主机是报警系统的"大脑"部分，处理探测器的信号，并且通过键盘等设备提供布、撤防操作来控制报警系统。通过可编程继电器控制电器或联动 CCTV，以及通过电话远程遥控主机布撤防或通过时间表功能实现自动布撤防。

在车辆段及停车场综合楼安防设备室分别设置监控报警主机 1 套，当车辆段及停车场发生周界事件时可以发出声光告警，同时报警主机（联动模块）输出干接点信号联动视频监控系统，及时显示报警点视频画面，给安防值班员提供监控画面，以观察周界情况，如图 3-59 所示。

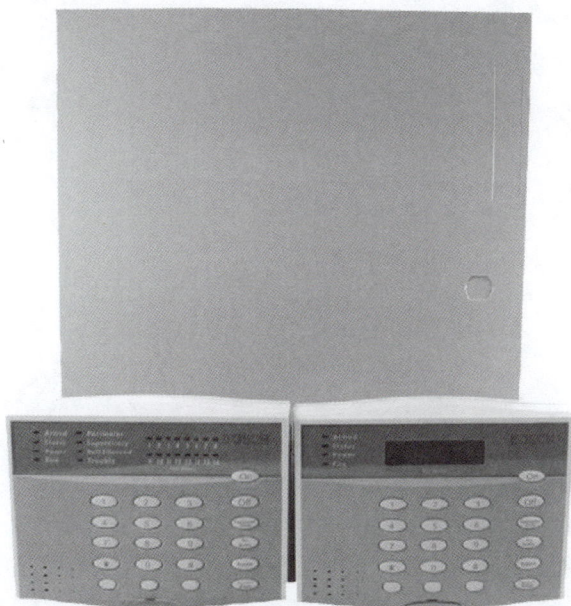

图 3-59　报警主机

报警主机附属设备有警灯、警号。警号用来吸引人注意、发出警告。警号与警灯与报警主机相连,当报警主机接收到周界信号时,警号就会发出声音,警灯会亮起,如图 3-60 所示。

图 3-60　警灯、警号

(3)报警信息传输设备

周界报警系统远端传输通过光缆和光端机,将报警信号送到车辆段及停车场安防设备房。

多模单模数字光端机可实现在一根光纤上传输 4 路视频带 1 路 RS232 和 1 路 DIP 拨码可选的双向数据。DIP 拨码可选的数据兼容 RS422、两线 RS485、四线 RS485、曼码/Biphase;数据格式通过外置拨码开关任意可选,终端电阻可选。特性为 8/10 位 PCM 视频编码,全数字、无压缩、无损伤、无延迟传输,兼容 NTSC、PAL、SECAM 视频制式,支持 RS232、RS422、RS485、曼码/Biphase 数据,先进自适应技术,使用时无须调节,如图 3-61 所示。

图 3-61　视频光端机

（二）安防视频监控设备

安防视频监控系统一般由前端、传输、控制及显示记录 4 个主要部分组成。前端部分包括 1 台或多台摄像机以及与之配套的镜头、云台、防护罩、解码驱动器等；传输部分包括电缆和/或光缆，以及可能的有线/无线信号调制解调设备等；控制部分主要包括视频切换器、云台镜头控制器、操作键盘、种类控制通信接口、电源和与之配套的控制台、监视器柜等；显示记录设备主要包括监视器、录像机、多画面分割器等。

系统采用数字视频监视技术（全数字方案，摄像机除外），包括车辆段/停车场的周边、段内关键点（如出入口）、运用库、检修库、物资总库等设置模拟摄像机（视频监视前端设备）。

（1）视频前端设备

安防视频监控系统视频前端设备采用彩色固定摄像机（低照度下转清晰黑白）和彩色智能一体化球型摄像机（低照度下转清晰黑白）。摄像机要求小巧坚固、防潮防尘，可接防雷装置（或自带），满足 PAL 制式，AC 220 V 远距离供电（2 km 内），采用标准的 CS 镜座，可以适配各种型号的镜头，具有自动白电平平衡、逆光补差等性能。

1）彩色固定摄像机

置于围墙周界、段（场）内各车库车间等处。

彩色固定摄像机为摄像角度及焦距固定的摄像机，内部由摄像机、自动光圈手动变焦镜头组成。

西安地铁所使用的彩色固定摄像机类型主要有枪机摄像机、半球摄像机、飞碟摄像机。

枪机摄像机主要用在室外及列车库内进行监控，半球摄像机主要用在楼内过道内监控，飞碟摄像机主要用在电梯内监控，如图 3-62、图 3-63、图 3-64 所示。

图 3-62 枪机摄像机   图 3-63 半球摄像机   图 3-64 飞碟摄像机

2）智能一体化彩色球型摄像机

置于门卫、围墙周界拐角处、综合楼出入口、段（场）内咽喉区等处。

智能一体化球型摄像机是专为室内外监控系统设计的具有多种变焦功能的彩色/黑白一体化球形摄像机。采用吊装或壁装安装方式。采用宽动态技术，使摄像机在光线反差较大的场景下，捕捉到高质量的图像，不会错过安全监控的任何细节；镜头可在水平方向 360° 无限位旋转，垂直 180° 旋转，配备数字翻转技术，实现全方位无盲点监视；数字慢曝光及自动红外过滤技术使摄像机能在黑夜捕捉到清晰的图像，从而实现室内外 24 h 监控，如图 3-65 所示。

图 3-65 智能一体化球型摄像机

3）视频编码器

视频编码器是将接收到的模拟视频信号转换为数字视频信号（MPEG2、MPEG4）的设备，见图 3-66。

图 3-66 视频编码器

主要技术指标不得低于以下要求。

视频制式：PAL 制，19 英寸标准机箱，模块化设备。

视频输入接口：视频编码器每块板卡应具备音视频输入，视频输入端口应不少于 4 路，视频 BNC 接口，1Vpp－75 Ω；

视频编码标准：编解码后清晰度不低于 D1 或 4CIF 标准，若为双码流编码，要求两种码流编制不共用 CPU；

视频帧速率：25 帧/s，帧率 1～25 帧/s 可调；

视频编/解码延时：≤250 ms；

数据接口：提供 PTZ 摄像机控制数据接口，RS422／485 格式可调，支持 2 400、4 800、9 600 bpS 等波特率；

支持控制与视频信息通过视频编解码器转换为一路数据信号；

支持视频软解压方式，可以在视频客户端的计算机上显示任意一路图像。

(2)视频切换及控制设备

安防设备室内设置级联视频交换机和视频服务器，同时按摄像机数量设置视频编码器组，将围墙周界、门卫、段(场)内各车库车间等处所有安防监视图像接入其中，如图3-67、图3-68所示。

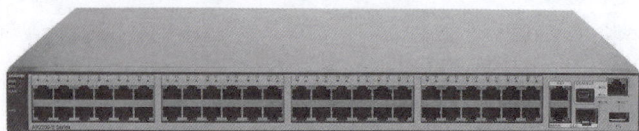

图 3-67　视频交换机

图 3-68　视频服务器

(3)视频显示及控制设备

安防设备室设置监视墙屏及相关设备(解码器组和墙屏控制器)，用于实时显示和录像回放。视频解码器是将接收到的数字视频信号转换为模拟视频信号供模拟显示器显示的设备。如图3-69、图3-70所示。

图 3-69　视频解码器

图 3-70　监视墙屏

（4）视频存储设备

安防设备室设置数字视频存储设备，采用 IP SAN 架构，用于安防监视图像的存储。存储时间根据要求一般不少于 15 d×24 h，存储图像采用的压缩编码格式及码流（MPEG-4 或 H.264 等，图像质量不低于标清），如图 3-71 所示。

图 3-71　存储服务器与磁盘阵列

（三）UPS 电源设备

UPS 电源设备（图 3-72）在各种情况下的工作状态描述如下。

（1）正常运行模式

在正常情况下，一直由逆变器以恒定幅值和频率对负载供电。由电源供电的整流器供电给逆变器，电池充电器始终使电池处于充满状态。逆变器以与输入电源无关的恒定幅值和频率将 DC 电压转换成新的 AC 正弦波电压。

（2）逆变器故障模式

在逆变器出故障或输出出现过载或短路时，如果电源电压没超过允许的容差，会立刻利用自动旁路把负载转接到电源。当逆变器恢复时，负载将自动再转接到逆变器。

图 3-72 UPS 电源设备

（3）输入电源故障

如输入电源出故障，整流器和电池充电器会关断，此时逆变器继续用储存在电池中的电量不断地供电给负载。在电池放电期间，LCD 屏幕根据电池容量和施加的负载，显示剩下的时间。

（4）输入电源恢复

一旦电源恢复，整流器自动启动向逆变器供电，电池充电器重新对电池充电。假如逆变器在电池完全放电后被关停，当电源恢复时，系统会自动启动。

（5）维护旁路运行

维护旁路允许负载可以不中断地直接转接到电源，使 UPS 从电流上与输出负载分离。当 UPS 系统必须完全关停以进行维护或修理时，通常使用这种运行方式。

3.10.2 安防系统设备日常维护基本知识

（一）BNC 接头制作步骤

①剥线。同轴电缆由外向内分别为保护胶皮、金属屏蔽网线（接地屏蔽线）、乳白色透明绝缘层和芯线（信号线），芯线由一根或几根铜线构成，金属屏蔽网线是由金属线编织的金属网，内外层导线保持同轴故称为同轴电缆。剥线用小刀将同轴电缆外层保护胶皮剥去 1.5 cm，小心不要割伤金属屏蔽线，再将芯线外的乳白色透明绝缘层剥去 0.6 cm，使芯线裸露。

②连接芯线。BNC 接头由 BNC 接头本体、屏蔽金属套筒、芯线插针三部分组成。芯线插针用于连接同轴电缆芯线；剥好线后将芯线插入芯线插针尾部的小孔中，用专用卡线钳前部的小槽用力夹一下，使芯线压紧在小孔中。可以使用电烙铁焊接芯线与芯线插针，焊接芯线插针尾部的小孔中置入一点松香粉或中性焊剂后焊接，焊接时注意不要将焊锡流露在芯线插针外表面，会导致芯线插针报废。

注意：如果你没有专用卡线钳可用电工钳代替，但需注意一定不要使芯线插针变形太大,二是将芯线压紧以防止接触不良。

③装配 BNC 接头。连接好芯线后,先将屏蔽金属套筒套入同轴电缆,再将芯线插针从 BNC 接头本体尾部孔中向前插入,便芯线插针从前端向外伸出,最后将金属套筒前推,使套筒将外层金属屏蔽线 BNC 接头本体尾部的圆柱体;

④压线。保持套筒与金属屏蔽线接触良好,用卡线钳上的六边形卡口用力夹,使套筒形变为六边形。重复上述方法在同轴电缆另一端制作 BNC 接头即制作完成。使用前最好使用万用电表检查一下,断路和短路均会导致无法通信,还有可能损坏网卡或集成器。

BNC 接头即制作完成,使用前最好用万用表检测。

注意:制作组装式 BNC 接头需使用小螺丝刀和电工钳,按前述方法剥线后,将芯线插入芯线固定孔,再用小螺丝刀固定芯线,外层金属屏蔽线拧在一起,用电工钳固定在屏蔽线固定套中,最后将尾部金属拧在 BNC 接头本体上。制作焊接式 BNC 接头需使用电烙铁,按前述方法剥线后,只需用电烙铁将芯线和屏蔽线焊接 BNC 头上的焊接点上,套上硬塑料绝缘套和软塑料尾套即可。

(二)制作网线

①用双绞线网线钳把五类双绞线的一端剪齐,然后把剪齐的一端插入网线钳用于剥线的缺口中,注意网线不能弯,直到顶住网线钳后面的挡位,稍微握紧压线钳慢慢旋转一圈,让刀口划开双绞线的保护胶皮,拔下胶皮。

②剥除外包皮后即可见双绞线网线的 4 对 8 条芯线,并且可以看到每对的颜色都不同。缠绕的每两根芯线是由一种染有相应颜色的芯线加上一条只染有少许相应颜色的白色相间芯线组成。先把 4 对芯线一字并排排列,然后再把每对芯线分开。按照白橙、橙、白绿、蓝、白蓝、绿、白棕、棕顺序排列。注意每条芯线都要拉直,并且要相互分开并列排列,不能重叠。然后用网线钳垂直于芯线排列方向剪齐。

③左手水平握住水晶头,然后把剪齐、并列排列的 8 条芯线对准水晶头开口并排插入水晶头中,注意一定要使各条芯线都插到水晶头的底部。

④确认所有芯线都插到水晶头底部后,即可将插入网线的水晶头直接放入网线钳压线缺口中。水晶头放好后即可压下网线钳手柄,使水晶头的插针都能插入网线芯线中,与之接触良好。然后再用手轻轻拉一下网线与水晶头,看是否压紧。

⑤按照相同的方法制作双绞线的另一端水晶头,要注意的是芯线排列顺序一定要与另一端的顺序完全一样。

⑥两端都做好水晶头后即可用网线测试仪进行测试,如果测试仪上 8 个指示灯都依次为绿色闪过,证明网线制作成功。

(三)视频操作终端使用

(1)登录客户端

登录客户端软件,双击打开客户端软件,输入用户名和密码。如图 3-73 所示。

主界面如图 3-74 所示。

(2)在客户端查看实时视频

在实时视频窗口下,先选中要播放的窗口,再找到要查看的摄像机拖放到窗口内即可。可选择单窗口或多窗口播放。

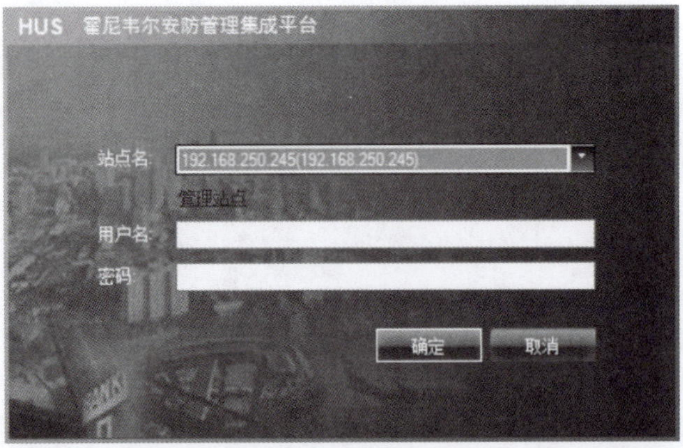

图 3-73　登录界面

图 3-74　主界面

1）快球的控制

在画面上点击右键—PTZ 控制—直接控制。控制方法：鼠标移动到画面上侧、下侧、左侧、右侧都会出现黑色箭头，左键点击即可转动；鼠标滚轮可以调节焦距。

2）修改字符叠加

在画面上点击右键—属性设置—字符叠加—修改字符。

（3）在客户端查看录像

①先进入历史视频窗口。

②选择时间段。

③选择摄像机。

④点击查找。

⑤双击结果鼠标左键点住蓝色进度条可以拖动进度。

⑥双击进度条上的时间可以手动选择具体播放时间，可以选择 0.25～4 倍速播放。

需要注意的是:进度条蓝色为有录像时间段。灰白色是选择的时间段的起止点,起止点外的录像不能查看,若想查看需重新选择起止点搜索。

(4)下载录像

①在录像播放进度条上点击右键,出现下载菜单。

②选择开始时间、结束时间、确定。

录像文件保存在指定文件夹中,每个文件 200 M,约 27 min。录像文件格式为霍尼韦尔特有的 .vdo 格式,必须用霍尼韦尔专用播放器播放。

(5)在大屏幕查看实时视频

①进入大屏配置界面,定义大屏。

②进入单窗口或多窗口模式,拖放要查看的视频到定义好的大屏模块上即可。

(6)在大屏幕轮询实时视频

①需要配置大屏巡更。

②在软件主界面左侧点击配置巡更。选择大屏巡更—新建—点击建好的文件名—新建场景—配置场景—选择配置好的场景文件—添加到已选场景—确定。

③配置好后,点击上方任务栏的大屏巡更,开启即可。

(7)在客户端轮询实时视频

同大屏巡更。

(8)电子地图的使用

①点击地图浏览。

②在地图列表下方点击打开地图,配置好的地图文件在指定文件夹中。

③点击箭头图标,双击可直接查看视频。

④点击手图标,可以拖动地图,缩放地图。

(四)视频控制键盘使用说明

①选择屏幕。先按下"屏幕选择"按钮,再按屏幕编号(例如 10),最后按下回车确认。

②选择摄像机。先按下"摄像机选择"按钮,再按摄像机编号(例如 12),最后按下回车确认。

复习思考题

1. 车站闭路电视系统包括哪些设备?

2. 集中告警系统检测通信专业系统包括哪些?

3. 什么是 PIS 系统?它分为哪 5 个子系统?

4. 电话呼叫建立的过程?

5. 简述 STM-N 帧结构的组成。

6. 简述广播系统的组成。

7. 简述时钟系统的组成。

8. 西安地铁 1 号线无线通信系统全线设备的组成是什么?

项目四　中级工理论知识及实操技能

任务 4.1　传输系统

4.1.1　传输系统设备组成及接口知识

(一)SDH 中常见网元的特点和基本功能

(1)TM——终端复用器

终端复用器用在网络的终端站点上,例如一条链的两个端点上,它是一个双端口器件,如图 4-1 所示。

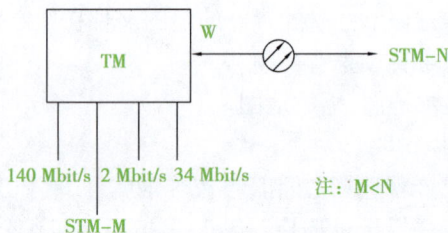

图 4-1　TM 模型

终端复用器的作用是将支路端口的低速信号复用到线路端口的高速信号 STM-N 中,或从 STM-N 的信号中分出低速支路信号。请注意它的线路端口输入/输出一路 STM-N 信号,而支路端口却可以输出/输入多路低速支路信号。在将低速支路信号复用进 STM-N 帧(将低速信号复用到线路)上时,有一个交叉的功能,例如:可将支路的一个 STM-1 信号复用进线路上的 STM-16 信号中的任意位置上,也就是指复用在 1~16 个 STM-1 的任一个位置上。将支路的 2 Mbit/s 信号可复用到一个 STM-1 中 63 个 VC12 的任一个位置上去。对于华为设备,TM 的线路端口(光口)一般以西向端口默认表示。

(2)ADM——分/插复用器

分/插复用器用于 SDH 传输网络的转接站点处,例如链的中间结点或环上结点,是 SDH 网上使用最多、最重要的一种网元,它是一个三端口的器件,如图 4-2 所示。

ADM 有两个线路端口和一个支路端口。两个线路端口各接一侧的光缆(每侧收/发共两根光纤),为了描述方便我们将其分为西(W)向、东(E)向两个线路端口。ADM 的作用是将低速支路信号交叉复用进东向或西向线路上去,或从东或西侧线路端口收的线路信号中拆分出低速支路信号。另外,还可将东/西向线路侧的 STM-N 信号进行交叉连接,例如将东向 STM-16 中的 3#STM-1 与西向 STM-16 中的 15#STM-1 相连接。

图 4-2　ADM 模型

ADM 是 SDH 最重要的一种网元,通过它可等效成其他网元,即能完成其他网元的功能,例如:一个 ADM 可等效成两个 TM。

（3）REG——再生中继器

光传输网的再生中继器有两种,一种是纯光的再生中继器,主要进行光功率放大以延长光传输距离;另一种是用于脉冲再生整形的电再生中继器,主要通过光/电变换、电信号抽样、判决、再生整形、电/光变换,以达到不积累线路噪声,保证线路上传送信号波形的完好性。REG 是后一种再生中继器,是双端口器件,只有两个线路端口——W、E。如图 4-3 所示。

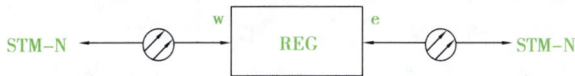

图 4-3　REG

REG 的作用是将 w/e 侧的光信号经 O/E、抽样、判决、再生整形、E/O 在 e 或 w 侧发出。注意,REG 与 ADM 相比仅少了支路端口,所以 ADM 若本地不上/下话路(支路不上/下信号)时完全可以等效一个 REG。

真正的 REG 只需处理 STM-N 帧中的 RSOH,且不需要交叉连接功能(w—e 直通即可),而 ADM 和 TM 因为要完成将低速支路信号分/插到 STM-N 中,所以不仅要处理 RSOH,而且还要处理 MSOH;另外 ADM 和 TM 都具有交叉复用能力(有交叉连接功能),因此用 ADM 来等效 REG 有点大材小用了。

（4）DXC——数字交叉连接设备

数字交叉连接设备完成的主要是 STM-N 信号的交叉连接功能,它是一个多端口器件,实际上相当于一个交叉矩阵,完成各个信号间的交叉连接,如图 4-4 所示。

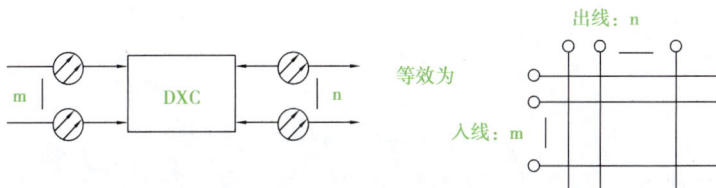

图 4-4　DXC 功能图

DXC 可将输入的 m 路 STM-N 信号交叉连接到输出的 n 路 STM-N 信号上,图 4-4 表示有 m 条入光纤和 n 条出光纤。DXC 的核心是交叉连接,功能强的 DXC 能完成高速(例STM-16)信号在交叉矩阵内的低级别交叉(例如 VC12 级别的交叉)。

通常用 DXCm/n(m≥n)来表示一个 DXC 的类型和性能,m 表示可接入 DXC 的最高速率等级,n 表示在交叉矩阵中能够进行交叉连接的最低速率级别。m 越大表示 DXC 的承载容量越大,n 越小表示 DXC 的交叉灵活性越大。m 和 n 相应数值的含义如表 4-1 所示。

表 4-1 m、n 数值与速率对应表

m 或 n	0	1	2	3	4	5	6
速率	64 kbit/s	2 Mbit/s	8 Mbit/s	34 Mbit/s	140 Mbit/s 155 Mbit/s	622 Mbit/s	2.5 Gbit/s

(5)SDH 设备的逻辑功能块

SDH 体制要求不同厂家的产品实现横向兼容,这就必然会要求设备的实现要按照标准的规范,而不同厂家的设备千差万别,需要实现更好的兼容及互联互通,才能满足设备标准化要求。

ITU–T 采用功能参考模型的方法对 SDH 设备进行规范,它将设备所应完成的功能分解为各种基本的标准功能块,功能块的实现与设备的物理实现无关(以哪种方法实现不受限制),不同的设备由这些基本的功能块灵活组合而成,以实现设备不同的功能。通过基本功能块的标准化,规范设备的标准化,同时也使规范具有普遍性,其描述也清晰简单。

下面我们以一个 TM 设备的典型功能块组成,讲述各个基本功能块的作用,应该特别注意的是掌握每个功能块所监测的告警、性能事件,及其检测机制。如图 4-5 所示。

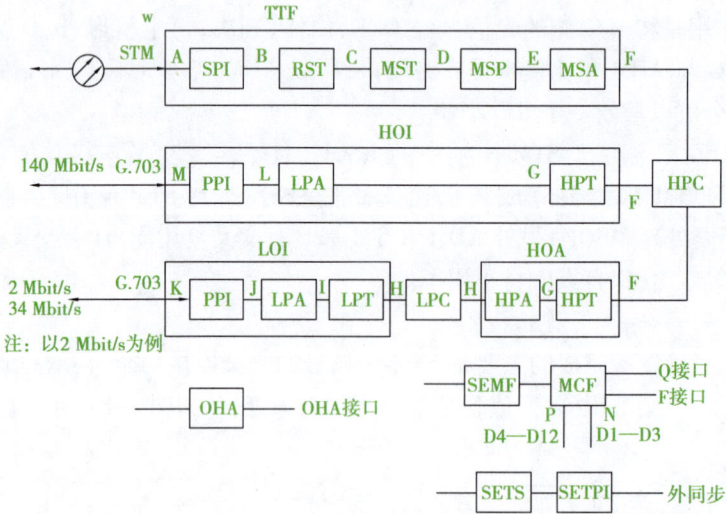

图 4-5 SDH 设备的逻辑功能构成

SPI:SDH 物理接口;TTF:传送终端功能;RST:再生段终端;HOI:高阶接口;MST:复用段终端;LOI:低阶接口;MSP:复用段保护;HOA:高阶组装器;MSA:复用段适配;HPC:高阶通道连接;PPI:PDH 物理接口;OHA:开销接入功能;LPA:低阶通道适配;SEMF:同步设备管理功能;LPT:低阶通道终端;MCF:消息通信功能;LPC:低阶通道连接;SETS:同步设备时钟源;HPA:高阶通道适配;SETPI:同步设备定时物理接口;HPT:高阶通道终端。

图 4-5 为一个 TM 的功能块组成图,其信号流程是线路上的 STM-N 信号从设备的 A 参考点进入设备,依次经过 A→B→C→D→E→F→G→L→M 拆分成 140 Mbit/s 的 PDH 信号;经过 A→B→C→D→E→F→G→H→I→J→K 拆分成 2 Mbit/s 或 34 Mbit/s 的 PDH 信号(这里以 2 Mbit/s 信号为例),在这里将其定义为设备的收方向。相应的发方向就是沿这两条路径的反方向将 140 Mbit/s 和 2 Mbit/s、34 Mbit/s 的 PDH 信号复用到线路上的 STM-N 信号帧中。

(二)各模块基本功能

(1)SPI:SDH 物理接口功能块

SPI 是设备和光路的接口,主要完成光/电变换、电/光变换,提取线路定时,以及相应告警的检测。

信号流从 A 到 B——收方向。

光/电转换,同时提取线路定时信号并将其传给 SETS(同步设备定时源功能块)锁相,锁定频率后由 SETS 再将定时信号传给其他功能块,以此作为它们工作的定时时钟。

当 A 点的 STM-N 信号失效(例如:无光或光功率过低,传输性能劣化使 BER 劣于 10^{-3}),SPI 产生 R_LOS 告警(接收信号丢失),并将 R_LOS 状态告知 SEMF(同步设备管理功能块)。

信号流从 B 到 A——发方向。

电/光变换,同时定时信息附着在线路信号中。

(2)RST:再生段终端功能块

RST 是 RSOH 开销的源和宿,也就是说 RST 功能块在构成 SDH 帧信号的过程中产生 RSOH(发方向),并在相反方向(收方向)处理(终结)RSOH。

收方向——信号流从 B 到 C。

STM-N 的电信号及定时信号或 R_LOS 告警信号(如果有的话)由 B 点送至 RST,若 RST 收到的是 R_LOS 告警信号,即在 C 点处插入全"1"(AIS)信号。若在 B 点收的是正常信号流,那么 RST 开始搜寻 A1 和 A2 字节进行定帧,帧定位就是不断检测帧信号是否与帧头位置相吻合。若连续 5 帧以上无法正确定位帧头,设备进入帧失步状态,RST 功能块上报接收信号帧失步告警 R_OOF。在帧失步时,若连续两帧正确定帧则退出 R_OOF 状态。R_OOF 持续了 3 ms 以上设备进入帧丢失状态,RST 上报 R_LOF(帧丢失)告警,并使 C 点处出现全"1"信号。

RST 对 B 点输入的信号进行了正确帧定位后,RST 对 STM-N 帧中除 RSOH 第一行字节外的所有字节进行解扰,解扰后提取 RSOH 并进行处理。RST 校验 B1 字节,若检测出有误码块,则本端产生 RS_BBE;RST 同时将 E1、F1 字节提取出传给 OHA(开销接入功能块),处理公务联络电话;将 D1—D3 提取传给 SEMF,处理 D1—D3 上的再生段 OAM 命令信息。

发方向——信号流从 C 到 B。

RST 写 RSOH,计算 B1 字节,并对除 RSOH 第一行字节外的所有字节进行扰码。设备在 A 点、B 点、C 点处的信号帧结构如图 4-6 所示。

(3)MST:复用段终端功能块

MST 是复用段开销的源和宿,在接收方向处理(终结)MSOH,在发方向产生 MSOH。

图 4-6　A、B、C 点处的信号帧结构图

收方向——信号流从 C 到 D。

MST 提取 K1、K2 字节中的 APS（自动保护倒换）协议送至 SEMF，以便 SEMF 在适当的时候（例如故障时）进行复用段倒换。若 C 点收到的 K2 字节的 b6—b8 连续 3 帧为 111，则表示从 C 点输入的信号为全"1"信号，MST 功能块产生 MS-AIS（复用段告警指示）告警信号。

若在 C 点的信号中 K2 为 110，判断是对端设备回送回来的对告信号：MS-RDI（复用段远端失效指示），表示对端设备在接收信号时出现 MS-AIS、B2 误码过大等劣化告警。

MST 功能块校验 B2 字节，检测复用段信号的传输误码块，若有误块检测出，则本端设备在 MS-BBE 性能事件中显示误块数，向对端发对告信息 MS-REI，由 M1 字节回告对方接收端收到的误块数。

若检测到 MS-AIS 或 B2 检测的误码块数超越门限（此时 MST 上报一个 B2 误码越限告警 MS-EXC），则在点 D 处使信号出现全"1"。

另外，MST 将同步状态信息 S1（b5—b8）恢复，将所得的同步质量等级信息传给 SEMF。同时 MST 将 D4—D12 字节提取传给 SEMF，供其处理复用段 OAM 信息；将 E2 提取出来传给 OHA，供其处理复用段公务联络信息。

发方向——信号流从 D 到 C。

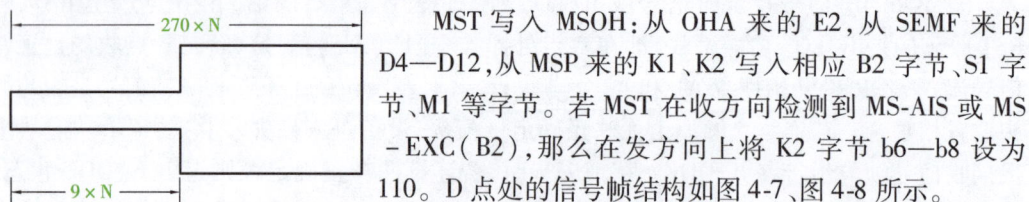

图 4-7　D 点处的信号帧结构图

MST 写入 MSOH：从 OHA 来的 E2，从 SEMF 来的 D4—D12，从 MSP 来的 K1、K2 写入相应 B2 字节、S1 字节、M1 等字节。若 MST 在收方向检测到 MS-AIS 或 MS-EXC（B2），那么在发方向上将 K2 字节 b6—b8 设为 110。D 点处的信号帧结构如图 4-7、图 4-8 所示。

再生段只处理 STM-N 帧的 RSOH，复用段处理 STM-N 帧的 RSOH 和 MSOH。

图 4-8　RS MS

（4）MSP：复用段保护功能块

MSP 用以在复用段内保护 STM-N 信号，防止随路故障，通过对 STM-N 信号的监测、系统状态评价，将故障信道的信号切换到保护信道上去（复用段倒换）。ITU-T 规定保护倒换的时间控制在 50 ms 以内。

复用段倒换的故障条件是 R-LOS、R-LOF、MS-AIS 和 MS-EXC（B2），要进行复用段保

护倒换,设备必须要有冗余(备用)的信道。以两个端对端的 TM 为例进行说明,如图 4-9 所示。

图 4-9　端对端 TM 模型

(5)TTF:传送终端功能块

前面讲过多个基本功能经过灵活组合,可形成复合功能块,以完成一些较复杂的工作。SPI、RST、MST、MSA 一起构成了复合功能块 TTF,它的作用是在收方向对 STM-N 光线路进行光/电变换(SPI)、处理 RSOH(RST)、处理 MSOH(MST)、对复用段信号进行保护(MSP)、对 AUG 消间插并处理指针 AU-PTR,最后输出 N 个 VC4 信号;发方向与此过程相反,进入 TTF 的是 VC4 信号,从 TTF 输出的是 STM-N 的光信号。

(6)HPC:高阶通道连接功能块

HPC 实际上相当于一个交叉矩阵,完成对高阶通道 VC4 进行交叉连接的功能。除了信号的交叉连接外,信号流在 HPC 中是透明传输的(所以 HPC 的两端都用 F 点表示)。HPC 是实现高阶通道 DXC 和 ADM 的关键,其交叉连接功能仅指选择或改变 VC4 的路由,不对信号进行处理。一种 SDH 设备功能的强大与否主要是由其交叉能力决定的,而交叉能力又是由交叉连接功能块即高阶 HPC、低阶 LPC 来决定的。为了保证业务的全交叉,图中的 HPC 的交叉容量最小应为 2N VC4 × 2N VC4,相当于 2N 条 VC4 入线,2N 条 VC4 出线。

(7)HPT:高阶通道终端功能块

从 HPC 中出来的信号分成了两种路由:一种进 HOI 复合功能块,输出 140 Mbit/s 的 PDH 信号;一种进 HOA 复合功能块,再经 LOI 复合功能块最终输出 2 Mbit/s 的 PDH 信号。不过不管走哪一种路由都要先经过 HPT 功能块,两种路由 HPT 的功能是一样的。

HPT 是高阶通道开销的源和宿,形成和终结高阶虚容器。

(8)LPA:低阶通道适配功能块

LPA 的作用是通过映射和去映射将 PDH 信号适配进 C,或把 C 信号去映射成 PDH 信号,其功能类似于 PDH 跐 C,此处指 140 Mbit/s 跐 C4。

(9)PPI:PDH 物理接口功能块

PPI 的功能是作为 PDH 设备和携带支路信号的物理传输媒质的接口,主要功能是进行码型变换和支路定时信号的提取。

(10)HOI:高阶接口

由 HPT、LPA、PPI 等 3 个基本功能块组成,将 140 Mbit/s 的 PDH 信号通过复用、映射、定位处理后进入 VC – 4。

(三)2 Mbit/s 复用进 C4 的情况

(1)HPA:高阶通道适配功能块

HPA 的作用有点类似 MSA,只不过进行的是通道级的处理/产生 TU-PTR,将 C4 这种信息结构拆/分成 TU12(对 2 Mbit/s 的信号而言)。

（2）HOA：高阶组装器

高阶组装器的作用是将 2 Mbit/s 和 34 Mbit/s 的 POH 信号通过映射、定位、复用，装入 C4 帧中，或从 C4 中拆分出 2 Mbit/s 和 34 Mbit/s 的信号。

（3）LPC：低阶通道连接功能块

与 HPC 类似，LPC 也是一个交叉连接矩阵，不过它是完成对低阶 VC(VC12/VC3)进行交叉连接的功能，可实现低阶 VC 之间灵活的分配和连接。一个设备若要具有全级别交叉能力，就一定要包括 HPC 和 LPC。例如 DXC4/1 应能完成 VC4 级别的交叉连接和 VC3、VC12 级别的交叉连接，也就是说 DXC4/1 必须要包括 HPC 功能块和 LPC 功能块。信号流在 LPC 功能块处是透明传输的(所以 LPC 两端参考点都为 H)。

（4）LPT：低阶通道终端功能块

LPT 是低阶 POH 的源和宿，对 VC12 而言就是处理和产生 V5、J2、N2、K4 等 4 个 POH 字节。

（5）LPA：低阶通道适配功能块

低阶通道适配功能块的作用与前面所讲的一样，就是将 PDH 信号(2 Mbit/s)装入/拆出 C12 容器，相当于将货物打包/拆包的过程:2 Mbit/S 踮 C12。此时 J 点的信号实际上已是 PDH 的 2 Mbit/s 信号。

（6）PPI：PDH 物理接口功能块

与前面讲的一样，PPI 主要完成码型变换的接口功能，以及提取支路定时供系统使用的功能。

（7）LOI：低阶接口功能块

低阶接口功能块主要完成将 VC12 信号拆包成 PDH 2 Mbit/s 的信号(收方向)，或将 PDH 的 2 Mbit/s 信号打包成 VC12 信号，同时完成设备和线路的接口功能——码型变换；PPI 完成映射和解映射功能。

设备组成的基本功能块就是这些，通过灵活的组合，可构成不同的设备，例如组成 REG、TM、ADM 和 DXC，并完成相应的功能。

（四）辅助功能块功能

（1）SEMF：同步设备管理功能块

它的作用是收集其他功能块的状态信息，进行相应的管理操作。包括了本站向各个功能块下发命令，收集各功能块的告警、性能事件，通过 DCC 通道向其他网元传送 OAM 信息，向网络管理终端上报设备告警、性能数据以及响应网管终端下发的命令。

DCC(D1—D12)通道的 OAM 内容由 SEMF 决定，并通过 MCF 在 RST 和 MST 中写入相应的字节，或通过 MCF 功能块在 RST 和 MST 提取 D1—D12 字节，传给 SEMF 处理。

（2）MCF：消息通信功能块

MCF 功能块实际上是 SEMF 和其他功能块和网管终端的一个通信接口。通过 MCF，SEMF 可以和网管进行消息通信(F 接口、Q 接口)，以及通过 N 接口和 P 接口分别与 RST 和 MST 上的 DCC 通道交换 OAM 信息，实现网元和网元间 OAM 信息的互通。

MCF 上的 N 接口传送 D1—D3 字节(DCCR)，P 接口传送 D4—D12 字节(DCCM)，F 接口和 Q 接口都是与网管终端的接口，通过它们使网管能对本设备及整个网络的网元进行统一管理。

（3）SETS：同步设备定时源功能块

数字网都需要一个定时时钟以保证网络的同步，使设备能正常运行，SETS功能块的作用就是提供SDH网元乃至SDH系统的定时时钟信号。

SETS时钟信号的来源有4个：

由SPI功能块从线路上的STM-N信号中提取的时钟信号；

由PPI从PDH支路信号中提取的时钟信号；

由SETPI（同步设备定时物理接口）提取的外部时钟源，如：2 MHz方波信号或2 Mbit/s；

当这些时钟信号源都劣化后，为保证设备的定时，由SETS的内置振荡器产生时钟信号。

SETS对这些时钟信号进行锁相后，选择其中一路高质量时钟信号，传给设备中除SPI和PPI外的所有功能块使用。同时SETS通过SETPI功能块向外提供2 Mbit/s和2MHz的时钟信号，可供其他设备——交换机、SDH网元等作为外部时钟源使用。

（4）SETPI：同步设备定时物理接口

作为SETS与外部时钟源的物理接口，SETS通过它接收外部时钟信号或提供外部时钟信号。

（5）OHA：开销接入功能块

OHA的作用是从RST和MST中提取或写入相应E1、E2、F1公务联络字节，进行相应的处理。

前面讲述了组成设备的基本功能块，以及这些功能块所监测的告警性能事件及其监测机制。深入了解各个功能块上监测的告警、性能事件，以及这些事件的产生机制，是以后在维护设备时能正确分析、定位故障的关键所在，希望你能将这部分内容完全理解和掌握。由于这部分内容较零散，现将其综合起来，以便你能找出其内在的联系。

以下是SDH设备各功能块产生的主要告警维护信号以及有关的开销字节。

SPI：LOS；

RST：LOF（A1、A2），OOF（A1、A2），RS-BBE（B1）；

MST：MS-AIS（K2［b6—b8］）、MS-RDI（K2［b6—b8］），MS-REI（M1），MS-BBE（B2），MS-EXC（B2）；

MSA：AU-AIS（H1、H2、H3），AU-LOP（H1、H2）；

HPT：HP-RDI（G1［b5］），HP-REI（G1［b1—b4］），HP-TIM（J1），HP-SLM（C2），HP-UNEQ（C2），HP-BBE（B3）；

HPA：TU-AIS（V1、V2、V3），TU-LOP（V1、V2），TU-LOM（H4）；

LPT：LP-RDI（V5［b8］），LP-REI（V5［b3］），LP-TIM（J2），LP-SLM（V5［b5—b7］），LP-UNEQ（V5［b5—b7］），LP-BBE（V5［b1—b2］）。

以上这些告警维护信号产生机制的简要说明如下。ITU-T建议规定了各告警信号的含义。

LOS：信号丢失，输入无光功率、光功率过低、光功率过高，使BER劣于$10-3$。

OOF：帧失步，搜索不到A1、A2字节时间超过625 μs。

LOF:帧丢失,OOF 持续 3 ms 以上。

RS-BBE:再生段背景误码块,B1 校验到再生段——STM-N 的误码块。

MS-AIS:复用段告警指示信号,K2[6—8]=111 超过 3 帧。

MS-RDI:复用段远端劣化指示,对端检测到 MS-AIS、MS-EXC,由 K2[6—8]回发过来。

MS-REI:复用段远端误码指示,由对端通过 M1 字节回发由 B2 检测出的复用段误块数。

MS-BBE:复用段背景误码块,由 B2 检测。

MS-EXC:复用段误码过量,由 B2 检测。

AU-AIS:管理单元告警指示信号,整个 AU 为全"1"(包括 AU-PTR)。

AU-LOP:管理单元指针丢失,连续 8 帧收到无效指针或 NDF。

HP-RDI:高阶通道远端劣化指示,收到 HP-TIM、HP-SLM。

HP-REI:高阶通道远端误码指示,回送给发端由收端 B3 字节检测出的误块数。

HP-BBE:高阶通道背景误码块,显示本端由 B3 字节检测出的误块数。

HP-TIM:高阶通道踪迹字节失配,J1 应收和实际所收不一致。

HP-SLM:高阶通道信号标记失配,C2 应收和实际所收不一致。

HP-UNEQ:高阶通道未装载,C2 =00H 超过了 5 帧。

TU-AIS:支路单元告警指示信号,整个 TU 为全"1"(包括 TU 指针)。

TU-LOP:支路单元指针丢失,连续 8 帧收到无效指针或 NDF。

TU-LOM:支路单元复帧丢失,H4 连续 2 ~ 10 帧不等于复帧次序或无效的 H4 值。

LP-RDI:低阶通道远端劣化指示,接收到 TU-AIS 或 LP-SLM、LP-TIM。

LP-REI:低阶通道远端误码指示,由 V5[1—2]检测。

LP-TIM:低阶通道踪迹字节失配,由 J2 检测。

LP-SLM:低阶通道信号标记字节适配,由 V5[5—7]检测。

LP-UNEQ:低阶通道未装载,V5[5—7]=000 超过了 5 帧。

为了理顺这些告警维护信号的内在关系,我们在下面列出了两个告警流程图。

TU-AIS 告警产生流程图:TU-AIS 在维护设备时会经常碰到,通过分析,就可以方便地定位 TU-AIS 及其他相关告警的故障点和原因。如图 4-10、图 4-11 所示。

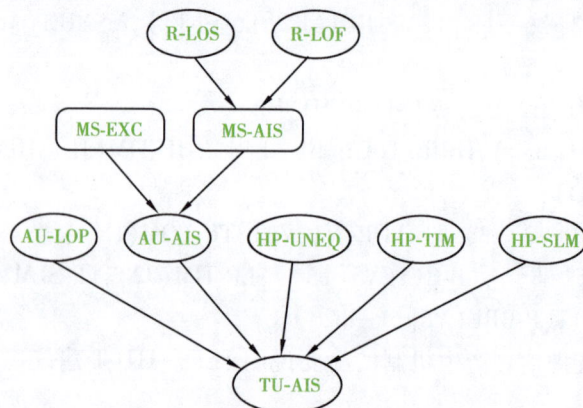

图 4-10　TU-AIS 告警产生流程图

发端 A 有一个 2 Mbit/s 的业务要传与 B，A 将该 2 Mbit/s 的业务复用到线路上的第 48 个 VC12 中，而 B 下该业务时是下的线路上的第 49 个 VC12，若线路上的第 49 个 VC12 未配置业务的话，那么 B 端就会在相应的这个通道上产生 TU-AIS 告警。若第 49 个 VC12 配置了其他 2 Mbit/s 的业务的话，B 端就会现类似串话的现象（收到了不该收的通道信号）。

图 4-11　业务模型

图 4-12 是一个较详细的 SDH 设备各功能块的告警流程图，通过它可看出 SDH 设备各功能块产生告警维护信号的相互关系。如图 4-12 所示。

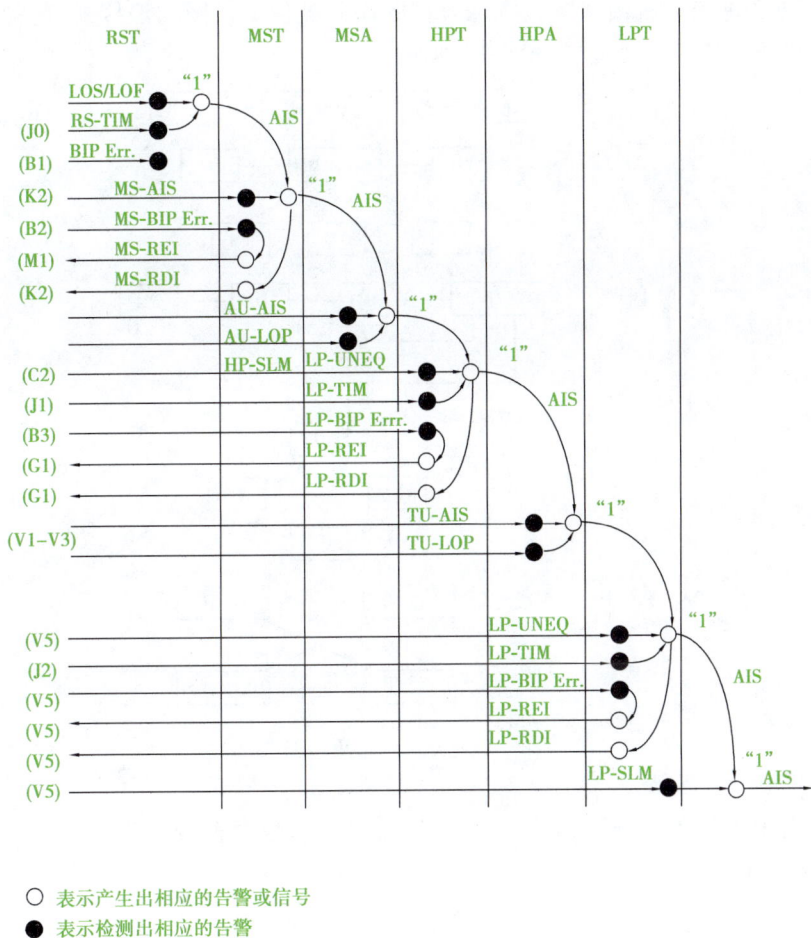

○ 表示产生出相应的告警或信号
● 表示检测出相应的告警

图 4-12　SDH 各功能块告警流程

4.1.2　SDH 网络结构和网络保护机制

（一）基本的网络拓扑结构

SDH 网是由 SDH 网元设备通过光缆互连而成的，网络节点（网元）和传输线路的几何排列就构成了网络的拓扑结构。网络的有效性（信道的利用率）、可靠性和经济性在很大程度上与其拓扑结构有关。

网络拓扑的基本结构有链形、星形、树形、环形和网孔形，如图 4-13 所示。

（1）链形网

此种网络拓扑是将网中的所有节点——串联，而首尾两端开放。这种拓扑的特点是比较经济，在 SDH 网的早期用得较多，主要用于专网（如铁路网）中。

（2）星形网

此种网络拓扑是将网中一网元作为特殊节点与其他各网元节点相连，其他各网元节点互不相连，网元节点的业务都要经过这个特殊节点转接。这种网络拓扑的特点是可通过特殊节点来统一管理其他网络节点，利于分配带宽，节约成本，但存在特殊节点的安全保障和处理能力的潜在瓶颈问题。特殊节点的作用类似交换网的汇接局，此种拓扑多用于本地网（接入网和用户网）。如图 4-13 所示。

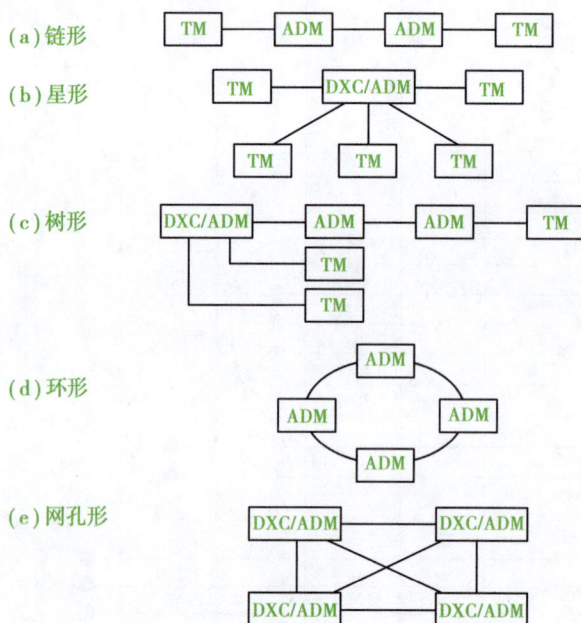

图 4-13　基本网络拓扑图

（3）树形网

此种网络拓扑可看成链形拓扑和星形拓扑的结合，也存在特殊节点的安全保障和处理能力的潜在瓶颈。

（4）环形网

环形拓扑实际上是指将链形拓扑首尾相连，从而使网上任何一个网元节点都不对外开放的网络拓扑形式。这是当前使用最多的网络拓扑形式，主要是因为它具有很强的生存性，即自愈功能较强。环形网常用于本地网（接入网和用户网）、局间中继网。

（5）网孔形网

将所有网元节点两两相连，就形成了网孔形网络拓扑。这种网络拓扑为两网元节点间提供多个传输路由，使网络的可靠性更强，不存在瓶颈问题和失效问题。但是由于系统的冗余度高，必会使系统有效性降低，成本高且结构复杂。网孔形网主要用于长途网，以提供网络的高可靠性。

当前用得最多的网络拓扑是链形和环形，通过它们的灵活组合，可构成更加复杂的网络。本节主要讲述链网的组成和特点以及环网的几种主要的自愈形式(自愈环)的工作机制及特点。

(二)链网和自愈环

传输网上的业务按流向可分为单向业务和双向业务。以环网为例说明单向业务和双向业务的区别。如图4-14所示。

若A和C之间互通业务,A到C的业务路由假定是A→B→C,若此时C到A的业务路由是C→B→A,则业务从A到C和从C到A的路由相同,称为一致路由;若此时C到A的路由是C→D→A,那么业务从A到C和业务从C到A的路由不同,称为分离路由。

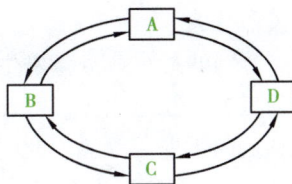

图4-14 环形网络

我们称一致路由的业务为双向业务,分离路由的业务为单向业务。常见组网的业务方向和路由如表4-2所示。

表4-2 常见组网的业务方向和路由

组网类型		路 由	业务方向
链形网		一致路由	双向
环形网	双向通道环	一致路由	双向
	双向复用段环	一致路由	双向
	单向通道环	分离路由	单向
	单向复用段环	分离路由	单向

典型的链形网如图4-15所示。

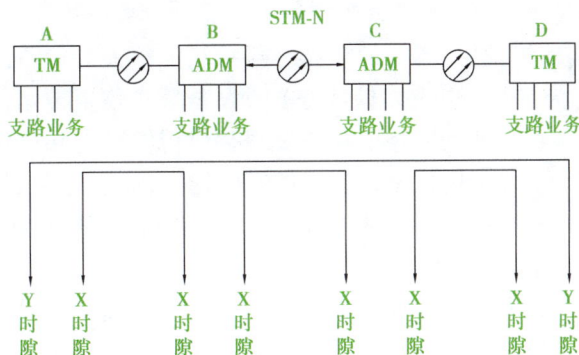

图4-15 链形网络图

链形网的特点是具有时隙复用功能,即线路STM-N信号中某一序号的VC可在不同的传输光缆段上重复利用。如图4-15中A—B、B—C、C—D以及A—D之间通有业务,这时可将A—B之间的业务占用A—B光缆段X时隙(序号为X的VC,例如3VC4的第48个VC12),将B—C的业务占用B—C光缆段的X时隙(第3VC4的第48VC12),将C—D的业务占用C—D光缆段的X时隙(第3VC4的第48个VC12),这种情况就是时隙重复利用。这时A—D的业务因为光缆的X时隙已被占用,所以只能占用光路上的其他时隙Y时隙,例如第3VC4的第49VC12或者第7VC4的第48个VC12。

链网的这种时隙重复利用功能,使网络的业务容量较大。网络的业务容量指能在网上传输的业务总量。网络的业务容量和网络拓扑、网络的自愈方式和网元节点间业务分布关系有关。

链网的最小业务量发生在链网的端站为业务主站的情况下。所谓业务主站是指各网元都与主站互通业务,其余网元间无业务互通。以图 4-15 为例,若 A 为业务主站,那么 B、C、D 之间无业务互通。此时,C、B、D 分别与网元 A 通信。这时由于 A—B 光缆段上的最大容量为 STM-N(因系统的速率级别为 STM-N),则网络的业务容量为 STM-N。

链网达到业务容量最大的条件是链网中只存在相邻网元间的业务。如图 4-15 所示,此时网络中只有 A—B、B—C、C—D 的业务不存在 A—D 的业务。这时可时隙重复利用,那么在每一个光缆段上的业务都可占用整个 STM-N 的时隙,若链网有 M 个网元,此时网上的业务最大容量为 $(M-1) \times$ STM-N,M-1 为光缆段数。

常见的链网有二纤链——不提供业务的保护功能(不提供自愈功能)、四纤链——一般提供业务的 1+1 或 1:1 保护。四纤链中两根光纤收/发作主用信道,另外两根收/发作备用信道。链网的自愈功能 1+1.1:1.1:n 在上一节讲 MSP 功能块时已讲过,这里要说的是 1:n 保护方式中 n 最大只能到14。这是由 K1 字节的 b5—b8 限定的,K1 的 b5—b8 的 0001～1110[1—14]指示要求倒换的主用信道编号。

(三)环网——自愈环

(1)自愈的概念

当今社会各行各业对信息的依赖越来越大,要求通信网络能及时准确地传递信息。随着网上传输的信息越来越多,传输信号的速率越来越快,一旦网络出现故障(这是难以避免的,例如土建施工中将光缆挖断),将对整个社会造成极大的损坏。因此网络的生存能力即网络的安全性是当今第一要考虑的问题。

所谓自愈,是指在网络发生故障(例如光纤断)时,无须人为干预,网络自动地在极短的时间内(ITU-T 规定为 50 ms 以内),使业务自动从故障中恢复传输,使用户几乎感觉不到网络出了故障。其基本原理是网络要具备发现替代传输路由并重新建立通信的能力。替代路由可采用备用设备或利用现有设备中的冗余能力,以满足全部或指定优先级业务的恢复。由上可知网络具有自愈能力的先决条件是有冗余的路由、网元强大的交叉能力以及网元一定的智能。

自愈仅是通过备用信道将失效的业务恢复,而不涉及具体故障的部件和线路的修复或更换,所以故障点的修复仍需人工干预才能完成,就像断了的光缆还需人工接好。

(2)自愈环的分类

目前环形网络的拓扑结构用得最多,因为环形网具有较强的自愈功能。自愈环的分类可按保护的业务级别、环上业务的方向、网元节点间光纤数来划分。

按环上业务的方向可将自愈环分为单向环和双向环两大类,按网元节点间的光纤数可将自愈环划分为双纤环(一对收/发光纤)和四纤环(两对收发光纤),按保护的业务级别可将自愈环划分为通道保护环和复用段保护环两大类。

通道保护环和复用段保护环的区别:对于通道保护环,业务的保护是以通道为基础的,也就是保护的是 STM-N 信号中的某个 VC(某一路 PDH 信号),倒换与否按环上的某一个别通道信号的传输质量决定,通常利用收端是否收到简单的 TU-AIS 信号来决定该通道是否应进行倒换。例如在 STM-16 环上,若收端收到第 4VC4 的第 48 个 TU-12 有 TU-AIS,那么就仅将该通道切换到备用信道上去。

复用段倒换环是以复用段为基础的,倒换与否由根据环上传输的复用段信号的质量决定。倒换是由 K1、K2(b1—b5)字节所携带的 APS 协议启动,当复用段出现问题时,环上整个 STM-N 或 1/2STM-N 的业务信号都切换到备用信道上。复用段保护倒换的条件是 LOF、LOS、MS-AIS、MS-EXC 告警信号。

(四)二纤双向通道保护环

二纤双向通道保护环网上业务为双向(一致路由),保护机制也是支路的"并发选收",业务保护是 1+1 的,网上业务容量与单向通道保护二纤环相同,但结构更复杂,与二纤单向通道环相比无明显优势,故一般不用这种自愈方式。如图 4-16 所示。

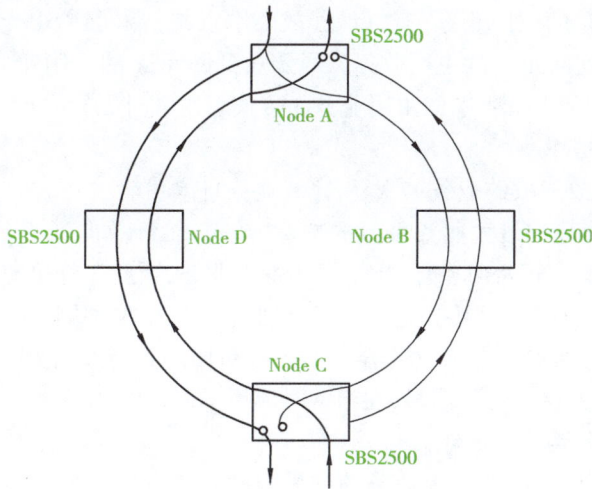

图 4-16　2500 系统二纤双向通道保护环

(五)二纤单向复用段环

前面讲过复用段环保护的业务单位是复用段级别的业务,需通过 STM-N 信号中 K1、K2 字节承载的 APS 协议来控制倒换的完成。由于倒换要通过运行 APS 协议,所以倒换速度不如通道保护环快,华为 SDH 设备的复用段倒换速度是 ≤25 ms。

下面讲一讲单向复用段保护倒换环的自愈机制,如图 4-17 所示。

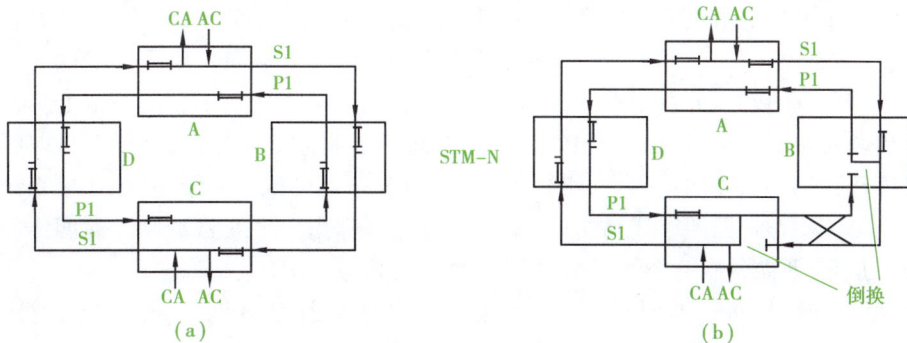

图 4-17　二纤单向复用段倒换环

若环上网元 A 与网元 C 互通业务,构成环的两根光纤 S1、P1 分别称为主纤和备纤,上面传送的业务不是 1 + 1 的业务而是 1∶1 的业务——主环 S1 上传主用业务,备环 P1 上传备用业务。因此复用段保护环上业务的保护方式为 1∶1 保护,有别于通道保护环。

在环路正常时,网元 A 往主纤 S1 上发送到网元 C 的主用业务,往备纤 P1 上发送到网元 C 的备用业务,网元 C 从主纤上选收主纤 S1 上来的网元 A 发来的主用业务,从备纤 P1 上收网元 A 发来的备用业务(额外业务),图 4-17 中只画出了收主用业务的情况。网元 C 到网元 A 业务的互通与此类似。

在 C—B 光缆段间的光纤都被切断时,在故障端点的两网元 C、B 产生一个环回功能。网元 A 到网元 C 的主用业务先由网元 A 发到 S1 光纤上,到故障端点站 B 处环回到 P1 光纤上,这时 P1 光纤上的额外业务被清掉,改传网元 A 到网元 C 的主用业务,经 A、D 网元穿通,由 P1 光纤传到网元 C,由于网元 C 只从主纤 S1 上提取主用业务,所以这时 P1 光纤上的网元 A 到网元 C 的主用业务在 C 点处(故障端点站)环回到 S1 光纤上,网元 C 从 S1 光纤上下载网元 A 到网元 C 的主用业务。网元 C 到网元 A 的主用业务因为 C→D→A 的主用业务路由中断,所以 C 到 A 的主用业务的传输与正常时无异,只不过备用业务此时被清除。

通过这种方式,故障段的业务被恢复,完成业务自愈功能。

二纤单向复用段环的最大业务容量的推算方法与二纤单向通道环类似,只不过环上的业务是 1∶1 保护的,在正常时备环 P1 上可传额外业务,因此二纤单向复用段保护环的最大业务容量在正常时为 2 × STM-N(包括了额外业务),发生保护倒换时为 1 × STM-N。

二纤单向复用段保护环由于业务容量与二纤单向通道保护环相差不大,倒换速率比二纤单向通道环慢,所以优势不明显,在组网时应用不多。

(六)四纤双向复用段保护环

前面讲的 3 种自愈方式,网上业务的容量与网元节点数无关,随着环上网元的增多,平均每个网元可上/下的最大业务随之减少,网络信道利用率不高。例如二纤单向通道环为 STM-16 系统时,若环上有 16 个网元节点,平均每个 2 500 节点最大上/下业务只有一个 STM-1,这对资源是很大的浪费。为克服这种情况,出现了四纤双向复用段保护环这种自愈方式,这种自愈方式环上业务量随着网元节点数的增加而增加,如图 4-18 所示。

四纤环肯定是由 4 根光纤组成,这 4 根光纤分别为 S1、P1、S2、P2。其中,S1、S2 为主纤传送主用业务;P1、P2 为备纤传送备用业务;也就是说 P1、P2 光纤分别用来在主纤故障时保护 S1、S2 上的主用业务。请注意 S1、P1、S2、P2 光纤的业务流向,S1 与 S2 光纤业务流向相反(一致路由,双向环),S1、P1 和 S2、P2 两对光纤上业务流向也相反,从图 4-18(a)可看出 S1 和 P2、S2 和 P1 光纤上业务流向相同(这是以后讲双纤双向复用段环的基础,双纤双向复用段保护环就是因为 S1 和 P2、S2 和 P1 光纤上业务流向相同,才得以将四纤环转化为二纤环)。另外,要注意的是,四纤环上每个网元节点的配置要求是双 ADM 系统。由于一个 ADM 只有东/西两个线路端口(一对收发光纤称为一个线路端口),而四纤环上的网元节点是东/西向各有两个线路端口,所以要配置成双 ADM 系统。

在环网正常时,网元 A 到网元 C 的主用业务从 S1 光纤经 B 网元到网元 C,网元 C 到网元 A 的业务经 S2 光纤经网元 B 到网元 A(双向业务)。网元 A 与网元 C 的额外业务分别通过 P1 和 P2 光纤传送。网元 A 和网元 C 通过收主纤上的业务互通两网元之间的主用业务,通过收备纤上的业务互通两网之间的备用业务,如图 4-18(a)所示。

当 B—C 间光缆段光纤均被切断,在故障两端的网元 B、C 的光纤 S1 和 P1、S2 和 P2 有一个环回功能(故障端点的网元环回),如图 4-18(b)所示。这时,网元 A 到网元 C 的主用业务沿 S1 光纤传到 B 网元处,在此 B 网元执行环回功能,将 S1 光纤上的网元 A 到网元 C 的主用业务环到 P1 光纤上传输,P1 光纤上的额外业务被中断,经网元 A、网元 D 穿通(其他网元执行穿通功能)传到网元 C,在网元 C 处 P1 光纤上的业务环回到 S1 光纤上(故障端点的网元执行环回功能),网元 C 通过收主纤 S1 上的业务,接收到网元 A 到网元 C 的主用业务。

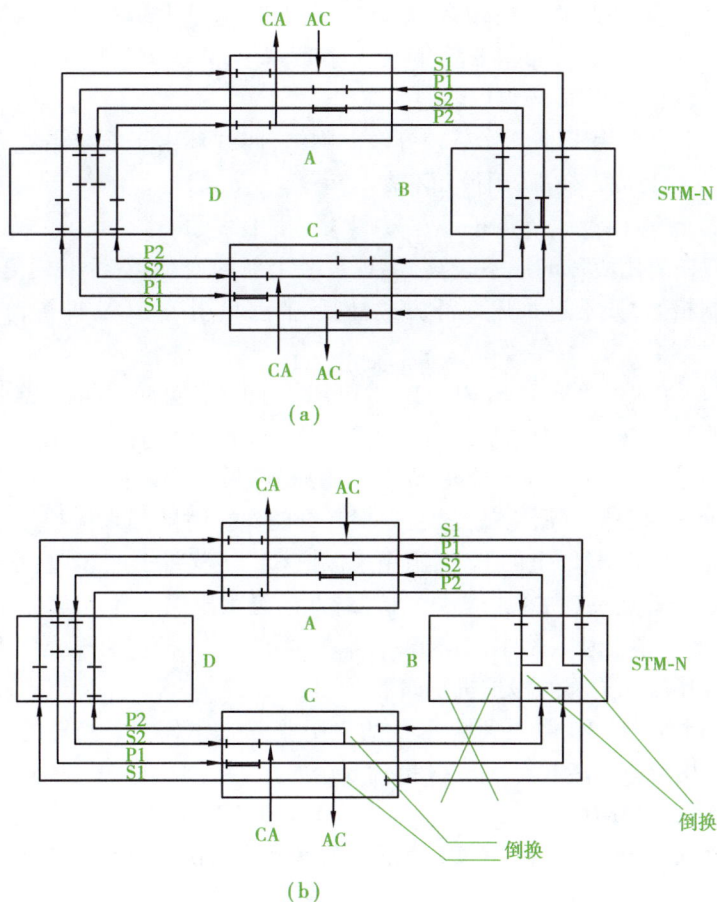

图 4-18 四纤双向复用段倒换环

网元 C 到网元 A 的业务先由网元 C 将其主用业务环到 P2 光纤上,P2 光纤上的额外业务被中断,然后沿 P2 光纤经过网元 D、网元 A 的穿通传到网元 B,在网元 B 处执行环回功能将 P2 光纤上的网元 C 到网元 A 的主用业务环回到 S2 光纤上,再由 S2 光纤传回到网元 A,由网元 A 下主纤 S2 上的业务。通过这种环回、穿通方式完成了业务的复用段保护,使网络自愈。

四纤双向复用段保护环的业务容量有两种极端方式:一种是环上有一业务集中站,各网元与此站通业务,并无网元间的业务。这时环上的业务量最小为 2×STM-N(主用业务)和 4×STM-N(包括额外业务)。因为该业务集中站东西两侧均最多只可通 STM-N(主)或

2×STM-N(包括额外业务)，光缆段的数速级别只有 STM-N。另一种情况其环网上只存在相邻网元的业务，不存在跨网元业务。这时每个光缆段均为相邻互通业务的网元专用，例如 A—D 光缆只传输 A 与 D 之间的双向业务，D—C 光缆段只传输 D 与 C 之间的双向业务等。相邻网元间的业务不占用其他光缆段的时隙资源，这样各个光缆段都最大传送 STM-N(主用)或 2×STM-N(包括备用)的业务(时隙可重复利用)，而环上的光缆段的个数等于环上网元的节点数，所以这时网络的业务容量达到最大：N×STM-N 或 2N×STM-N。

尽管复用段环的保护倒换速度要慢于通道环，且倒换时要通过 K1、K2 字节的 APS 协议控制，使设备倒换时涉及的单板较多，容易出现故障，但是由于双向复用段环最大的优点是网上业务容量大，业务分布越分散，网元节点数越多，它的容量也越大，信道利用率要大大高于通道环，双向复用段环得以普遍的应用。

双向复用段环主要用于业务分布较分散的网络，四纤环由于要求系统有较高的冗余度——四纤，双 ADM，成本较高，用得并不多。

(七)双纤双向复用段保护环——双纤共享复用段保护环

鉴于四纤双向复用段环的成本较高，出现了一个新的变种：双纤双向复用段保护环，它们的保护机制相似，只不过采用双纤方式，网元节点只用单 ADM 即可，得到了广泛的应用。

从图 4-19(a)中可看到光纤 S1 和 P2、S2 和 P1 上的业务流向相同，那么我们可以使用时分技术将这两对光纤合成为两根光纤——S1/P2、S2/P1。这时将每根光纤的前半个时隙(例如 STM-16 系统为 1#—8#STM-1)传送主用业务，后半个时隙(例如 STM-16 系统的 9#—16#STM-1)传送额外业务，也就是说，一根光纤的保护时隙用来保护另一根光纤上的主用业务。例如，S1/P2 光纤上的 P2 时隙用来保护 S2/P1 光纤上的 S2 业务。由于在四纤环上 S2 和 P2 本身就是一对主备用光纤，在二纤双向复用段保护环上无专门的主、备用光纤，每一条光纤的前半个时隙是主用信道，后半个时隙是备信道，两根光纤上业务流向相反。双纤双向复用段保护环的保护机制如下。

在网络正常情况下，网元 A 到网元 C 的主用业务放在 S1/P2 光纤的 S1 时隙(对于 STM-16 系统，主用业务只能放在 STM-N 的前 8 个时隙 1#—8#STM-1[VC4]中)，备用业务放于 P2 时隙(对于 STM-16 系统，只能放于 9#—16#STM-1[VC4]中)，沿光纤 S1/P2 由网元 B 穿通传到网元 C，网元 C 从 S1/P2 光纤上的 S1、P2 时隙分别提取出主用、额外业务。网元 C 到网元 A 的主用业务放于 S2/P1 光纤的 S2 时隙，额外业务放于 S2/P1 光纤的 P1 时隙，经网元 B 穿通传到网元 A，网元 A 从 S2/P1 光纤上提取相应的业务，如图 4-19(a)所示。

在环网 B—C 间光缆段被切断时，网元 A 到网元 C 的主用业务沿 S1/P2 光纤传到网元 B，在网元 B 处进行环回(故障端点处环回)，环回是将 S1/P2 光纤上 S1 时隙的业务全部环回到 S2/P1 光纤上的 P1 时隙上去(例如 STM-16 系统是将 S1/P2 光纤上的 1#—8#STM-1[VC4]全部环到 S2/P1 光纤上的 9#—16#STM-1[VC4])，此时 S2/P1 光纤 P1 时隙上的额外业务被中断，然后沿 S2/P1 光纤经网元 A、网元 D 穿通传到网元 C，在网元 C 执行环回功能(故障端点站)，即将 S2/P1 光纤上的 P1 时隙所载的网元 A 到网元 C 的主用业务环回到 S1/P2 的 S1 时隙，网元 C 提取该时隙的业务，完成接收网元 A 到网元 C 的主用业务。见图 4-19(b)。

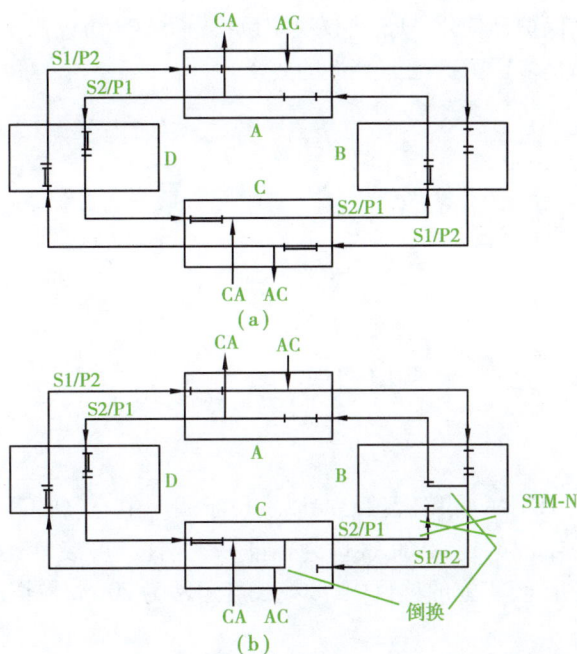

图 4-19　二纤双向复用段保护环

网元 C 到网元 A 的业务先由网元 C 将网元 C 到网元 A 的主用业务 S2，环回到 S1/P2 光纤的 P2 时隙上，这时 P2 时隙上的额外业务中断，然后沿 S1/P2 光纤经网元 D、网元 A 穿通到达网元 B，在网元 B 处执行环回功能——将 S1/P2 光纤的 P2 时隙业务环到 S2/P1 光纤的 S2 时隙上去，经 S2/P1 光纤传到网元 A 落地。

通过以上方式完成了环网在故障时业务的自愈。

双纤双向复用段保护环的业务容量为四纤双向复用段保护环的 $1/2$，即 $M/2$（STM-N）或 $M \times$ STM-N（包括额外业务），其中 M 是节点数。

双纤双向复用段保护环在组网中使用较多，主要用于 622 和 2500 系统，也适用于业务分散的网络。

当前组网中常见的自愈环只有二纤单向通道保护环和二纤双向复用段保护环两种，下面将二者进行比较。

（八）两种自愈环的比较

（1）业务容量

单向通道保护环的最大业务容量是 STM-N，双纤双向复用段保护环的业务容量为 $M/2 \times$ STM-N（M 是环上节点数）。

（2）复杂性

二纤单向通道保护环无论从控制协议的复杂性，还是操作的复杂性来说，都是各种倒换环中最简单的，由于不涉及 APS 的协议处理过程，业务倒换时间也最短。二纤双向复用段保护环的控制逻辑则是各种倒换环中最复杂的。

（3）兼容性

二纤单向通道保护环仅使用已经完全规定好了的通道 AIS 信号来决定是否需要倒换，与现行 SDH 标准完全相容，因而也容易满足多厂家产品兼容性要求。

二纤双向复用段保护环使用 APS 协议决定倒换,而 APS 协议尚未标准化,所以复用段倒换环目前都不能满足多厂家产品兼容性的要求。

任务 4.2 无线系统

无线系统教学视频

4.2.1 无线系统设备维修及接口知识

(一)内部接口

内部接口仅限于 TETRA 网络管理终端以及位于调度中心(OCC)的 TETRA 调度台与交换控制中心(MSO)之间的连接,此接口为标准以太网接口,接口类型为 10/100Base-T,物理接口为 RJ45。在已经实施的项目中,线缆长度通常为 20 m,最长达到过 60 m,如表 4-3 所示。

表 4-3 内部接口

接口设备(Motorola 设备侧)	接　口
调度台系统	Elite API
网管系统	CADI
网管系统	ATIA、UCS
网管系统	HP OV event forwarding
数据服务设备	SDTS、PDS
车载台	PEI
车载台	SB9600

(1)MSO 与基站之间的接口

TETRA MSO 通过机柜内的广域网接口设备(CWR)实现与基站之间的连接和通信,接口类型为 E1(2 Mbits/s 数字接口),120 Ω 平衡接口,满足 G.703 建议,物理接口为 RJ45,接入通信设备室 DDF 外线侧。在交换控制中心侧共需要 21 个接口。

基站控制器(TSC)是基站与 MSO 进行连接和通信的设备,是基站内部的一个控制模块,同时担负着对整个基站的控制功能。接口类型为 E1(2 Mbits/s 数字接口),120 Ω 平衡接口,满足 G.703 建议,接入通信设备室 DDF 外线侧。每个基站处需要 1 个接口。

(2)MSO 与远端调度台之间的接口

位于车辆段/停车场的远端调度台需要通过光传输系统才能实现与 MSO 的连接,用于传递话音、数据、控制、管理等信息。接口类型为 E1(2 Mbits/s 数字接口),120 Ω 平衡接口。本项目中共需 4 个接口用于连接车辆段/停车场调度台设备。此接口在光传输系统内所占带宽不低于 2 M。

（3）MSO 与远端调度台之间的接口

位于车辆段/停车场的远端调度台需要通过光传输系统才能实现与控制中心的连接，接口类型为 10/100 Base-T，物理接口为 RJ45。

（二）外部接口

（1）与传输系统的接口

通信传输系统为在不同区域间无线通信系统内部以及无线通信系统和其他系统间的连接提供透明的传输通道。

无线通信系统使用的传输通道接口类型有 3 种：2 M 接口、10/100 M 自适应以太网接口、音频 2 线接口。

TETRA 无线系统的 MSO 与 TETRA 基站、远端调度台之间，远端调度台与数字录音设备之间的连接均需要通过光传输系统。

接口配置如表 4-4 所示。

表 4-4　外部接口配置

接口编号及名称	位　置	数　目
接口 1 传输系统 2 M 接口- 提供交换控制中心和基站间通道	各车站通信设备室数字配线架	各 1
	控制中心设备室数字配线架	21
接口 2 传输系统 2 M 接口- 提供交换控制中心和远端调度台间通道	控制中心设备室数字配线架	4
	车辆段/停车场通信设备室数字配线架	各 2
接口 3 传输系统以太网接口- 提供交换控制中心和远端调度台间通道	控制中心设备室综合配线架	2
	车辆段/停车场通信设备室综合配线架	各 1

（2）与信号系统的接口

信号系统和无线通信系统通过特定的数据链路连接。接口类型建议为 RS422。

信号系统向无线通信系统提供信号 ATS 信息，无线系统侧对应接口设备为调度 CAD 服务器，接口配置如表 4-5 所示。

表 4-5　与信号系统的接口

接口名称	位　置	数　目
与 ATS 的接口	控制中心通信机械室配线架	1

（3）与公务电话系统的接口

公务电话系统和无线通信系统在控制中心、车辆段都有接口，为无线通信系统 MSO 同公务电话系统交换机的联网中继通道接口，接口类型为 E1（2 Mbits/s 数字接口），120 Ω 平衡接口，满足 G.703 建议。此接口为中继线接口，接口信令为 Q-SIG。如图 4-20 所示。

接口配置如表 4-6 所示。

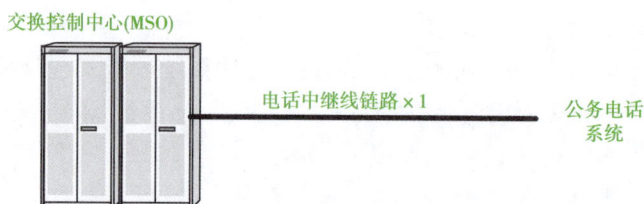

图 4-20　MSO 与公务电话接口示意图

表 4-6　与公务电话系统的接口

接口名称	接口编号	位　　置	数　目
与公务电话系统接口	接口 1	控制中心设备室通信设备室数字配线架	1

（4）与时钟系统的接口

时钟系统和无线通信系统在控制中心有接口。在中心无线通信系统的调度 CAD 服务器同时钟系统通过特定的数据链路接口进行连接。两侧配线均上通信系统的综合配线架。

调度 CAD 服务器同时钟系统有 1 个数据接口。接口类型为 RS422。如图 4-21 所示。

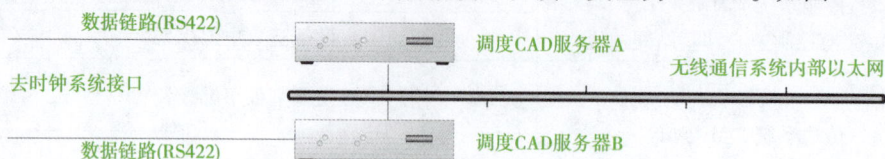

图 4-21　时钟系统的接口示意图

接口配置如表 4-7 所示。

表 4-7　与时钟系统的接口

接口名称	位　　置	数　目
与时钟系统	控制中心设备室综合配线架	2

（5）与通信集中网管系统的接口

集中网管系统和无线通信系统在控制中心留有接口。在中心无线通信系统的分线网管终端同集中告警系统通过特定的数据链路接口进行连接。它们之间的通信通过以太网接口来实现。如图 4-22 所示。

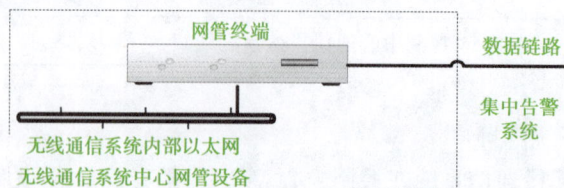

图 4-22　中心无线通信系统侧接口连接图

接口配置如表 4-8 所示。

表 4-8　与集中网管系统的接口

接口名称	位　置	数　目
与通信集中网管系统	控制中心综合设备室	1

（6）与综合监控系统的接口

综合监控系统和无线通信系统在控制中心留有接口，用于传输列车状态信息。它们之间的通信通过以太网接口来实现。如图 4-23 所示。

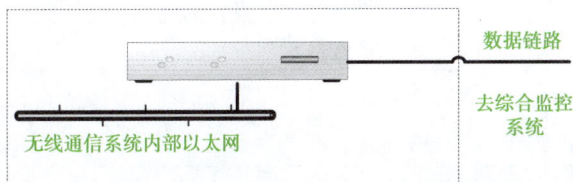

图 4-23　中心无线通信系统侧接口连接图

接口配置如表 4-9 所示。

表 4-9

接口名称	位　置	数　目
与综合监控系统	控制中心综合设备室	1

（7）与集中电源系统的接口

通信电源系统和无线通信系统在控制中心、车辆段、停车场和各车站都有接口。

在控制中心的集群交换控制设备（MSO）、调度设备、网管设备，车辆段/停车场的调度设备，在各车站、车辆段和停车场的基站设备，在车站的固定台设备均需要集中电源系统提供 220 V 交流电源。

（8）与车辆系统的接口

车载电台接口连接图，如图 4-24 所示。

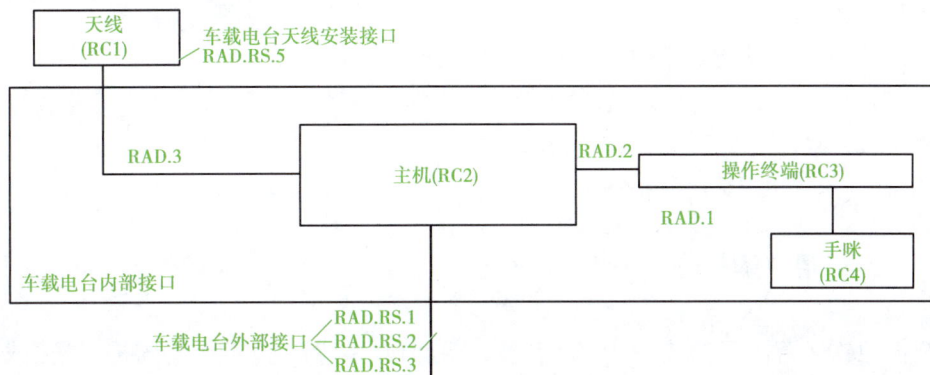

图 4-24　车载电台接口连接图

接口配置如表 4-10 所示。

表 4-10　接口配置

接口编号及名称	位　　　置	数　　目
电源接口	车头驾驶室1(每列车)	1
	车头驾驶室2(每列车)	1
数据接口(预留)	车头驾驶室1(每列车)	1
	车头驾驶室2(每列车)	1
广播接口	车头驾驶室1(每列车)	1
	车头驾驶室2(每列车)	1
主设备安装接口	车头驾驶室1(每列车)	1
	车头驾驶室2(每列车)	1
天线安装接口	车顶外部1(每列车)	1
	车顶外部2(每列车)	1

接口1——与车辆电源系统接口。

类型:DC 110 V 单相电源;

用途:车辆给无线通信系统设备供电。

接口2——数据接口(预留)。

类型:待定;

用途:预留。

接口3——与车辆广播系统接口。

类型:音频/数据接口;

用途:控制中心广播控制台通过无线通信系统对列车的广播。

接口4——安装在驾驶室内的车载台主机、操作面板、扬声器、送受话器与车辆的安装接口。

类型:空间;

用途:安装在车头驾驶室内无线通信系统设备。

接口5——安装在车顶的车载台天线与车辆的安装接口。

类型:空间;

用途:安装在车顶的车载台天线。

4.2.2　无线用户编号分组方案

根据地铁运营需要,地铁内所有固定台、调度台、手持台、车载台均需进行号段划分。无线系统终端编号分为全部编号(ISSI)和通话组编号(GSSI),各地铁根据线路、使用部门等情况进行统一编号、编组。

以西安地铁为例,一号线无线系统全部编号(ISSI)均采用5位数字的编号方式,第1位为1,表示一号线,第2位表示类型。通话组编号(GSSI)采用7位数字编号方式,前3位为100,表示一号线,第4位表示类型。为使一号线编号方案中通话组组名区别于二号线组名,便于识别,在一号线编号方案"通话组组名"前加阿拉伯数字"1"。

根据不同的使用部门,会将手持台分为不同的检修组,处于同一检修组内的用户可使用组呼功能对全组人员进行呼叫。车载台具备站管区呼叫功能,完成各站对车载台的呼叫通话。通话组中车头、车尾编入一个通话组中,车载台 ID(ISSI)顺序编号。电客车司机与正线所有车控室固定台、车站手持台通话,由列车司机向行调发起请求,由行调进行派接实现。

4.2.3 无线系统设备故障诊断及处理

(一)手持台编程、故障诊断及处理

无线系统是由多基站的集群系统形成的一个有线、无线相结合的网络,其主要设备由中心控制设备、基站、固定台、车载台、手持台、漏缆及天线等组成。中心控制设备到基站之间采用有线传输系统所提供的通道连接,基站到移动台之间采用无线连接。本系统以车站、车辆段、停车场为小区进行覆盖。

地铁无线通信是地铁内部固定人员(如中心调度员、车站值班员等)与流动人员(如司机、运营人员、流动工作人员等)之间进行高效通信联络的手段。下面以摩托罗拉 MTP850 手持台为例,进行详细介绍。

(1)MTP3150 手持台介绍

1)设备示意图(如图 4-25 所示)

2)MTP3150 手持台面板介绍

与之前使用的 MTP850 相比较,MTP3150 多了 RFID 硬件选项,可用于追踪人员和进行对讲机库存管理。如图 4-26 所示。

图 4-25 手持台示意图   图 4-26 手持台面板介绍图

3）显示屏的图标意义（如图 4-27 所示）

图标	含义	图标	含义
📶	信号强度（TMO）	⬇	收到新消息
📶	直通模式（DMO）下的信号强度	🔇	扬声器关闭
⊦→⊦	直通模式	🔋	电池强度
⊟	主菜单条目/上下文相关菜单	⚠	紧急呼叫
		Z	信道扫描
✉	未读(新)短消息	⟳	列表滚动

图 4-27　显示屏图标示意图

4）手持台 LED 状态指示灯说明（如图 4-28 所示）

LED指示灯

LED	说　明
绿灯保持亮着	正在使用
闪烁的绿灯	在系统覆盖范围内
红灯保持亮着	不在系统覆盖范围内
闪烁的红灯	对讲机在开机时正在连接网络/进入 DMO
闪烁橙色	由呼叫正在呼入
没有指示灯显示	关机

图 4-28　状态指示灯说明图

5）手持台功能

MTP3150 手持台功能有收/发短信息、扫描、组呼、私密呼叫、紧急呼叫、直通模式呼叫（DMO）。

①组呼。用户与自己选择的通话组中的其他成员之间的实时通信。

②私密呼叫。也称为点对点呼叫或个呼，这是一种仅通信双方能听到的一对一通信方式。

③直通模式（DMO）。在 DMO 模式下，手持台可以不经系统网络进行通信，在两个或多个移动台之间直接通信。

退出 DMO 模式：在待机屏幕中，按下"选择键"，选择 TG 文件夹项。

④紧急呼叫。这是一种具有最高排队优先级的组呼。紧急呼叫可被选择立即启动，可抢占正在进行的最低优先级别的呼叫。

发起紧急呼叫，只要长按紧急呼叫按钮3 s，手持台就会发送紧急呼叫报警消息。

按下 PTT 按钮，开始通话。

要退出紧急呼叫模式，按下并按住退出程序键，手持台将切换回初始模式。

⑤扫描。将通话组列入扫描列表，当用户启用扫描列表时，手持台将持续监视选定通话组的活动情况。

⑥短信。手持台主菜单下的短信子菜单，如图4-29所示。

图4-29 主菜单示意图

6）手持台使用注意事项

①严禁擅自更改手持台参数；

②手持台 PTT 按键属于易磨损部件，请按压 PTT 时注意力度适中；

③正常情况下，严禁擅自使用私密呼叫和直通模式（DMO）进行通信，擅自使用造成的后果由使用者承担；

④手持台不能进行长时间电池充电，在确认电池充满的情况下，请及时断开充电器，以确保电池的寿命。

（2）手持台编程

手持台 cps 编程是用来给摩托罗拉的电台进行一些 TETRA 系统的功能编程，包括电台 ID 号码、通话组、频率等一些信息的设置。

1）安装 CPS

按照以下步骤将 CPS 安装到电脑硬盘中：

①请退出所有 Windows 应用程序，以确保安装能够顺利进行。

②从电脑中找到 cps 的安装包。从屏幕中选择"setup"文件，双击（安装 CPS）。

③安装程序会运行 InstallShield 安装向导，指导完成安装过程。如果电脑中已经安装了某个版本的 CPS，屏幕信息会提示是否要删除/升级。如果不再需要此版本的 CPS，建议将其删除。保存在 CPS 路径下的任何文件都不会在删除软件的过程中被删除。如果选择升级，CPS 会自动在以前的路径下安装。

④当屏幕中出现欢迎画面时，阅读说明并按"Next"（下一步）。

⑤完整阅读软件授权协议（"Agreement"）。选择页面底部的"I Accept"（接受）按钮，表示接受此协议，然后就可以安装此软件。

⑥在 Choose Destination Location（选择目标位置）画面中，单击"Next"（下一步）安装 CPS 到默认位置。要选择其他的安装路径，请单击"Browse"（浏览）按钮。

⑦选择 Windows Start（启动）菜单中描述 CPS 的程序文件夹名称，单击"Next"（下一步）。

⑧此时屏幕提示创建 CPS 的桌面快捷方式，单击"Yes"（是）创建快捷方式，选择快捷方式的名称。

⑨单击"Next"（下一步）开始安装。

⑩安装完成后，可以选择阅读 readme. txt 文件，然后单击"Finish"退出安装。

2）启动 CPS

①从 Windows 启动菜单中启动 CPS，或者双击 CPS 的桌面快捷方式。

②此时出现如图 4-30 所示登录对话框。选择用户，我们选择的用户级别为 Administrator，密码默认为 admin。

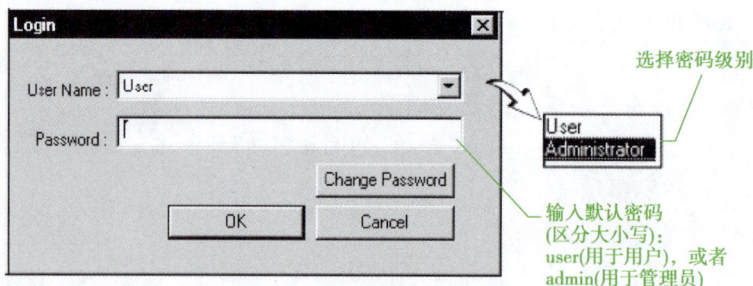

选择密码级别

输入默认密码
（区分大小写）：
user(用于用户)，或者
admin(用于管理员)

图 4-30　登录界面示意图

③按"OK"。要修改密码，单击"Change Password"（修改密码）。选择密码级别［"User"（用户）或"Administrator"（管理员）］。输入旧密码，之后输入新密码，然后确认新密码。如果密码成功修改，它将被保存在记录中，默认的密码将失效。

④CPS 安装后，选择"Help/About CPS…"（帮助/关于 CPS…）检查 CPS 版本号、编程级别和摩托罗拉 CPS 组件编号。单击"Details…"可获得以下详细信息：数据库版本、支持的型号、当前码片版本、当前软件版本、对讲机型号和机型。

⑤在 Tools 菜单下，选择"Options"，将操作语言更改为简体中文。

3）硬件连接

按照以下步骤连接手持台和计算机：

①确保对讲机已关机。

②如下所示连接好编程电缆。

③取出并重新装回终端电池。如果使用没有开关的编程电缆，则同时按下"1""9"和"开机"按钮。这样将自动与对讲机之间建立通信。

④在计算机上运行客户编程软件（CPS）。对讲机和 PC 机（或兼容的计算机）之间的编程电缆接口运行 TETRA CPS。

⑤选择工具—选项。根据编程电缆所使用的连接，修改通信设置。

⑥开始执行所要的 CPS 操作。例如，选择文件—读取电话，终端将自动开机，屏幕保持不亮。在完成通信设置初始化之后，对讲机屏幕将显示通信参数。

⑦按计算机的说明进行操作。

4）使用 CPS 配置手持台

①完成硬件连接后，点击编程软件工具栏的"Read Phone 📞"按钮读取手持台配置信息，显示画面如图 4-31 所示。

正确读取车台信息时，读取信息进度条将会显示当前读取数据的完成情况。

读取成功后，您将看到的画面如图 4-32 所示。

②在左侧的树状图里面点击"📄 Subscriber Unit Parameters"，根据手持台编号方案，在图 4-33 所示界面中写入 Radio ISSI 号码与手持台私密号码，ISSI 号码与手持台私密号码一致。

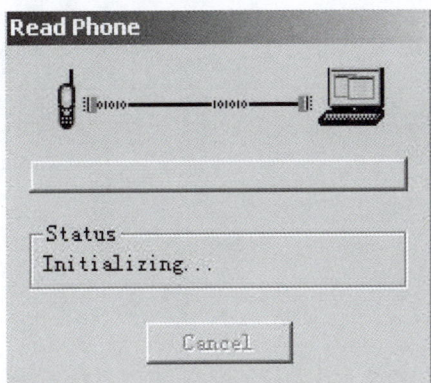

图 4-31 读取手持台配置信息

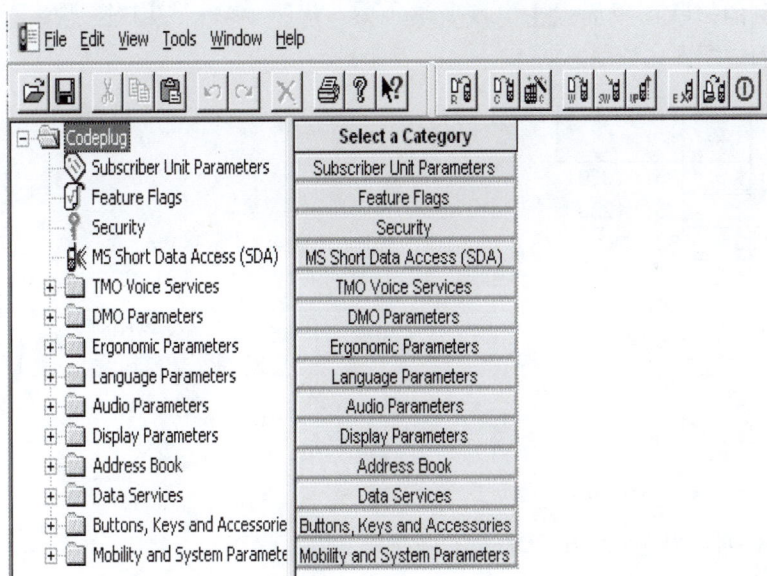

图 4-32 读取数据

| 14 | Radio ISSI | 1112 | Reset |

图 4-33 写入密码

在左侧的树状图里面点击"⬛Address Book——⬛TMO——📱 TMO Talkgroup List",根据手持台编号方案,在图 4-34 所示界面中"name"栏输入组名,在 ID 栏输入组 ID,"Status"栏选择"Programme"。如果该组为通播组,勾上"Announce Group"栏里面的选择框,然后在"Associated Announce Group"栏选择和这个通话组相关的通播组,在"Group Priority"栏设置组的优先级。

③在左侧的树状图里面按顺序选择下列配置选项,"⬛Mobility and System Parameters——⬛Frequency List——Σ Frequency List2"在图 4-35 所示界面中配置系统所用频率,这个频率为下行频率。

手持台 6 对频率分别为 820.9125/865.9125、820.6625/865.6625、820.8625/865.8625、820.6125/865.6125、820.8125/865.8125、820.5625/865.5625。

	Name	ID	Status	Range List	Announce Group	Start Announce Call	Associated Announce Group	Group Priority
1	TEST1	1002006	Programme	1: Range	☐	☐	2: BTCZAG : Range 1	Medium
2	TEST2	1002000	Programme	1: Range	☑	☐		High
3		0	Not progra	1: Range	☐	☐		
4		0	Not progra	1: Range	☐	☐		
5		0	Not progra	1: Range	☐	☐		

图 4-34　设置组及其优先级

频率列表 3,扫描的第一频率 851.0125,频率数量 400,扫描 851.0125 以上频率,扫描数量 400。

频率列表 4,扫描的第一频率 861.0125,频率数量 200,扫描 861.0125 以上频率,扫描数量 200。

④在左侧的树状图里面点击" Mobility and System Parameters —— Address Extension "在图 4-36 所示界面中配置区域信息。

	Frequency (MHz)
1	851.01250
2	853.01250
3	862.88750
4	864.38750
5	864.88750
6	861.88750
7	
8	
9	

图 4-35　配置系统所用频率

	Country Code	Network Code	Alias
1	86	138	
2	0	0	
3	0	0	

图 4-36　配置区域信息

手持台区域信息配置为国家码:460,网络码:29。

⑤全部信息编写完毕后,点击"write phone 🖭"按钮,将信息写入手持台。当软件弹出图 4-37 所示对话框时,点击" 否(N) "按钮。

Tetra Carrier CPS

⚠ Do you want to protect the codeplug with password?

是(Y)　　否(N)

图 4-37　信息写入手持台

图 4-38 显示为正在向手持台写入信息。

⑥当弹出图 4-39 所示对话框时,点击" 确定 "按钮,编程结束。

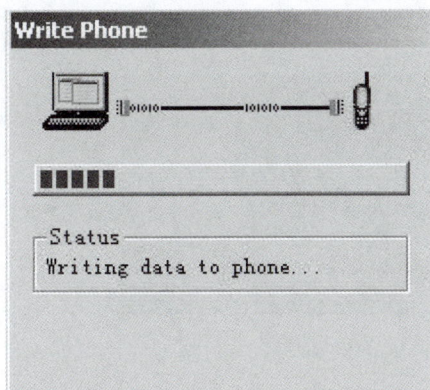

图 4-38　正在向手持台写入信息　　　　　　图 4-39　编程结束

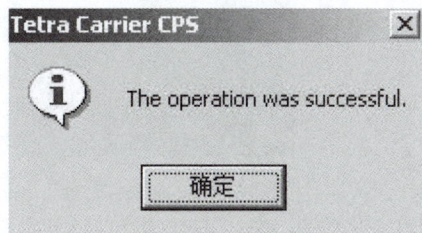

⑦单击 CPS 软件工具栏上的"Turn Radio off ⊙"按钮关闭手持台。

⑧可另存一模板,每次调用模板,点击复制电话,读取电话,ISSI 不会变,需重新设置。

注:

对于手持台的其他设置选项,请尽量保持出厂设置。

如果您对某选项有什么疑问,可以鼠标悬浮到该选项上,然后按"F1"查看关于这个选项的详细帮助文件。

在点击"Read Phone ▦"按钮和"write phone ▦"按钮时需要谨慎操作,不要点击"▦ ▦ ▦"这 4 个按钮中的任何一个按钮。

（3）手持台故障处理

以摩托罗拉 MTP3150 为例,手持台故障处理如表 4-6 所示。

表 4-6　MTP3150 手持台故障处理方法

故障类型	故障现象	处理方法
无线手持台故障	1.无法开机或显示屏无显示	对手持台进行充电或更换电池
	2.无法充电	更换手持台电池或更换手持台充电器
	3.手持台显示屏无信号强度指示或信号显示很少	检查手持台天线连接是否紧固,天线是否有损伤
	4.手持台声音较小	检查"扬声器"是否开启
	5.手持台无法转组	检查转组后是否按"选择"键
	6.无法取消紧急呼叫	长时间按"取消"键

（二）固定台编程、故障诊断及处理

无线系统是由多基站的集群系统形成的一个有线、无线相结合的网络,其主要设备由中心控制设备、基站、固定台、车载台、手持台、漏缆及天线等组成。下面以西安地铁 2 号线固定台为例,进行详细介绍。

（1）固定台介绍

1）固定台的组成

a.前面板,如图 4-40、表 4-7 所示。

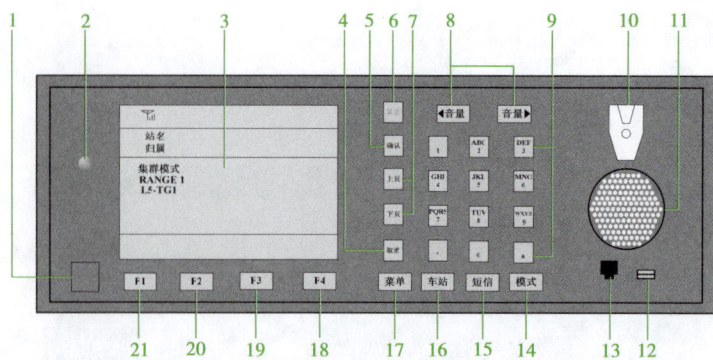

图 4-40　固定台前面板

表 4-7　固定台前面板的描述

号　码	描　述
1	电源开关
2	LED 指示灯,指示固定台的当前工作状态
3	液晶显示屏,整个显示屏分为 4 个显示区,从上到下依次为图标区、固定(车站信息)信息显示区、主显示区和提示信息显示区
4	取消键
5	确认键
6	紧急键:长按使固定台进入紧急模式
7	上页键、下页键:用于在当前操作下滚动
8	音量调节键
9	数字键盘,包括数字键、字母键、*键和#键
10	麦克风挂架
11	扬声器
12	数据导出口,用于导出录音文件
13	麦克风插口
14	菜单键:按该键可以进入菜单选项,在菜单选项界面按该键可以在菜单选项之间滚动
15	车站键:使用这个键可以发送站管区呼叫请求给中心
16	短消息按键:按该键可以进入文本消息操作界面,可以对文本消息进行编辑、浏览、删除、发送等操作
17	工作模式切换键:按该键固定台将在组呼模式、私密模式、电话模式和 PABX 模式之间切换
18	可配置功能键,用于实现扩展功能

b. 指示灯

指示灯颜色及其代表的含义如表 4-8 所示。

表 4-8　指示灯颜色及其代表的含义

指示灯	状　态
绿色长亮	正在使用
绿色闪烁	在系统覆盖区内
红色长亮	不在系统覆盖区内
黄色长亮	禁止传输 TXI 状态
黄色闪烁	有呼叫正在呼入
不亮	关机状态

c. 显示屏

显示屏如图 4-41 所示。

图 4-41　显示屏

固定台显示屏为固定台最主要的人机接口,可以按显示信息的种类分成 4 个显示区:图标区,主要显示指示固定台状态的各种图标。固定信息显示区,显示本机所属的调度和车站名。主显示区,显示固定台当前工作组和各种功能菜单。提示信息显示区,显示各种提示信息。

d. 图标

在打开固定台之后,在显示屏的上方(图标显示区)将显示出各种图标,用以指示如表4-9 所示的情形。

表 4-9　显示屏图标、显示区图标及其指示的情形

图　标	描　述
	集群模式固定台信号强度指示图标,天线符号图标闪烁,表示固定台工作在单站集群模式或者不在服务区
	直通模式固定台信号强度指示图标
	扫描图标,显示该图标表示扫描功能已打开
	直通模式图标,显示该图标表示固定台当前工作在直通(DMO)模式

图 标	描 述
Y	直通模式网关图标,显示这个图标表示固定台正工作在有网关的 DMO 模式,如果该图标闪烁表示固定台正在与网关同步
▭	短消息图标,当收到一条新的短消息或者有未读信息时,该图标将显示
⚠	紧急模式图标,当固定台进入紧急模式时,将显示该图标
🖥	外接设备图标,当有外界设备(例如笔记本电脑)连接到固定台时显示该图标

e. 位置信息

在图标显示区的下面是位置信息显示区,在该区显示的信息如表 4-10 所示。

表 4-10　位置信息显示区显示信息

图 标	描 述
站名	显示固定台所在站
归属	显示固定台的调度归属

2)使用

①开\关机

a. 开机

开机画面如图 4-42 所示。

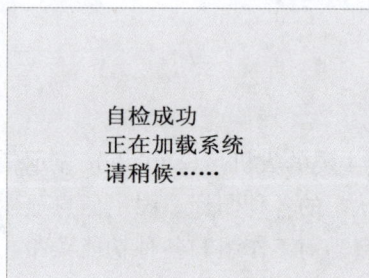

自检成功
正在加载系统
请稍候……

图 4-42　开机画面

按一下前面板上的电源开/关按钮,固定台将执行开机自检和系统登录。成功登录之后,固定台将进入工作状态。如果固定台注册失败,在提示信息显示区将显示固定台开机失败。

b. 关机

如果固定台当前处于开机状态,按一下固定台前面板上的电源开关,固定台将在 3 s 后关闭,如果期间再按下电源开关,关机操作将取消。

②呼叫

a. 组呼(集群模式)

TMO 组呼:组呼是在选定的通话组里,和同一通话组的其他人员之间的一种即时通信。一个通话组就是预先设定好的一组用户,他们可以参与或请求发起一个组呼。

发起一个 TMO 组呼:如果当前模式不是组呼模式,按下"模式"键直到转到组呼模式停止。

如果当前组就是所需的通话组,按住"PTT",等听到通话允许音后(如有设置)再对麦克风讲话即可,松开 PTT 接听。

如果想呼叫的通话组与屏幕所示的通话组不同,按"上页"或"下页"键在通话组之间滚动,当出现需要的通话组时,按"确认"把该通话组设置成当前通话组。

接收一个 TMO 组呼:当接收到组呼时,除非是正在进行一个呼叫,不然固定电台就会自动切换到组呼模式接收该呼叫。

要应答该呼叫,按住"PTT"。

接收一个 TMO 广播呼叫:广播呼叫是一个由调度员发给所有对讲机用户的高优先级组呼。对讲机被配置为监听广播呼叫,但是用户不能对讲。如果该组呼的优先级是相等(或较低),广播呼叫会抢占一个正在进行中的组呼。

b. 私密呼叫

私密模式呼叫是发生在两个个人用户之间的呼叫通信,别的对讲机听不到他们的对话。

发起私密模式呼叫:要进入私密模式,按模式键直到"私密模式"显示在屏幕上。

通过键盘输入要呼叫的私密号码或者通过"翻页"键选取。

按下"PTT"后再松开,将听到振铃声,等待被叫方应答呼叫。这时一个半双工私密呼叫将被建立。如果输入号码后按"确认"键,将建立一个全双工的私密呼叫。

按住"PTT",等待通话允许音(如有设置)然后讲话,释放 PTT 接听。全双工私密呼叫等到通话许可音不需要按"PTT"即可讲话。

按"取消"键结束通话。如果被叫方结束了通话,"呼叫结束"信息将被显示。

接收私密模式呼叫:接收到私密呼叫后,固定台将自动切换至私密模式。显示屏上将显示主叫方的身份码。

按"PTT"应答呼入的呼叫。

要结束呼叫,按"取消"键,显示屏将自动返回呼叫呼入前的模式。

c. 固定台菜单功能说明

短信息,如图 4-43 所示。

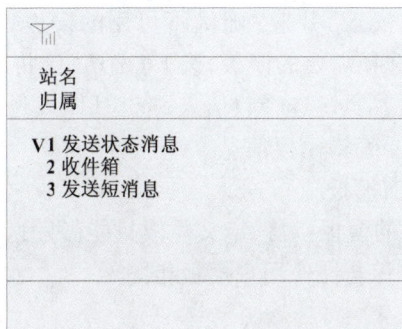

站名
归属

V1 发送状态消息
  2 收件箱
  3 发送短消息

图 4-43　短信息

信息功能能够发送状态信息(状态信息是一个通话组成员共知的、事先设定了具体内容的代码)、短文本信息(任何文本、用户定义文本或预先定义模板的文本)和接收文本信息。文本信息最长可达 140 个字符。

进入短信息子菜单:按"菜单"键进入选取"1 短消息"按"确认"进入短信息子菜单。

该子菜单能够发送状态信息、查看文本信息和发送文本信息。滚动屏幕到相应的选项,然后按"确认"可以进到下一层的子菜单。

发送状态信息:进入发送状态消息菜单,按"菜单"键→选"1 短消息"→"确认"→"1 发送状态消息"→"PTT",发送状态信息。进入"发送状态信息"后,将显示一个选取状态信息的画面,通过"翻页"键选取要发送的状态消息,按"确认"键,将会出现一个选择发送对象的画面,可以通过"翻页"键选择要发送的对象,按"PTT"键发送。

收件箱:进入收件箱,按"菜单"键→选"1 短信息"→按"确认"→选"2 收件箱"→"确认"。收件箱内有新收到的和以往收到的文本信息。收件箱列表最多可以容纳 20 条信息。

新信息:当接收到一条新的短消息时,显示屏将显示刚收到的信息的号码、状态、发信人,并显示文本信息的第一行,并且图标显示区将显示信息图标。此时可以按"翻页"键迅速浏览文本信息,也可以通过"确认"键浏览全部信息。阅读过的信息被保留在收件箱中,也可以进入收件箱查看新信息。

进入收件箱,通过"翻页"键选取想进行操作的文本,按"确认"键,可以对该文本信息进行读、存储、删除和转发操作。

发送短信息:进入发送短消息,按"菜单"键→选"1 短消息"→按"确认"→选"3 发送短消息"→"确认"。此功能可以发送新的信息,可以按照用户自定义的模板发送信息,或按照预定义的模板发送信息。

编辑、存储和发送一条新信息:进入发件箱,选择"新信息"并按"确认",将打开一个空白的屏幕,可以利用键盘使用全拼输入法编辑信息,编辑完成,按"确认"键,这时将出现两个选项:1. 发送,2. 存储。通过"翻页"键选择需要的操作,按"确认"键。如果选择的发送操作,可以通过上下翻页键或者直接输入号码的方式输入收信人地址,再次按下"PTT"键发送。

发送、编辑和删除一个用户定义的模板:用户定义的邮件模板是指存储在模板列表中的收件信息、新建信息、已发送信息或已编程信息,可以直接用来编辑发送。

进入发件箱,选择"用户模板"并按"确认",可用的模板列表将被显示,可以通过"翻页"键在模板列表里面滚动选择需要的模板,按下"确认"键将看到下列选项:

发送,按"确认"键,通过翻页键选择收信人,按"PTT"发送。

编辑,按"确认"根据需要编辑模板信息。

删除,按"确认"删除当前模板。

发送及编辑一个预定义的模板:对预定义模板只能做发送及编辑(不改变预定义模板的原始内容)操作,其操作过程与操作用户模板相同。

d. 保密

如图 4-44 所示。

按"菜单"键→选"保密"→按"确认"。

键盘锁定：进入"3 保密"子菜单后，选择"1 锁键盘"选项后，按"确认"键，固定台的键盘将被锁定。

按"菜单"→"数字键3"→"数字键1"打开键盘锁。

（2）固定台故障处理

以西安地铁 2 号线固定台为例，固定台故障处理如表 4-10 所示。

图 4-44　进入保密子菜单

表 4-10　固定台故障处理方法

故障类型	故障现象	处理方法
固定台及其附属设备故障	1. 无法开机或显示屏无显示	检查固定台电源接口是否松动
	2. 电台显示屏无信号强度指示或信号显示很少	检查固定台背面接入馈线接口是否松动，可进行重启操作
	3. 电台显示进入单站集群模式	通过有线调度或内线电话与调度进行通信，迅速报告维调或无线值班人员并详细准确描述故障现象
	4. 应急备用措施	当固定台瘫痪无法使用时，客运人员可使用备用手持台进行应急通信
	5. 固定台无法使用	更换固定台备件

（三）车载台编程、故障诊断及处理

（1）车载台介绍

1）车载台概述

①控制盒前面板简介

如图 4-45、表 4-11 所示。

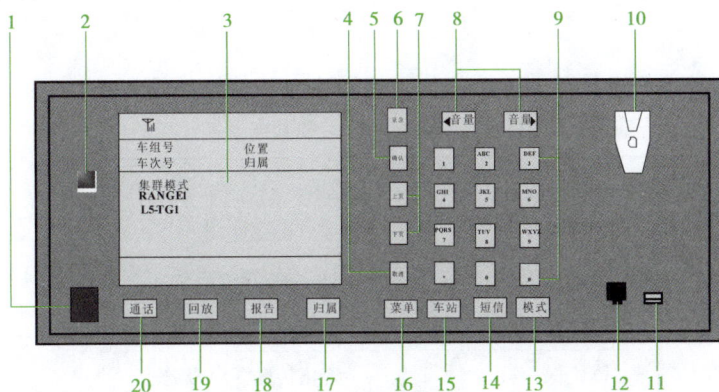

图 4-45　控制盒前面板

表 4-11　控制盒前面板描述

号　码	描　　述
1	电源开关
2	LED 指示灯,指示车载台的当前工作状态
3	液晶显示屏,整个显示屏分为 4 个显示区,从上到下依次为图标区、固定(列车信息)信息显示区、主显示区和提示信息显示区
4	取消键
5	确认键
6	紧急键:长按使车载台进入紧急模式
7	上页键、下页键:用于在当前操作界面滚动
8	音量调节键
9	数字键盘:数字键、字母键、* 键和#键
10	麦克风挂架
11	数据导出口,用于导出录音文件
12	麦克风插口
13	工作模式切换键:按该键车载台将在组呼模式、私密模式、电话模式和 PABX 模式之间切换
14	短信键:按该键可以浏览收件箱
15	车站键:使用这个键可以发起呼叫当前站请求
16	菜单键:按该键可以进入菜单选项,在菜单选项界面按该键可以在菜单选项之间滚动
17	归属键:用于请求转到相应的调度归属
18	报告键:用于报告列车当前状态,可选状态包括信号故障和列车故障
19	回放键:用于快速回放最近一次录音
20	通话键:用于发送通话请求给调度

②指示灯

表 4-12 列出了车载台指示灯的各种颜色和状态及其代表的含义。

表 4-12　车载台指示灯各种颜色和状态及其代表的含义

指示灯	状　态
绿色保持亮着	正在使用
绿色闪烁	在系统覆盖区内
红色保持亮着	不在系统覆盖区内
黄色保持亮着	禁止传输 TXI 状态
黄色闪烁	有呼叫正在呼入
不亮	关机状态

③显示屏

如图 4-46 所示。

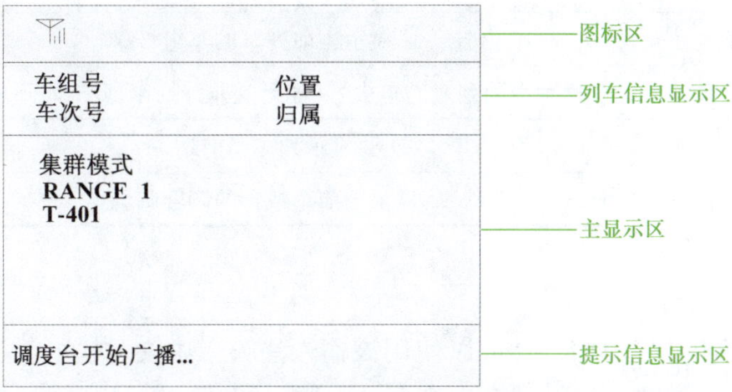

图标区
列车信息显示区
主显示区
提示信息显示区

图 4-46　车载台显示屏

车载台显示屏为车载台最主要的人机接口,可以按显示信息的种类分成 4 个显示区:图标区,主要显示指示车载台状态的各种图标。列车位置信息显示,显示当前位置信息。主显示区,显示车载台当前工作组和各种功能菜单。提示信息显示区,显示各种提示信息。

④图标

打开车载台之后,在显示屏的上方(图标显示区)将显示出各种图标,用以指示如表4-13 所示的情形。

表 4-13　图标显示区显示图标及其含义

图　标	描　述
	集群模式车载台信号强度指示图标,天线符号图标闪烁,表示车载台工作在单站集群模式或者不在服务区
	直通模式车载台信号强度指示图标
	扫描图标,显示该图标表示扫描功能已打开
	直通模式图标,显示该图标表示车载台当前工作在直通(DMO)模式
	直通模式网关图标,显示这个图标表示车载台正工作在有网关的 DMO 模式,如果该图标闪烁表示车载台正在与网关同步
	短消息图标,当收到一条新的短消息或者有未读信息时,将显示该图标
	紧急模式图标,当车载台进入紧急模式时,将显示该图标
	外接设备图标,当有外接设备(例如笔记本电脑)连接到车载台时显示该图标

⑤位置信息

在图标显示区的下面是列车信息显示区,在该区显示的信息如表 4-14 所示。

表 4-14 列车信息显示区显示的信息

图　标	描　述
车组号	显示当前列车的车组号
车次号	显示当前列车的车次号（如果是非计划车，此时将不显示）
位置	显示列车当前站
归属	显示当前车载台的调度归属

⑥输入法

车载台使用智能拼音输入法，可以使用该输入法输入中文、英文、数字和包括标点符号在内的特殊符号。按"＊"号键在中文、英文、数字和特殊符号之间切换，按"#"号键进行数字、字母、符号大小写切换。可以通过输入法状态提示图标判断当前处于什么输入状态，例如当前显示【全拼】，表示正处于输入中文状态。

2）使用

①开\关机

a.开机

如图 4-47 所示。

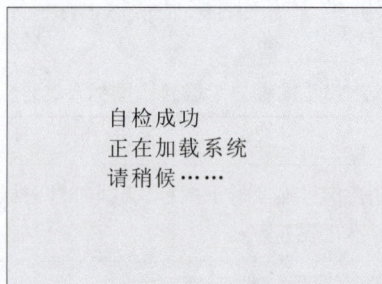

自检成功
正在加载系统
请稍候……

图 4-47 开机

按一下前面板上的电源开/关按钮，车载台将执行开机自检和系统登录。成功登录之后，车载台将进入工作状态。如果车载台注册失败，在提示信息显示区将显示车载台开机失败。

b.关机

如果车载台当前处于开机状态，按一下车载台前面板上的电源开关，车载台将在 3 s 后关闭。如果此期间再按下电源开关，关机操作将取消。

②呼叫

a.组呼（集群模式）

TMO 组呼：组呼是在选定的通话组里，和同一通话组的其他人员之间的一种即时通信。一个通话组就是预先设定好的一组用户，他们可以参与或请求发起一个组呼。

发起一个 TMO 组呼：如果当前模式不是组呼模式，按下"模式"键直到转到组呼模式停止。

如果当前组就是所需的通话组，按住 PTT。等听到通话允许音后（如有设置）再对麦克风讲话即可。松开 PTT 接听。

如果想呼叫的通话组与屏幕所示的通话组不同,按"上页"或"下页"键在通话组之间滚动,当出现需要的通话组时,按确认把该通话组设置成当前通话组。

接收一个 TMO 组呼:当接收到组呼时,除非是正在进行一个呼叫,不然车载台就会自动切换到组呼模式接收该呼叫。

要应答该呼叫,按住 PTT。

接收一个 TMO 广播呼叫:广播呼叫是一个由调度员发给所有对讲机用户的高优先级组呼。对讲机被配置为监听广播呼叫,但是用户不能对讲。如果该组呼的优先级是相等(或较低),广播呼叫会抢占一个正在进行中的组呼。

b. 私密呼叫

私密模式呼叫是发生在两个个人用户之间的呼叫通信,别的对讲机听不到他们的对话。

发起私密模式呼叫:要进入私密模式,按模式键直到"私密模式"显示在屏幕上。

通过键盘输入要呼叫的私密号码或者通过"翻页"键选取。

按下 PTT 后再松开,将听到振铃声,等待被叫方应答呼叫。这时一个半双工私密呼叫将被建立。如果输入号码后按"确认"键,将建立一个全双工的私密呼叫。

按住 PTT,等待通话允许音(如有设置)然后讲话,释放 PTT 接听。全双工私密呼叫等到通话许可音不需要按 PTT 即可讲话。

按"取消"键结束通话。如果被叫方结束了通话,"呼叫结束"信息将被显示。

接收私密模式呼叫:接收到私密呼叫后,车载台将自动切换至私密模式。显示屏上将显示主叫方的身份码。按 PTT 应答呼入的呼叫。

要结束呼叫,按"取消"键,显示屏将自动返回呼叫呼入前的模式。

c. 短信息

如图 4-48 所示。

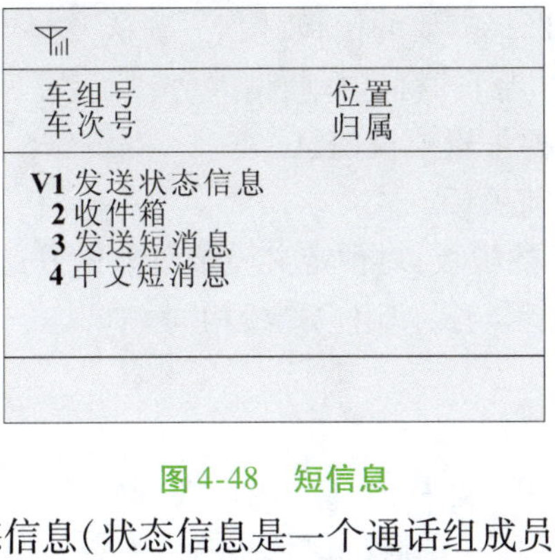

图 4-48　短信息

信息功能能够发送状态信息(状态信息是一个通话组成员共知的、事先设定了具体内容的代码)、短文本信息(任何文本或用户定义文本或预先定义模板的文本)和接收文本信息。文本信息最长可达 138 个字符(如果所有的字符都是英语)或 69 个字符(如果至少有一个字符是中文)。

进入短信息子菜单:按"菜单"键进入选取"1 短消息"按"确认"进入短信息子菜单。

该子菜单能够发送状态信息、查看文本信息和发送文本信息。滚动屏幕到相应的选项,然后按"确认"可以进入该子菜单。

发送状态信息:进入发送状态消息菜单,按"菜单"键→选"1 短消息"→"确认"→"1 发送状态消息"→"确认"发送状态信息进入"发送状态信息"后,将显示一个选取状态信息的画面,通过"翻页"键选取要发送的状态消息,按"确认"键,将会出现一个选择发送对象的画面,可以通过"翻页"键选择要发送的对象,按"PTT"键发送。

收件箱:进入收件箱,按"菜单"键→选"1 短信息"→按"确认"→选"2 收件箱"→"确认"。

收件箱内有新收到的和以往收到的文本信息。收件箱列表最多可以容纳 20 条信息。

新信息:当接收到一条新的短消息时,显示屏将显示刚收到的信息的号码、状态、发信人,并显示文本信息的第一行,并且图标显示区将显示信息图标。此时可以按"翻页"键迅速浏览文本信息,也可以通过"确认"键浏览全部信息。阅读过的信息被保留在收件箱中,也可以进入收件箱查看新信息。

进入收件箱,通过"翻页"键选取想进行操作的文本,按"确认"键,可以对该文本信息进行读、存储、删除和转发操作。

发送短信息:进入发送短消息,按"菜单"键→选"1 短消息"→按"确认"→选"3 发送短消息"→"PTT"。此功能可以发送新的信息,可以按照用户自定义的模板发送信息,或按照预定义的模板发送信息。

编辑、存储和发送一条新信息:进入发件箱,选择"新信息"并按"确认",将打开一个空白的屏幕,可以利用键盘输入来编辑信息。编辑完成,按"确认"键,这时将出现两个选项:1. 发送、2. 存储。通过"翻页"键选择需要的操作,按"确认"键。如果选择发送操作,可以通过上下翻页键或者直接输入号码的方式输入收信人地址,再次按下"PTT"键发送。

发送、编辑和删除一个用户定义的模板:用户定义的邮件模板是指存储在模板列表中的收件信息、新建信息、已发送信息或已编程信息,可以直接用来编辑发送。

进入发件箱,选择"用户模板"并按"确认",可用的模板列表将被显示,可以通过"翻页"键在模板列表里面滚动选择需要的模板,按下"确认"键将看到下列选项:

发送,按"PTT"键,通过"翻页"键选择收信人,按"确认"发送。

编辑,按"确认"根据需要编辑模板信息。

删除,按"确认"删除当前模板。

发送及编辑一个预定义的模板:对预定义模板只能做发送及编辑(不改变预定义模板的原始内容)操作,其操作过程与操作用户模板相同。

d. 保密

如图 4-49 所示。

进入保密子菜单:按"菜单"键→选"保密"→按"确认"。

键盘锁定:进入"3 保密"子菜单后,选择"1 键盘锁定"选项后,按"确认"键,车载台的键盘将被锁定。

按"菜单"→"数字键 3"→"数字键 1"打开键盘锁。

e. 调度归属

如图 4-50 所示。

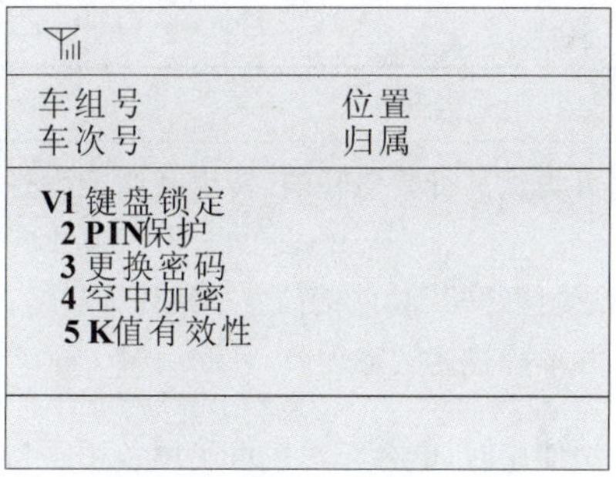

图 4-49　保密

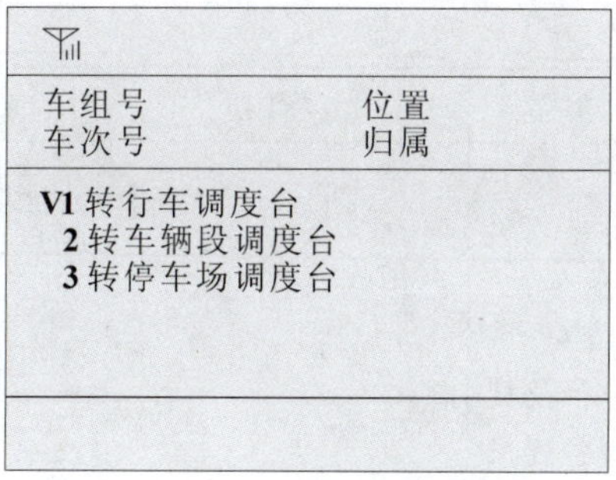

图 4-50　调度归属

按"菜单"键,选"10 调度归属"选项,按"确认"键进入调度归属子菜单,通过"翻页"键选择想要转到的调度台,按下"确认"键,转换到相应调度台的请求将发送给中心。可以选择的调度归属包括:转行车调度台、转车辆段调度台、转停车场调度台。

f. 呼叫模式菜单

如图 4-51 所示。

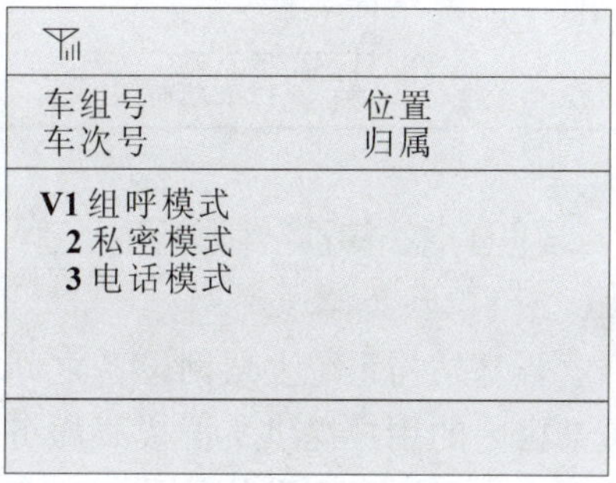

按"菜单"键,选"11 呼叫模式"选项,按"确认"键进入呼叫模式子菜单,通过"翻页"键和"确认"键选

图 4-51　呼叫模式菜单

择需要的呼叫模式。呼叫模式选项包括组呼模式、私密模式、电话模式。电话模式还包含一个子菜单,这个子菜单包括电话模式和 PABX 模式。

注:要发起不同的呼叫,需要先转到相应的呼叫模式下。

(2)车载台故障处理

以西安地铁二号线车载台为例,车载台故障处理如表 4-15 所示。

表 4-15　车载台故障处理方法

故障类型	故障现象	处理方法
车载电台及其附属设备故障	车载台在开机后或运行过程中无信号	①在运用库内出车时出现开机后无信号现象,可对车载台控制盒电源进行重启操作或重启后等待 3 min,信号可恢复;②在区间运行过程中出现无信号现象可对车载台控制盒电源进行重启操作,若仍无法恢复功能,电客车司机可使用备用手持台与行调进行通信并在第一时间向行调汇报,使行调确认通信方式
	控制盒显示正常,能正常收听呼叫但无法发起呼叫	检查车载电台 PTT 接头是否松动
	无法取消紧急呼叫	长时间按"取消"键
	无法开机或车载台控制盒黑屏	可使用备用手持台进行无线通信,不影响行车,同时上报相关人员,通知无线专业人员进行处理

续表

故障类型	故障现象	处理方法
车载电台及其附属设备故障	其他故障	①如遇紧急情况可尝试进行紧急呼叫、转组呼叫或发送状态信息； ②必要时使用"站管区呼叫"功能请前方车站代为联络； ③迅速报告行调并准确描述故障现象
	应急备用措施	当车载台故障无法使用时，电客车司机可使用备用手持台与行车调度进行通信，实现调度指挥功能，电客车可继续营运，不影响行车，无须下线
	车载台无法使用	更换车载台备件

(四)单站集群故障处理

(1)单站集群原理

当基站与系统上层网设备之间的链路中断时，基站会进入单站集群状态并继续为其覆盖区内的用户提供集群模式服务。基站会向用户机广播其即将进入单站集群模式，用户机会试图注册到其他相邻未进入单站集群的基站。对于那些没有可选基站的用户机，单站集群仍然可以提供非常全面的服务。

单站集群的特征：当与节点控制器（ZC）的通信出现故障时，无线收发信机仍能作为独立的 TETRA 集群模式而正常工作，而且编组没有任何变化。

当基站进入单站集群时，它将终止所有正在进行的呼叫，然后定期向用户机播报不再支持漫游（即它是一个独立的基站）。当在单站集群模式时，基站将支持下列服务：注册和组加入、组呼、紧急呼叫、呼叫排队、排队优先权、新近用户优先、迟后加入、通话方识别。

其他厂商的基站采用类似 GSM 基站的工作方式，其控制器的功能很弱，仅提供转发交换控制中心指令的作用。当基站失去"交换控制中心（MSO）"的指挥时，基站通知其覆盖范围内的无线用户机进入"信道转发"的方式工作，无线用户机通过基站提供的 3 个话音信道以开放信道的方式互通，多个不同的工作小组混在一个信道上通话，如图 4-52 所示。

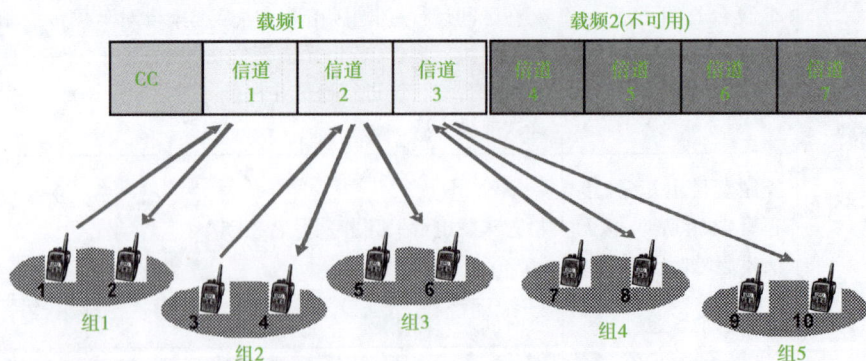

图 4-52　其他厂商的"信道转发"方式

与功能很弱的"信道转发"方式不同，由智能的"基站控制器"提供的"单站集群"功能使无线用户机不需要针对单站集群设置专用的通话组,或者进入一种专门的工作模式,因此当收到基站进入单站集群的通知时,除了无线用户机的显示屏上用图标标明的单站集群状态之外,其工作模式、可以使用的通话组数量均与正常工作模式完全相同,同时基站仍然可以接收新用户的注册。举例来说,如果某无线用户机平时使用 10 个通话组,这 10 个通话组分别对应 10 个通话组旋钮位置,通过将通话组旋钮旋转到不同的位置,无线用户机可以加入不同的通话组。进入单站集群基站后,天线图标会不停地闪烁,表明当前基站为单站集群状态,通过旋钮的选择,此无线用户机仍然与其原有的 10 个通话组进行通话。同时,此基站下所有信道的使用方式仍然与广区状态下一样。根据西安地铁一号线一期工程的配置,可以支持 7 个通话组同时通话。如图 4-53 所示。

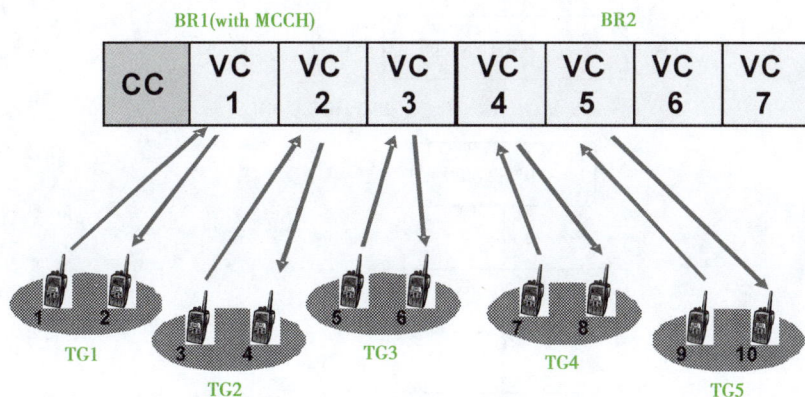

图 4-53　摩托罗拉的"单站集群"功能

（2）单站集群故障分析与处理

无线基站单站集群的故障原因为无线基站与控制中心 MSO 物理链路中断。

无线基站与控制中心物理链路如图 4-54 所示。

无线基站单站集群故障处理步骤如下:

①在单站集群本站检查无线基站至传输 DDF 配线架上 2 M 线缆及 BNC 接头是否有短路或断路情况,接头是否完好,是否有虚焊虚接及连接不良情况。

②在控制中心检查传输 DDF 配线架至无线 RAD 线缆转换器及无线 MSO 交换机之间连接线缆是否有短路断路,接头是否完好,是否有虚焊虚接及连接不良情况。

③由传输维护人员配合检查从单站集群车站至控制中心传输通路是否正常。检查出故障点及时对物理链路、连接接头进行修复。

④故障处理结束后进行呼叫测试,并由网管人员查看基站告警是否恢复。

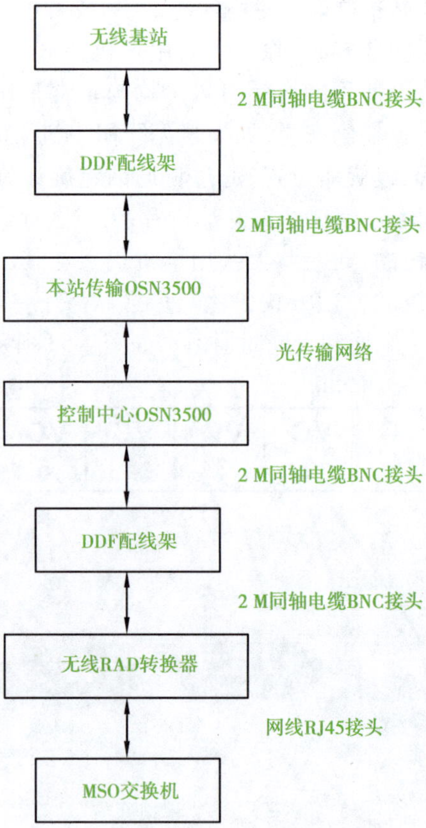

图 4-54　无线基站与控制中心物理链路

任务 4.3　交换系统

4.3.1　交换系统板卡功能及接口知识

(一)公务交换机

(1)公务交换机公控部分机框图

如图 4-55 所示。

(2)公务交换机公控部分板卡功能

如表 4-16 所示。

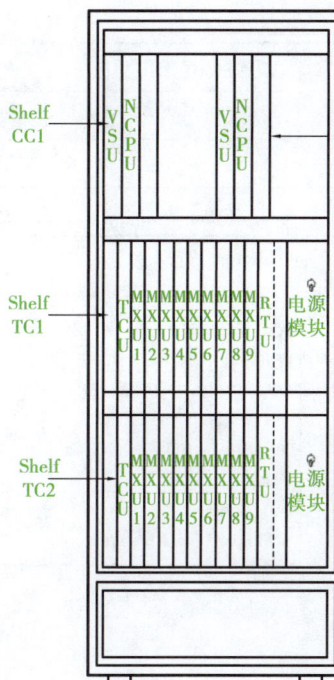

图 4-55　公务交换机公控部分机框

表 4-16　公务交换机公控部分板卡功能

序号	板件代号	板件名称	板卡功能
1	NCPU	中央处理器单元	负责呼叫控制、呼叫跟踪及数据库管理
2	VSU	VME 总线服务单元	控制 VME 总线并提供 CPU 和电话控制设备间的接口
3	MXU	时隙交换板	执行 PCM 交换、端口扫描及监视 PTU 与多功能外围机架数据链路间的通信等功能
4	TCU	语音及会议单元	具有执行 PCM 交换、会议控制及产生语音等功能
5	BTU	基本定时单元	提供冗余机架的交叉连接及定时,是连接 MXU 和 CPU 的接口

(3)公务交换机公控机柜板卡检修标准

1)NCPU 接口(图 4-56)及指示灯含义

NCPU 前面板上有 6 个运行状态灯位显示,如表 4-17 所示。

表 4-17　NCPU 运行灯位显示

灯位名称	灯位颜色	灯位状态
TEST	绿色	测试正常
RUN	绿色	正在进行总线操作
MASTER	绿色	主机架运行

灯位名称	灯位颜色	灯位状态
SLAVE	绿色	从机架运行
IDE	绿色	正在读写硬盘
SYSFAIL	红色	系统失败或总线超时

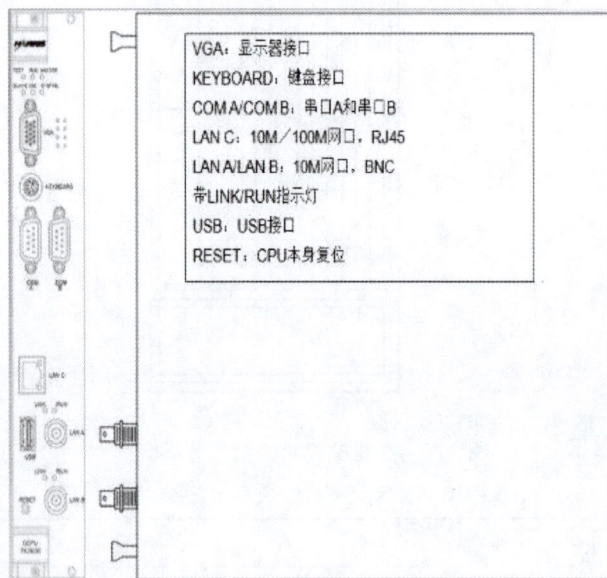

VGA：显示器接口

KEYBOARD：键盘接口

COM A/COM B：串口A和串口B

LAN C：10M／100M网口，RJ45

LAN A/LAN B：10M网口，BNC

带LINK/RUN指示灯

USB：USB接口

RESET：CPU本身复位

图 4-56　NCPU 接口

2）VSU

VSU 板控制 VME 总线并提供 CPU 和电话控制设备间的接口。VSU 板上有个复位开关（System reset switch），用于系统复位及切换，如图 4-57 所示。

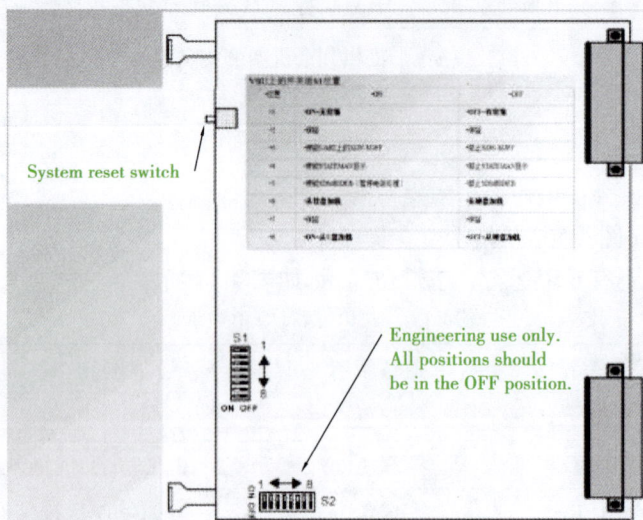

System reset switch

Engineering use only.
All positions should
be in the OFF position.

图 4-57　VSU 接口

3）MXU

MXU 矩阵交换单元执行 PCM 交换、端口扫描及监视 PTU 与多功能外围机架数据链路间的通信等功能。每块 MXU 板的背面连接一块 PTU 外围传输单元,PTU 通过其上的 PAM 经过 S-LINK 电缆与多功能外围机架上的 SDU 相连。如图 4-58 所示。

4）TCU

TCU 具有执行 PCM 交换、会议控制及产生蜂音等功能。每个 TCU 板支持 256 种蜂音及 768 个会议端口,如图 4-59 所示。

图 4-58　MXU

图 4-59　TCU

5）BTU

BTU 的作用:提供冗余机架的交叉连接及系统定时,是连接 MXU 和 CPU 的接口,还可作为参考定时发生器,如图 4-60 所示。

图 4-60　BTU

BTU 板上的 LED 指示灯及其含义如表 4-18 所示。

表 4-18　NCPUBTU 灯位显示

灯位名称	灯位颜色	灯位状态	含义
ACT	绿	ON	在冗余方式此机架为激活
		OFF	在冗余方式此机架不是激活的
		闪烁	此机架在非冗余方式
PWR	绿	ON	此板电源打开
		OFF	此板上没有电源
ATD	红	ON	冗余存贮器检查定时去能
		OFF	冗余存贮器检查定时使能
XREADY	绿	ON	PROM 下行加载正确
		OFF	PROM 没有正确地下行加载
RDY	绿	ON	此机架准备好到激活
		OFF	此机架没准备好到激活
EHN	绿	ON	硬件 NMI 使能
		OFF	硬件 NMI 去能
ST0—ST5	淡黄色		状态比特,一般用途

(二)专用交换机

(1)专用交换机公控部分机框图

专用交换机公控部分机框图如图 4-61 所示。

(2)专用交换机公控板卡功能

专用交换机公控板卡功能见表 4-19。

表 4-19　专用交换机公控板卡功能

序号	板件代号	板件名称	板卡功能
1	GCPU	中央处理器单元	负责呼叫控制、呼叫跟踪及数据库管理
2	TSA	时隙交换板	能够进行 2 048 时隙交换的交换矩阵单元,并可提供 256 方会议及 256 种蜂音
3	SDU	机架驱动单元	负责接收主控 MXU 时隙
4	PSM	电源板	供电模块

(3)专用交换机公控板卡检修标准

如图 4-62—图 4-65,表 4-20 所示。

图 4-61　专用交换机公控部分机框

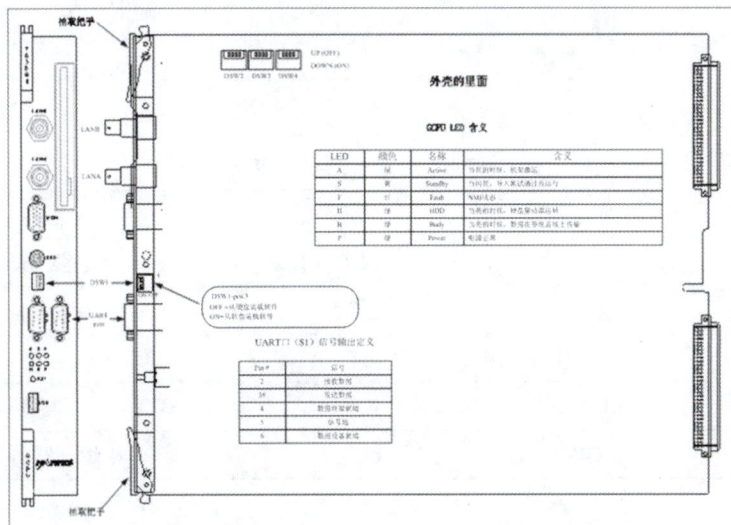

图 4-62　GCPU 接口图

1）GCPU

由中央处理器、内存、硬盘驱动器、软盘驱动器和以太网接口等组成。

2）TSA

TSA 板上有个复位开关（RESET），用于系统复位及切换，如图 4-63 所示。

图 4-63　TSA 接口图

3）PSM（电源板）

安装在每个机架的左侧，输出背板所需要的 ±12 V 及 ±5 V 电压。如图 4-64、表 4-20 所示。

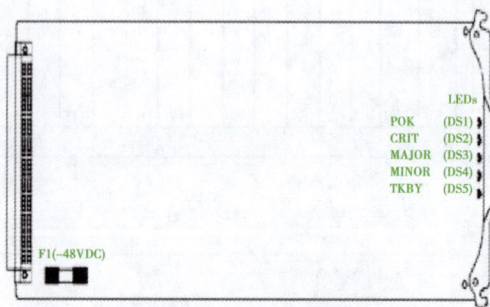

图 4-64　PSM 接口图

表 4-20　PSM 灯位显示

LED	名称	颜色	定义
DS1	POK	绿色	电源 OK
DS2	CRIT	红色	紧急告警
DS3	MAJOR	红色	大告警
DS4	MINOR	红色	小告警
DS5	TKBY	红色	中继旁路告警

4）机架驱动单元 SDU

用于 PCM 语音信息、信令、告警等信息的传输，每个 SDU 可提供 512 端口的通信，冗余使用时,SDU 单元在相邻的两机架成对使用并相互备份,每个 SDU 合并了两个串行 S-Link 接口(电缆式)。SDU 把第一组 256 个端口提供给与背板直接相连安装的机架。第二组 256 个端口通过一对带状电缆提供给相邻的机架,如图 4-65 所示。

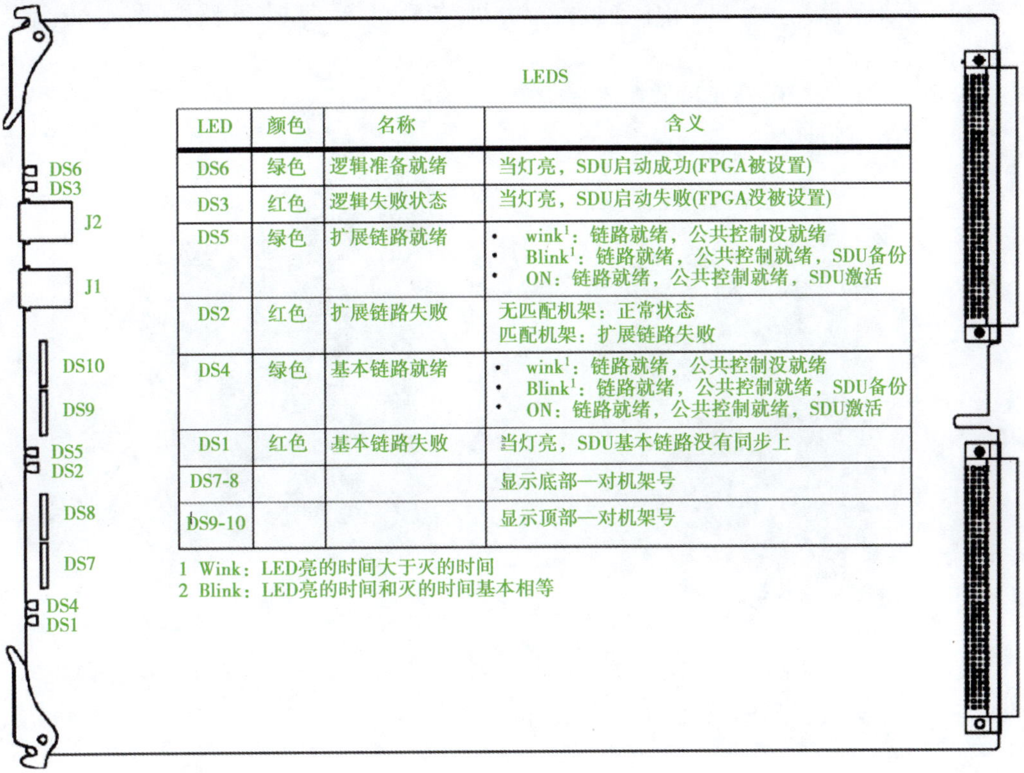

LEDS

LED	颜色	名称	含义
DS6	绿色	逻辑准备就绪	当灯亮,SDU 启动成功(FPGA 被设置)
DS3	红色	逻辑失败状态	当灯亮,SDU 启动失败(FPGA 没被设置)
DS5	绿色	扩展链路就绪	• wink[1]: 链路就绪,公共控制没就绪 • Blink[1]: 链路就绪,公共控制就绪,SDU 备份 • ON: 链路就绪,公共控制就绪,SDU 激活
DS2	红色	扩展链路失败	无匹配机架: 正常状态 匹配机架: 扩展链路失败
DS4	绿色	基本链路就绪	• wink[1]: 链路就绪,公共控制没就绪 • Blink[1]: 链路就绪,公共控制就绪,SDU 备份 • ON: 链路就绪,公共控制就绪,SDU 激活
DS1	红色	基本链路失败	当灯亮,SDU 基本链路没有同步上
DS7-8			显示底部一对机架号
DS9-10			显示顶部一对机架号

1 Wink:LED 亮的时间大于灭的时间
2 Blink:LED 亮的时间和灭的时间基本相等

图 4-65 SDU 接口图

(三)交换机用户板卡
(1)交换机用户板卡功能
如表 4-21 所示。

表 4-21 交换机用户板卡功能

序 号	板件代号	板件名称	板卡功能
1	ALU	模拟用户板	提供 16 路模拟用户接口
2	DLU	数字用户板	提供 8 路数字用户接口
3	8BRIU	2B+D 数字用户板	提供 8 路 2B+D 调度台接口
4	2 M 板	数字中继板	提供 32 个时隙,其中 0 时隙为同步和告警通道,16 时隙为控制通道,剩余的 30 时隙传递话音
5	MFUA	多功能板(其中包含 16DTMF + 8ASG + 6DLU +2EM)	32 路、16 路双音多频、8 路来电显示、6 路数字用户、2 路 EM

（2）电话控制机柜板卡的检修标准

如图4-66—图4-70所示。

1）模拟用户板（ALU）

提供模拟环路用户接口，用于连接模拟分机、传真机等，每板16路，如图4-66所示。（可插在任意插槽）

2）数字用户板（DLU）（可插在任意插槽）

如图4-67所示。

图4-66　ALU

图4-67　DLU

3）BRI用户板（BRIU）（可插在任意插槽）

如图4-68所示。

4）2 M数字中继板

如图4-69所示。

5）多功能电路板

多功能电路板提供16路双音多频、8路来电显示、6路数字用户、2路EM，如图4-70所示。

图4-68　BRIU

图4-69　2 M数字中继板

图4-70　多功能电路板

4.3.2　交换系统设备故障诊断及处理

（一）操作台常见故障处理

①故障现象:操作台插上,液晶屏显示 OPTIC RAM VERSION。

处理办法:检查交换机到操作台的电话线连接,重新插拔电话水晶头。如果故障仍旧存在,将电话线连至墙壁上的备用端口。

②故障现象:直接按直选按键,无法呼出。

处理办法:原因是上次通话或呼叫结束后没有听到拨号音就直接拨号。呼叫或通话结束后,先挂机,然后再发起新呼叫。

③故障现象:操作台在空闲状态,分机呼叫操作台组号,对应直选按键指示灯有显示,也可以应答,但是操作台不振铃。

处理办法:如果操作台的液晶显示屏显示 PRIV,如 20NOV9216:05:06PRIV
取消免打扰。

（二）调度台常见故障处理

①故障现象:调度台启动时,液晶屏一直显示"启动中…"。

处理方法:检查交换机到调度台的 BRI 线路连接,解决线路故障。

②故障现象:调度台启动时,液晶屏显示"正在下载…请稍候",长时间不动。

处理方法:在交换机中,将连接到调度台的 BRI 线路设置成调度台类型。

③故障现象:调度台振铃,摘机无法应答来话。

处理方法:改变调度台上的拨码开关的设置,使调度台应答方式为自动应答。

④故障现象:直接按热键,无法呼出。

处理方法:改变调度台上的拨码开关的设置,使调度台的拨号方式为无摘机拨号。

任务 4.4　电源系统

4.4.1　电源设备的组成及功能

（一）电源设备组成

西安地铁二号线通信电源设备主要由双路切换配电柜、高频开关电源柜、UPS 电源柜、蓄电池组组成。

（二）电源设备功能

（1）双路切换配电柜

主要由电源切换设备、交流输入单元、交流输出配电单元等组成。功能是将引入的两路外供交流电源,分配一路作为主用输出,另一路作为备用输出,当主用回路停电时,自动切换至备用回路,并可实现人工倒换,两路外电不分优先级设置。经过切换后的交流电源,分配若干输出回路,供给高频开关电源、UPS 电源和其他用电回路(不需要不间断用电设备)。输入切换单元采用可靠的智能切换控制系统,双路切换配电柜工作原理如图 4-71所示。

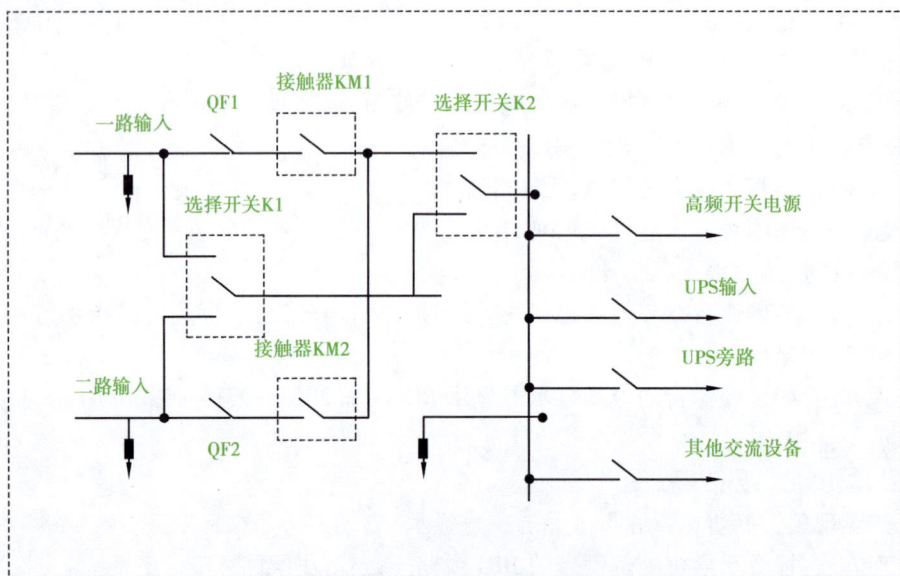

图 4-71　双路切换电源柜智能切换控制系统

QF1 ~ QF2 为手动转换开关,KM1、KM2 为交流接触器,KM1、KM2 具有电气和机械互锁特性。正常供电的情况下,图 4-71 中的 KM1 吸合、KM2 断开,第一路输入。在第一路输入不正常时,KM1 断开、KM2 吸合,这样由第二路输入。在 KM1、KM2 切换的过程中,输入端交流接触器的切换有短时间的断电,切换时间小于 150 ms。同样在第一路输入恢复正常时 KM2 断开、KM1 吸合,这样由第一路输入,系统依旧可以正常工作。在切换系统故障时直供开关 K1、K2 可以实现第一路输入或第二路输入直供供电。

（2）高频开关电源柜

2 号线的高频开关电源柜主要为通信系统中的传输和交换子系统提供 – 48 V 的直流电源。目前技术成熟,设备稳定可靠,负载和蓄电池接在同一回路中,两交流输入电源停电和高频开关电源主机故障都能无间断地切换到蓄电池供电,设计后备供电时间为 4 h。

（3）UPS 电源柜

2 号线的 UPS 设备主要为通信系统中的无线、CCTV、广播、时钟、PIS、综合网管子系统及各网管终端提供交流 220 V 的不间断电源。当两路交流电源停电时,为设备提供 1 h 的后备时间。但当两路交流电源停电和逆变器同时发生故障时,蓄电池内部的电量不能为设备供电,因为电池放电必须通过 UPS 主机内的逆变器将电池组储存的直流 450 V 变为交流 220 V 电源,才能为相应的设备供电。

（4）蓄电池组

用来存储直流电能,当两路交流电源停电时,为负载提供可靠的供电,多个蓄电池串联起来称为蓄电池组。

(三)高频开关电源的设备组成

(1)高频开关电源设备组成

高频开关电源系统为不间断供电系统,由整流模块、监控模块、直流配电输出单元及蓄电池等组成,输出可靠的 −48 V 直流电源至相关通信设备。在交流电源中断恢复时,同时满足通信设备的正常耗电和对蓄电池组进行充电的耗电要求,电源整流模块采用 $N+1$ 方式备份,蓄电池按两组并联设置,两组蓄电池组的容量相等,均为总容量的二分之一,每组后备时间为 2 h,总备用时间按 4 h 考虑。

(2)高频开关电源设备工作原理

①市电经交流配电分路进入整流模块,经各整流模块整流得到的 −48 V 直流电通过汇接进入直流配电,分多路提供给通信设备使用;正常情况下,系统运行在并联浮充状态,即整流模块、负载、蓄电池并联工作,整流模块除了给通信设备供电外,还为蓄电池提供浮充电流;当市电断电时,整流模块停止工作,由蓄电池给通信设备供电,维持通信设备的正常工作;市电恢复后,整流模块重新给通信设备供电,并对蓄电池进行充电,补充消耗的电量。

②监控模块采用集中监控的方式对交流配电、直流配电进行管理,同时通过 CAN 通信的方式接收整流模块的运行信息并进行相应的控制。监控模块还可通过 RS232 方式连接本地计算机,并可通过 10M/100 M 以太网共线方式连接至运营中心,实现电源系统的集中监控。如图 4-72 所示。

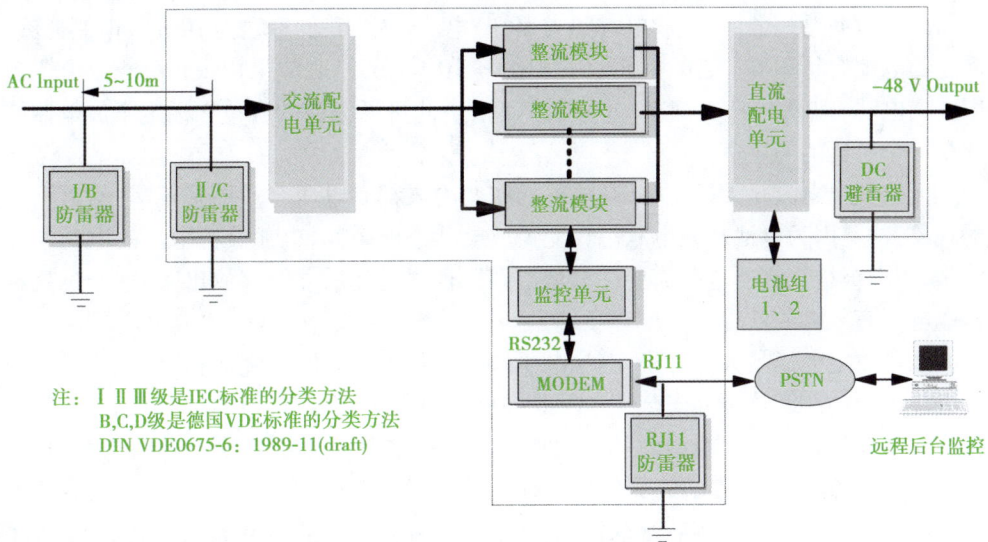

图 4-72　高频开关电源设备工作原理

(四)蓄电池的维护与保养

(1)电池的特性(密封铅酸电池)

1)电池的放电特性

如图 4-73 所示。

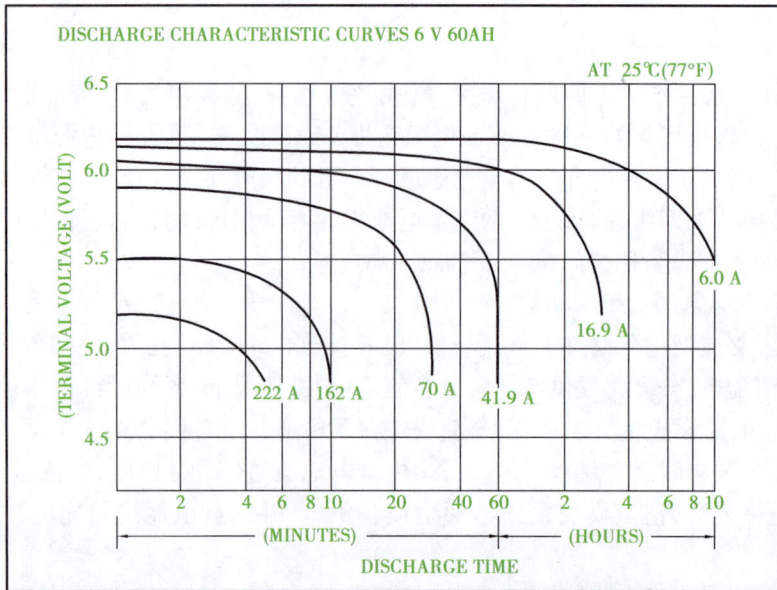

DISCHARGE CHARACTERISTIC CURVES 6 V 60AH
AT 25℃(77°F)
TERMINAL VOLTAGE (VOLT)
DISCHARGE TIME
(MINUTES) (HOURS)

图 4-73　电池的放电特性

电池的放电特性是一簇曲线。在一定的环境温度下,随放电电流的不同,电池端电压与放电时间的关系称为放电曲线。由放电曲线可以看到如下的特性:

①放电时间最长的曲线,放电时间为 10 h,电流恒定,我们称之为 10 h 放电制曲线,由此测定的电池容量用 C_{10} 表示,这里:$C_{10} = 6\,A \times 10\,h = 60\,Ah$,如果用 1 h 恒流放电来测定这同一只电池,则 $C_1 = 41.9\,A \times 1\,h = 41.9\,Ah$,由此可见电池的容量在标定了放电制式之后才是一个可比的确定值。

②无论放电电流是大还是小,在放电的初始阶段都有电压突然下降较多,然后略有回升的现象,这是因为电池从充电状态转变为放电状态的瞬间,电池极板附近的电荷快速释放出来,而离极板较远的电荷需要逐渐运送到极板附近然后才能释放出来,这个过程导致电池端电压有较大的低谷。

③无论放电电流是大还是小,电池电压最终都将出现急剧下降的拐点,以这些曲线的拐点连接得到的曲线就称为安全工作时的终止电压曲线 Ub end。UPS 的电池电压工作终点都是设计在这条拐点曲线附近的。拐点之后的曲线具有电压急剧下降的趋势,直到放电曲线的终点,这些终点连接得到的曲线称为最小终止电压曲线 Ub Mini。它表示放电电压低于此曲线后将造成电池的永久性失效,即电池不能再恢复储电能力。由此可见,UPS 中设计有防止电池深度放电的保护功能是极为必要的。

2)电池的充电特性

如图 4-74 所示。

电池的充电特性曲线是在 25 ℃温度下测量和标度的。充电曲线通常有 3 条:

①充电电流曲线:在充电开始的一个阶段,充电电流是一个恒定值,随着充电时间的推移,充电电流逐渐下降,并最终趋于 0。这是由于在放电过程中,电池内的电荷大量流失,由放电转变为充电时,电荷的增长速度较快,化学反应将产生大量的气体和热量,对于密封电池来说,即使通过安全阀可以将气体和热量排放掉,但氢离子和水也将同时损失

掉,使电池的储能下降,因此必须限定充电的电流值,随着电池容量的恢复,充电电流将自动下降。充电电流下降 10 mA/Ah 以下时即认为电池已基本充满,转入浮充电状态。电池放电越深,则恒流充电的时间越长,反之则越短。

②充电电压曲线:在电池恒流充电的阶段,电池的电压始终是上升的,因此有时又称为升压充电。当恒流充电结束时,电池的电压基本保持不变,称为恒压充电。在恒压充电阶段,电池的电流逐渐减小,并最终趋于 0,结束恒压充电阶段,转入浮充电,以保持电池的储能,防止电池的自放电。

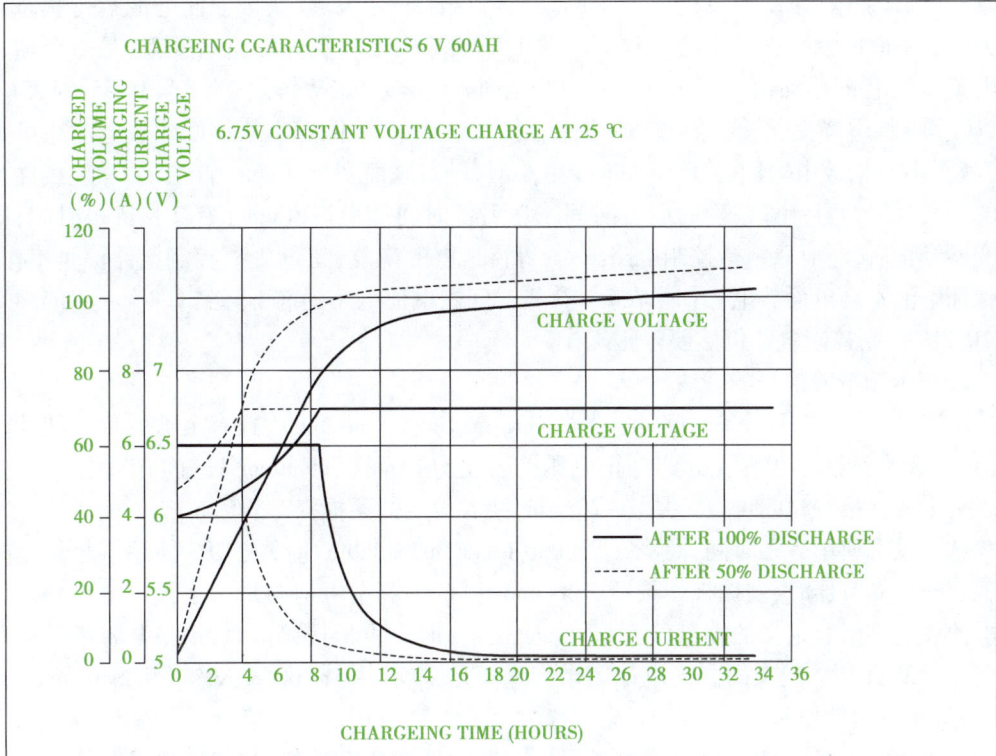

图 4-74　电池的充电特性

③充电容量曲线:在恒流充电阶段,电池的容量基本呈线性增长;在恒压充电阶段,容量增长的速度减慢;恒压充电结束后,容量基本恢复到 100% 大约需要 24 h;转入浮充电后,容量基本不再明显增长。从充电曲线还可以看到一组虚线,为电池放电 50% 后的充电特性。与 100% 放电后的充电特性相比,恒流充电时间明显缩短,恒压充电 9 h 左右,容量基本恢复到 100%。

由以上可见:

a.恒流充电是为了恢复电池的电压;

b.恒压充电是为了恢复电池的储能;

c.浮充电是为了抑制电池的自放电或保持储能。

UPS 设计的电池放电容量通常为 50% ~ 70% 额定容量,一般放电后最好连续充够 24 h。无论 50% 放电还是 100% 放电,恒流充电都是 $0.1C_{10}(6\ A)$,恒压充电都是 6.75 V (2.25 V/cell),这是在 25 ℃ 环境温度下进行的。如果温度上升,则充电电压必须下降,否则电池内的化学反应会产生大量的气体,使电池内的压力增加,并经减压阀将气体释放,使电池内的电解液减少,造成电池的提早老化,减少电池的使用寿命。Comet UPS 正是根据这一原理设计了浮充电压随温度而变化的功能,以优化电池的使用寿命。

(2)电池放电终止前的预报警

1)产生预报警信号(Prealarm)的目的

这是为了保证计算机系统有充裕的存盘、系统退出和关机时间,也为具有自动关闭系统文件的计算机发出自动关机的命令(Close filing)。UPS 对电池终止电压的保护是极为认真和严格的。在系统中设计了浮动的终止电压保护方法,以获得最佳电池运行状态和最大的后备时间保护而又不会导致深度放电而损坏电池本身。终止电压 U_a 是一个随放电电流 I_d 变化的浮动值。当 $I_d = 0 \sim 0.05C_{10}$ 时,$U_a = 1.95$ V 恒定;当 $I_d = 0.05 \sim 1.5C_{10}$ 时,U_a 呈线性下降变化;当 $I_d = 1.5 \sim 3\ C_{10}$ 时,$U_a = 1.65$ V 恒定。从前面的放电曲线可见(参考图 4-73),放电时间等于 10 min 至数小时,随负载而变化,Comet 首选了 U_a 呈线性变化的一段时间为可计算精确的后备时间。在后备时间结束后,Comet 有 2 h 待机时间,即逆变器停止后,电池只维持控制电路工作,等待市电的恢复;超过 2 h,控制电路停止工作,以保证电池不会过深放电。如果在 2 h 待机时间内电池电压提前下降到 1.8 V/cell(5.4 V或 10.8 V),则控制电路仍然要停止工作。

2)产生预报警信号的方法

①当设置了"使用后备时间计算器"(Backup timer available),且有足够的负载使计算可能时,该计算器在电池放电到终止电压前若干分钟(由 Soft-tunor 设置)产生预报警信号。设定的预报警时间可设定从 0 ~ 20 min,缺省设定的预报警时间为 5 min。

②当没有使用后备时间计算器(Backup timer unavailable)时,或 UPS 使用了超长延时电池及外部充电器时,主控板将按照 Soft-tunor 设置的剩余电池容量产生预报警信号。如果电池放电到了所定义的容量(用 Soft-tunor 设定)时产生预报警信号,预报警容量是按照后备容量的百分率定义的。当电池剩余容量不足 20%、40%、60%、80%(用 Soft-tunor 设定)时产生预报警信号。

如果负载太轻,(<Pn/4)使后备时间计算器的计算精度受到限制时,预报警信号的产生取决于以上两种情况。因此当电池放电时间持续到后备时间计算器算出的最长后备时间 – 预报警时间,或者电池电压降到了由 Soft-tunor 按百分率设定的电压时,就会产生预报警信号。如图 4-75 所示。

3)温度对电池寿命的影响

电池的环境温度是在一天内对每个小时测量得到的环境温度进行累计平均的结果。电池温度上升,意味着化学反应的增强,电池的放电能力也增强,但寿命会降低。因此专门设置了电池温度检测修正浮充电压的传感器,同时设置了计算电池寿命的计算器(Battery Age Counter),只要 Comet 运行,计算器将按运行的时间自动递减电池的寿命,同时根据环境温度修正电池终止寿命的时间,直到电池寿命终止,产生更换电池的报警信号(#12,电池需要检查)。例如,当电池容量下降到 C_{10} 容量的 75% 时,电池在额定负载下的放电时间将减少 50%,计数器会产生"寿命终止"信号(End of life)。电池指示灯会闪烁,蜂鸣器会持续鸣响,并且在诊断代码显示屏上显示故障代码"12"(电池需要检测)。如果安装了 Monitor-Plus 选件,还会在显示屏上显示"Battery Service, Call Field Service"(电池

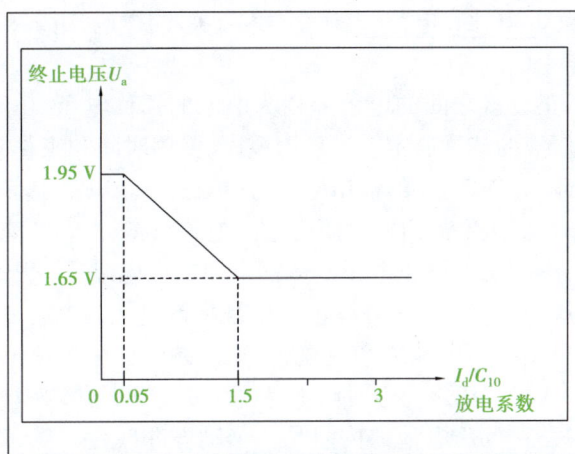

图4-75 UPS 终止电压随放电电流的变化

检查,通知现场服务工程师)。当温度上升时,寿命终止信号会提前到来,通常是从25 ℃以上每增加 10 ℃,电池寿命会减少一半,如图 4-76 所示。由于温度检测不能检测出电池的实际状态,尤其是不能检测出短时间的高温对电池的影响,因此又研制了电池测试功能。

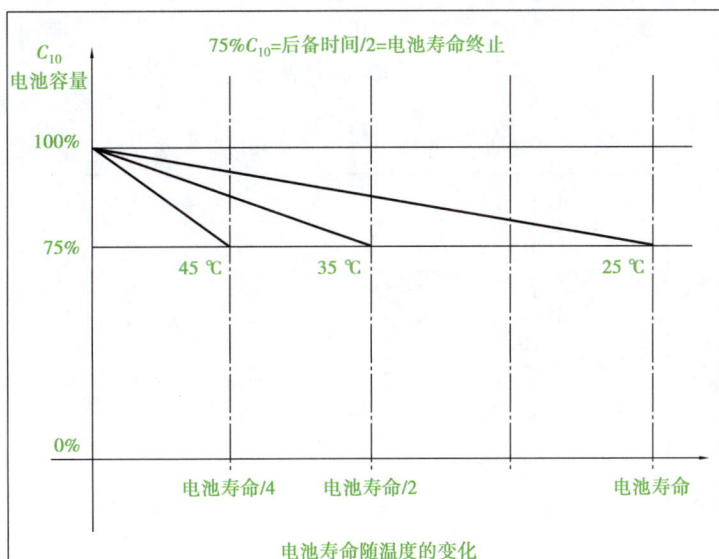

图 4-76 电池寿命随温度的变化

4)蓄电池的参数

蓄电池的 5 个主要参数为电池的容量、标称电压、内阻、放电终止电压和充电终止电压。

①电池的容量通常用 Ah(安时)表示,1 Ah 就是能在 1 A 的电流下放电 1 h。单元电池内活性物质的数量决定单元电池含有的电荷量,而活性物质的含量则由电池使用的材料和体积决定,因此,通常电池体积越大,容量就越高。与电池容量相关的一个参数是蓄电池的充电电流。蓄电池的充电电流通常用充电速率 C 表示,C 为蓄电池的额定容量。

例如,用 2 A 电流对 1 Ah 电池充电,充电速率就是 2 C;同样地,用 2 A 电流对 500 mAh 电池充电,充电速率就是 4 C。

②电池刚出厂时,正负极之间的电势差称为电池的标称电压。标称电压由极板材料的电极电位和内部电解液的浓度决定。当环境温度、使用时间和工作状态变化时,单元电池的输出电压略有变化,此外,电池的输出电压与电池的剩余电量也有一定关系。

③蓄电池充足电时,极板上的活性物质已达到饱和状态,再继续充电蓄电池的电压也不会上升,此时的电压称为充电终止电压。镍镉电池的充电终止电压为 1.75 ~ 1.8 V,镍氢电池的充电终止电压为 1.5 V。放电终止电压是指蓄电池放电时允许的最低电压。如果电压低于放电终止电压而蓄电池继续放电,电池两端电压会迅速下降,形成深度放电,这样,极板上形成的生成物在正常充电时就不易再恢复,从而会影响电池的寿命。

④电池的内阻和短路电流,电池的内阻是一个动态非线性参数,随电池温度、荷电状态和电池使用状态变化而变化。胶体电池在满荷电状态下内阻处于最低值。

⑤温度,电池的运行温度范围是 −20 ~ 55 ℃。技术数据都是在额定温度 25 ℃ 条件下测出的。理想的温度范围是 25 ℃ ±5 ℃。温度的绝对上限是 55 ℃。

⑥浮充充电和均衡充电。

a. 浮充充电。浮充运行是蓄电池的最佳运行条件,此时电池一直处于满荷电状态,在此条件下运行电池将达到最长的使用寿命。在 25℃ 时,建议设置电池的浮充电压为 2.23 ~ 2.27 V/单体,这种充电方法,完成再充电需要 24 ~ 36 h。为了让电池具有更好的使用性能,浮充电压应根据环境温度进行调整,温度补偿系数为 −3.5 mV/(℃·单体电池),具体如表 4-22 所示。

表 4-22 不同温度下浮充电压

环境温度(℃)	浮充电压(V/单体)
0	2.33
10	2.30
20	2.27
25	2.25
30	2.23
35	2.22

b. 均衡充电。胶体系列电池在下列情况下需对电池组进行均衡充电或补充电:电池系统安装完毕、投入运行前应先对电池组进行补充电;电池搁置停用时间超出 6 个月;电池长期处于浮充状态,未进行过 40% C_{10} 以上容量的放电。应定期对电池进行均衡充电,均衡充电周期为 6 个月至 1 年。

均衡充电/补充电的方法如下:均衡充电电压 2.35 V/单体(25 ℃)、限流 0.15 C_{10}(A)、充电时间 8 ~ 12 h(可间隔进行)。充电电压应根据环境温度进行调整,温度补偿系数为 −3.5 mV/(℃·单体),具体如表 4-23 所示。

均衡充电后,对于浮充电压仍低于 2.18 V/单体的落后电池,应进行 0.1 C_{10}(A)放电 4 ~ 6 h,以 0.15 C_{10}(A)限流、2.37 V/单体恒压均衡充电。

⑧再充电电池放电后应及时进行再充电。

以不高于$0.2C_{10}$(A)的恒电流对电池充电，至电池单体平均电压上升到(2.33~2.37 V)/单体后，改用(2.33~2.37 V)/单体进行恒压充电，直到电池充足电结束。可以用以下两条中的任一条作为充足电的判断依据：不同放电深度，电池充足电的时间参考如表4-24所示；电压恒定状态下，充电末期连续3 h充电电流值基本不变。

表4-23　不同温度下均衡充电电压

环境温度/℃	均充电压(V/单体)
0	2.45
10	2.40
20	2.37
25	2.35
30	2.33
35	2.31
40	2.30

表 4-24　不同放电深度、电池充电所需的时间

放电深度/%	恒流充电电流(A)	恒流转恒压时间/h	GFMJ 恒压充电电压(V/单体)	充电时间/h
20	$0.1C_{10}$	1.6	2.35	8
	$0.15C_{10}$	1.2	2.35	6
50	$0.1C_{10}$	4.3	2.35	14
	$0.15C_{10}$	3.3	2.35	12
80	$0.1C_{10}$	6.8	2.35	16
	$0.15C_{10}$	5.5	2.35	14
100	$0.1C_{10}$	8.7	2.35	18
	$0.15C_{10}$	6.8	2.35	16

4.4.2　电源系统设备故障诊断及处理

(1)UPS 在正常使用时突然出现蜂鸣器长鸣告警

可能原因：用户有大负载或大冲击负载启动，输出端突然短路，UPS 内部逆变回路故障，UPS 保护、检测电路误动作。

处理方法：负载投入时按先大后小的顺序，增大 UPS 的功率容量，检查 UPS 的输出是否短路，检查 UPS 逆变器，检查 UPS 内部控制电路。

（2）UPS 工作正常但负载设备异常

可能原因：UPS 输出零地间电压过高，UPS 地线与负载设备地线没接在同一点上，负载设备受到异常干扰。

处理方法：检查 UPS 接地，必要时可在 UPS 的输出端零地间并一个 1 ~ 3 KΩ 的电阻；将 UPS 地线与负载地线接到同一个点上；检查负载有否异常干扰，重新启动负载设备。

任务 4.5　视频监控系统

4.5.1　视频监控系统设备组成

（一）闭路电视系统构成

闭路电视监视系统（即 CCTV 系统）是保证地铁行车组织和安全的重要手段，是提高行车指挥透明度的辅助通信工具。调度员和车站值班员利用它监视列车运行、客流情况、乘客上下车情况等。当车站发生灾情时，电视监视系统可作为防灾调度员指挥抢险的工具。

西安地铁一号线闭路电视监视系统是由一个数字与模拟相结合的视频网络，为控制中心的调度员、各车站值班员等提供有关列车运行、防灾救灾以及旅客疏导等方面的视觉信息。分为车站系统设备和中心系统设备两部分。

1）车站设备组成

车站闭路电视监视系统设备包括摄像机（固定摄像机及一体化快球摄像机）、隔离地变压器、多功能控制器（每台包括 64 路视频输入字符叠加、64 × 256 视频分配、64 × 16 矩阵和 64 路故障检测）、多级调用管理器、四画面处理器、控制键盘、数字录像存储系统、数字编码器、以太网交换机、网管主机、电源机箱、19″彩色液晶监视器（车站控制室）、32″彩色液晶监视器（车站站台）、电源紧急启动开关等。

2）车站系统说明

前端摄像机的视频信号经隔离地变压器消除干扰后接入多功能控制器（集字符叠加、视频分配、故障检测、矩阵调用功能于一体）。多功能控制器可以提供叠加字符的视频分配信号和矩阵输出信号。其中，矩阵输出的模拟视频信号提供给车站控制室的监视器、四画面处理器（行车值班员用，四画面输出重新接入多功能控制器）；视频分配信号提供给编码器、四画面处理器（站台司机监视用）等。

编码器将接收到的模拟视频信号转换为两路数字视频信号（MPEG2、MPEG4），并送入车站交换机。车站交换机将 MPEG4 格式的数字视频信号送入数字录像存储服务器（含磁盘阵列）进行录像存储；将 MPEG2 格式的数字视频信号送入传输设备后进入通信传输网络，同时将其提供给公安以太网交换机、车站综合监控系统（行车值班员控制终端）、安全部门监控系统等。

车站设置的多级调用管理器可以接受控制键盘对多功能控制器矩阵功能的调用命

令,并可接受控制键盘与控制终端对云台及变焦镜头的控制命令,同时可以对云台控制进行优先级设置。

车站调度员控制键盘直接接入多级调用管理器;车站调度员控制终端、中心调度员的控制键盘及控制终端所发出的视频图像调用命令和云台控制命令由数字视频通道传输至多级调用管理器。

车站网管主机可以对模拟视频设备进行网管,并将网管信号送入传输设备后进入通信传输网络。车站数字视频设备及以太网交换机的网管由其设在中心的相应网管服务器进行。所有网管信息最终接入设在中心的综合网管服务器。车站设置的紧急启动开关可对车站 CCTV 设备电源进行紧急启动。

3)前端摄像机

①固定摄像机。水平分辨率≥480 TV 线;彩色模式 0.7 Lux,黑白模式 0.02 Lux,110~230 VAC。

②一体化快球摄像机。30 倍一体化球机,彩色/黑白转换;有效像素 752(H)×582(V),图像感应器 1/4 型 CCD,水平清晰度 480 TVL;信噪比≥50 dB;最低照度:彩色模式(带红外滤波片);1 Lux(NTSC:1/60 s,PAL:1/50 s)、0.1 Lux(NTSC:1/2 s,PAL:1/1.5 s;黑白模式(去除红外滤波片);0.02 Lux(1/4 s, 1/3 s)。

4)车站机房 CCTV 设备说明

①隔离地变压器。摄像机图像信号均先接入隔离地变压器。每个车站按固定摄像机与一体化球型摄像机之和再加 1 路四画面的方式配备隔离地变压器端口数。1 号线使用的是 16 路组合式隔离地变压器,可有效节约机柜空间。

以上配置均为无人值守机房、换乘通道预留了视频监视接入条件。

②四画面处理器。每个车站配备 3 台霍尼韦尔公司的四画面处理器。其中 2 台为上、下行站台监视器提供合成图像;另外 1 台输出作为 1 路图像输入多功能控制器(含字符叠加、视频分配、矩阵和故障检测功能),并且这台四画面处理器的输入为矩阵的输出,可以使用车站控制室控制键盘切换为不同的四画面显示模式。

③多功能控制器。前端摄像机图像信号及 1 路四画面图像经隔离地变压器后全部接入多功能控制器。

除北大街站外每个车站设置了 1 台集字符叠加、视频分配、故障检测、矩阵调用功能于一体的多功能控制器,可提供 64 路视频输入字符叠加、64×256 视频分配、64×16 矩阵和 64 路故障检测。

北大街站多功能控制器为两台级联方式,可提供 80 路视频输入字符叠加、80×640 视频分配、80×16 矩阵和 80 路故障检测。

以上配置均为无人值守机房、换乘通道预留了视频监视接入条件。

分配输出:多功能控制器共有 64 路的 1 分 4 分配输出。其中提供 1 路带字符分配输出中的站台图像部分给 2 台四画面处理器,合成后输出给 2 台站台监视器;提供 1 路带字符分配输出给视频编码器进行数字图像上传及录像存储;其他分配输出为预留。

矩阵输出:多功能控制器有 16 路矩阵输出。其中:

a. 提供给车站控制室监视器 1 路矩阵输出;

b. 另外提供给四画面处理器(车站控制室用)4 路矩阵输出,四画面输出经隔离地变

压器后又接回多功能控制器输入端,以实现车站控制室四画面或单画面不同的显示模式;

　　c. 矩阵输出预留接口与公安电视监视显示器连接,供本站公安值班人员监视;

　　d. 多功能控制器采用插卡式结构,组成简单、集成度高、易扩容、易升级、易维护,采用视频排线连接,最大限度地减少了设备安装空间。我们利用先进的总线技术,分时段对JSD-Z/F/J-XA2 内部各板卡的设置数据进行复核,所以做到了允许带电插拔和在线更换板卡以及组件模块。

　　相同规格的板卡、零部件均设计为可以互换,以便于今后维修或更换故障单元。组件可以插拔更换,并且组件内的字符叠加条、视频分配输出板均可进行插拔式更换。

　　本工程配备的多功能控制器,具备有 64×256 的视频分配功能,满足系统扩容和运行后的设备热备份要求。在每个站该设备均配备 4 块 16 路视频输入/输出卡(每块卡为 16 路视频输入、每路视频叠加汉字后另分配为 4 路输出)、1 块 16 路矩阵输出卡、1 块 CPU 卡用于编程及矩阵切换通信。

　　多功能控制器内置矩阵切换功能,采用控制协议,可在本地采用控制协议的键盘或软件进行控制,由矩阵输出卡输出视频图像。

　　④多级调用管理器。每个车站配置一台多级调用管理器。多级调用管理器是进行云台控制及优先级管理的设备,通过对其参数进行设置,可实现车站及中心对云台执行可变速俯仰、左右以及镜头焦距等控制操作;同时,可实现云台控制优先级最多 255 级的分配,并可实现时间可调的自动驻留(默认值为 30 s)。

　　多级调用管理器与多功能控制器的控制通信端口连接,可实现车站使用控制键盘对多功能控制器矩阵功能的调用的功能。

　　公安 CCTV 系统的控制信号通过 RS422 的通信方式,给多级调用管理器传送图像控制指令。

　　多级调用管理器,在无任何扩展的情况下通过软件设置,可以实现 255 级控制。每个优先级都可以设置驻留延时,还可以进行中心与车站的交错式设置。

　　⑤车站网管主机。每个车站配置一台车站网管主机。车站网管主机可对摄像机、多功能管理器、四画面处理器、多级调用管理器、电源机箱等 CCTV 设备进行网管,并将设备的状态信息及告警信息等发送到中心网管主机,便于维护人员及时了解设备的状态。

　　车站网管主机可通过中心网管终端软件对系统设备的报警参数、报警门限数值进行设置和修改。

　　通过控制电源机箱,车站网管主机还可使用设置在车站控制室的紧急启动按钮开启CCTV 设备的电源。

　　车站网管信号通过一个 10M/100 M 电口的网管通道接入传输系统。

　　车站的编码器、数字视频录像存储设备由数字视频系统单独进行网管并将状态信息及告警信息等发送到中心网管主机。以太网交换机系统单独进行网管并将状态信息及告警信息等发送到中心网管主机。

　　⑥电源机箱。每个车站配备 1 台电源机箱,为整套车站 CCTV 设备供电,电源输入由通信电源 UPS 系统引入。

　　电源机箱受网管主机统一控制(服务器等计算机类的设备供电为直通状态)。

　　网管系统可对电源机箱进行自动及手动紧急开关机(自动:根据标准时钟提供的时

间,每日进行自动开关机;手动:可以在紧急情况时手动开启分站设备电源),实时控制电视监视设备的电源顺序启动(可以在中心远程遥控开、关机)。

⑦八路双码流视频编码器。每个车站均配备多台 8 路 ENC 8M2/4 型双码流视频编码器。

其中为视频输入≤32 路的车站配置了 4 台八路双码流视频编码器 ENC 8M2/4,为视频输入>32 路而≤40 路的车站配置了 5 台八路双码流视频编码器,为北大街站(视频输入 64 路)配置了 8 台八路双码流视频编码器。

ENC 8M2/4 编码器采用独特的双码流结构,可以同时编制两种码流:一种是 MPEG2 码流,用于视频传输和显示;另一种为 MPEG4 码流,用于视频储存。两种码流的图像分辨率均可设置为 D1。

MPEG2 的清晰度好但数据量较大,不便于储存,适合在高带宽网络中传输;MPEG4 的数据量较小但图像清晰度较差,不利于大屏幕显示,只适合于本地存储(D1)。过去需要安装 2 套编解码器,才能解决传输和存储的问题,现在只使用 1 台 ENC 8M2/4 编码器就可以完成。

⑧数字视频录像存储系统。每个车站均配备 1 套(北大街为 2 套)数字视频录像存储服务器(含磁盘阵列)——保德 PR3016S-XA,该一体化服务器最多可内置 14 块 1 T 硬盘(即磁盘阵列组件)和 2 块 160 G 硬盘(系统盘),可满足对车站全部摄像机进行录像的要求。

大部分车站 48 路视频输入需要 1 台含 13 T 容量(含 1 T 的 RAID5 冗余)阵列的服务器。

北大街站 75 路视频需要 1 台含 19 T 容量(含 1 T 的 RAID5 冗余)阵列的服务器,但因单台设备的数字视频存储管理不能达到 75 路(软件支持 48 路 D1 格式的数字视频),因此采用 2 台各含 10 T 容量(各含 1 T 的 RAID5 冗余)阵列的服务器。

上述配置可以满足图像以 MPEG4 D1 格式储存 15 d(18 h/d)的要求。

车站的录像存储系统可同时实现历史图像存储和实时图像的转发。

⑨车站接入级交换机。车站设置一台以太网交换机。该交换机有 24 个 10M/100 M 电口和 4 个千兆 SFP 模块化接口(电/光)。

以太网交换机接口使用情况如下:a. 编码器输出的 MPEG2、MPEG4 信号,10M/100 M 电口,其数量由摄像机情况来决定;b. 数字录像服务器,一个 10M/100M/100 0 M 电口(千兆电模块)(北大街站为两个);c. 传输系统(图像传输通道含控制),一个 10M/100M/100 0 M 光口(千兆光模块);d. 多级调用管理器(中心云台控制),一个 10M/100 M 电口。

5)车站控制室 CCTV 设备说明

①彩色液晶监视器 19″。车站控制室的控制台上安装 1 台 19″彩色液晶监视器,其显示画面为多功能控制器的矩阵输出。

②控制键盘。每个车站的车控室配备了 1 台控制键盘。

使用控制键盘可以调用多功能控制器的矩阵输出,使 19″彩色液晶监视器上显示单画面或四画面图像,并且四画面内的图像可以任意选择(四画面的输入为矩阵的输出),同时可实现画面显示的循环模式。

③电源紧急启动开关。车站控制室还安装了一个 CCTV 电源紧急启动开关,可通过车

站网管主机控制电源机箱,紧急开启 CCTV 设备的电源。

④对车站综合监控系统控制终端的要求。车站综合监控系统在车站控制室设置 1 台控制终端,利用控制软件为车站值班员提供多画面实时图像。

综合监控系统的控制终端及软件由综合监控系统自行配置,我方提供完整的 CCTV 视频解码开发包以配合其完成 CCTV 部分软件的研发。

6)站台彩色液晶监视器 32″

每个车站的站台上安装 2 台 32″彩色液晶监视器,分别位于上行、下行站台列车司机的位置。其显示画面为多功能控制器一路分配输出中的本侧站台部分图像。

(二)运营中心系统构成

(1)运营中心设备组成

运营中心闭路电视监视系统设备包括数字视频解码器、四画面处理器、控制键盘、数字视频管理服务器、录像回放终端、中心网管主机、综合网管服务器(含交换机网管、打印机)、PIS 协议转换服务器(含软件)、3 层核心交换机、电源机箱、电源紧急启动开关等。

(2)运营中心系统框图及说明

如图 4-77 所示。

数字视频信号由通信传输网送入网络传输设备后,接入中心以太网交换机。中心交换机将数字视频信号提供给解码器、录像回放终端、综合监控系统控制终端、数字视频管理服务器、交换机网管服务器、公安部门监控系统等。

解码器将还原出的模拟视频信号分别送入综合显示屏和四画面处理器(调度员监视器用)。

中心调度员的控制键盘及控制终端所发出的视频图像调用命令和云台控制命令由数字视频通道传输。

中心网管主机可以通过传输网管通道对模拟视频设备进行网管,并将网管信号接入综合网管服务器。同时数字视频管理服务器、交换机网管服务器可分别对数字视频设备、以太网交换机进行网管,并将网管信息接入综合网管服务器。中心设置的紧急启动开关可对各车站 CCTV 设备电源进行紧急开关。

(3)运营中心机房 CCTV 设备说明

1)视频解码器

在运营中心机房设置了 24 台 EDC 1M2/4 单通道视频编解码器,将数字视频信号还原为 24 路模拟视频信号。其中 10 路给综合监控系统配置的 10 台大屏(其中包括 2 路 PIS 视频图像),其他接入 4 台四画面处理器[行车调度员 2 台、环控(防灾)调度员 1 台、总调 1 台]。

2)四画面处理器

运营中心配备了 4 台霍尼韦尔公司的四画面处理器,分别为行车调度员 2 路四画面、环控(防灾)调度员 1 路四画面、总调 1 路四画面。四画面处理器控制端口与多级调用连接,接受调度大厅调度员控制键盘及综合监控系统终端软件的控制,可以切换为四画面或单画面的显示模式。

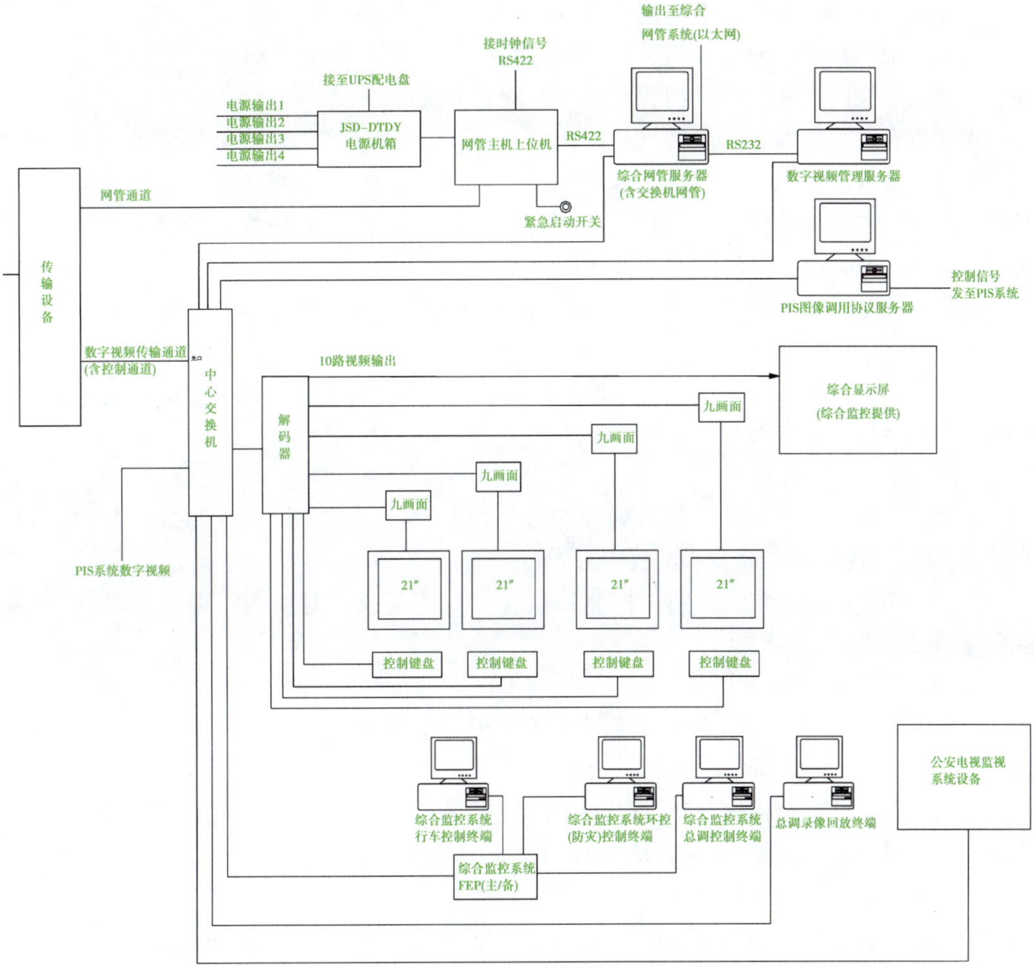

图 4-77 控制中心系统构成框图

3）数字视频管理服务器

运营中心配置了 1 台数字视频管理服务器。视频管理服务器即数字编解码及录像系统的网管，其主要功能是管理数字视频编解码设备和数字视频录像存储系统，并将网管信息传送至综合网管服务器。

视频管理软件负责对全网络系统内的编解码及录像设备实现系统设置、故障告警等综合管理。识别系统故障，能对系统设备发生的故障进行定位。能报告所有告警信号及其记录的细节，具有告警过滤和遮蔽功能。

4）中心网管主机

运营中心配备了 1 台中心网管主机，可实现对车站网管主机网管信息的收集，并可对中心四画面处理器等设备进行网管。中心网管主机将网管信息发送至综合网管服务器进行处理。

网管信号通过一个 10M/100 M 电口的网管通道接入传输系统。

5）综合网管（含网络交换机网管）服务器

运营中心配置了 1 台综合网管服务器（含网络交换机网管、打印机），其作用为：

①接收来自中心网管主机的网管信息；

②接收来自数字视频管理服务器的网管信息；

③接收来自以太网交换机网管服务器的网管信息；

④对所有接收的网管信息进行处理；

⑤接收来自时钟系统的时钟信号，并发送给与车站网管主机连接的 CCTV 设备、与数字视频管理服务器连接的数字编解码设备及数字视频存储设备、以太网交换机设备，使全线 CCTV 设备的时钟与地铁标准时钟保持一致；

⑥通过控制车站网管主机，可使用设置在调度大厅的紧急启动开关分站开关 CCTV 设备的电源；

⑦网络交换机的网管功能为对交换机的端口故障报警、交换机的配置功能的管理，并将网管信息传送至综合网管。

6）PIS 协议转换服务器

运营中心配置了 1 台 PIS 协议转换服务器，所安装的软件根据招标文件，在确定 PIS 的供货商以后，由 PIS 供货商协助我方开发。

其主要用于将 PIS 系统的图像控制协议转换为能被我方的视频管理服务器（数字视频系统）识别的协议。

7）3 层核心交换机

运营中心设置了 1 台以太网 3 层核心交换机，共有 8 个插槽，其中业务插槽为 6 个，并具备主控及电源冗余功能。

本项目配备了 1 个 40 端口千兆电口（RJ45）+8 端口千兆/百兆光接口模块（SFP，LC）的板卡、1 个 48 端口千兆电口（RJ45）的板卡。

核心交换机接口的使用情况如下：

①传输系统（图像传输通道含控制），1 个 10M/100M/1 000 M 光口（千兆光模块）；

②解码器，24 个 10M/100M/1 000 M 电口；

③数字视频管理服务器，1 个 10M/100M/1 000 M 电口；

④综合网管（以太网交换机网管）服务器，1 个 10M/100M/1 000 M 电口；

⑤PIS 系统（数字视频），1 个 10M/100M/1 000 M 电口；

⑥PIS 协议转换服务器，1 个 10M/100M/1 000 M 电口；

⑦录像回放终端，1 个 10M/100M/1 000 M 电口。

8）电源机箱

运营中心配备了 1 台电源机箱，为运营中心 CCTV 设备供电，电源输入由通信电源 UPS 系统引入。

电源机箱受网管主机统一控制（服务器等计算机类的设备供电为直通状态）。

网管系统可对电源机箱进行自动及手动紧急开关机（自动：根据标准时钟提供的时间，每日进行自动开关机；手动：可以在紧急情况时手动开启分站设备电源），实时控制电视监视设备的电源顺序启动（可以遥控开、关机）。

(4) 运营中心调度大厅 CCTV 设备说明

1）控制键盘

调度大厅配备了 4 台控制键盘。分别为行车调度员 2 台、环控（防灾）调度员 1 台、总调 1 台。

调度员使用控制键盘可以在自己的 19″彩色液晶监视器上显示单画面或四画面图像，并且四画面内的图像可以任意选择，同时可实现画面显示的循环模式。

2）录像回放终端

调度大厅设置了 1 台录像回放终端。

3）电源紧急启动开关

调度大厅安装了 1 个 CCTV 电源紧急启动开关，可通过控制车站网管主机来实现分站开关 CCTV 设备的电源的功能。

4）对中心综合监控系统控制终端的要求

中心综合监控系统与 CCTV 相关的控制终端配置为：行车调度员 1 台、环控（防灾）调度员 1 台、总调 1 台。这些控制终端具有相同的 CCTV 控制功能。

综合监控系统的控制终端及软件由综合监控系统自行配置，我方提供完整的 CCTV 视频解码开发包以配合其完成 CCTV 部分软件的研发。

4.5.2 视频监控系统接口

详细的接口描述见闭路电视监视系统与各系统的接口规范文件。

（一）时钟系统与 CCTV 系统的接口

接口用途：闭路电视监视系统接收时钟系统提供的实时标准时间信息；闭路电视监视系统根据时钟系统的校准信号统一本系统所有时间信息与 2 号线运营时间一致。

接口位置：控制中心设备室 CCTV 机柜。

接口类型：RS422。

接口数量：1 个。

（二）电源系统与 CCTV 系统的接口

接口用途：通信电源系统为控制中心综合设备室/车站通信设备室/通号车间通信设备室闭路电视监视系统设备提供电源。

接口位置：控制中心设备室 CCTV 机柜/车站通信设备室 CCTV 机柜电源接线端子。

接口类型：接线端子。

接口数量：1 个。

（三）集中告警系统与 CCTV 系统的接口

接口用途：集中告警系统接收 CCTV 系统的告警信息。

接口位置：控制中心网管室 CCTV 网管终端。

接口类型：RJ45（TCP/IP）。

接口数量：1 个。

（四）PIS 系统与 CCTV 系统的接口

接口用途：PIS 系统与 CCTV 系统协议上的转换，确保 PIS 能够正常与 CCTV 系统通信，实现 PIS 系统图像能在 CCTV 系统和大屏幕显示及切换功能。

接口位置：控制中心设备室 CCTV 机柜。

接口类型：TCP/IP。

接口数量:2个。

(五)ISCS 系统与 CCTV 系统的接口

接口用途:

①实现调用 CCTV 系统摄像机的图像;

②实现对 PTZ 云台的控制;

③实现单画面、四画面的切换;

④实现图像的循环播放。

接口位置:车站通信设备室 CCTV 机柜。

接口类型:RS422,模拟视频接口。

接口数量:2个,10路。

(六)公安(安全)监控系统与 CCTV 的接口

接口用途:实现闭路电视监控系统(CCTV 系统)与公安监控系统前端设备资源共享,具体包括公安电视监视系统与本系统共享摄像机、多功能控制器的视频分配输出端口、多级调用控制器的控制端口。

接口位置:车站通信设备室 CCTV 机柜。

接口类型:RS422,PAL 75 Ω 1Vp-p 视频信号。

接口数量:2个,64路。

(七)传输系统与 CCTV 系统的接口

接口用途:

①实现 CCTV 系统数字视频信号的上传;

②实现 CCTV 系统云台的控制信号的上传;

③实现 CCTV 系统网管信号的上传;

④实现 CCTV 系统录像回放信号的上传;

接口位置:控制中心设备室 CCTV 机柜/车站通信设备室 CCTV 机柜。

接口类型:RJ45,FC。

接口数量:2个,1个。

4.5.3　视频监控系统设备故障诊断及处理

(一)摄像机没有视频信号

可能出现的情况:网管机箱有1组电源没有输出、保险烧坏。

检修流程:把相应的电源放在直通位置,如果故障解除,就是网管机箱内部的输出继电器的触点氧化所致,需要更换继电器;如果放在直通还是没有电源输出,则是保险烧毁,需要更换。

(二)某一路云台在车站不能控制

如图 4-78 所示。

可能出现的情况:云台控制线端子虚接、多级调用菜单设定不正确、云台故障。

检修流程:首先进入多级调用菜单查看相对应的快球摄像机的设定是否正确(详见设备说明书),再检查所对应的云台控制线端子是否虚接,或者用万用表测量它所对应云台控制线端子的电压,在控制云台时测量其电压是否有跳变。若电压有跳变、多级调用设置正确,则是云台前端故障引起,首先检查云台控制线的端子接线是否虚接,若正常则云台本身故障,需要更换。

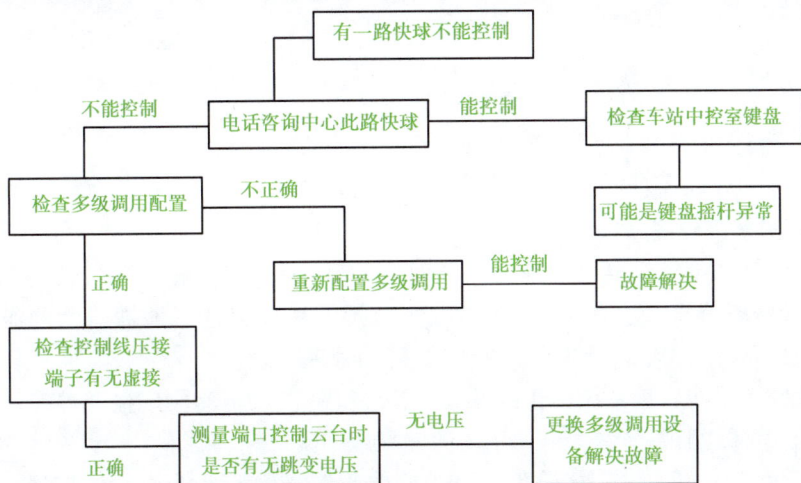

图 4-78 某一云台在车站不能控制

(三)中心网管有视频报警,但视频正常

可能出现的情况:由中心网管设定的阀值不准确、多功能控制器视频输入虚接。

检修流程:部分摄像机因安装位置,早晚的光线会不一样,摄像机输出视频的幅度值也不一样,就需要重新设定中心网管早晚报警阀值。若不是光线变化引起摄像机报警,则是多功能控制器的视频输入虚接引起的。多功能控制器的视频输入是 DB25 针插头,引起虚接可能较小,重点检查隔离地的视频输入 BNC 端与前端摄像机回到机房的视频头。

(四)车站站台监视器无视频信号

可能出现的情况:监视器故障、视频电缆、两画面分割器。

检修流程:首先目测监视器有无电源指示灯,若无电源指示灯,检查监视器的电源插头是否松动,检查电源机箱的第 4 路有无输出,若电源打成直通还是无输出,则是电源机箱第 4 路电源保险丝熔断。若监视器指示灯点亮,说明供电正常;用万用表测量机房到监视器的视频线的直流电阻,应在 75 ~ 100 Ω,若正常,用视频直通把两画面分割器的输入与输出短接,若监视器点亮,则是两画面分割器故障,反之,是监视器本身故障,同时检查监视器 AV 端子设定是否与视频输入相对应。

(五)车站站台监视器有一半无视频信号

可能出现的情况:视频输入线路、两画面分割器。

检修流程:检查两画面视频输入是否有信号,若无视频,需要检查隔离地的视频输入有无信号,在隔离变压器的视频输入端、输出端接监视器是否有图像。若有视频,则检查字符机箱的输入卡及字符机箱与矩阵之间的连接线排;若无视频,则需要到前段打开摄像机的防护罩,检查摄像机的供电,用万用表测量视频线到机房之间的电阻值,应在 75 ~ 100 Ω。若供电正常、视频线的阻值也正常,则是摄像机本身故障,更换故障摄像机。若在两画面视频输入有信号,则是两画面分割器故障,需要更换。

任务 4.6　广播系统

4.6.1　广播系统设备构成

（一）广播系统概述

地铁有线广播系统主要用于地铁运营时对乘客进行公众语音广播，通告列车运行及安全、向导等服务信息；发生灾害时兼做救灾广播。从而保证了地铁运营的服务管理质量，为运营管理及维护人员提供了更灵活、快捷的管理手段。

西安地铁 1 号线广播系统由正线车站（车站和中心）、车辆段广播及停车场广播 3 个相互独立的子系统组成。

本系统包括 19 套车站广播设备、1 套控制中心广播设备、1 套车辆段广播设备和 1 套停车场广播设备。

中心设置 4 套中心综合监控系统，因此为中央控制室配备了 4 套后备广播，分别设于行调 1、行调 2、环调、维调工作台上。4 个综合监控系统配有音频话筒，供中心调度员播音使用。

车站广播系统为车站值班员控制室的车站综合监控系统配备 1 套话筒，同时后备 1 套车站广播操作台，为车站值班员提供广播功能。操作台带音频话筒（含监听扬声器），供车站值班员播音使用。音频话筒为一放在桌面的盒式装置。

（二）系统构成

西安地铁 1 号线广播系统由正线广播（含中心、车站）、车辆段广播、停车场广播这 3 个相互独立的子系统组成。两者通过传输系统提供的通道连接，形成一个可由中心统一控制的广播系统。平时可由车站单独控制车站广播，中心也可通过传输系统控制车站广播。

（1）中心广播系统

中心广播设备由中心广播操作台、音频话筒、中心广播设备机柜（含控制设备、网管设备、接口设备等）、广播电缆等组成。

在 OCC 大楼的中央控制室内，中心行调、中心环调和维调的播音控制功能，由综合监控系统实现，广播系统为综合监控提供 4 个话筒，用于播音；同时广播系统设置 4 个后备广播操作台。

中心广播系统拓扑图见图 4-79。

（2）车站广播系统

正线广播系统包括中心广播系统及车站广播系统，两者通过传输系统提供的通道连接，形成一个可由中心统一控制的广播系统。平时可由车站单独控制车站广播，中心也可通过传输系统控制车站广播。根据地铁车站的类型和运行管理的特点，对于典型站，广播区划分为上行站台、下行站台、站厅、办公用房 4 个区域。

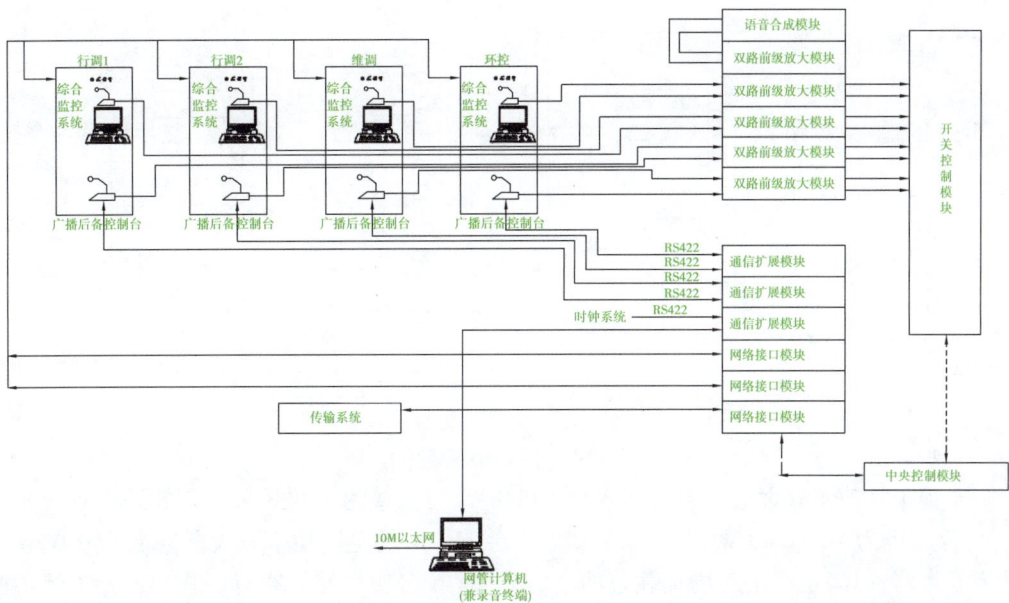

图 4-79　中心广播系统拓扑图

控制中心综合监控系统输出的语音信号和控制信息,经符合有线传输设备规定要求的控制中心接口电路输出,实现信息在传输设备中传输到各个车站,并由车站广播控制设备接收。根据中心发来的指令,控制启动车站广播执行装置,语音经放大均衡后播送到指定的广播区域。同时,车站广播控制设备亦将本站执行的状态反馈传送到控制中心,并在控制中心综合监控系统有关调度员控制台和中心调度员备用广播操作台上显示,完成中心调度对车站的选站、选区遥控操作和指挥。当控制中心不操作时,各车站广播均能独立自主地实现自控操作。

车站广播设备由车站广播操作台、音频话筒、广播机柜(含控制设备、接口设备、功率放大器等)、扬声器网、广播电缆等组成。

典型车站功率放大器输出总功率为 1 200 W,可连接的负载区不小于 8 路。系统采用6 台 240 W 的功率放大器:5 台 240 W 的主用功率放大器,1 台 240 W 备用功率放大器,以满足车站声场负载总功率的要求。6 台功率放大器与负载的连接为浮动配接方式。

在站台、站厅等环境嘈杂的区域,分别设置了噪声传感器,用于对环境噪声进行检测,自动调整广播区音量的大小。站厅 2 路(每路配备 1 个噪声传感器),站台上行、下行各 1路(每路配备 2 个噪声传感器)。采用装修顶棚镶嵌方式安装。

车站广播系统拓扑结构图见图 4-80。

(3)车辆段(停车场)广播系统

车辆段和停车场运用库内各设置 1 套运用库有线广播(与中心广播设备合设),由设置在运用库设备室内的广播设备机柜、运用库值班室内的广播操作台及运用库内的扬声器、广播电缆和现场墙装语音插播盒组成。运用库值班室内的广播操作台只能对运用库内的广播区域进行广播。

车辆段广播设备由车辆段广播操作台、广播机柜(含控制设备、接口设备、功率放大器等)、扬声器网、广播电缆等组成。

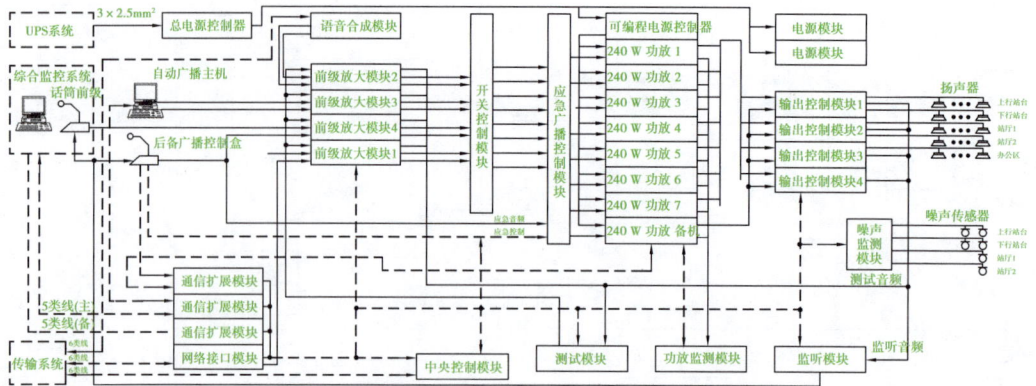

图 4-80　车站广播系统拓扑图

典型车站功率放大器输出总功率为 1 000 W,可连接的负载区不小于 8 路。系统采用 6 台(停车场为 5 台)240 W 的功率放大器:5 台 240 W 的主用功率放大器,1 台 240 W 备用功率放大器,以满足车站声场负载总功率的要求。6 台功率放大器与负载的连接为浮动配接方式。

车辆段广播系统拓扑结构图见图 4-81。

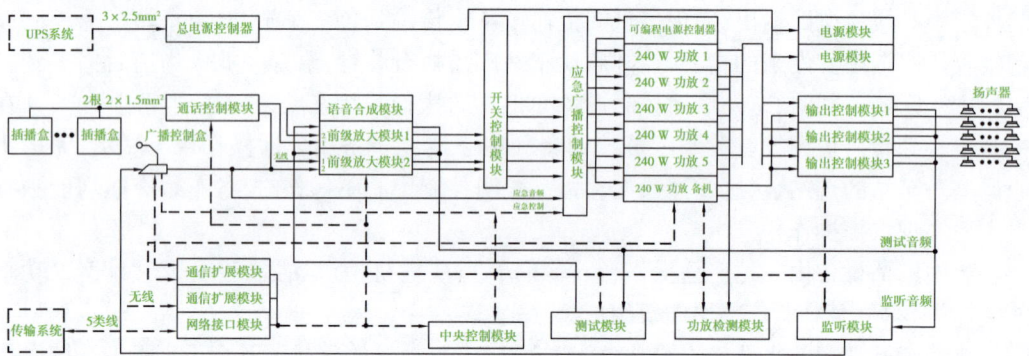

图 4-81　车辆段广播系统拓扑图

(三)广播的功能

(1)中心广播系统功能

1)中心综合监控系统控制台广播功能

在控制中心设置 4 套带话筒的中心综合监控系统,以及 4 套备用广播控制台。中心广播的控制信号通过 RS422 接口与广播设备柜连接,音频信号通过模拟接口与广播设备柜连接。

中心综合监控系统控制台提供中心调度员广播功能。在中央控制室、综合监控系统共配置 4 套中心综合监控系统控制台,分别设于行调 1、行调 2、环调、维调工作台上。根据需要,通信专业在中心广播设备机柜上设置 2 个播音键盘数据接口(10 Mbps),将 2 路键盘数据信号送到中心综合监控系统;设 4 个语音广播接口(模拟),为中心综合监控系统各个控制台提供 1 个音频话筒,供各中心调度员播音使用。音频话筒为一放入桌面的盒式装置。

中心操作人员通过广播操作台进行选站、选区等操作,操作信息经数据接口发送至广播系统的数字接口(通信扩展模块),广播系统将控制信息处理后,转换成符合 TCP/IP 的格式通过以太网传输到车站,对应的车站根据收到的操作信息开关相应的广播区,接通相应的广播通道。

广播操作台的音频信号连接到广播系统的音频接口(双路前级放大器),经选通控制,选通相应的通道,将相应的音频输出至以太网接口模块。在以太网接口模块中,将模拟音频信号变换为数字信号,按照 TCP/IP 的格式通过以太网传输到车站。

中心调度员通过设置在控制中心中央控制室的各广播操作台,可对全线各车站各广播区选择广播,具有如下操作模式。

①编组广播模式。向已设定的固定组合广播区域进行广播。任意车站的组合和任意广播区的组合,均可通过编程灵活设定。选站、选区主要包括以下内容:对所有车站、对一组车站、对一个车站的全部或部分播音区、对所有车站的站台、对所有车站的集散厅、单选广播模式、向全线任意一个车站内的任一区域、多个区域、全部区域进行广播。

②话筒/线路/语音合成广播模式。综合监控系统通过串行接口向广播系统发送"话筒/线路/语音合成广播"命令,广播系统接收到需要广播的信息后,向选定的车站及广播区进行话筒/线路/语音合成广播,话筒为单路,语音合成分为 600 段或以上不同的语音合成信息(可扩充、可修改),语音合成信息存储在 SD 卡中,存储格式为 MP3 格式,每段存储时间不少于 48 s,总的存储时间不短于 480 min,可以根据需要选用不同存储容量的 SD 卡,语音内容可方便地更改,并具有语音合成播音排队功能。

③人工编程模式。可人工对车站广播进行编组设定、语音合成信息键位与内容设定等。

④监听选择模式。可对语音合成的广播内容进行选择监听。

⑤显示模式。操作台上的显示屏应具备显示以下内容:全线各站的工作、空闲、故障状态(以站内各区为单位,分为工作、空闲;以站为单位,分为正常、不正常状态);单个车站的广播占用状态(以站内各区为单位,分为占用、不占用两种状态);中心控制室对各站广播时的车站反馈状态(以站内各区为单位,分工作、不工作两种状态)。全线各站的工作、空闲、故障状态,单个车站的广播占用状态及中心控制室对各站广播时的车站反馈状态均可通过中心广播操作台的 LCD 显示屏直观地看到。

2)中心综合监控系统控制台广播功能故障时的后备功能

在行车调度员 1、行车调度员 2、环控调度员、维调工作台上各设 1 个后备 OCC 广播操作台,与中心广播设备机柜通过专用的控制电缆连接。这些后备 OCC 广播操作台具有与中心综合监控系统各控制台类似的广播功能,除具有话筒/线路/语音合成广播功能、单选广播功能、编组广播功能、监听功能和显示功能外,还具有键盘锁闭功能,只允许有关调度员在获得授权的情况下,运用钥匙开启并使用后备 OCC 广播操作台的各项广播功能。后备 OCC 广播操作台为一桌面型的盒式装置。后备 OCC 广播操作台的使用优先级高于综合监控系统的广播控制功能。

3）OCC 中心调度员播音功能的实现

中心综合监控系统、音频话筒（包括话筒/语音合成信源选择等），与广播机柜设备通过专用控制电缆连接，其距离最大可达 200 m。

根据运营管理模式要求，在各 OCC 中心调度员处设中心备用广播操作台 1 个，包括麦克风、选站、选区控制装置等，分别设于中心行调 1、中心行调 2、中心环调、中心维调值班操作台上，与广播机柜设备通过专用可控电缆连接，其距离最大可达 200 m。

（2）车站广播功能

1）车站广播操作台功能

车站综合监控系统在车站值班室控制室，设置一套车站综合监控控制台，为车站值班员提供广播功能。根据客户需要，车站广播机柜上设置 1 个播音键盘数据接口（10 Mbps 以太网），将一路键盘数据信号送到车站综合监控系统；另有一个语音广播接口（模拟），与为车站综合监控系统控制台提供一个音频话筒（含扬声器）相连。音频话筒为一放在桌面的盒式装置。通过设置在车站值班员控制室内的车站广播操作台可对本站内的各广播区选择性广播，具有如下操作模式。

①单选广播模式。向站内的任一区域、多个区域、全部区域进行广播。

②话筒/线路/语音合成广播模式。可以选择话筒/线路广播及语音合成广播，话筒为单路，语音合成分为 600 段不同内容（可扩充），语音合成信息存储在 SD 卡中，存储格式为 MP3 格式，总的存储时间不短于 480 min，可以根据需要选用不同存储容量的 SD 卡，语音内容可方便地更改，并具有语音合成播音排队功能。

③编程模式。可对站内广播区进行编组设定、语音合成信息键位与内容设定 、优先级别设定等。

④监听选择模式。可选择车站内任意区域的广播内容进行监听。

⑤显示模式。中心控制室对车站广播时的车站占用状态、广播系统故障指示、车站广播区使用指示均可通过车站值班广播操作台的 LCD 显示屏直观地看到。

综合监控系统与广播系统是主从关系，只有当综合监控系统访问广播时，广播系统才会将上述显示内容送到综合监控系统。

2）车站综合监控系统控制台广播功能故障时的后备功能

在车控室设置 1 个后备广播操作台，通过专用控制电缆连接到车站广播机柜，具有和车站综合监控系统控制台一样的广播功能，除具有话筒/线路/语音合成广播功能、单选广播功能、编组广播功能、监听功能和显示功能外，还具有键盘锁闭功能，只允许车站值班员在获得授权的情况下，运用钥匙开启并使用后备车站广播操作台的各项广播功能。

3）自动广播功能

广播系统在 OCC 接受信号系统综合列车信息，通过 10 M 以太网分别发送到不同车站，车站控制设备接收到触发信号，在列车即将到达、到站、离站、晚点时，启动语音合成模块内的预存储语音内容，进行自动广播。自动广播的语音内容由 2 种语言（普通话、英语）组成。此外，还可以定时自动广播、空闲自动广播、人工手动设置广播，每个车站最少能存放 600 条广播音频，在出现故障时不影响原有广播系统人工广播功能。

4）平行广播功能

广播系统可实现多信源、多信道、多负载区域平行广播。系统中设置有 16 × 16 的矩阵开关控制模块,可以同时将不同的信源输入连接到不同的广播区输出,使得多个信源可同时对多个广播区进行广播,各路互不干扰,实现平行广播的功能。

5)播放背景音乐功能

通过车站值班广播操作台的线路输入接口可以播放背景音乐,当某个高优先级进行广播时,背景音乐信号自动降低,当广播结束后,背景音乐的信号自动恢复到原来正常水平。背景音乐的音量及降低的幅度均可通过软件设定。如图 4-82 所示。

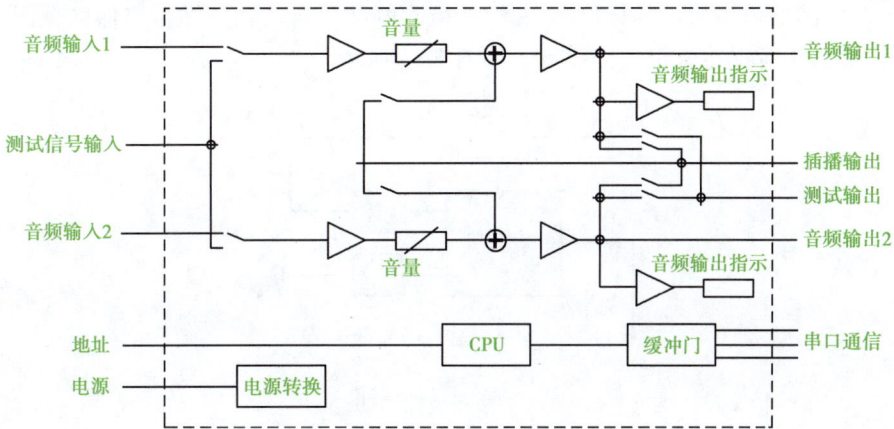

图 4-82   播放背景音乐功能

如图 4-82 所示,系统中的双路前级放大模块具有插播的功能,当某一路音频处于播放背景音乐的状态时,若需要进行正常广播,经系统的控制,正常广播的音频可以自动切换到插播总线,而背景音乐的音量可经电子音量控制,衰减到预先设定的大小,正常广播的音频则保持正常的输出水平。广播结束后,背景音乐重新回到原来的水平。

6)优先级广播功能

系统具有优先分级广播功能。当高优先级广播时,能够自动打断低优先级的广播,而低优先级的广播则不能打断高优先级的广播。正线车站广播优先级的顺序是:

①正线广播设备

第一级,中心环控(防灾)调度员;

第二级,中心行车调度员;

第三级,车站行车值班员;

第四级,列车进站自动广播;

第五级,站台客运值班员广播;

第六级,语音广播(线路广播)。

②车辆段及停车场广播设备

第一级,车辆段信号楼行车值班员;

第二级,车辆段运用库值班员;

第三级,扩音终端(由电话系统提供)。

系统广播优先级的顺序可以通过软件调整,在控制中心的网管终端进行相应的设置即可,系统将按照新设定的结果运行。

7）中心广播自动录音功能

设置在中心的实时录音装置，可对中心级的每次广播进行记录，记录的内容包括广播的操作者、优先级、广播对象、广播内容、广播开始及结束时间等信息，录音方式为 24 h 循环录音。记录的内容可选听，需要时可将录音的内容刻于光盘进行保存。

8）噪声探测功能

在各车站的系统中设置有噪声检测控制模块，连接设置在站台、站厅广播区域的噪声传感器，对周围的环境噪声进行检测，并根据检测的结果自动调节站台广播区域的广播音量。使广播的声音保持一定的信噪比。如图 4-83 所示。

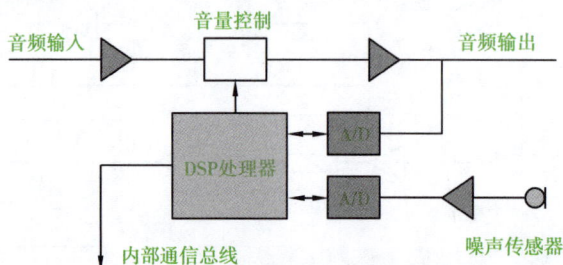

图 4-83　噪声探测功能

如图 4-84 所示，设置在公众广播区域内的噪声传感器将接收到的噪声信号传到噪声检测模块，经放大、AD 转换及内部计算等处理后，控制广播信号的音量。

9）功放自动检测切换功能

广播系统中所设置的功放检测模块，用于检测功率放大器的工作状态。当发现有功放出现故障时，立即发出切换控制信号，用备用功放替代故障功放的工作，不中断广播，并能够将故障信息及切换信息发送到控制中心，由中心的网管终端统一管理。

10）车站无线功能

无线移动广播控制设备用于站台广播，由无线移动手持台和无线移动广播控制器组成，手持台由站台工作人员随身携带，不受地点的局限，在站台内任何一个位置均可遥控广播，便于工作人员现场指挥。控制器置于广播机柜，内含无线接收设备。该设备使用可靠，保证站台区域内稳定、连续、正常地播出，无信号盲区。不用时可置于充电座上自动充电，使用时取出，连续待机时间大于 24 h。

站台值班员通过手持台进行广播时，无线移动控制器收到手持台发过来的广播请求后，会把该信息传给车站的中央处理器，由中央处理器发出相应的指令，把站台无线接收设备发来的音频信号送给相应的功率放大器，然后由输出控制模块送到相应的站台广播区。

手持台上有"PTT"按键，按住"PTT"键即可对站台进行广播，广播完毕后，松开此键，则可结束广播。

无线广播可以单独设置优先级，只有在上级广播未占用播音时，才可使用。

11）应急广播功能

系统中配置有应急广播控制模块，当系统出现异常情况时，可按下车站广播控制台的应急广播按键进行应急广播。如图 4-84 所示。

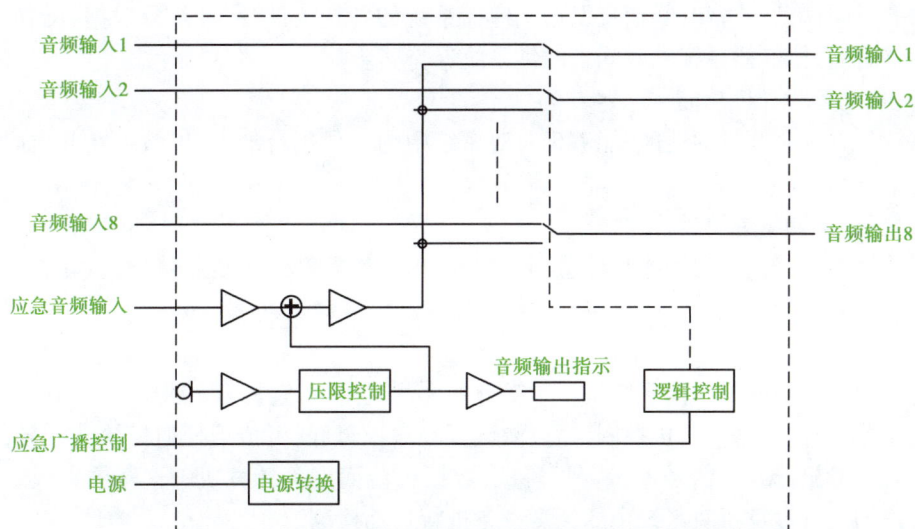

图 4-84　应急广播控制模块

系统中设置有应急广播控制模块,可接收车站广播操作台的广播音频及控制信号。按下车站广播操作台的应急广播按键,则车站广播操作台的音频直接连接至各功率放大器,输出到各广播区。

12)车站监听功能

在车站值班广播操作台中设有监听电路及扬声器,可通过在操作台的操作,对本车站各广播区的广播内容进行选择监听,监听音量可调。如图 4-85 所示。

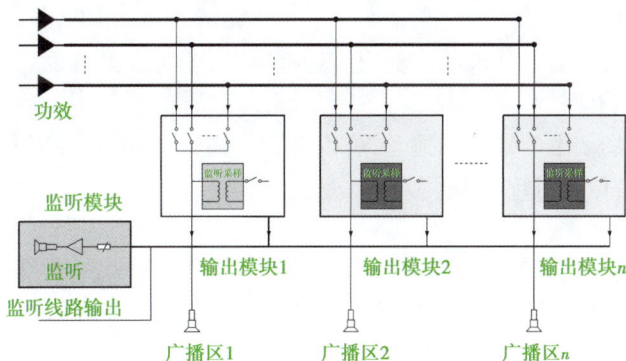

图 4-85　监听模块

系统中的监听模块中具有监听采样电路,将输出到广播区的信号进行采样,通过开关控制输出到监听总线。从车站广播操作台可选择监听本站各广播区。

13)播放预示音功能

在车站广播系统中设置有一个语音合成模块,语音合成模块中存储有预示音的广播信息,在每次广播前,系统可自动触发语音合成模块,播放预示音信息。

系统设计的预示音的种类有 6 种,供用户选择。

14)时间同步功能

在控制中心,广播系统具有与时钟系统的接口,通过该接口,广播系统可接收时钟系统发来的时间信息,并将时间信息发送到广播系统的各相关部分,各部分根据收到的信息自动校整时间,使广播系统的时间与时钟系统保持同步。

15)自动延时开机功能

系统具有延时开机的功能,能够延时对系统中的功放逐台加电,以减少在开机时电源的冲击电流。

16)扬声器网络检测功能

系统可对每个扬声器网络自动检测,可检测出扬声器网络的负载情况,自动判定扬声器网络的开路、短路状态。

17)系统参数自动测试功能

在车站和车辆段的广播系统机柜中都有一个测试模块,它具有 20 Hz ~ 20 kHz 的音频信号发生器,可由网管计算机控制,通过测试音频输入母线,可传给任何模块和设备,并通过测试音频输出母线对信号进行定量测试,数据可传回网管计算机。这样维护人员可通过中心站的网管计算机对系统中的任意设备进行自动检测。

(3)车辆段(停车场)广播

1)车辆段(停车场)广播功能

车辆段(停车场)运用库设置 1 套广播设备,供车辆段(停车场)运转值班员对运用库播音区进行定向语音广播,现场工作人员可通过设于库内四周墙上的插播控制盒插入、询问、应答播音,运转值班员的广播操作台具备对其播音区的监听功能。

2)值班广播功能

车辆段(停车场)运用库值班员可通过广播控制台对车辆段各区域选择广播,具有单选、组选、全选的操作模式。

3)值班监听功能

通过广播控制台可对各区域的广播内容选择监听,监听音量可调。

4)插播盒广播功能

通过设置在现场墙上的语音插播盒,可以进行广播;广播时可以对预先设定的区域进行广播,具体区域的设定可现场编程。

5)其他功能

车辆段(停车场)广播系统也具有功放自动检测切换、自动延时开机、扬声器网络检测、系统参数自动测试功能等与车站系统相同的功能。

4.6.2 广播系统与外专业接口

(一)与综合监控系统接口

(1)硬件接口

接口类型:10 M 以太网;接口数量:中心 2 个、车站各 1 个;接口位置:广播机柜内;物理接口形式:RJ45;接口界面:专用通信设备室内配线架。

(2)接口软件协议

采用基于以太网的 ModBus 协议;主要用于综合监控下发各类预制广播。

（二）与传输系统接口

接口类型：10 M 以太网；接口数量：中心、车站各 3 个；车辆段/停车场 1 个；接口位置：广播机柜内；物理接口形式：RJ45；接口界面：专用通信设备室内配线架。其中，广播语音的编解码支持标准：系统 H.323，音频 G.711、G.728、G.729；广播设备控制支持标准：IEEE802.3。主要用于控制中心与车站广播系统设备通信。

（三）与时钟系统接口

接口形式：RS422；接口方式：点对点；接口数量：1 个；物理接口形式：RJ45；接口协议：采用时钟厂家的统一协议；接口界面：专用通信设备室内配线架。主要用于采集同步时钟信号。

（四）与集中告警接口

接口形式：10 M 以太网；接口数量：1 个；物理接口形式：RJ45；接口界面：网管设备室内配线架。主要用于将广播系统网管告警传送至集中告警网管。

4.6.3 广播系统设备故障诊断及处理

车站广播系统是一个比较复杂的广播系统，需要专业的技术人员进行维护。一般的检修原则是：广播系统按图 4-86 所示进行检测，最小系统检测，更换相同模块。

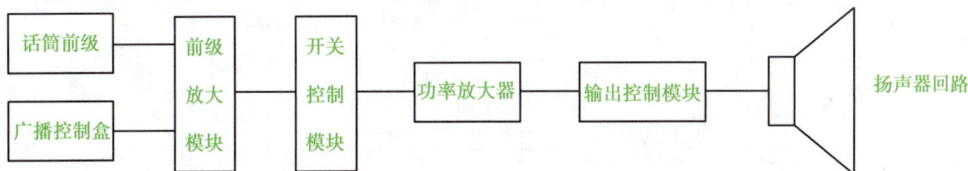

图 4-86 车站广播系统检测程序

因为广播系统有多个操作终端，如果一个操作终端出现故障，用另一个操作终端进行检测，借此判断是操作终端的故障还是广播系统故障。如果话筒不能广播用语音合成进行检测，如果是不能语音合成广播则用话筒进行广播测试，借此判断是信源故障还是广播通道的故障。

由于广播系统属于高端电子设备，因此所有器件、模块、设备的更换严禁带电操作，以免对其造成损坏。

任务 4.7　时钟系统

4.7.1 时钟系统设备构成及功能

一级母钟或二级母钟发生故障时，为了避免将错误数据发送到从属子钟及相关系统（所谓"错误"，指的是超出容许的公差范围）。一级母钟和二级母钟在设计时采取了容错措施,确保在发生故障时立即终止向下级附属系统发送同步信息,避免给地铁运营控制系统造成时序紊乱。同时,一级母钟和二级母钟在发生故障时立即在本地发出警报并将报警信息加上时间标记后发往集中告警中心。

(一)中心一级母钟构成

中心一级母钟设置在运营中心通信设备用房内,主要功能是作为基础主时钟,自动接收 GPS 接收装置提供的标准时间信号,将自身的时间精度校准,通过传输系统将精确时间信号发送给各个车站/车辆段及停车场的二级母钟以及其他需要标准时间的通信子系统定时设备,并且通过监控计算机对时钟系统的主要设备及主要模块进行点对点监控。中心母钟定时(每秒)向二级母钟发送标准时间信号并负责向控制中心主要用房的子钟提供标准时间信号。

正常工作状态下,中心一级母钟接收 GPS 接收装置提供的标准时间信号作为西安地铁 2 号线一期工程全线通信系统时钟系统的时钟源以及其他系统的时钟源。

中心一级母钟主要由 GPS 接收装置,主、备母钟,分路输出接口箱,电源几部分组成。

中心一级母钟内部构成如图 4-87 所示。

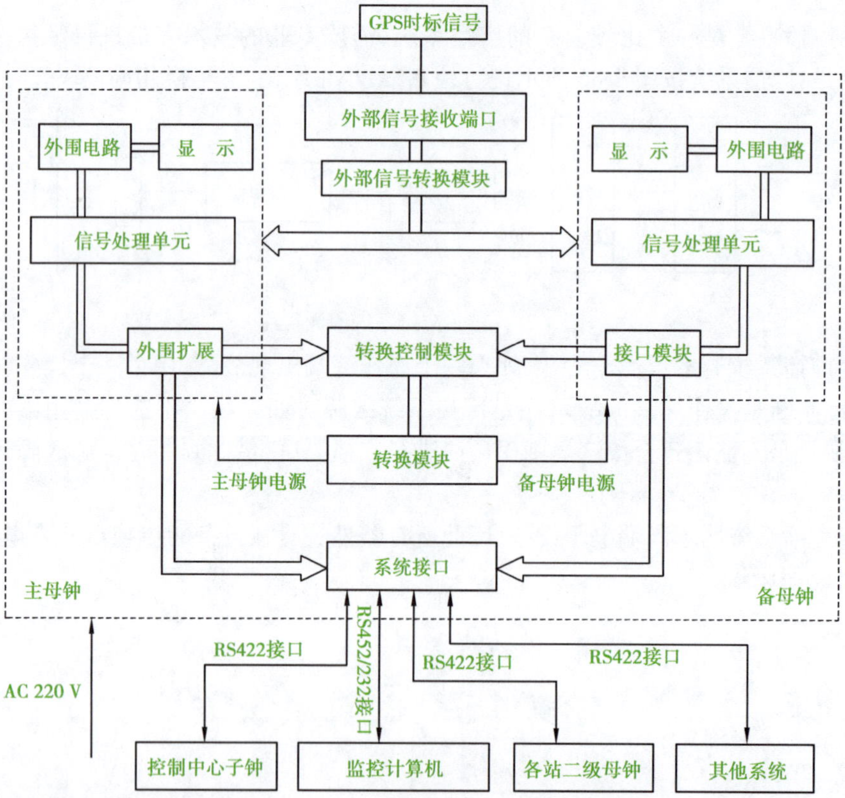

图 4-87　中心一级母钟内部构成图

(二)二级母钟构成

二级母钟系统设备机柜设于各车站/车辆段及停车场的通信设备用房内,通过数据传输系统通道接收中心一级母钟发出的标准时间信号,使二级母钟与中心一级母钟随时保持同步,并产生输出时间驱动信号,用于驱动本站所有子钟并给其他系统提供标准时间信号,同时给 SCADA 系统提供毫秒级时间信号。

二级母钟主要由信号接收模块,主、备母钟,分路输出接口箱,电源几部分组成。

二级母钟内部构成如图 4-88 所示。

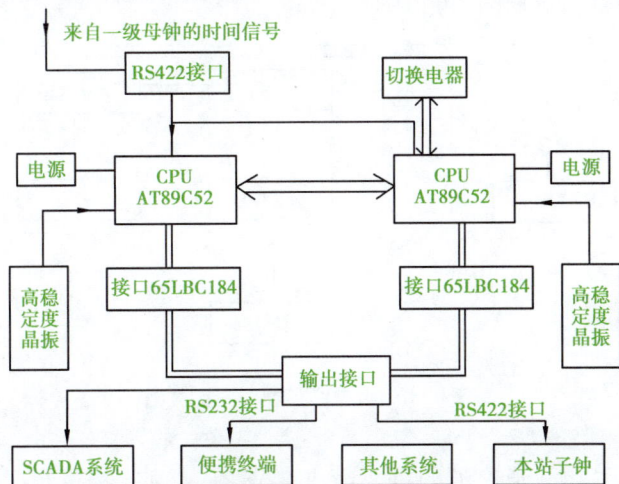

图 4-88   二级母钟内部构成图

①二级母钟同一级母钟一样,由主、备两个母钟组成,两个母钟可以互相切换,主母钟出现故障立即自动切换到备母钟,备母钟全面代替主母钟工作。主母钟恢复正常,备母钟立即切换到主母钟,从而确保系统的安全不间断运行。

②二级母钟具有数字信息显示器及操作按键,用于显示时间和部分工作状态及本站子钟的设置。

③二级母钟机柜具有系统监测数据输出接口,以便测试用便携终端的接入,实施对全系统的监测管理。

④二级母钟具有脱机运行功能:中心一级母钟故障或传输通道中断时,二级母钟可独立控制本站子钟运行。

(三)子钟构成图

子钟接收二级母钟发出的标准时间信号,进行时间信息显示,子钟脱离母钟时能够单独运行,其显示方式可为模拟式和数字式两种。

(1)模拟式子钟内部结构图

模拟式子钟主要由 I/O 接口模块、主控制板模块、机芯、电源模块、照明装置几部分组成。

模拟式子钟内部构成如图 4-89 所示。

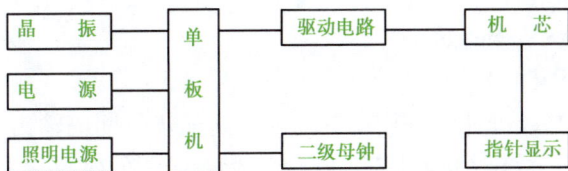

图 4-89   模拟式子钟内部构成图

（2）数字式子钟内部结构图

数字式子钟主要由 I/O 接口模块、主控制板模块、时间显示模块、电源模块几部分组成。

数字式子钟内部构成如图4-90所示。

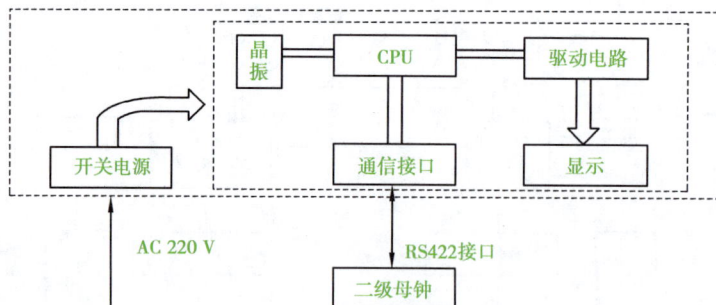

图4-90　数字式子钟内部构成图

（四）系统功能描述

时钟子系统是城市轨道交通的重要组成部分之一,具有提供统一时间信息的功能。其主要作用是为各站工作人员和旅客提供标准的时间信息,为其他系统提供统一的定时信号,使各系统的定时设备与时钟系统同步,在全线执行统一的时间标准。

时钟系统按中心母钟和车站母钟两级方式设置,基本功能如下。

（1）同步校时功能

①中心母钟正常情况下接收 GPS 标准时间信号,产生精确的同步时间码,通过传输通道向各车站、车辆段/停车场的二级母钟传送,统一校准二级母钟。

②中心主母钟在 GPS 故障的情况下接收不到 GPS 标准时间信号,自动转换中心备母钟工作接收 GPS 标准时间信号,同样产生精确的同步时间码,通过传输通道向各车站、车辆段/停车场的二级母钟传送,统一校准二级母钟。

③二级母钟在传输通道中断的情况下,能够独立正常工作,产生对各子钟的驱动信息,使各子钟能够进行正常的时间显示。

④一级母钟、二级母钟在传输通道中断的情况下,所带的子钟能够独立正常工作,各子钟能够进行正常的时间显示。

（2）时间、日期显示功能

中心一级母钟和二级母钟面板均按时:分:秒格式显示时间,按"年月日"格式显示日期。双面模拟指针式子钟为"时:分"显示。单面数字式子钟为"时:分:秒"显示。日历数字式子钟按"年月日星期时分秒"格式进行显示。中心母钟和二级母钟能产生全时标信息,格式为"年月日星期时分秒",并能在设备上显示。可以自动按照 12 h 和 24 h 制式分别显示北京时间或格林威治时间。

（3）为其他系统提供标准时间信号

中心一级母钟和二级母钟设备均设有标准时间同步时间码输出接口,其中中心一级母钟设置 28 路毫秒级标准时间 RS422 接口,二级母钟设置 14 路毫秒级标准时间 RS422 接口,均可在整秒时刻给地铁通信系统以及其他子系统提供毫秒级标准时间信号。除主要包括以下各系统的输出接口以及各车站二级母钟所需接口外,还预留若干个备用的输出接口。

传输系统,公务电话系统,专用电话系统,无线通信系统,电视监视系统,广播系统,计算机网络信息管理系统(CNIS),电源系统,集中网管系统,ATS 系统,ISCS 系统(含 BAS/FAS/ACS 等),AFC 系统。

中心一级母钟设备在地铁运营中心为 SCADA 系统提供毫秒级标准时间信号,同时经由传输系统将该毫秒级信号送至 2 号线其他主变电站的 SCADA 系统。

时钟设备供应商提供的时钟系统中安装在各车站/场/段的 CJ-E9300 Ⅲ 型二级母钟,在车站/场/段为车站、停车场、车辆段的 SCADA 系统提供毫秒级时间信号,车站/场/段二级母钟提供 14 路毫秒级接口直接为各车站/场/段的 SCADA 系统及其他专业系统提供毫秒级时间信号。

中心一级母钟出厂时共配置 98 路标准时间 RS422 接口,接口分配如下:

设置 28 路毫秒级标准时间码输出接口,在整秒时刻给电力监控(SCADA)等其他系统提供毫秒级标准时间信号,其中单独设置 2 路标准时间信号是符合"NMEA0183"格式时间信号接口协议的标准时间信号接口,以备地铁控制中心其他系统使用。

设置 56 路同时通过 RS422 接口经由传输系统将该毫秒级信号送至车站、停车场、车辆段各相关系统;其中一期工程使用 23 路接口,预留 33 路 RS422 接口给 2 号线工程扩建扩容之需。

单设 1 路标准的 RS422 接口用于接收 GPS 标准时间信号,不包括在 98 路范围内。

单设 1 路标准的 RJ45 接口用于连接监控计算机,监控计算机提供 IEEE 802.3 标准的 10 M/100 M 以太网接口 1 个(与集中告警终端相连),不包括在 98 路范围内。

设置控制中心子钟的驱动接口 14 路。

二级母钟出厂时单配置 28 路标准时间码输出接口。为车站电力监控系统提供 1 路,其中:

①电力监控为毫秒级的时间信号,接口类型为 RS422,计时误差在 ±100 μs 之内。13 路 RS422 毫秒级接口给其他系统。

②给车站/场/段的子钟设置驱动接口 14 路;除本站子钟使用外,剩余接口预留为车站系统扩容之需。

(4)毫秒级信号的实现方式、时隙图及系统误差补偿功能

1)毫秒级信号实现方式及时隙图

一级母钟实时向电力监控(SCADA)提供毫秒级标准时间信号,同时通过 RS422 接口经由传输系统将该毫秒级信号送至车站、停车场、车辆段各相关系统。毫秒级信号具体实现方式如下:

中心一级母钟每秒 1 次,通过标准时间数据 RS422 接口,从每秒的零毫秒时刻开始以 9 600 bit/s 连续发送 21 个含有年、月、日、星期、时、分、秒、毫秒的时间字符,并且包含起始位、结束位、校验位、GPS 校时等字符信息。标准时间的接收方可在接收到结束符后直接用接收到的时间信息来替换自身设备的毫秒计时,然后再依次校准分、时、日、月、年、星期等计时单元。

车站/车辆段及停车场二级母钟接受中心一级母钟发出的标准时间,实时校准自身的内部时间;采用同中心一级母钟一样的发送方式,每秒钟 1 次,通过标准时间数据 RS422

接口,给车站/车辆段及停车场的子钟发送时间信号,同时给车站/车辆段及停车场的 SCA-DA 系统以及其他子系统提供毫秒级标准时间信号。二级母钟对所辖子钟的发送和接收可同步进行。时间信号的时隙图如 4-91 所示。

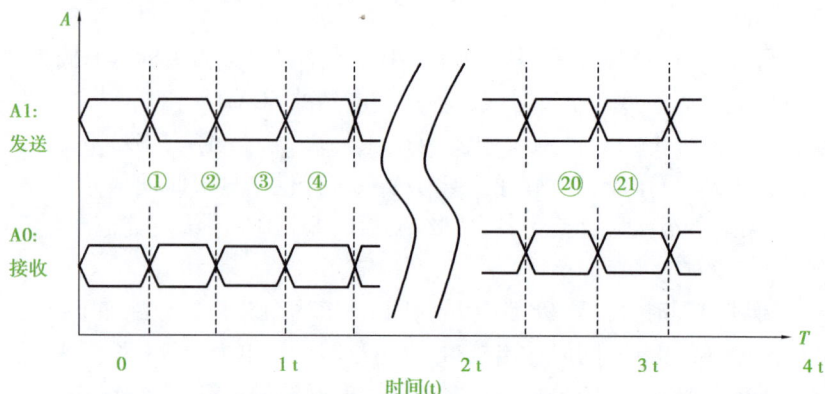

图 4-91   时间信号时隙图

说明:

横轴 T 代表时间,单位 t 为发送或接收 1 个字节的时间,在波特率为 9 600 位/s 的情况下(每个字节占用 8 位),1 t 约等于 1 ms;

纵轴 A 代表事件,A1 代表发送方发送的数据,A0 代表接收方接收的数据;①、②…⑳、㉑分别代表发送和接收的第 1、2…20、21 个字节数据。

对于串行口数据传输,具体的发送和接收时序均由硬件自动实现,移位传输时发送和接收同时进行,因此,在实际传输中,发送方发送一个字节数据的同时接收方也完成了接收一个字节数据,即发送方完成 21 个毫秒级标准时间的同时,接收方亦完成接收 21 个毫秒级标准时间;再换句话说,发送方发送标准时间所花费的时间 21 t 也就是接受方接收标准时间所需要的时间 21 t。

2)时间数据系统误差补偿原理

时间数据系统误差 T_0 主要由 21 个字节串行通信时间 T_1、传输系统延迟时间 T_2 和光传输延迟 T_3 组成。21 个字符的串行通信时间 T_1,可根据波特率和传输方式计算得:$T_1 = [(8+1+1+1) \times 21/9\ 600] \times 1\ 000 \approx 24$ ms。

通道传输延迟时间 T_2 主要与传输系统的传输延迟特性有关,并且存在不同时段的不确定性。解决的办法是:每次发送时间信号前,在中心一级母钟先给二级母钟发送数据进行传输延迟测定,得到 T_2。

由于光速极快,光传输延迟 T_3 可忽略。

在发送标准时间信号时总的延迟时间为:$T_0 = T_1 + T_2 + T_3 = 24$ ms $+ T_2$。

中心一级母钟发送的标准时间信号数据中包含延迟时间 T,其他系统设备接收的标准时间信号为实时的时间信息。其他系统设备在接收到结束符后,直接利用接收到的标准时间数据校准自身秒数,然后再校准年、月、日、时、分时间单元,即可实现标准时间的同步功能。

(5)系统扩容功能

CJ-M9300Ⅲ型时钟系统具备扩容功能,系统扩容时无须增加控制模块,只需直接增加接口板模块便可实现系统功能。扩展不影响既有设备的使用,软件基本不变。

在本系统中,中心母钟分路输出接口箱的接口设计数量为98个,最多可扩展为512个,并可根据实际情况及以后的需要很方便地进行扩容。分路输出接口箱实现主备一级母钟与传输子系统的接口转换及分路输出,可以为扩容车站/车辆段/停车场的二级母钟以及自带子钟和其他相关通信系统提供足够标准时间信号传输接口,接口形式为标准RS422接口,能够接收二级母钟及其子钟的反馈信息,监控其运行状态。

二级母钟分路输出接口箱的接口设计数量为28个,最多可扩展为256个。

本系统扩容方式:直接增加接口扩展模块。

(6)监控系统的功能

在控制中心设置时钟系统监测管理终端,具备自诊断功能,可进行故障管理、性能管理、配置管理、安全管理。西安地铁2号线一期工程设置了一套监控终端对全线进行监控。

监控终端能够检测地铁时钟系统主要设备的运行状态,对系统的工作状态、故障状态进行显示,并能够对全系统时钟进行点对点的控制,其主要监控及显示的内容包括:

标准信号接收单元的工作状态,信号处理单元的工作状态,一级母钟、二级母钟、每个子钟的工作状态,传输通道的工作状态,对全系统时钟系统的控制(加快、减速、复位、校对、追时等),基本故障排除原则等帮助信息。

监控终端还能对故障状态及时间进行打印和存储记录。系统出现故障时能够发出声光报警,指示故障部位。同时将故障信息通过10M/100 M以太网传输到集中告警终端,以便于地铁通信系统的集中管理。

时钟监控管理终端除以上的功能还提供如下安全管理功能:

①网络监视:只能看信息,不能修改任何数据。进入系统需不少于8个字符的登录口令。

②网络维修:对一般维修所需的数据进行修改,不能对数据库进行修改。进入系统需不少于8个字符的登录口令。

③网络管理:能修改数据库的任何数据。进入系统需不少于8个字符的登录口令。

网络管理运行中可对所有登入者、操作内容进行实时监视,监视过程采用文件记录(含有时间、登入口令)并保存。该文件可查看、打印,不能删除。

时钟监控管理终端的用户管理包括用户信息的创建、修改与删除。每个用户必须分配一个密码。用户授权:即为指定用户赋予一个或多个操作权限。用户登录鉴权:当一个用户登录网管系统时,系统应提示操作人员输入密码,并校验该密码是否正确。只有成功通过鉴权的用户才能登录本系统。鉴权失败时系统给出提示信息。用户操作鉴权:当用户执行网管系统某个功能时,系统自动校验该用户是否有执行该功能的权限。只有成功通过鉴权的用户才能执行该功能。鉴权失败时系统给出提示信息。

时钟监控管理终端的自动注销功能:当成功登录本系统的用户,在预先设置的时间间隔内没有执行任何操作,系统自动注销该登录。

在控制中心设置时钟系统监测管理终端即中心监控计算机,具备自诊断功能,可进行系统性能管理、故障管理、安全管理。监控软件用 Visual Basic 6.0 编制而成,运行于Win2000/NT Server 操作系统。监控界面采用全中文显示、下拉菜单模式,具有良好的人机对话界面,具有优良的开放性和可扩充性,可以很方便地进行需要显示的二级母钟和子钟数量的更改。通过标准的 RS-485/232 接口与一级母钟相连,具有集中维护功能和自诊断功能。

(7)对子钟的控制功能

时钟系统对子钟的控制方式有两种:一是可以通过母钟(一级母钟和二级母钟)前面板按键对子钟进行控制,对模拟子钟可以进行对时、加快、减速、追时、复位操作,对数字式子钟可以进行对时、复位、校时等操作。二是通过监控终端对子钟进行加快、减速、对时、追时、复位等各种操作。

在重新接收到有效的控制数据之后,子钟将按照接收到的指令自动调整到位。数字式子钟校准在 1 s 内完成,指针式子钟最长追时距离为 6 h(可正转或反转追时),按 60 倍速最长需 6 min 完成追时。指针式子钟自动进入追时程序,自动计算选择最短路径正拨或倒拨,以 60 倍或 120 倍速快速追到正确时间后正常运行。

数字式子钟的校对原理:数字式子钟接收到校对指令后,按照接收到的时间直接替换自身时间并于外部显示,校对过程瞬间完成。数字式子钟的校对过程较简单,直接输入钟号,按校对即可。

数字式子钟的复位:数字式子钟在接到复位指令后,能自动复位,初始化内存数据,初始化后显示 12 时 00 分 00 秒。

数字式子钟的加快和减慢:数字式子钟在接到加快或减慢指令后,能自动刷新显示要求显示的时间。

指针式子钟的追时过程:指针式子钟接收到目标时间后,首先判断自身时间与目标时间差异,计算出追赶与后退最短调整路径,最长追时距离为 6 h,然后单独控制时针和分针开始以 60 倍速率正追或反拨,当追到标准时间后自动恢复到正常运行状态,即完成追时过程。

指针式子钟的复位:模拟式子钟在接到复位指令后,能自动复位,初始化内存数据,初始化后自动追时到 12 时 00 分 00 秒后,开始正常走时。

指针式子钟的加快和减慢:通过母钟或监控计算机可以实现加快(快拨)和减慢(倒拨)当前时间,找到目的时间后自动恢复正常走时速度。

(8)对子钟巡查方式的详细说明

一级母钟系统能够在满足时钟及同步系统全部功能和性能要求前提下,每分钟完成多次校时的输出,并能在最短时间内完成 2 号线各二级母钟和子钟设备校时的查询处理。

为了提高巡查效率,本系统采取一级母钟和二级母钟对所带子钟分别进行巡查的方式,并由二级母钟将各自的巡查结果 2 s 1 次向一级母钟汇总。一级母钟或二级母钟对所属子钟的巡查方式有两种:一种是多路并发式巡查方式,另一种是轮巡方式。轮巡方式由于处理速度比较慢(大约平均每个接点需要 1~3 s),现在已经基本不采用了。第一种方式是通过并行通道同时回收各路子钟的反馈信号,并集中查找错误信息,发现故障信息后,立即进入二次确认程序,判断故障地址和故障类别,即向该地址直接发送确认信号,经过反馈信息比对处理之后,作出准确判断。由于这种方法需要母钟的 CPU 具有较高的处理能力和较快的运算速度,因此巡查速度往往取决于母钟 CPU 的主频和内存容量。目前我公司采用的 CPU 型号一般为美国 ATMEL 公司生产的 89C52,其主频最快可以达到33 M,是 8031 的替代产品。当故障发生时,母钟向子钟发送两次时间码的时间加接收两次反馈信号的时间大约为 84 ms,加中断请求和呼叫等待时间总共不超过 100 ms。

对无故障子钟的查询,由于是一次发送一次接收,因此总共需要 50 ms。另外,时钟系统子设备具有故障优先告警功能,当某个子设备出现故障,而母钟未查询到时,子设备优先告警(时钟系统内部故障告警优先),在系统工作正常情况下,母钟做多路并发式巡查工作。

4.7.2 时钟系统接口

(一)与传输系统接口

传输系统为时钟系统提供一、二级母钟信号传输通道。

接口功能:由传输系统为控制中心一级母钟到各车站、车辆段、停车场的二级母钟提供点对点的时间信号传输通道。

接口类型:RS422 接口线缆;

物理接口方式:RS422 点对点;

通信协议:9 600 bps;

接口数量:控制中心 23 个,各车站、车辆段、停车场 1 个;

接口位置及工程界面:各通信系统设备室综合配线架的外侧,如图 4-92 所示。

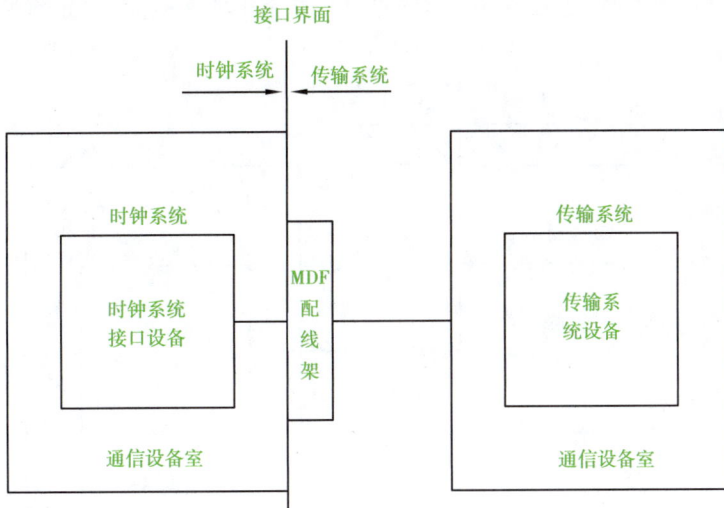

图 4-92 时间系统与传输系统接口位置及工程界面

(二)与电源系统接口

(1)时钟系统为电源系统提供标准时间信号

接口功能:为电源系统提供对时信息;

接口类型:RS422 接口线缆;

物理接口方式:RS422;

通信协议:参照时钟系统标准时间接口协议;

接口数量:1 个;

接口位置及工程界面:控制中心通信系统设备室综合配线架的外侧。如图 4-93 所示。

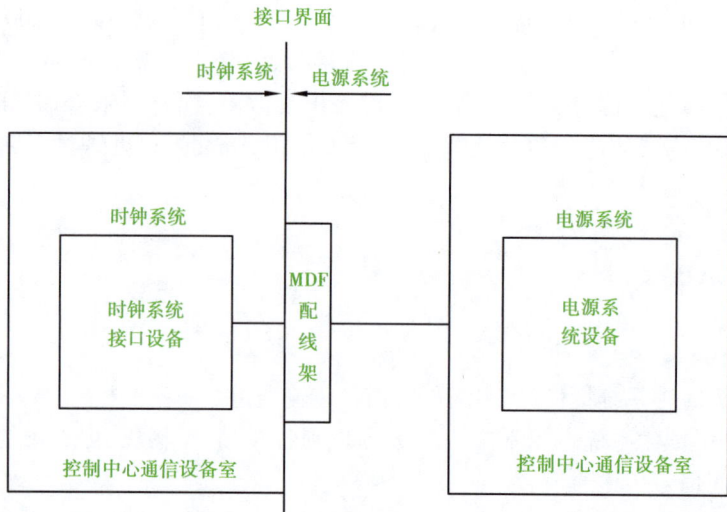

图 4-93　时钟系统为电源系统提供标准时间信号接口位置及工程界面

（2）电源系统为时钟系统提供设备电源

接口功能：电源系统为中心母钟、车站二级母钟机柜各提供 1 路交流 220 V 电源；

接口数量：控制中心、车站、车辆段、停车场各 1 路；

接口位置及工程界面：在通信设备室时钟机柜底部电源接线端子，如图 4-94 所示。

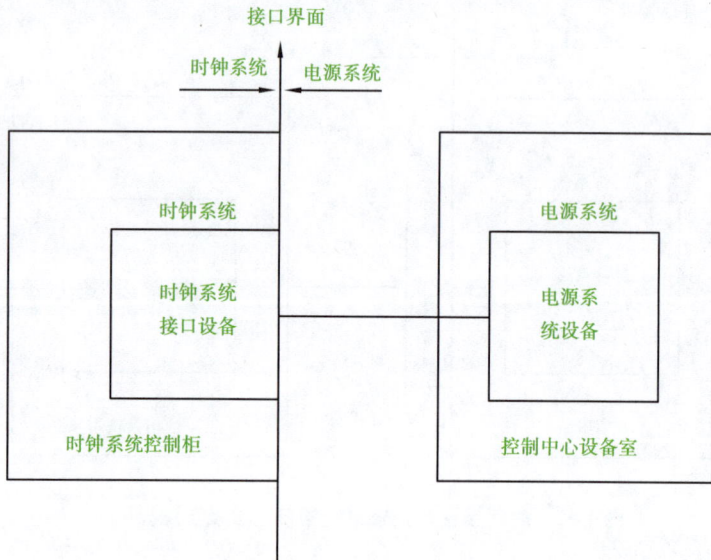

图 4-94　电源系统为时钟系统提供设备电源接口位置及工程界面

（三）与集中告警接口

（1）时钟系统为集中告警系统提供标准时间信号

接口功能：为集中告警系统提供对时信息；

接口类型：RS422 接口线缆；

物理接口方式：RS422；

通信协议：参照时钟系统标准时间接口协议；

接口数量:1 个;

接口位置及工程界面:控制中心通信系统设备室综合配线架的外侧,如图 4-95 所示。

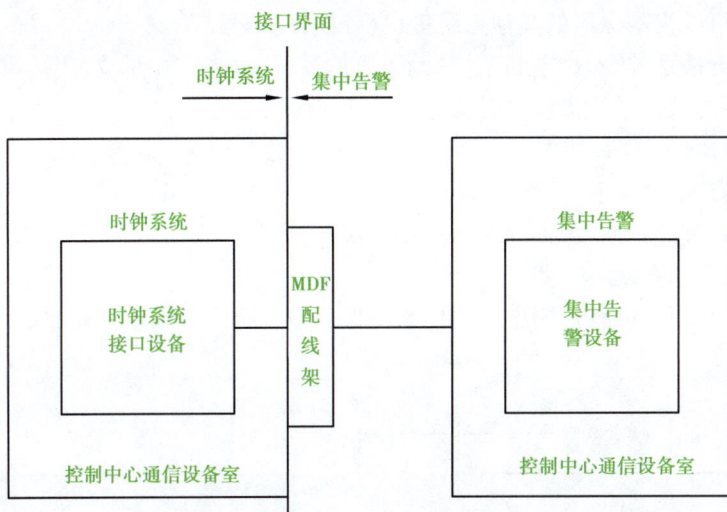

图 4-95　时钟系统为集中告警系统提供标准时间信号接口位置及工程界面

(2)时钟系统为集中告警系统提供设备故障告警信息

接口功能:为集中告警系统提供告警信息;

接口类型:10M/100 M 自适应电口,符合 IEEE 802.3 和 802.3U 标准;

物理接口方式:RJ45;

通信协议:遵循集中告警系统的协议要求;

接口数量:1 个;

接口位置及工程界面:控制中心时钟系统监控主机电脑的网口,如图 4-96 所示。

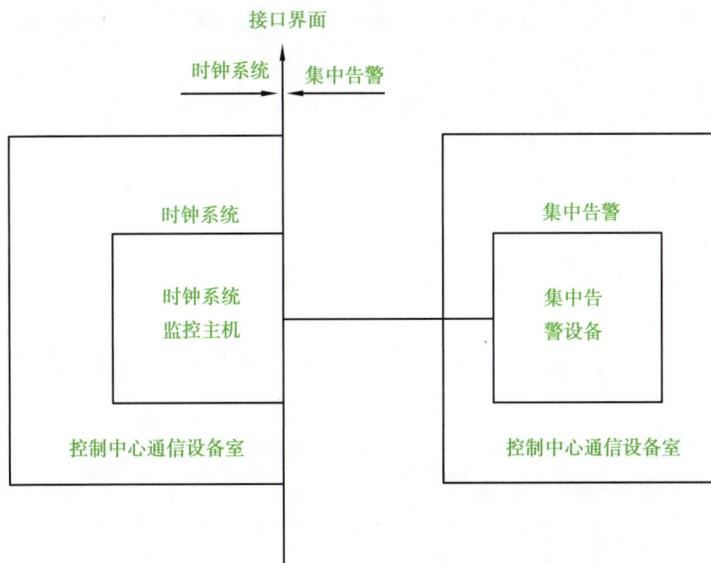

图 4-96　时钟系统为集中告警系统提供设备故障告警信息接口位置及工程界面

(四)与通信其他系统

(1)时钟系统与时钟信号

时钟系统可以为本标段的其他系统提供标准时间信号。

包括公务电话系统、专用电话系统、无线通信系统、电视监视系统、广播系统等。

接口功能:为其他系统提供对时信息;

接口类型:RS422 接口线缆;

物理接口方式:RS422;

通信协议:参照时钟系统标准时间接口协议;

接口数量:每个系统各 1 路;

接口位置及工程界面:控制中心通信系统设备室综合配线架的外侧,如图 4-97 所示。

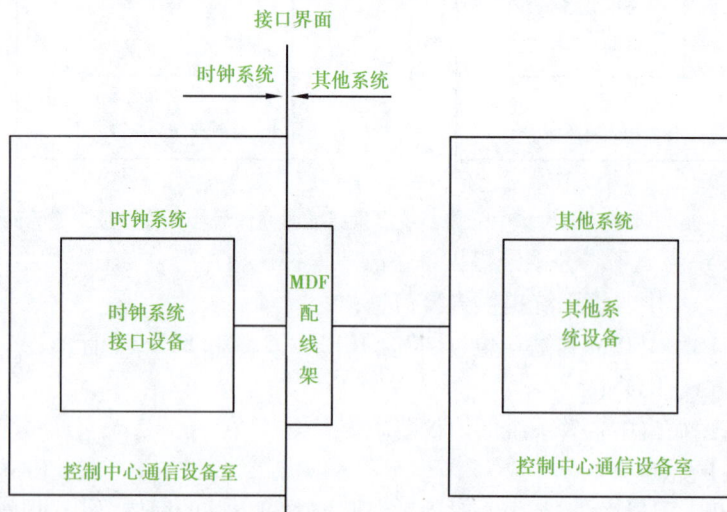

图 4-97　时钟系统为其他系统提供标准时间信号接口位置及工程界面

(2)时钟系统与信号系统

时钟系统可以为信号系统提供 GPS 的"NMEA0183"码标准时间信号。

接口功能:为信号系统提供对时信息;

接口类型:RS422 接口线缆;

物理接口方式:RS422;

通信协议:采用美国 GPS 卫星信号的 NMEA0183 码协议;

接口数量:2 路;

接口位置及工程界面:控制中心通信系统设备室综合配线架的外侧,如图 4-98 所示。

(3)时钟系统与 ISCS 系统

时钟系统可以为本标段的 ISCS 系统提供标准时间信号。

接口功能:为其他系统提供对时信息;

接口类型:RS422 接口线缆;

物理接口方式:RS422;

通信协议:参照时钟系统标准时间接口协议;

接口数量:2 路;

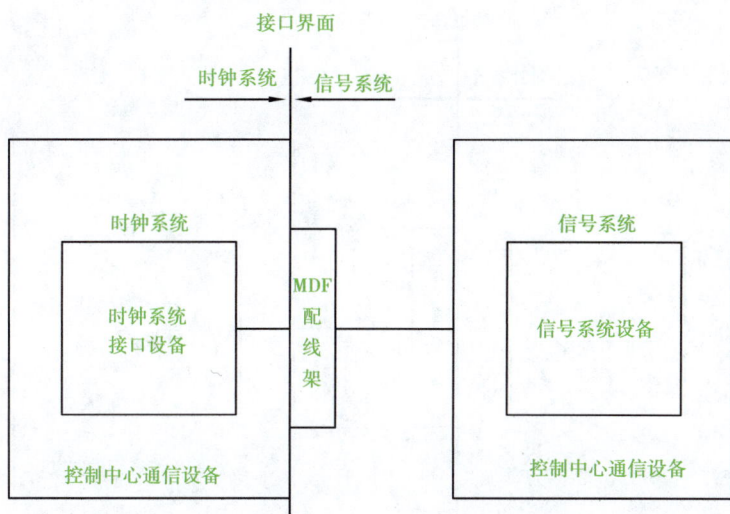

图 4-98　时钟系统与信号系统

接口位置及工程界面：控制中心通信系统设备室综合配线架的外侧，如图 4-99 所示。

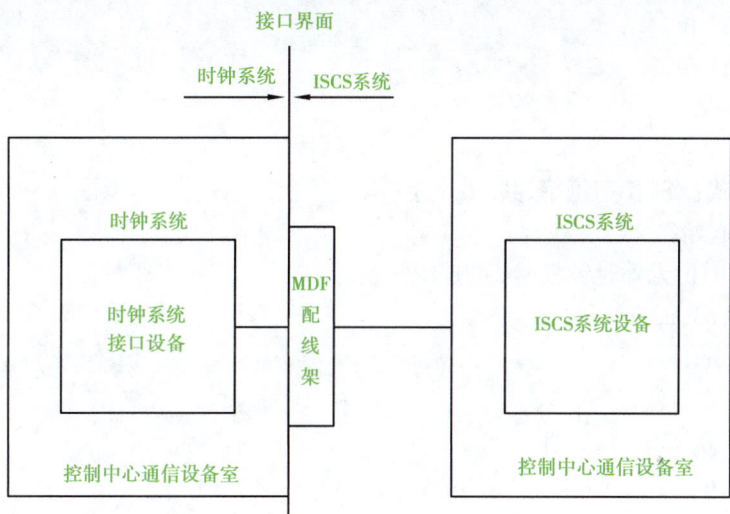

图 4-99　时钟系统与 ISCS 系统

（4）时钟系统可以为通信本标段外的其他专业系统提供标准时间信号

包括 SCADA 系统、PIS 系统、ATS 系统、AFC 系统等。

接口功能：为其他专业提供对时信息；

接口类型：RS422 接口线缆；

物理接口方式：RS422；

通信协议：参照时钟系统标准时间接口协议；

接口数量：每个系统各 1 路；

接口位置及工程界面：控制中心通信系统设备室综合配线架的外侧，如图 4-100 所示。

（五）时钟系统标准时间接口协议

①输出接口：标准 RS422 端口。

②波特率：9 600 bit/s。

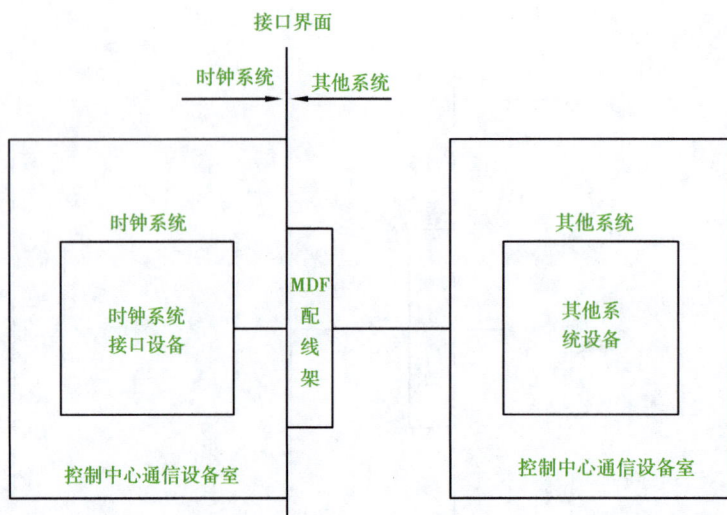

图 4-100　时钟系统与本标段外的其他专业系统

③数据位:8 位。

④起始位:1 位。

⑤停止位:1 位。

⑥校验位:无。

⑦工作方式:异步。

⑧数据格式:ASCII 字符串,共 21 个字符。

ebh,90h,起始符

　　　　c: 41h 无外时钟校时, 47h GPS 校时

　　　　n4,n3,n2,n1 年

　　　　m2,m1 月

　　　　d2,d1 日

　　　　w(30 ~ 36 h) 星期

　　　　h2,h1 时

　　　　m2,m1 分

s2,s1 秒

xxh　校验码(累加检验,取低 8 位)

　　　cr(odh)

1ah; 结束符.

例:EB 90 47 32 30 30 39 30 33 33 31 32 31 30 32 34 33 36 XX 0D 1A

信息为:2009-03-31 星期二 10:24:36 有外部校时。

⑨传输距离:1 200 m(采用 0.5 mm^2 的双绞软线,超过 1 200 m 需增加中继器)。

4.7.3　时钟系统设备故障诊断及处理

（一）子钟的显示全不正常

可能原因：电源故障，电路板故障。

解决思路与方案：检测电源是否正常，包括 AC 220 V 是否接通，开关电源的输出是否正常等，若以上部分正常，可测量电路板上的电压是否正常。对不正常的部分做更换处理。检测信号板的输出是否正常，若不正常，更换信号板。

专家提示：测量时注意仪表的正确使用。

危害与后果：由于站台、站厅钟、发车钟处于公共区域，对乘客出行、列车运行有直接影响，因此子钟的正常工作很重要，否则将对乘客服务质量造成影响。

（二）子钟的某一位显示不正常

可能原因：数码管损坏，芯片损坏。

解决思路与方案：若该位的某一段不亮，则检测该段两端的电压；若电压正常，则更换该段；若电压不正常，则更换控制该位显示的模块。若该位显示全不正常，则更换控制该位的显示模块。

专家提示：注意更换芯片的方法。

危害与后果：由于站台、站厅钟、发车钟处于公共区域，对乘客出行、列车运行有直接影响，因此子钟的正常工作很重要，否则将造成负面影响。

（三）子钟的时间显示与二级母钟不一致

可能原因：子钟没有接收到二级母钟的信号。

解决思路与方案：检测至该子钟的通信信号是否正常，若不正常，检查该子钟与二级母钟之间的连线。若至该子钟的通信信号正常，则更换该子钟信号板上的模块。

专家提示：注意更换芯片的方法。

危害与后果：由于站台、站厅钟、发车钟处于公共区域，对乘客出行、列车运行有直接影响，因此子钟的正常工作很重要，否则将造成负面影响。

任务 4.8　集中告警系统

4.8.1　集中告警系统设备构成及作用

（一）集中告警系统设备构成

西安地铁 1 号线的各通信系统网管和集中告警系统都部置在 OCC，它们之间通过以太网进行传输，时钟系统通过 RS422 与集中告警服务器进行通信，集中告警系统通过以太网给综合监控系统输送信息，其物理结构图见图 4-101。

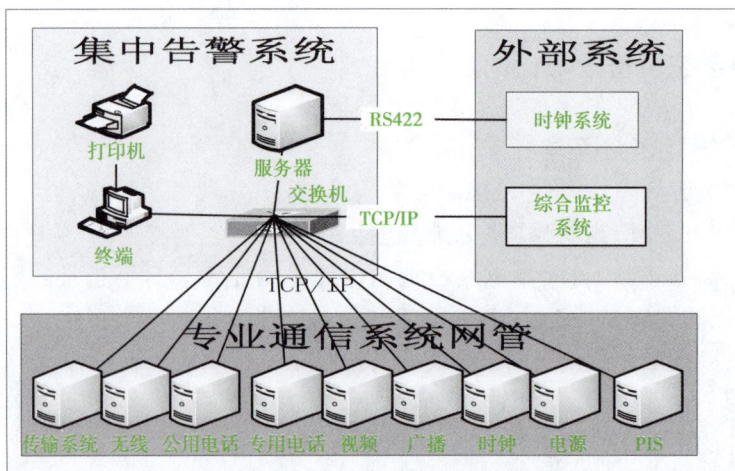

图 4-101　集中告警系统物理结构图

集中告警系统在 OCC 设置服务器、终端、打印机和交换机各 1 台。终端与服务器直接连接到交换机上,通过以太网实现集中告警系统内部通信,打印机直接与终端相连接。传输系统、无线通信系统、公务电话系统、专用电话系统、视频监视系统、有线广播系统、时钟分配系统、通信电源设备、乘客信息系统等各子系统网管分别提供以太网接口连接到集中告警系统的交换机上,实现与集中告警系统服务器通信,实时向集中告警系统提供各种告警信息。综合监控系统通过以太网接口与集中告警系统交换机相连,实现与集中告警系统服务器通信,集中告警系统通过以太网向综合监控系统提供各种信息。时钟系统通过 RS422 接口直接与集中告警服务器相连接,为集中告警系统提供时间信息。

(二)集中告警的作用

集中告警系统就是利用计算机数据处理和计算机网络传输技术,对西安地铁 1 号线各通信子系统设备信息进行采集并集中反映到告警终端,使通信维护人员能及时、准确地了解整个通信系统设备的故障信息以便于处理。系统能够对通信各专业系统的告警进行汇总、显示、确认及报告,能进行故障定位,使维护管理人员能够准确、迅速地获得设备的运行状态信息,及时进行维护。

集中告警系统监测的各通信专业系统包括传输系统、无线通信系统、公务电话系统、专用电话系统、视频监视系统、有线广播系统、时钟分配系统、通信电源设备、乘客信息系统等。

通信集中告警系统主要实现了对通信各系统设备告警的集中监管,为维护人员提供方便、快捷的集中监控管理平台。主要包括故障管理、报表管理、拓扑管理、资源管理、自身监控、工单管理、流程管理、系统管理、参数管理和外部接口等模块。

4.8.2　集中告警系统设备维护及接口知识

(一)故障管理

集中告警系统通过数据采集模块从各通信系统中采集各种设备告警、性能越限告警和网络告警等信息,通过各种分析处理后,以合适的方式呈现给运维人员,实现对各通信系统告警信息的管理。主要包括告警采集、告警处理、告警呈现、告警操作和查询四大功能。通过故障管理功能,通信系统运维人员可以迅速地知道各系统故障发生的位置、可能原因等信息。

(二)告警采集

告警采集主要是指集中告警系统从各通信系统网管中采集告警和告警恢复数据的功能。集中告警系统是通过以太网从通信系统的网管接口自动采集网元的设备告警、性能越限告警、网络告警和告警恢复等信息后,把原始告警/告警恢复存储到数据库中,并通过过滤和转换,统一成集中告警系统的告警格式,及时通知应用服务层进行告警的分析和处理。

告警采集方式根据厂家网管接口可以分为两种:

主动上报:各专业系统网管主动向集中告警系统上报各种告警信息。

被动采集:集中告警系统主动从各厂家网管中获得告警信息。

正常情况下,一般采用主动上报方式,但限于一些网管功能和需要进行告警同步的应用场景,需要采用被动采集方式。

采集的告警信息内容应包括告警源(也就是产生告警的设备)、告警发生的原因、告警的级别、告警的编码、告警的名称、告警的类型、告警产生/恢复时间等。其中告警级别是按告警严重程度进行划分的,在集中告警系统中分为紧急告警、重要告警、次要告警、提示告警四级;告警类别分为设备告警、性能超限告警、网络通信告警三类,按告警状态分为当前告警和历史告警。

(三)告警处理

集中告警应用服务层接收到告警采集模块告警通知信息后,会及时对告警信息进行分析和处理,主要包括告警过滤、告警压缩、告警升级、告警通知等。

告警过滤:可根据不同级别、类型、系统、设备的告警设置过滤条件,提供友好的告警过滤设置界面。

告警压缩:对于重复出现的同一告警信息,系统将其压缩成一条告警信息,并给出第一次发生时间和最后更新时间以及重复次数。

告警升级:对单位时间内频次过高或历时过长(阈值可以设置)的告警,系统将自动提高告警级别,以保证得到优先及时的处理,告警提高的级次可由用户设置。

告警通知:集中告警应用服务层接收到告警采集模块告警通知信息后,经过分析处理,如发现告警状态发生改变(包括产生新的告警、告警恢复或告警升级等),则及时通知各告警终端,更新告警状态,及时通知运维人员。

(四)告警呈现

系统及时把采集到的各种告警信息以图形、声音、颜色、报表、窗口等方式呈现给运维人员。对于不同级别的告警信息,系统将以不同颜色进行显示。

用户可以通过视图列表和拓扑图的方式查看各系统设备状态。其中拓扑图包括车站线路图和系统拓扑图。车站线路图可以非常直观地用不同颜色呈现当前哪些车站有设备告警;系统拓扑图可以非常直观地用不同颜色呈现网络节点中哪个设备产生了告警。

对于高级别告警,系统将其呈现在显著位置,系统可以按照告警产生时间顺序和告警严重程序进行排序显示。

系统会自动根据当前最高级别的告警,用不同的声音提醒运维人员注意,用户可以设置每种级别告警的提示音,也可以手动关闭或打开告警声音。

系统将向管理者提示当前已发生告警条数、已确认告警条数等实时统计信息。

系统可以方便地查看告警的详细信息,包括产生告警设备的名称、类型、位置,系统,告警级别、原因、产生时间、确认时间、恢复时间、类型等信息。

系统可以方便地查看某系统、某车站或某设备的告警信息。

系统可以方便地查看历史告警信息。

系统可以方便地查看指定对象的基本信息,包括对象的名称、位置、状态,当前告警数量,当前最高告警级别,最高告警级别内容及原因等属性。

(五)告警操作和查询

告警操作和查询功能是指维护人员可能通过集中告警系统的告警管理人机界面,实现各种操作功能,包括告警恢复、告警确认、告警清除、告警查询、告警同步等操作功能。

告警恢复:即告警清除,系统提供两种告警恢复方式:手动和自动。自动恢复告警是指集中告警系统采集到各通信系统的告警恢复信息后,自动消除对应的告警信息。手动恢复是指集中告警系统提供人机操作界面,用户可以选择某条或多条告警记录,手动改变告警状态信息。告警恢复操作会记录告警恢复时间和告警恢复方式(是手动还是自动)。告警恢复并不从数据库中清除数据,只是把告警从当前告警移到了历史告警中。

告警确认:系统提供告警确认操作,当集中告警系统产生告警并被确认是需要处理的告警信息时,用户可以使用告警确认操作,把告警放入一个专门的告警视图中显示,以便维护人员及时跟踪告警恢复情况。可以根据告警源、告警级别、状态、类型、产生时间等条件对告警信息进行确认。

告警清除:当用户确认告警已消除时,用户可以手动清除告警。

告警查询:用户可以组合系统、车站、设备名称、告警类型、告警级别、告警状态、告警时间等各种条件来查询当前或历史告警信息。

告警同步:当因某种原因(比如系统维护),需要对集中告警系统的告警信息与某通信系统进行同步时,可以通过告警同步操作按钮手动触发,使集中告警系统的告警信息与通信系统的告警信息保持一致。

用户可通过告警统计及分析功能了解网络中现有告警的数量、级别,维护人员对告警进行确认的情况,历史告警的数量、厂家分布、系统分布、区域分布等情况。通过对以上结果的深入分析,可对改进运行维护工作提供数据参考。

任务 4.9　PIS 系统

4.9.1　PIS 系统设备维护及接口知识

PIS 系统与外专业有 8 个系统接口，分别是传输系统、时钟系统、综合网管系统、电源系统、CCTV 与公安系统、ATS 系统、ISCS 系统、车辆专业。

（一）综合监控系统接口

综合监控系统在运营中心将编辑好的文本信息提供给 PIS 系统，PIS 系统负责全线车站和列车播出画面的合成、播放控制和终端显示等功能。如图 4-102 所示。

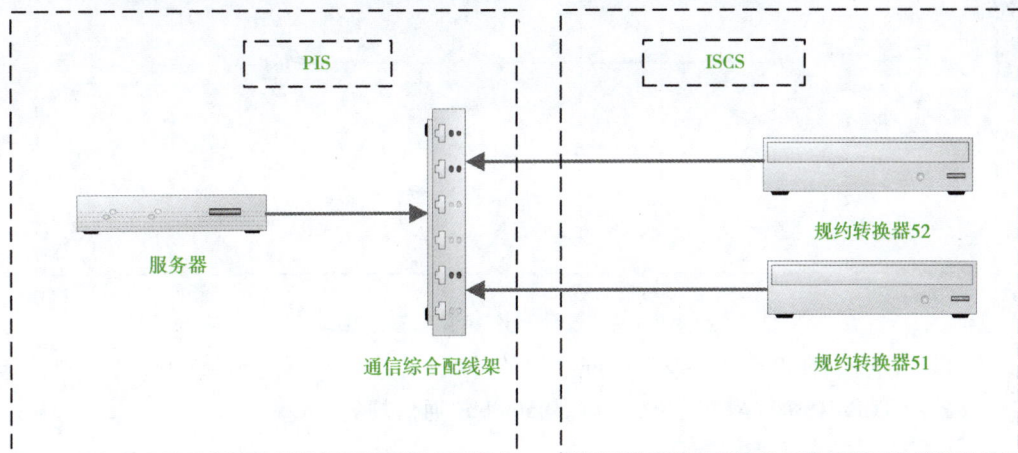

图 4-102　PIS 系统与综合监控系统接口

在运营中心、各车站通信设备室配线架，从配线架及带标识的电缆连接到 PIS 系统服务器的设备维护工作由通信专业人员负责，从带标识的电缆前端数据处理机到通信设备室数据配线架的设备维护工作由综合监控系统工作人员负责。

（二）与通信传输系统的接口

通信专业传输系统为 PIS 系统提供中心与车站、车辆段的网络数据连接。传输系统为 PIS 系统提供共享的 10 M/100 M 以太网接口，采用 TCP/IP 协议，传输方向为双向传输。

PIS 系统中心子系统在控制中心与传输系统的接口在通信系统配线架外侧。PIS 系统车站子系统在车站、车辆段与传输系统的接口在通信设备室通信系统配线架外侧。

PIS 系统与传输系统之间交互的数据包括控制/临时中心下发到车站及列车上的媒体信息、控制信息、车辆采集并上传的列车客室监视数据、车站及车载设备反馈的网管及设备运行状态信息。如图 4-103 所示。

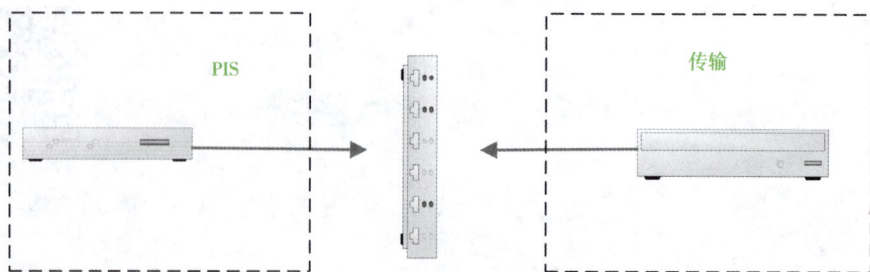

图 4-103　PIS 系统与通信传输系统接口

（三）通信综合网管系统接口

综合网管系统与 PIS 系统网管以 10 M/100 M 以太网接口连接，PIS 系统向综合网管系统主要提供设备状态和设备故障报警的数据信息。如图 4-104 所示。

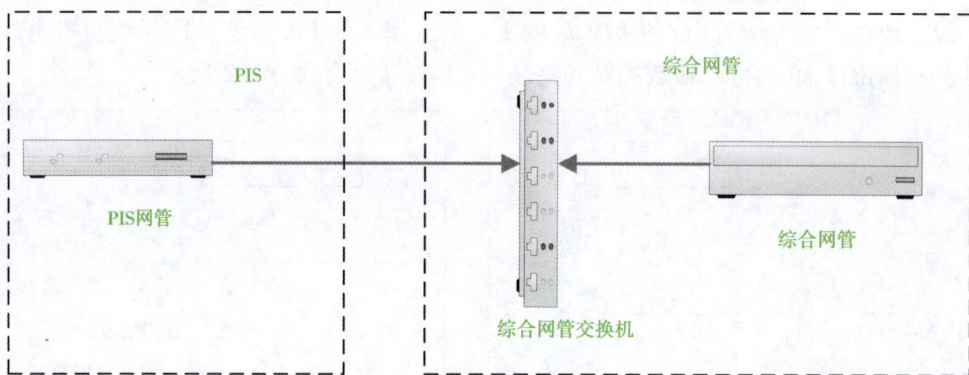

图 4-104　PIS 系统与综合网管系统接口

接口界面分别在 PIS 系统设备房配线架的外线侧，接口类型为 10M/100 M 接口。接口协议采用 TCP/IP 协议或基于 TCP/IP 的 Modbus 通信规约。

（四）CCTV 与公安系统接口

（1）CCTV 系统接口

PIS 系统在运营中心将列车视频监视信息传送给 CCTV 及公安电视监视系统，CCTV 和公安电视监视系统接收车载 PIS 系统提供的列车数字视频信息在相应显示器显示，并向车载 PIS 系统发出视频控制信息。

各运行列车内监视图像信号经 PIS 系统传送到控制运营中心后，经 10M/100 M 以太网接口与 CCTV 系统连接，将车内监视图像信号送入 CCTV 系统，供中心调度员调用显示，CCTV 系统向车载 PIS 系统发出视频控制信息，接口为 RS422。

接口位置在通信设备室 CCTV 机柜 PIS 协议转换服务器外线侧。如图 4-105 所示。

（2）公安电视监视系统接口

PIS 系统在控制运营中心预留了 100 M 接口，为公安电视监视系统提供车载图像监视信号。控制信号接口为 RS422。公安电视监视系统通过 CCTV 设备与 PIS 连接。接口分界同于 CCTV 系统接口。

（五）时钟系统接口

控制运营中心一级母钟提供给 PIS 系统设备时钟信号，接口为串行 RS422 接口，传输方向为单向传输,从时钟系统到 PIS。时钟系统向 PIS 提供全线统一时钟信息。时钟系统为 PIS 系统的控制中心服务器提供基准时钟同步,PIS 服务器负责同步 PIS 系统中的所有工作站和终端设备。接口分工界面在综合配线架外线侧。如图 4-106 所示。

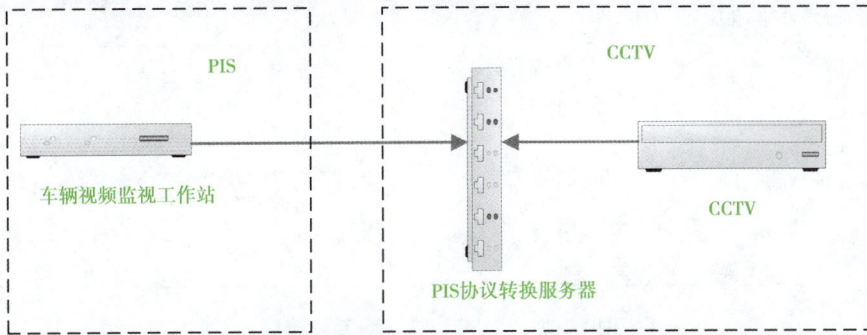

图 4-105　PIS 系统与 CCTV 系统接口

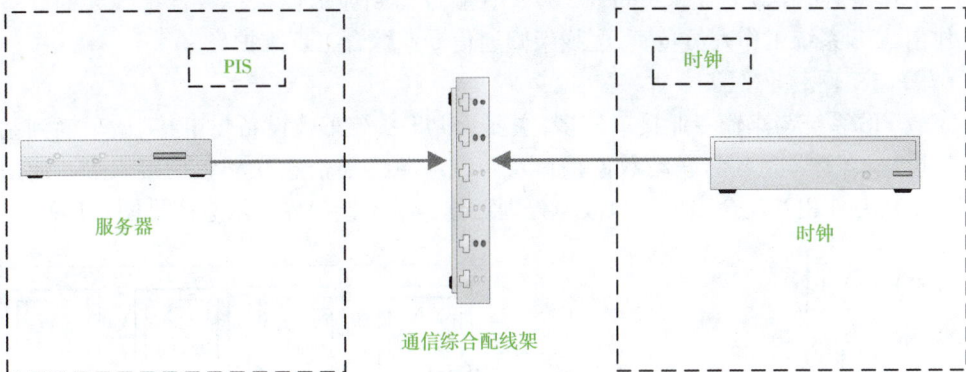

图 4-106　PIS 系统与时钟系统接口

(六)电源系统接口

通信电源子系统为分中心、各车站、车辆段 PIS 系统提供电源。PIS 的接地分界点,在中心、车站通信接地端子排。电源系统负责给 PIS 提供 220 V/AC,数据流向由通信电源子系统到 PIS 系统。如图 4-107 所示。

图 4-107　PIS 系统与电源系统接口

PIS 系统采用单相三线制供电,电压为交流(220±22)V。室内设备由 UPS 供电,接口在控制运营中心、车站和车辆段、停车场通信电源室交流配电柜的输出口(从 UPS 电源柜接至交流配电柜)。室外设备(包括各种显示终端、触摸屏和区间接入点设备)由交流配电屏直接供电,接口位置在车站、车辆段、停车场通信电源室交流配电柜的输出口。

(七)ATS 系统接口

ATS 系统在运营中心将列车到站信息提供给 PIS 系统,PIS 系统负责在全线车站和列车播出终端显示。如图 4-108 所示。

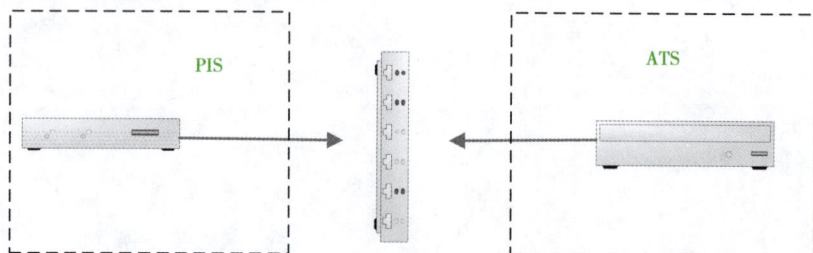

图 4-108　PIS 系统与 ATS 系统接口

维修界面分界点在运营中心通信设备室配线架,从配线架到 PIS 系统中心交换机的设备维护工作由通信 PIS 专业人员负责,从 ATS 服务器到通信设备室数据配线架的设备维护工作由 ATS 系统工作人员负责,配线架归通信专业综合工班维护。

(八)与车辆专业接口

车载 PIS 系统与车辆专业接口较多,主要为 PIS 系统车载设备供电接口、车辆到站信息数据接口、客室紧急呼叫联动数据接口及车载应急广播信息联动数据接口等。通信专业需与车辆专业相互配合完成接口故障处理工作。设备接口界面示意图见图 4-109。

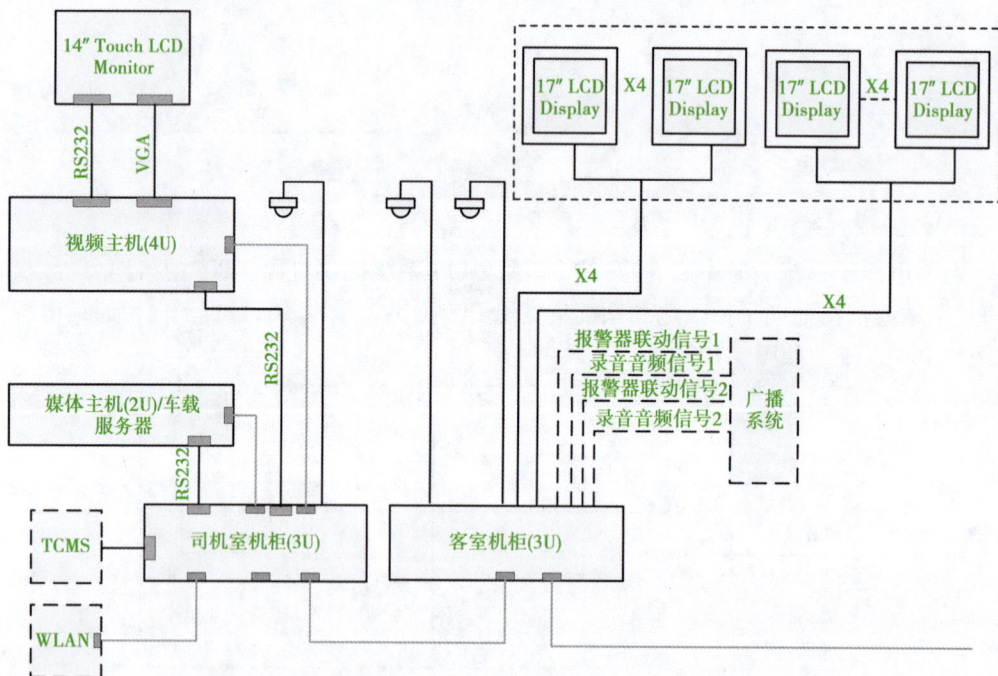

图 4-109　PIS 系统与车辆专业接口

4.9.2　PIS 系统设备故障分类及处理

(一)工作站、服务器故障处理

工作站、服务器常见故障一般分为硬件故障和软件故障两大类,还有一种界于两者之间的故障,称为硬件软故障。

(1)硬件故障的起因

硬件故障(简称硬故障)大多是由工作站、服务器硬件使用不当或硬件物理损坏所造成。比如,主机无电源、显示器不显示、主机喇叭鸣响、显示器提示出错信息但无法启动系统等。

1)"真"故障

"真"故障是指各种板卡、外设等出现电气故障或机械故障,属于硬件物理损坏。"真"故障会导致发生故障的板卡或外设功能丧失,甚至整机瘫痪,如不及时排除,还可能导致相关部件的损坏。

起因:外界环境不良、操作不当、硬件自然老化、产品质量问题。

2)"假"故障

"假"故障是指工作站、服务器主机部件和外设均完好无损,但整机不能正常运行或部分功能丧失的故障。"假"故障一般与硬件安装、设置不当或外界环境等因素有关。

起因:天长日久自然形成的接触不良、BIOS 设置错误、负荷太大、电源的功率不足、CPU 超频使用。

(2)软件故障的起因

①软件与系统不兼容(软件的版本与运行环境配置不兼容,造成不能运行、系统死机、某些文件被改动或丢失)。

②软件相互冲突(两种或多种软件的运行环境、存取区域、工作地址等发生冲突,造成系统混乱、文件丢失)。

③误操作。

④工作站、服务器传染病毒。

⑤系统配置(参数)不正确(BIOS 芯片配置、系统引导过程配置、系统命令配置)。

(3)硬件软故障的起因

①设备驱动程序安装不当。

②驱动程序是一种特殊软件,是操作系统与硬件设备的接口,主要用以解释各种 BIOS 不支持的硬件设备,使工作站、服务器能够识别它们,从而保证这些硬件设备的正常运行,同时驱动程序还可以有针对性地控制硬件设备,以便充分发挥其性能。

③设备冲突。

④Windows 的各种版本都支持"即插即用"功能。由于即插即用设备品种层出不穷,Windows 往往不能正确检测出有关设备,造成 I/O 端口、DMA 通道等系统资源的分配冲突。

⑤病毒破坏(如打印机不打印、系统不认 CD-ROM、声音系统功能丢失等)。

⑥硬件安装或调试不当。

⑦BIOS 设置错误。

(二)设备的日常维护注意事项

(1)硬盘的维护

①避免硬盘的震动,不要在硬盘工作时搬动主机。

②机器工作环境清洁,供电电源稳定(可使用 UPS 电源)。

③轻易不做硬盘格式化和分区操作。

④养成硬盘数据备份的习惯。

⑤避免频繁开关机器电源。

⑥定期用常用软件对硬盘进行维护。如使用磁盘扫描、磁盘垃圾文件清理、磁盘碎片整理等应用程序,或使用计划任务、维护向导、系统信息等程序,甚至使用专用工具软件如 Norton2002、超级兔子、磁盘医生、注册表扫描和编辑工具等对硬盘进行维护。

(2)显示器性能指标的认识

①扫描频率,即电子束在屏幕上的水平扫描频率称为行频,垂直扫描频率称为帧频,又叫刷新频率。行频决定了显示器可达到的最大分辨率,刷新频率则是刷新显示器的速度,75 Hz 是保证显示器稳定工作的最低刷新频率,国际规定标准为 85 Hz。

②分辨率,指屏幕上能够显示的基本像素点数。标准为 1 024 × 768,另有 1 280 × 1 024、1 600 × 1 200、1 920 × 1 440。

③点距,指屏幕上两个相邻荧光点之间的对角线距离。在显示器屏幕尺寸一定的前提下,点距越小,屏幕上像素排列越密,图像越清晰。目前 17″显示器一般采用 0.26、0.25、0.24 mm,有些已经达到 0.22 mm。

④环保节能。EPA(美国环保局)制订的能源之星(Enegy Star)是显示器广泛采用的能耗标准之一。凡符合能源之星标准的显示器,在待机状态下功耗应少于 30 W。此外,"环保"显示器还应具有"休眠"功能,当显示器在一段时间内接收不到计算机的输出信号时,会自动进入"休眠"状态,此时功耗仅有 5 W 左右。(用户应经常采用屏幕保护程序)

⑤安全认证。当今的显示器还应具备防辐射的功能。

MPR-Ⅱ(瑞典国家测量测试局标准)对电子设备的电磁辐射程度等指标实行标准限制,包括电场、磁场、静电强度 3 个参数。符合此标准的显示器可称为"超低辐射",对人体的伤害大大减小。

TCO(国际 TCO 组织制订)标准则是用于规范显示器的电子静电辐射对环境的污染,比 MPR-Ⅱ更严格,一般大厂商的产品均通过了该标准认证。

⑥最大可视区域,即显示器可显示图形的最大范围。如:17″显示器一般最大可视区在 15.6″~16.2″。

(3)显示卡的有关知识

显示卡是连接电脑主机与显示器的桥梁。计算机系统先将需要显示的数字信号传送到显示卡中,再由显示卡将其转换为模拟信号,然后输出到显示器中,并驱动显示器显示信息。简单地说,显示卡的作用就是将从 CPU 送来的图像信号经过处理后输送到显示器,这个过程通常包括 4 个步骤:将 CPU 送来的数据通过总线送至显示芯片进行处理,将显示芯片处理完的数据送到显示内存(简称显存)中,从显存中将数据传送到 RAMDAC(数字模拟转换器)并进入数/模转换,RAMDAC 将模拟信号通过 VGA 接口输送到显示器。

注意事项:

①显存的大小和速度。显存的大小影响显示色彩的数量。显存的速度直接关系到显卡的整体性能。使用相同芯片的显示卡,显存越快,显卡的速度就越快。同样,质量优良的显存具有良好的超频性能。

②显卡与显示器的匹配。如只有 8 MB 显存的显卡配 21″分辨率为 1 280 × 1 024 的显示器就没有意义。同样一块 128 MB 显存的高档显卡配一台最高分辨率为 800 × 600 的显示器,就大材小用了。

③显卡厂商。NVIDIA 与 Ati 两大阵营是主要竞争对手。NVIDIA 阵营主要为 GeForce4 MX 系列,如 GeForce 4 MX5600、5900,GeForce 4 Ti4600、4800 等。Ati 阵营主要为 ATI Radeon 系列,如 ATI Radeon 9000、9500、9700 等。

(4)影响显示器工作的主要因素

显示器长期放置在各种环境中,容易受到包括温度、湿度、光照、灰尘、磁场、静电和电源等环境因素的影响。

①温度。显像管是显示器的一大热源,在过高的环境温度下它的工作性能和使用寿命都会受到影响,而且内部其他元器件也会加速老化。

②湿度。湿度应保持在 30% ~ 80%。湿度太低会在内部产生静电干扰,这使高压包被静电破坏的可能性增大;湿度太高会使内部出现结露现象,内部元器件受潮后容易产生漏电,从而可能造成生锈、腐蚀、短路等问题。

③光照。长时间受阳光或强光照射,容易加速显像管荧光粉的老化,降低发光效率,所以显示器应注意避强光直射。

④灰尘。显示器内高压可高达 10 ~ 30 kV,高压极易吸引空气中的尘埃粒子,而灰尘一是能吸收水分,腐蚀内部电子线路,二是影响电子元器件的散热,所以灰尘对显示器的威胁是明显的。

⑤磁场。电磁干扰主要来源于电视、日光灯、电冰箱、电风扇等家用电器,或其他非屏蔽的扬声器、电话等,甚至传呼机上都存在着电磁场。长期处于电磁干扰环境中,显示器容易遭到磁化。被磁化后,显示出来的图像会发生扭曲变形、画面颜色失真,甚至不能正常显示。因此,应定期对显示器进行消磁处理。

(5)显示器的清洁

①擦拭显示器屏幕表面。对新款显示器,表面有防眩光、防静电涂层,不能用酒精之类的化学溶液擦拭,最好用少量水湿润脱脂棉或镜头纸擦拭。

②内部除尘。打开显示器后盖,重点除尘部位是显像管、高压包和显像管尾部电路,可用小刷和打气管除尘。

(6)对显示器消磁

新型显示器一般自身带有消磁功能,在显示器主菜单中设置 DEGAUSS 选项,执行 DEGAUSS 之后,显示画面会再现剧烈晃动,并伴随很大的电流声响,大约数秒钟后,晃动和电流声同时停止,消磁完毕。此法对强磁化无能为力,需用消磁棒、消磁线圈处理。

（三）PIS 系统设备常见故障处理

（1）中心设备常见故障与排除

1）设备不能正常开机

故障处理1：检查设备电源是否接通。

故障处理2：检查设备电源模块工作状态。

2）全线信息发布故障

故障处理1：检查中心服务器数据库，查看接口发送信息是否已正确写入数据库。

故障处理2：检查中心发布软件是否正常启动。

故障处理3：手动启动发布软件。

3）全线查询机信息无法更新

故障处理1：检查网管工作站 LED 信息发布软件是否正确将 LED 信息编辑发出。

故障处理2：检查资讯服务器网络连接状况。

4）ISCS、ATS 接口信息全线故障

故障处理1：检查 ISCS、ISCS-ATS 接口软件是否正常启动运行。

故障处理2：检查 ISCS、IATS 接口软件是否正常接收到 ISCS 或 ATS 报文信息。

故障处理3：检查中心服务器是否存在故障。

5）ISCS、IATS 接口软件无法正常启动

故障处理1：手动启动，并检查"ATS 接口软件"启动路径是否正确。

6）网口灯不亮

故障处理1：检查设备电源是否接通。

故障处理2：检查设备网线连接是否正常。

（2）中心操作终端常见故障与排除

1）工作站不能正常开机

故障处理1：检查计算机电源是否接通。

故障处理2：检查计算机电源模块工作状态是否正常。

故障处理3：检查 CMOS 设置，看系统启动项是否正确。

故障处理4：检查 CD—ROM 内是否有盘片，检查机箱上是否有移动硬盘或 U 盘等存储设备。

故障处理5：检查操作系统是否完整。

注意：计算机内部硬件故障可能性较小，多为硬盘、内存插接不紧，CMOS 设置错误、操作系统损坏等原因。

2）工作站加电后显示屏显示不正常

故障处理1：检查显示器电源开关是否打开。

故障处理2：检查显示器电源连接线是否连接。

故障处理3：检查 VGA 视频连接电缆是否连接。

故障处理4：检查系统显示卡是否正常。

总结：显卡驱动不正确，VGA 视频线、接头受损可能性大。

3）网络连接中断

故障处理1：检查网线是否连接正常。

故障处理 2:检查网卡是否被人为关闭。

故障处理 3:检查网卡是否正确安装。

故障处理 4:检查网络交换机对应端口工作是否正常。

注意:必要时也可重装网卡的驱动程序。

(3)中心网管工作站软件常见故障与排除

1)网管软件无法打开

故障处理:检查软件打开路径是否正确。

2)网管软件无法登录

故障处理:检查软件用户名和密码是否输入正确。

3)网管显示车站某设备处于网络中断状态

故障处理 1:刷新网管检测状态,查看故障是否依然存在。

故障处理 2:通过 VNC 程序尝试远端登录故障设备。

故障处理 3:若无法远程登录,通知车站人员进行现场处理。

(4)光电转换器设备故障与排除

故障现象:网口灯不亮。

故障处理 1:检查网线是否连接正常。

故障处理 2:将网线倒换至备用插口,检查是否光电转换模块故障。

(5)车站交换机设备常见故障与排除

1)设备不能正常开机

故障处理 1:检查设备电源是否接通。

故障处理 2:检查设备电源模块工作状态。

2)网口灯不亮

故障处理 1:检查设备电源是否接通。

故障处理 2:检查设备网线连接是否正常。

(6)服务器设备常见故障与排除

故障现象:设备不能正常开机。

故障处理 1:检查设备电源是否接通。

故障处理 2:检查设备电源模块工作状态。

(7)播放控制器设备常见故障与排除

1)设备不能正常开机

故障处理 1:检查设备电源是否接通。

故障处理 2:检查设备电源模块工作状态。

2)播控死机

故障处理:对播放控制器进行重启操作。

(8)HDMI 发送器设备常见故障与排除

1)设备不能正常开机

故障处理 1:检查设备电源是否接通。

故障处理 2:检查设备电源模块工作状态。

2）HDMI 连接指示灯不亮

故障处理 1：检查光纤是否正常连接。

故障处理 2：检查光纤是否存在折断、磨损等问题，当连接光纤的 HDMI 指示灯不亮时，有可能是光纤出现问题，可以将备用光纤进行更换以测试是否是光纤故障。

故障处理 3：重启 HDMI 设备。

故障处理 4：重启无法恢复后更换设备。

（9）LCD 与 HDMI 接收器设备常见故障与排除

1）设备不能正常开机

故障处理 1：检查设备电源是否接通。

故障处理 2：检查设备电源模块工作状态。

2）LCD 屏发生闪屏、花屏、开关机无法控制

故障处理 1：检查 HDMI 光纤是否正常连接。

故障处理 2：检查光纤是否存在折断、磨损等问题，当连接光纤的 HDMI 指示灯不亮时，有可能是光纤出现问题，可以将备用光纤进行更换以测试是否是光纤故障。

故障处理 3：对 LCD 屏进行电源关闭、开启操作。

故障处理 4：重启 HDMI 设备。

故障处理 5：重启无法恢复后更换 HDMI 设备。

（10）轨旁 AP 设备常见故障与排除

1）网口灯不亮

故障处理 1：检查设备电源是否接通。

故障处理 2：检查设备网线连接是否正常。

2）单站所有 AP 不能连接控制器

故障处理 1：查看设备是否正常上电。

故障处理 2：查看区间 AP 空开是否跳闸。

故障处理 3：查看车站交换机光链路是否正常。

3）单站连续 AP 不能连接控制器

故障处理 1：查看该设备是否正常上电。

故障处理 2：查看所 down 设备的端口连续性。

4）单点非连续 AP 故障

故障处理 1：从 IMC 故障报警中根据 MAC 地址确认 AP 位置及交换机端口等信息。

故障处理 2：查看该交换机端口是否 up。

故障处理 3：查看交换机端口和光电转换器指示灯状态。

故障处理 4：在接触网停电后进入区间查看 AP、光电转换器状态。

（11）车载工业以太网网络交换机设备常见故障与排除

1）设备不能正常开机

故障处理 1：检查设备电源是否接通。

故障处理 2：检查设备电源模块工作状态。

2）车地无线不能通信、视频质量差

故障处理 1：检测车头、车尾 AP 是否都已加电，AP 状态灯是否正常。

故障处理 2:检查 AP 供电电源是否连接正确,接头是否松动。

故障处理 3:检测 AP 的配置、IP 地址是否正确。

故障处理 4:播放控制器播放操作系统是否有问题,是否工作正常。

故障处理 5:检查车载 AP 馈线和网线连接是否正常,接头是否松动。

故障处理 6:如故障仍然存在,检测天线。

3)司机监控室无图像、黑屏无法操作

故障处理 1:检查设备电源是否接通。

故障处理 2:检查设备电源模块工作状态。

故障处理 3:检查设备编解码板工作状态。

故障处理 4:检查车载视频服务器工作状态。

(12)整列车厢 LCD 屏无播放内容,声音断断续续或全车 LCD 播放内容颜色偏色

原因分析:故障一般产生在从设备向编码板传输视频信号这一端连接中,信号传输出现问题。

处理方法:先检查从主机到编码板连接的短 VGA 视频信号线是否连接松动,故障现象主要是播放内容偏色,检查连接没问题后,取一根新 VGA 线,采用替换法检查,看是否是短 VGA 线出现问题,如是线的问题,更换 VGA 线。

任务 4.10 安防系统

4.10.1 安防设备维修及接口知识

(1)基本理论

任何一个现代防雷设计考虑的防护对象有三:建筑物、人和设备。它所对付的自然灾害分两方面,即闪电直击建筑物和闪电的电磁脉冲对建筑物、人和设备的袭击。前者(即室外防雷)主要靠建筑物的避雷装置;后者(即室内防雷,亦为重点)就是 LEMP(闪电的电磁脉冲辐射),其涉及的防雷范围及措施要广泛、复杂得多,且与前者有不可分割的联系。

对于已装有外部防雷设施的建筑物,一定要加装内部防雷设施。另外值得一提的是,防雷是一项防患于未然的工作。但对过电压,则是我们日常生活中每天都会遇到的。众所周知,当电流在导体上流动时,会产生磁场能量。电流越大,能量越大。当大负载电器设备开关时,会产生瞬时过电压。据 CCITT 测试,一般电源线上的感应电流在 3 000 A 左右,感应电压通常不超过 6 kV,而导致计算机误动作所需脉冲电压仅 1~2 V。计算机误动作故障的严重性远超过它的器件的损毁。长期的各类过电压侵害,可造成设备关键元器件提前老化、失效,其长期的维护费用也是不可低估的。

实际上过电压又称浪涌电压,其分类如图 4-110 所示。

注:EMI:Electro Magnetic Interference,电磁干扰;RFI:Radio Frequency Interference 无线电干扰

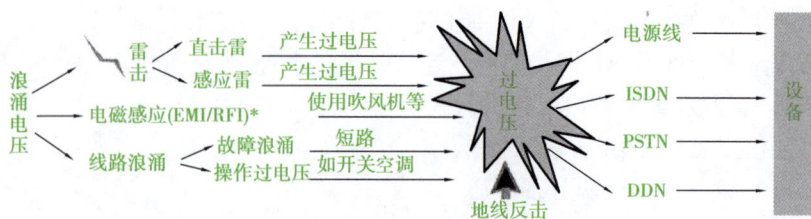

图 4-110　过电压的分类

各类过电压会出现多种有害效应,需要给予综合防护。

除上述情况外,浪涌过电压造成的后果还包括以下几方面:

①设备损坏,造成工作人员伤亡。

②影响或干扰设备的正常使用功能,增加设备维护成本。

③传输或存储的信号或数据受到干扰或丢失,甚至使电子设备产生误动作或暂时瘫痪,造成设备停机,影响正常工作。

④整个系统停顿,数据图像传输暂停,局域网乃至广域网遭到破坏。

雷电流的时间虽然短暂,但它巨大的破坏性是人类目前还无法控制的,现阶段通过人力主动化解雷电的危害,还不现实,我们只能通过努力被动地将雷击的能量给予阻挡并将它泄放入大地,以避免其带来的灾害。

（2）设计原则、原理

现代防雷技术的原则强调全方位防护,综合治理,层层设防,把防雷看作一个系统工程,需要根据不同的特性给予相应而全面的防护。如图 4-111 所示。

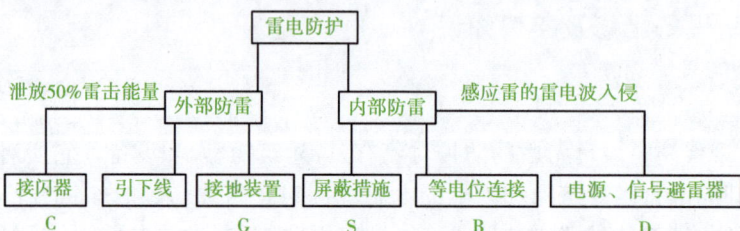

图 4-111　雷电防护框架图

气象、公安部门的有关规定,要求在内部的各系统上统一安装防雷设备,以提高整体抗雷击和过电压的防护能力。

（3）雷电引入途径

雷电过电压对大楼内部电子设备造成损害主要有以下 3 个途径:

①直击雷经过接闪器（如避雷针、避雷带、避雷网等）直接放入大地,导致地网地电位上升,高电压由设备接地线引入电子设备造成地电位反击;

②电流经引下线入地时,在引下线周围产生磁场,引下线周围的各种金属管（线）经感应而产生过电压;

③大楼或机房的电源线和通信线、网络线、天馈线或这类电缆的金属外套等,在大楼外受直击雷或感应雷而加载的雷电压及过电流沿线窜入,入侵电子设备,如图 4-112 所示。

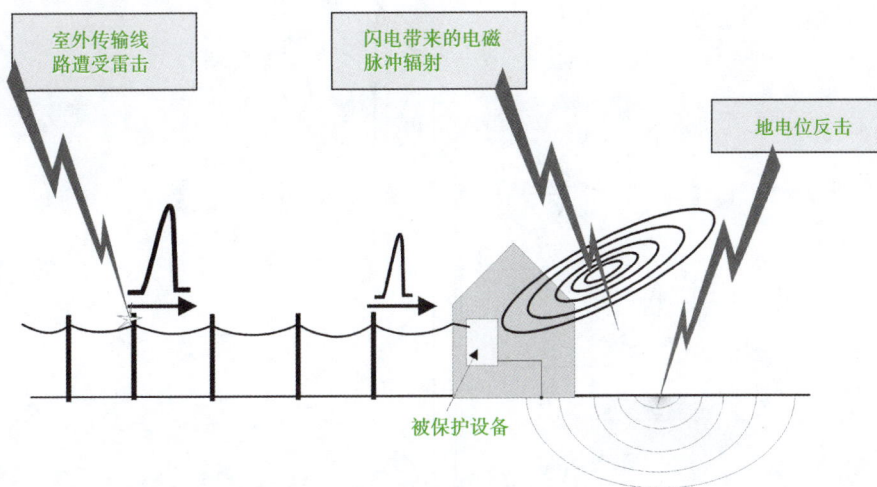

室外传输线路遭受雷击

闪电带来的电磁脉冲辐射

地电位反击

被保护设备

图 4-112 雷击损坏设备的途径

(4)安防系统的作用

安防系统的防雷及接地应做到确保人身安全和设备安全、系统设备正常工作,防止安防电源系统引入串杂音、强电干扰和雷害,确保整个安防系统安全。

1)室内设备

电源系统防雷要求:车辆段及停车场安防设备室在 UPS 至视频监视及周界报警系统的交流输出端加装过电压保护装置。

安防系统室内设备的接地方式为综合接地,接地系统由其他专业提供接地箱,电阻值为≤1 Ω,箱上配置 10 个接地端子。

2)室外设备

在摄像头支撑杆处设置接地体,设备防雷接地电阻≤4 Ω,在支撑杆顶设置避雷针,通过接地线将避雷针和接地体连接,将摄像机、光端机等设备置于避雷针的保护范围。

室外安装的摄像机视频线、数据线、电源线两端均应做防雷处理,防雷器专用于视频监控系统电源线、视频线、数据控制线路的保护,使其避免雷电感应造成的过电压、电源干扰、静电释放等导致的损坏,以保证视频监视设备的安全运行。

室外安装的周界红外对射探测器数据传输线两端均应做防雷处理,防雷器专用于周界报警系统数据传输线路的保护,使其避免雷电感应造成的过电压、电源干扰、静电释放等导致的损坏,以保证周界报警设备的安全运行。

3)传输线路

室外安防系统设备的光电缆进入机房前应穿金属管埋地敷设,埋地长度不小于 15 m,在进入设备室前将光电缆金属外皮、金属铠装以及金属管与综合接地体有效连接(电缆通过增加防雷器实现)。

在室外安防系统设备的光电缆连接摄像机处,将光电缆保护层及金属管与各摄像头处接地体有效连接(电缆通过增加防雷器实现)。如图 4-113 所示。

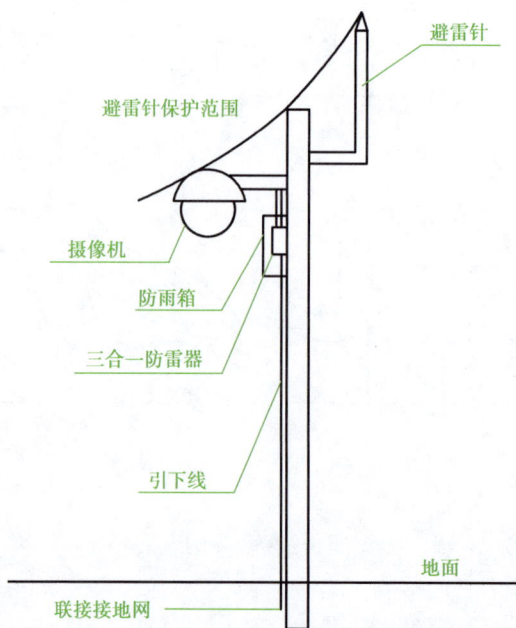

避雷针

避雷针保护范围

摄像机

防雨箱

三合一防雷器

引下线

地面

联接接地网

图 4-113　室外摄像机防雷示意图

4.10.2　视频监控设备实操技能及故障处理

（一）摄像机的安装与调试

①拿出支架,准备好工具和零件:涨塞、螺丝、改锥、小锤、电钻;按事先确定的安装位置,检查好涨塞和自攻螺丝的大小型号,试一试支架螺丝和摄像机底座的螺口是否合适、预埋的管线接口是否处理好、测试电缆是否畅通,就绪后进入安装程序。

②拿出摄像机,按照事先确定的摄像机镜头型号和规格,仔细装上镜头(红外一体式摄像机不需安装镜头),注意不要用手碰镜头和 CCD,确认固定牢固后,接通电源,连通主机,现场使用监视器、小型电视机等调整好光圈焦距。

③拿出支架、涨塞、螺丝、改锥、小锤、电钻等工具,按照事先确定的位置,装好支架。检查牢固后,将摄像机按照约定的方向装上。

④如果需要安装护罩,在第 2 步后,直接开始安装护罩。

a.打开护罩上盖板和后挡板;

b.抽出固定金属片,将摄像机固定好;

c.将电源适配器装入护罩内;

d.复位上盖板和后挡板,理顺电缆,固定好,装到支架上。

⑤把焊接好的视频电缆 BNC 插头插入视频电缆的插座内,确认固定牢固。

⑥将电源适配器的电源输出插头插入监控摄像机的电源插口,并确认牢固度。

⑦把电缆的另一头接入控制主机或监视器（电视机）,确保牢固。

⑧接通监控主机和摄像机电源,通过监视器调整摄像机角度到预定范围。

如图 4-114 所示。

图 4-114　室外摄像机

（二）安装调试摄像机镜头

安装镜头时，首先去掉摄像机及镜头的保护盖，然后将镜头轻轻旋入摄像机的镜头接口并使之到位。对自动光圈镜头，还应将镜头的控制线连接到摄像机的自动光圈接口上；对电动两可变镜头或三可变镜头，只要旋转镜头到位，则暂时不需校正其平衡状态（只有在后焦距调整完毕后才需要最后校正其平衡状态）。调整镜头光圈与对焦，关闭摄像机上电子快门及逆光补偿等开关，将摄像机对准欲监视的场景，调整镜头的光圈与对焦环，使监视器上的图像最佳。如果是在光照度变化比较大的场合使用摄像机，最好配接自动光圈镜头并使摄像机的电子快门开关置于"OFF"。如果选用了手动光圈则应将摄像机的电子快门开关置于"ON"，并在应用现场最为明亮（环境光照度最大）时，将镜头光圈尽可能开大并仍使图像为最佳（不能使图像过于发白而过载），镜头即调整完毕。

（三）常见安防故障处理

（1）无图像信号

若主机监控界面，某监控点图像为蓝屏，主要原因为摄像机未正常工作或线路故障。

①检查电源是否接好，电源电压是否正常。

②各节点 BNC 接头和线缆是否正常。

③检查摄像机本身是否正常使用。

④检查编解码器是否正常工作。

（2）图像显示质量不好

①检查镜头焦距是否正常。

②检查光圈是否按要求调节。

③检查连接线缆是否接触不良。

④检查电子快门或白平衡是否正常。

⑤检查传输距离是否过远。

⑥检查附近是否存在干扰。

(3)室外云台的故障及排除

室外云台常见故障是机械部分无法转动或无法停止等。

由于云台主要由齿轮电机和换向电路相组成,动力的控制来自解码器。首先检查解码器的连接线是否正确,如果解码器的工作正常,那就是云台本身的故障,这时就需要换云台。

(4)操作键盘失灵

这种现象在检查连线无问题时,基本上可确定为操作键盘"死机"造成的。键盘的操作使用说明上,一般都有解决"死机"的方法,便如"整机复位"等方式,可用此方法解决。如无法解决,可能是键盘本身损坏了,对键盘进行更换即可。

复习思考题

1.简述单向业务和双向业务的区别。

2.西安地铁1号线无线通信系统外部与哪些系统有接口?接口类型是什么?

3.简述交换系统用户板主要型号及其功能。

4.简述功放检测模块的功能。

5.指针式子钟如何实现追时?

6.集中告警系统告警采集方式分为哪几种?

7.PIS系统与哪些外专业存在接口?

项目五 高级工理论知识及实操技能

任务 5.1 传输系统

5.1.1 SDH 专业实操技能

(一)光纤接续

(1)端面的制备

1)端面的制备——剥覆

光纤涂面层的剥除,要掌握平、稳、快三字剥纤法。"平",即持纤要平。左手拇指和食指捏紧光纤,使之成水平状,所露长度以 5 cm 为准,余纤在无名指、小拇指之间自然打弯,以增加力度,防止打滑。"稳",即剥纤钳要握得稳。"快"即剥纤要快,剥纤钳应与光纤垂直,上方向内倾斜一定角度,然后用钳口轻轻卡住光纤,右手随之用力,顺光纤轴向平推出去,整个过程要自然流畅,一气呵成。

2)端面的制备——裸纤的清洁

裸纤的清洁,应按下面的两步操作。

观察光纤剥除部分的涂覆层是否全部剥除,若有残留,应重新剥除。如有极少量不易剥除的涂覆层,可用棉球蘸沾适量酒精,一边浸渍,一边逐步擦除。

将棉花撕成层面平整的扇形小块,沾少许酒精(以两指相捏无溢出为宜),折成"V"形,夹住已剥覆的光纤,顺光纤轴向擦拭,力争一次成功。一块棉花使用 2~3 次后要及时更换,每次要使用棉花的不同部位和层面,这样既可提高棉花利用率,又防止了探纤的二次污染。

3)端面的制备——裸纤的切割

裸纤的切割是光纤端面制备中最为关键的部分,精密、优良的切刀是基础,而严格、科学的操作规范是保证。

①切刀的选择。

切刀有手动和电动两种。前者操作简单、性能可靠,随着操作者水平的提高,切割效率和质量可大幅度提高,且要求裸纤较短,但该切刀对环境温差要求较高。后者切割质量较高,适宜在野外寒冷条件下作业,但操作较复杂,工作速度恒定,要求裸纤较长。熟练的操作者在常温下进行快速光缆接续或抢险,采用手动切刀为宜;反之初学者或在野外较寒冷条件下作业时,采用电动切刀。

②操作规范。

操作人员应经过专门训练掌握动作要领和操作规范。首先要清洁切刀和调整切刀位置,切刀的摆放要平稳,切割时动作要自然、平稳、勿重、勿急,避免断纤、斜角、毛刺及裂痕等不良端面的产生。另外合理分配和使用自己的右手手指,使之与切口的具体部件相对应以及协调,提高切割速度和质量。

③谨防端面污染。

热缩套管应在剥覆前穿入,严禁在端面制备后穿入。裸纤的清洁、切割和熔接的时间应紧密衔接,不可间隔过长,特别是以制备的端面,切勿放在空气中,移动时要轻拿轻放,防止与其他物件擦碰。在接续中应根据环境对切刀"V"形槽、压板、刀刃进行清洁,谨防端面污染。

(2)光纤熔接

在施工中采用的是高精度全自动熔接机,它具有 X、Y、Z 三维图像处理技术和自动调整功能,可对欲熔接光纤进行端面检测、位置设定和光纤对准(多模以包层对准,单模以纤芯对准)。

熔接过程中还应及时清洁熔接机 V 形槽、电极、物镜、熔接室等,随时观察熔接中气泡、过细、过粗、虚熔、分离等不良现象,注意 OTDR 跟踪监测结果,及时分析产生上述不良现象的原因,采取相应的改进措施。如果多次出现虚熔现象,应检查熔接的 2 根光纤的材料、型号是否匹配,切刀和熔接机是否被灰尘污染,并检查电极氧化状况。若均无问题,则应适当提高熔接电流。

(3)光缆接头盒施工工艺

1)引入光缆前,先用棉纱清洁光缆外护套(距端头 2 m),用钢锯锯去两侧端头(约 100 mm),检查光缆外部是否完好,如有损坏现象应切除。

2)护套开剥。

3)连接支架和加强芯。

4)光纤盘留。

每完成一根光纤接续后,应把光纤余长留在盘留板槽道内,要求光纤有不少于 10 cm 的活动伸缩量。另外,盘留的光纤在盘留槽内应活动自由,不受扯挂,盘留槽内的大小圈长度差应不小于 150 mm,不应有微弯或拉成紧绷状态。

根据实际情况采用多种图形盘纤。按余纤的长度和预留空间大小,顺势自然盘绕,切勿生拉硬拽,应灵活地采用圆、椭圆、"CC"、"～"多种图形盘纤(注意 $R \geqslant 4$ cm),尽可能最大限度利用预留空间有效降低因盘纤带来的附加损耗。

5)接头盒密封。

接头盒的密封,主要是光缆与接头盒、接头盒上下盖板之间,这两部分的密封。在进行光缆与接头盒的密封时,要先进行密封处的光缆护套的打磨工作,用纱布在外护套上垂直光缆轴向打磨,以使光缆和密封胶带结合得更紧密,密封得更好。接头盒上下盖板之间的密封,主要是注意密封胶带要均匀地放置在接头盒的密封槽内,将螺丝拧紧,不留缝隙。注意:a. 在拧紧各部位螺栓时应交替对角均匀地进行,不得集中在一个部位。b. 密封条、带的嵌置和缠绕应严格按照规定尺寸操作。c. 盒体安装时各橡胶挡圈必须全部入槽道。

d. 密封部位应做好清洁并保持,以免影响密封效果。

(二)使用 OTDR 进行光纤测量

用 OTDR 进行光纤测量可分为 3 步:参数设置、数据获取和曲线分析。人工设置测量参数包括:

1)波长选择(λ)

因不同的波长对应不同的光纤特性(包括衰减、微弯等),测试波长一般遵循与系统传输通信波长相对应的原则,即系统开放 1 310 nm 波长,则测试波长为 1 310 nm。

2)脉宽(Pulse Width)

脉宽越长,动态测量范围越大,测量距离更长,但在 OTDR 曲线波形中产生盲区更大;短脉冲注入光平低,但可减小盲区。脉宽周期通常以 ns 来表示。

3)测量范围(Range)

OTDR 测量范围指 OTDR 获取数据取样的最大距离,此参数的选择决定了取样分辨率的大小。最佳测量范围为待测光纤长度 1.5 ~ 2 倍距离。

4)平均时间

由于后向散射光信号极其微弱,一般采用统计平均的方法来提高信噪比,平均时间越长,信噪比越高。例如,3 min 的获取将比 1 min 的获取提高 0.8 dB 的动态。但超过 10 min 的获取时间对信噪比的改善并不大,一般平均时间不超过 3 min。

5)光纤参数

光纤参数的设置包括折射率 n 和后向散射系数 η 的设置。折射率参数与距离测量有关,后向散射系数则影响反射与回波损耗的测量结果。这两个参数通常由光纤生产厂家给出。

参数设置好后,OTDR 即可发送光脉冲并接收由光纤链路散射和反射回来的光,对光电探测器的输出取样,得到 OTDR 曲线,对曲线进行分析即可了解光纤质量。

(三)光接口测试

(1)光功率的测试

测试说明:用于测试激光器 S 点的发送光功率。

测试配置如图 5-1 所示。

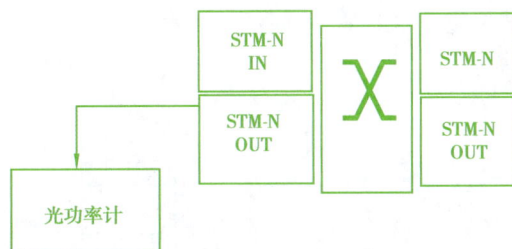

图 5-1 光功率的测试配置

测试步骤:

①按照配置图连接好测试系统。

②设置相应的光端口强制发光。

③光功率计设置在被测光波长上,待输出功率稳定后,从光功率计读出平均发送光

功率。

注意事项：

测试前一定要清洁光接头，并保证连接良好。

精细的测试，可通过多次测试取平均值，然后再用光连接器和测试光纤的衰减对平均值进行修正。

（2）光接收灵敏度

光接收灵敏度是在 R 参考点上，达到规定的比特差错率所能接收到的最低平均光功率。

测试说明：用于测试相应端口的灵敏度。

测试配置如图 5-2 所示。

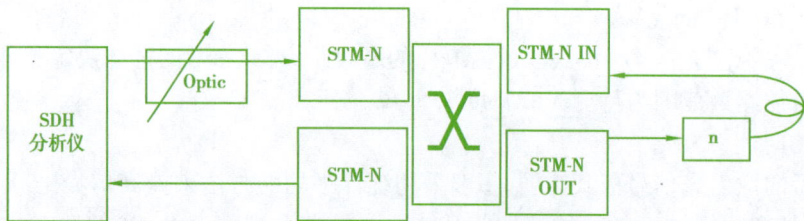

图 5-2　光接收灵敏度的测试配置

测试步骤：

①按照配置图连接测试系统。

②设置相应光端口强制发光。

③建立一个 STM-N 和 STM-N 之间的双向交叉连接。

④设置测试仪表，确认无误码。

⑤增加可调衰减器数值，到测试仪表出现误码为止，减少可调衰减器数值，到测试仪表误码消失为止。

⑥反复调节可调衰减器，确认准确的衰减器数值。

（3）用光功率计测试灵敏度数值

测试说明：用于测试相应端口的最小过载光功率。

测试配置如图 5-3 所示。

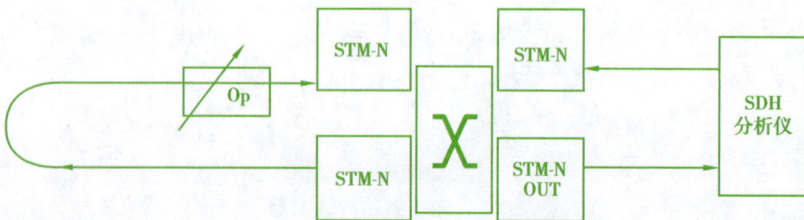

图 5-3　用光功率计测试灵敏度数值的配置

测试步骤：

①按照配置图连接测试系统。

②设置相应光端口强制发光。

③建立一个 STM-1 和 STM-1 之间的双向交叉连接。

④设置测试仪表,确认无误码。

⑤减少可调衰减器数值,到超过期望值,确认测试仪表无误码。

⑥观察 1 min。

注:根据 SDH 仪表和设备输入功率范围,在它们之间要加入适当衰耗器。

(四)误码测试

(1)SDH 系统误码业务测试

被测系统输入、输出口为 PDH 接口时,图案发生器和误码检测器分别是传输分析仪或误码分析仪的发送和接收部分。

被测系统输入、输出口为 STM-N 接口时,图案发生器和误码检测器分别是 SDH 分析仪的发送和接收部分。

测试步骤:

①按照配置图连接测试系统。

②根据被测系统接口速率,选择合适的测试信号。

③判断系统工作是否正常:第 1 个测试周期 15 min,在此周期内没有误码,则确认系统工作正常;若在此周期内,有误码产生,应重复测试 1 个周期,至多两次;若第 3 次测试周期内,仍然有误码,则认为系统工作异常,需要查明原因。

(2)SDH 系统误码在线测试

在线测试的基本原理是在开业务状态下(无需用仪表发送测试信号),利用业务信号帧结构中特殊设计的差错检测编码字节检出信号中的误码。

操作步骤:

①根据需要测试的实体:再生段、复用段、高阶通道或低阶通道,选择适当的监视点。

②在监视点接入 SDH 分析仪,用来接收。

③调整 SDH 分析仪,连续监视相应的参数:B1、B2、B3。

④设置测试时间,同时在网管上进行相同的检测。

⑤记录测试结果。

测试配置如图 5-4 所示。

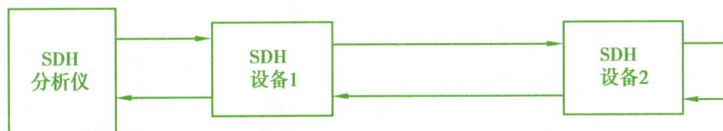

图 5-4　SDH 系统误码在线测试配置

(五)SDH 设备的通道误码性能测试配置

测试步骤:

①按测试配置图连接设备和测试仪表。

②设置设备和仪表参数,使仪表无误码。

③设置仪表为内时钟方式,设备跟踪仪表的时钟。

④开始测试设备的误码,测试时间为连续 12 h,最后观察和记录测试结果。

（1）SDH 设备时钟功能测试

测试说明：验证 SDH 设备时钟系统锁定外时钟及自由振荡性能。

测试配置如图 5-5 所示。

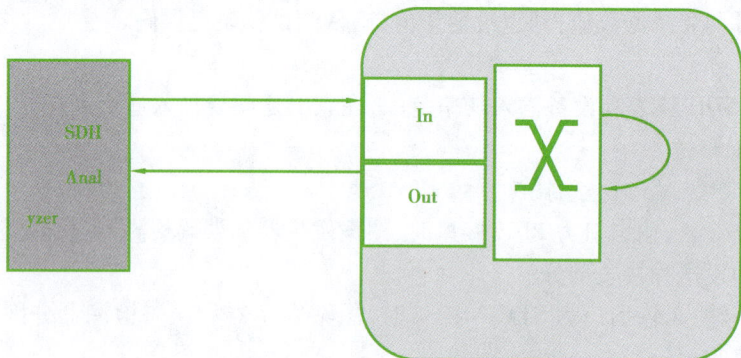

图 5-5　SDH 设备时钟功能测试配置

测试步骤：

①按测试配置图连接设备和测试仪表。

②设置设备待测 2 Mb/s 电接口信号在矩阵中环回，使仪表无误码。

③设置仪表为内时钟方式。

④设置 SDH 设备时钟工作方式为提取线路时钟。

⑤从仪表观察误码情况。

⑥设置 SDH 设备时钟工作方式为自由振荡。

⑦从仪表观察误码情况。

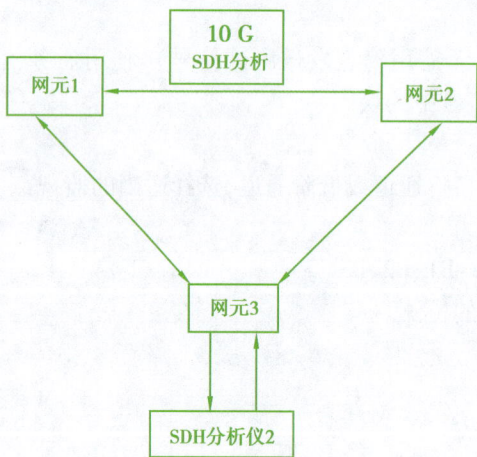

图 5-6　SDH 设备复用段保护倒换时间测试装置

（2）SDH 设备复用段保护倒换时间测试

测试说明：验证 SDH 设备的复用段保护倒换的能力和保护倒换时间。

测试配置如图 5-6 所示。

测试步骤：

①按测试配置图连接设备和测试仪表。

②在被测试网元 1 和网元 3 之间建立被测速率的 2 Mbit/s 通道，电路路由从网元 1 经过网元 2 到达网元 3，并在网元 1 处的支路进行环回。

③将 SDH 分析仪接在网元 3 的 2 Mbit/s 支路口，调通 SDH 测试仪表，使仪表无误码。测试并记录在保护倒换准则下环网的保护倒换时间。

（3）SDH 设备关电重启数据恢复测试

测试说明：验证 SDH 设备具有关电后，重新启动没有配置数据丢失的能力。

测试配置如图 5-7 所示。

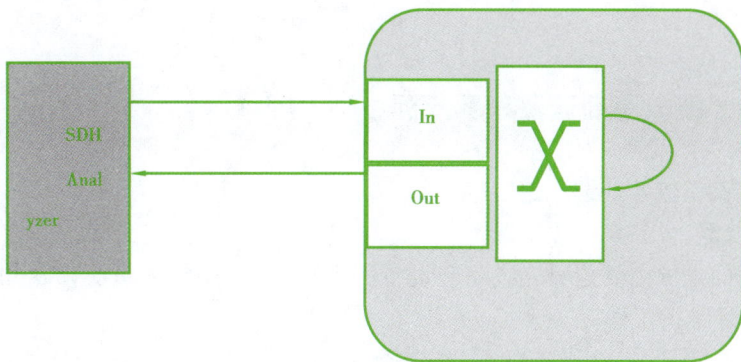

图 5-7　SDH 设备关电重启数据恢复测试装置

测试步骤：

①按测试配置图连接设备和测试仪表。

②设置设备待测 2 Mbit/s 电接口信号在矩阵中环回，使仪表无误码。

③设置仪表为内时钟方式。

④关断设备的两路电源输入，这时候从仪表可以看到电路中断。

⑤重新打开电源，等待片刻后，设备正常工作，同时仪表没有误码，说明设备原来的数据没有丢失，设备正常工作。

（4）故障

实际上 E1 的远端告警是由远端发送然后由本端检测到，这样在本端就可以看到远端的告警。造成远端告警的原因有这样几个：①线路原因，即当线路出现断路等情况；②帧结构出现问题；③线路误码率超过线路所允许的最低误码率比如 10 − 6 时。

远端告警也叫对端告警，即对端设备告警，即 RAI。

它是因为对端设备接收不到 E1 信号，或误码过大，而向本端设备回送的一个告警信号。

作用在于通知本端设备：收本端不好，可能是本端发送不好，也可能是对端接收不好，也可能是中间传输环节不好。

传输中出现 LOF 告警。LOF 是对应的 E1 输入信号失步。此时，该路 E1 业务会全部中断，由全网或本端时钟设置发生错误造成。应检查全网及本端设备时钟设置，避免时钟设置冲突或错误。

SDH 设备掉电，由于没有按正常的程序加电导致 2M 业务故障。

日常维护的过程中，发生过 SDH 设备电源掉电，由于现场人员急于恢复，没有按正常的加电程序加电，虽然在网管上显示光板和 2M 支路板上的端口没有任何告警，但是业务是不通的，在下接的业务设备上的告警显示是线路故障（如程控设备上显示线路的 AIS 告警）。

网管上的告警根据一般机房的常用设置，通常都只反映"丢失信号"告警。网管上看不到告警，只能反映出光板、2M 支路板能收到相关信号，至于设备内部的配置（如交叉连接、时钟等）是否正确恢复到了掉电前，就不一定了。

网管上显示光板和 2M 支路板上的端口没有任何告警（表示收到的传输信号正常），在下接的业务设备上的告警显示是线路故障（表示本地设备内部的配置有问题，如 2M 的交叉连接等）。

5.1.2 传输系统故障处理及深度分析

（一）传输设备故障处理思路
（1）掌握线路、设备及仪表情况
SDH系统的维护主要是对光线路和设备的维护，运营维护人员必须熟知系统的各方面情况才能做好维护工作。

①光缆线路情况：包括光缆的长度、芯数、接头、跳纤及光纤的衰耗值、备纤等方面情况。

②设备情况：主要包括设备的型号、配置、板卡功能、接口、面板上各种告警灯和指示灯的显示情况及组网情况；设备的各种测试指标，如收发送光功率、灵敏度等；设备供电电源情况；ODF架、DDF架、MDF架等及网管系统的应用情况。

③仪表、工具情况：SDH光传输系统常用仪表有光源、光功率计、光时域反射仪（OTDR）、传输系统测试仪、2M测试仪、以太网测试仪等。要熟练掌握这些仪表的功能及使用方法。

（2）故障定位的基本思路
1）故障定位的原则

故障定位一般应遵循"先外部，后传输；先单站，后单板；先线路，后支路；先高级，后低级"的原则。

2）常见故障分类

包括光缆线路故障、尾纤故障、单板故障、电缆故障、电源系统故障、网管系统故障等。

3）故障定位及排除的常用方法

包括告警性能分析法、环回法、替换法、配置数据分析法、仪表测试法、经验处理法。

在一些特殊的情况下通过复位单板、单站的掉电重启、重新下发配置等手段可有效及时地排除故障、恢复业务。

（3）华为传输设备故障定位基本思路与方法
1）故障定位的常用方法

可简单地总结为一分析、二环回、三换板。

当故障发生时，首先，通过对告警、性能事件、业务流向的分析，初步判断故障点范围；其次，通过逐段环回，排除外部故障或将故障定位到单个网元，以至单板；最后，更换引起故障的单板，排除故障。

对于较复杂的故障，需要综合使用方法进行故障定位和处理。

2）根据设备讲解几种排查故障方法

通过告警分析排除故障、通过环回法检查故障、排除光纤故障、排除发生业务中断的故障，注意更换板卡操作、板卡复位、光功率测试。

①通过告警分析排除故障。当SDH系统发生故障时，一般会伴随大量的告警和性能事件信息，通过对这些信息的分析，可大概判断发生故障的类型和位置。

获取告警和性能事件信息的方式有以下两种：

a. 通过网管查询传输系统当前或历史发生的告警和性能事件数据。

b. 通过查看传输设备机柜和单板的运行灯、告警灯的状态,了解设备当前的运行状况。

通过网管获取故障信息,定位故障的特点是:能够全面地获取全网设备的故障信息。准确地获取设备当前存在哪些告警、告警发生时间,以及设备的历史告警。但是,如果告警、性能事件太多,可能会面临无从着手分析的困难。

完全依赖于计算机、软件、通信三者的正常工作,一旦以上三者之一出问题,通过该途径获取故障信息的能力将大大降低,甚至于完全失去该能力。

下面通过举例,对告警、性能数据分析法给予说明。

如图 5-8 所示组网中,网管计算机设在 NE1 站。

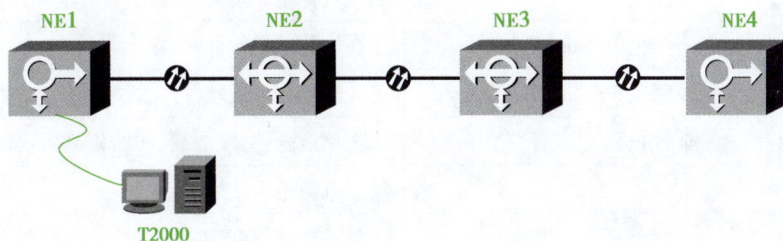

图 5-8 网管计算机设在 NE1 站的组网

故障现象:NE1 站和 NE4 站间的 E1 业务中断,从 NE1 站无法登录 NE4 站,且 NE3 站东向光板有 MS_RDI 告警和 HP_RDI 告警,NE1 站与 NE4 站间的业务所对应的 E1 通道有 LP_RDI 告警。

分析判断:通过分析告警,可知 NE4 站没有正确接收到 NE3 站发出的信号,而 NE3 站能正确接收到 NE4 站发出的信号。可能的故障原因包括:NE3 站东向光板发送信号问题、光缆线路问题(包括光纤和光纤接头)、NE4 站光板的接收信号问题。

故障定位:借助于网管软件,可以通过修改业务配置、人工插入告警等方法,对故障进行定位。例如,若我们怀疑图 5-8 中 NE2 站与 NE3 站间光纤接反(即 NE2 站的东向光接口板误接 NE3 站的东向光接口板),则可以通过网管在 NE2 站东向光接口板人工插入 HP_RDI,然后通过网管观察 NE3 站告警上报情况。

若是西向光接口板上报 HP_RDI 告警,则说明 NE2 站的东向发送端接的是 NE3 站的西向接收端,光纤连接正确。

若是 NE3 站的东向光接口板上报 HP_RDI 告警,则说明 NE2 站东向发送端接到了 NE3 站的东向接收端,光纤接反,需要纠正。

或通过设备上的指示灯获取告警信息,进行故障定位。

OSN3500 设备上有不同颜色的运行和告警指示灯,这些指示灯的状态,反映出设备当前的运行状况或存在的告警,单板一般都有 4 个指示灯。如表 5-1 所示。

通过查看网管与设备指示灯这两个途径获取设备故障信息,各有其优点。因此,在实际的故障定位过程中,这两种手段要结合起来使用。

排除故障时,需要网管中心的维护人员与各站的设备维护人员共同参与,一般由网管中心的维护人员协调指挥,各站的设备维护人员密切配合,统一行动。

表 5-1　单板指示灯状态反映运行状况或告警

指示灯	闪烁状态	状态描述
单板硬件状态灯—STAT(红绿双色灯)	绿色亮	单板工作正常
	红色亮	单板硬件故障
	红色 100 ms 亮 100 ms 灭	单板硬件不匹配
	灭	单板没有电源输入,或者没有配置业务
业务激活状态灯—ACT(绿色)	亮	业务处于激活状态
	灭	业务处于非激活状态
单板软件状态灯—PROG（红绿双色灯）	绿色亮	加载或初始化单板软件正常
	绿色 100 ms 亮 100 ms 灭	正在加载单板软件
	绿色 300 ms 亮 300 ms 灭	正在初始化单板软件
	红色亮	丢失单板软件,或加载、初始化单板软件失败
	灭	没有电源输入
业务告警指示灯—SRV（红黄绿三色灯）	绿色亮	业务正常,没有告警产生
	红色亮	业务有紧急告警或主要告警
	黄色亮	业务有次要告警或远端告警
	灭	没有配置业务或者没有电源输入

②通过环回法检查故障

环回法是 SDH 传输设备定位故障最常用、最行之有效的一种方法。该方法最大的一个特点就是定位故障时可以不依赖于对大量告警及性能数据的深入分析。

环回操作分为软件、硬件两种,这两种方式各有所长。

硬件环——相对于软件环回更为彻底,但它操作不是很方便,需要到设备现场才能进行操作;另外,光接口在硬件环回时要避免接收光功率过载。

软件环——虽然操作方便,但它定位故障的范围和位置不如硬件环准确。比如,在单站测试时,若通过光口的软件内环回,业务测试正常,并不能确定该光板没有问题;但若通过尾纤将光口自环后,业务测试正常,则可确定该光板是好的,如表 5-2 所示。

表 5-2　软件环回操作

支持软件环回的单板	操作工具	软件环回操作类型	环回级别	应　用
支路板	网管	内环回、外环回	按通道环回	可分离交换机故障还是传输故障,且可初步判断支路板是否存在故障,不需要更改业务配置
线路板	网管	内环回、外环回	光口环回	将故障定位到单站,且可初步判断线路板是否存在故障,不需要更改业务配置

支持软件环回的单板	操作工具	软件环回操作类型	环回级别	应　用
交叉时钟板	网管	线路环回、支路环回	按业务通道环回	单站故障的定位中,可定位是线路侧故障还是支路侧故障。需要更改业务配置,对操作人员要求较高

个人根据判断故障的需要选择环回的方向,如表 5-3 所示。

表 5-3　软件环回方向步骤

步　骤	操　作
1	①从多个有故障的站点中选择其中的一个站点; ②从选择的一个站点的多个有问题的业务通道中,选择其中的一个业务通道; ③对于选择出来的业务通道,先分析其中一个方向的业务
2	画出选取业务一个方向的路径图。在路径图中标示出该业务的源和宿、经过的站点占用的 VC-4 通道和时隙
3	根据画出的业务路径图,采取逐段、逐站环回的方法,定位故障站点
4	故障定位到单站后,通过线路、支路和交叉时钟板环回,进一步定位可能存在故障的单板。最后结合其他方法,确认存在故障的单板,并通过换板等方法排除故障

光接口板光口环回的步骤,如表 5-4 所示。

表 5-4　光接口板光口环回的步骤

步　骤	操　作
1	在 T2000 网管主视图上,选择需要环回的网元
2	在网元图标上单击右键,选择[网元管理器]
3	选择需要环回的光接口单板,在功能树中选择[配置/SDH 接口]
4	选中"按功能",并在下拉菜中选择"光(电)口环回"
5	选择需要环回的端口,在对应右栏下拉菜单中选择"内环回"或"外环回"
6	单击<应用>
7	返回"操作成功"提示对话框,单击<确定>

SDH 光接口板 VC4 环回的步骤,如表 5-5 所示。

表 5-5　SDH 光接口板 VC4 环回的步骤

步　骤	操　作
1	在 T2000 网管主视图上,选择需要环回的网元
2	在网元图标上单击右键,选择[网元管理器]
3	选择需要环回的光接口单板,在功能树中选择[配置/SDH 接口]
4	选中"按功能",并在下拉菜单中选择"VC4 环回"
5	选择需要环回的端口,在对应右栏下拉菜单中选择"内环回"或"外环回"
6	单击＜应用＞
7	返回"操作成功"提示对话框,单击＜确定＞

硬件环回是采用手工方法用尾纤或自环电缆对物理端口(光接口、电接口)的环回操作。

硬件环回与软件环回区别如图 5-9 所示,故障定位的应用方法类似。

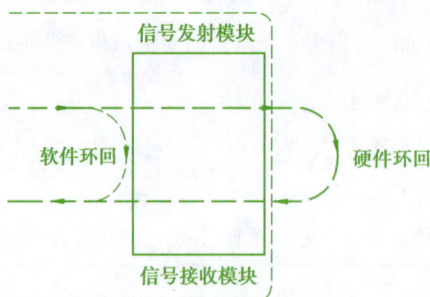

图 5-9　硬件环回操作

根据环回位置,SDH 接口的硬件环回又分为本板自环和交叉自环,见表 5-6。

表 5-6　SDH 接口的硬件环回的分类

环回方式	解　释	图　例
本板自环	用一根尾纤将同一块光接口板上的收、发两个光接口连接起来	
交叉自环	用尾纤连接西向光接口板的输出端和东向光接口板的输入端,或者连接东向光接口板的输出端和西向光接口板的输入端。只能用于两块光接口板之间	

3）光纤故障的排除

如果是断纤的情况,此时光板必然有 R_LOS 告警,为进一步定位是光板问题还是光纤问题,可采取如下几种方法。

方法 1:使用 OTDR 仪表直接测量光纤。可以通过分析仪表显示的线路衰减曲线判断是否断纤及断纤的位置。但需注意,OTDR 仪表在很近的距离内有一段盲区,测试时,需要断开与光板相连的尾纤,因为 OTDR 的发光功率比较大,光板接收光功率过载,造成光板损坏。

方法 2:测量光纤两端光板的发送和接收光功率,若对端光板发送光功率正常,而本端接收光功率异常,则说明是光纤问题;若光板发光功率已经很低,则判断为光板问题。

方法 3:测试光板的发光功率正常后,使用尾纤将光板收发接口自环(注意不要出现光功率过载),若自环后光板红灯仍有紧急告警,则说明是光板的问题。若自环后红灯熄灭,则需使用相同的方法,测试对端光板。若对端光板自环后,红灯也熄灭,则可判断是光纤问题。

方法 4:用一根好的光纤来替代被怀疑是故障的光纤,判断是否的确是光纤的问题。

4）发生业务中断故障排除

发生业务中断故障时,首先检查是否有以下设备告警,这些告警指示设备或单板有故障,应当首先排除,见表5-7 所示。

表 5-7　指示设备或单板有故障的告警及其排除操作

告警名称	告警说明	操　作
POWER_FAIL	电源故障	检查电源盒或外部电源
FAN_FAIL	风扇故障会导致设备温度高,影响正常运行	检查风扇开关是否开启,或更换风扇
BD_STATUS	单板不在位	更换单板或主控板
MAIL_ERR	邮箱通信错误	更换单板或主控板
NO_BD_SOFT	单板无软件	更换单板
HARD_BAD	单板硬件故障	更换单板
WR_FAIL	单板硬件故障	更换单板
NE_INSTALL	网元进入安装态	重新下发配置
SYN_BAD	时钟同步源劣化	更换本站或其他站时钟板,或启动主备倒换,或更换外时钟源

①支路 T_ALOS 告警处理

T_ALOS 告警一般为线缆、终端设备(如交换机等)或本站支路板故障引起。通过逐段环回或仪表测试的方法来定位问题。

②线路故障处理

线路上有 R_LOS、R_LOF 等告警或再生段误码时,可通过网管查询光板激光器性能事件或通过光功率计测试收、发光功率,判断光功率是否在光板的正常工作范围之内,排除对端站故障和光缆故障。

如果是设备问题,可通过自环的方法定位故障点。

③高阶通道告警的处理

出现 HP_TIM、HP_SLM 告警,需检查上游站线路板相应高阶通道的 J1、C2 字节配置与本站是否相同,如配置不同,修改配置再重新下发配置。OptiX 系列设备在出现 HP_TIM 告警时不影响业务。

④更换板卡操作

在设备的维护和排除故障过程中,常常需要更换单板,而不正确的操作往往容易引起事故。

拔出承载业务的单板,会造成业务中断。因此,单板的热插拔操作,应安排在业务量小的时间段进行。

见表 5-8、表 5-9。

a. 传输板卡更换

表 5-8　传输板卡更换操作步骤

步　骤	操　作
查询单板的当前告警	
1	在网管中查询单板的当前告警
查询网络保护配置	
2	在网管中查询设备是否配置了 MSP 保护,如果没有配置保护,转至步骤 8
在网管中对设备设置 MSP 保护倒换	
3	在网元图标上单击右键,选择[网元管理器]
4	在"功能树"中选择[配置/环形复用段]
5	选中需要更换的单板,在右键菜单中选择<练习倒换>,观察 MSP 倒换是否正常
6	查询网管中的告警和性能事件,确认无新增的告警和性能事件,查询业务是否正常。如果业务正常,应无新增的异常告警和性能事件,说明倒换成功
7	在右键菜单中选择<强制倒换>
更换故障传输单元板卡	
8	将光接口上的纤缆移去。 注意:在更换单板时,不允许接口上连有纤缆
9	打开单板上的扳手,轻轻将单板抽出
10	将换下的故障单板,放入防静电袋中
11	选择单板名称、型号和参数与故障单板完全相同的备板
12	打开备板的扳手,将备板沿导槽插入正确槽位
13	待备板插到底后,扣紧备板上的扳手
14	观察单板的指示灯,正常情况应该是绿灯亮

步　骤	操　作
15	测量收、发光功率值,应符合工程文件
16	将纤缆插入光接口,注意位置要正确
	使用网管解除倒换
17	在网元图标上单击右键,选择[网元管理器]
18	在"功能树"中选择[配置/环形复用段]
19	选中需要更换光模块的单板,在右键菜单中选择<清除>
20	查询网管中的告警和性能事件,确认无新增的告警和性能事件,查询业务是否正常。如果业务不正常,请转至步骤2
21	结束

b. 光模块更换

表 5-9　光模块更换操作步骤

步　骤	操　作
	查询单板的当前告警
1	在网管中查询单板的当前告警
	查询网络保护配置
2	在网管中查询设备是否配置了保护,如果没有配置保护,转至步骤8
	在网管中对设备设置保护倒换
3	在网元图标上单击右键,选择[网元管理器]
4	在"功能树"中选择[配置/环形复用段]
5	选中需要更换光模块的网元单板,在右键菜单中选择<练习倒换>,观察 MSP 倒换是否正常
6	查询网管中的告警和性能事件,确认无新增的告警和性能事件,查询业务是否正常。如果业务正常,应无新增的异常告警和性能事件,说明倒换成功
7	在右键菜单中选择<强制倒换>
	更换故障光模块
8	将光接口上的光纤移去。 注意:在更换光模块时,不允许接口上连有纤缆
9	打开光模块的卡销,拔出光模块
10	将换下的故障光模块,放入防静电袋中
11	选择型号和参数与故障光模块完全相同的备件
12	将光模块插入光板上的插座,卡紧光模块的卡销
13	观察单板的指示灯,正常情况应该是绿灯亮

步 骤	操 作
14	测量收、发光功率值,应符合工程文件
15	将光纤缆插入光接口,注意位置要正确
使用网管解除倒换	
16	在网元图标上单击右键,选择[网元管理器]
17	在"功能树"中选择[配置/环形复用段]
18	选中需要更换光模块的单板,在右键菜中选择<清除>
19	查询网管中的告警和性能事件,确认无新增的告警和性能事件,查询业务是否正常。如果业务不正常,请转至步骤2

更换板卡时切勿用力过大,以免弄歪母板上的接口插针。顺着各板位的导槽插入单板,避免板上的元器件相互接触,引起短路。手拿板子时,不要用力触碰单板上的电路、元器件、接线头、接线槽。

⑤板卡复位的一些注意事项

a.复位单板

对单板进行软复位不影响正在运行的业务;对单板进行硬复位操作,会影响正在运行的业务。

b.复位其他单板

可以通过两种方法对其他单板进行复位;利用网管系统对其他单板进行软复位和硬复位;拔插单板,对单板进行硬复位。

c.网管系统对单板进行复位

使用网管复位的步骤,如表5-10所示。

表5-10　网管系统对单板进行复位的步骤

步 骤	操 作
1	在T2000网管主视图上,选择需要进行单板复位的网元
2	用鼠标双击网元图标,打开网元板位图
3	选择需要复位的单板,单击鼠标右键,弹出右键菜单
4	选择"软复位"或者"硬复位"
5	由于复位操作可能会影响业务,需要对返回的提示对话框进行确认

⑥测试光功率的注意事项

测试接收光功率有以下几点需要注意:

a.光纤接头和光接口板面板上的光连接器清洁并连接良好。

b. 意激光安全,切忌眼睛正对光接口板的激光发送口和光纤接头。

c. 测试尾纤的衰耗。

d. 和多模光模块应使用不同的尾纤。

使用经过校准的测试仪表,见表5-11。

表 5-11　使用经过校准的测试仪表的步骤

步　骤	操　作
1	将光功率计的工作波长设置为与被测波长一致
2	拔下收端设备"IN"口的尾纤,连接到光功率计上
3	待测得的光功率稳定后,记录光功率值

测试发送光功率的步骤,如表5-12所示。

表 5-12　测试发送光功率的步骤

步　骤	操　作
1	将光功率计的工作波长设置为与被测波长一致
2	拔下发端设备发送端口的尾纤
3	将测试尾纤连接到发端设备光接口板的"OUT"口,并将尾纤的另一端连接到光功率计上
4	待测得的光功率稳定后,记录光功率值

(二)SDH 故障排除

SDH 设备的实际维护过程中,故障告警不是孤立地出现的,某一设备的故障往往引发相关设备的连锁告警反应。因此,在分析故障告警时,不要仅对某一个告警进行孤立的分析,要从网络系统的角度去分析告警现象,以便正确定位故障点。

(1)确定故障区段

①检查光纤、电缆是否接错,光路和网管系统是否正常,排除设备外的故障。

②检查各站点业务配置是否正确,排除配置错误的可能性。

③通过告警性能分析故障的原因。

④通过逐段环回进行故障的区段定位,将故障最终定位到单站。

⑤通过单站自环测试定位故障板。

⑥通过更换单板定位故障板。

(2)进一步定位故障

①对于环形网的光纤连接,要按照从环外看逆时针方向,本站的东侧光板接下一站的西侧光板;对于链形网中间的 ADM 站点,光纤连接也按照本站的东侧光板接下一站的西侧光板。可以通过拔纤、关断激光器检查告警来判断光纤是否接错。

②电缆是否接错或不通可以通过在 DDF 架上环回和电口近端环回,然后检查交换机或其他外围设备是否正常来判断。

③检查配置是否错误的重点是根据组网方式、业务方式来检查时隙是否满足业务的需要,另外也要检查单板配置,如支路板的保护/无保护、是否环回等属性;GTC 板的设备

类型配置;线路板的 J1、C2 字节配置;时钟板的同步源配置;公务板的电话号码、出环路由等。

④可以通过逐段环回来进行故障的区段定位,将故障定位在某一区段直至某一单站。如果 A 站与 C 站之间有业务不通,在 A 站挂仪表测试,可以先后通过对 A 站电口近端环回、A 站东向线路板光纤自环回、B 站东向线路板光纤自环回、C 站西向线路板外环回、C 站对应电口远端环回来定位故障。

a.若 A 站电口近端环回业务不通,则说明馈线电缆、接口板或支路板故障。

b.若 A 站西线路板处环回业务不通,则说明可能是 A、B 之间的光路或光接口的问题。

c.若 B 站西向线路板外环回业务不通,则说明可能是 A、B 之间的光路或光接口问题。

d.若 B 站东向线路板光纤自环回业务不通,则说明业务在 B 站穿通不行,可能是 B 站线路板或交叉板的问题。若 C 站西向线路板外环回业务不通,则说明可能是 B、C 之间的光路或光接口的问题。该方法适用于线形组网和双向复用段保护环。对于单向通道保护环,若要采用这种方法,则必须断开一侧的光纤从另一侧逐段环回。线路板光纤自环时,注意不能过载,否则要加光衰减器。

⑤通过单站自环来定位故障站点。一般采用光口内自环的方法来检查告警、误码是否还存在或是业务是否正常。若原来光路上有告警或误码,自环后告警、误码消失,则说明本端设备正常,光路或对端设备有问题。单站测试业务,一般是采用在电口挂仪表、光口内自环的方法。对于链形和双向环上的特点,只需自环上下业务一侧的光板;对于单向通道保护环,由于是并发选收,所以有 4 种环回方法:西侧线路板自环、东侧线路板自环、西侧线路板收接东侧线路板发、西侧线路板发接东侧线路板收。这 4 种环回方式下业务均应正常,如果不是所有情况下业务都正常,则必有一块光板的收或发有问题或是交叉板的一侧总线故障。若业务是支路环回方式,如从 PL1 板环回到 SL1 板,则可在 PL1 板 2 Mbit/s 口挂仪表而将 SL1 板自环。

⑥通过替换单板来找出故障板。若只有一块支路板业务不通,则很可能是这块支路板故障;若是从线路某一侧下的业务都不通,则可能是该侧线路板或交叉板的这一侧总线故障,可以通过更换线路板和交叉板来定位;若该站所有业务都不通,一般来说是交叉板或时钟板故障。

⑦通过更换配置来定位故障。如果怀疑支路板的某些通道或某一块支路板有问题,可以更换时隙配置将业务下到另外的通道或另一块支路板;如果怀疑某一个 VC4 有问题,可以将业务时隙调整到另一个 VC4;在很多情况下为了不影响其他业务还可以将部分时隙配成外环回来定位,在定位指针调整故障时,可以更改站点的时钟跟踪方向或更改提供基准时钟上的站点。

⑧保护倒换问题往往需要通过倒换试验,根据故障现象来判断故障。例如在通道保护时,可以采用拔纤方式,强制一个站点从主环接收或从备环接收业务,或是只往主环或是备环发送业务;在复用段保护时,可以在倒换后查询各站点的倒换状态,判断是否有站点倒换不正常。注意:设备发生保护倒换,往往是某段光路中断,可能是光发送、光接收、光缆等故障。

(三)实例

(1)通过设备上的指示灯获取告警信息,进行故障定位

OSN3500 设备上有不同颜色的运行和告警指示灯,这些指示灯的状态,反映出设备当前的运行状况或存在的告警,单板一般都有 4 个指示灯,如表 5-13 所示。

表 5-13 根据设备上指示灯的告警信息进行故障定位

指示灯	闪烁状态	状态描述
单板硬件状态灯—STAT (红绿双色灯)	绿色亮	单板工作正常
	红色亮	单板硬件故障
	红色 100 ms 亮 100 ms 灭	单板硬件不匹配
	灭	单板没有电源输入,或者没有配置业务
业务激活状态灯——ACT (绿色)	亮	业务处于激活状态
	灭	业务处于非激活状态
单板软件状态灯—PROG (红绿双色灯)	绿色亮	加载或初始化单板软件正常
	绿色 100 ms 亮 100 ms 灭	正在加载单板软件
	绿色 300 ms 亮 300 ms 灭	正在初始化单板软件
	红色亮	丢失单板软件,或加载、初始化单板软件失败
	灭	没有电源输入
业务告警指示灯—SRV (红黄绿三色灯)	绿色亮	业务正常,没有告警产生
	红色亮	业务有紧急告警或主要告警
	黄色亮	业务有次要告警或远端告警
	灭	没有配置业务或者没有电源输入

通过查看网管与设备指示灯这两个途径获取设备故障信息,各有其优点。因此,在实际的故障定位过程中,这两种手段要结合起来使用。

专家提示:排除故障时,需要网管中心的维护人员与各站的设备维护人员共同参与,一般由网管中心的维护人员协调指挥,各站的设备维护人员密切配合,统一行动。

(2)通过环回法检查故障

环回法是 SDH 传输设备定位故障最常用、最行之有效的一种方法。该方法最大的一个特点就是定位故障,可以不依赖于对大量告警及性能数据的深入分析。

环回操作分为软件、硬件两种。这两种方式各有所长:

硬件环——相对于软件环回更为彻底,但它操作不是很方便,需要到设备现场才能进行操作;另外,光接口在硬件环回时要避免接收光功率过载。

软件环——虽然操作方便,但它定位故障的范围和位置不如硬件环准确。比如,在单站测试时,若通过光口的软件内环回,业务测试正常,并不能确定该光板没有问题;但若通过尾纤将光口自环后,业务测试正常,则可确定该光板是好的,见表 5-14。

表 5-14　软件环回操作

支持软件环回的单板	操作工具	软件环回操作类型	环回级别	应　用
支路板	网管	内环回、外环回	按通道环回	可分离交换机故障还是传输故障,且可初步判断支路板是否存在故障,不需要更改业务配置
线路板	网管	内环回、外环回	光口环回	将故障定位到单站,且可初步判断线路板是否存在故障,不需要更改业务配置
交叉时钟板	网管	线路环回、支路环回	按业务通道环回	单站故障的定位中,可定位是线路侧故障还是支路侧故障。需要更改业务配置,对操作人员要求较高

任务 5.2　无线系统

5.2.1　无线系统实操技能

(一)ATR、UCS、ZDS 服务器数据库优化

做数据库优化时,可同时打开 ATR、ZDS、UCS 等 3 个服务器窗口,分别 telnet ATR、ZDS、UCS 的 IP 地址,优化流程按如下的步骤进行。

(1)优化 ATR

①优化工作在 motorola 网管终端进行操作,优化之前请关闭 PRNM 的 MOTO 应用程序及工作进程。方法:右下角图标区域鼠标右键点击 motorola 图标 exit 退出,如图 5-10 所示。

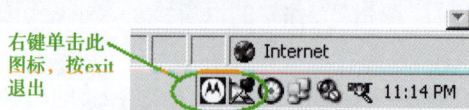

右键单击此图标,按exit退出

图 5-10　关闭 PRNM 的 MOTO 应用程序及工作进程

②优化过程中,在对 3 个服务器进行 disabled 操作时,atr 最先进行 disabled,第 2 个是 zds,第 3 个是 ucs。enabled 操作的顺序是:第 1 个进行 ucs,第 2 个 zds,第 3 个 atr。开始菜单中单击 run,如图 5-11 所示。

远程连接输入:IP 地址、用户名及密码。

进入登录界面,如图 5-12 所示。

依次做如下操作:

①选择 3,显示当前服务器状态,此时服务器状态应当为 enabled;

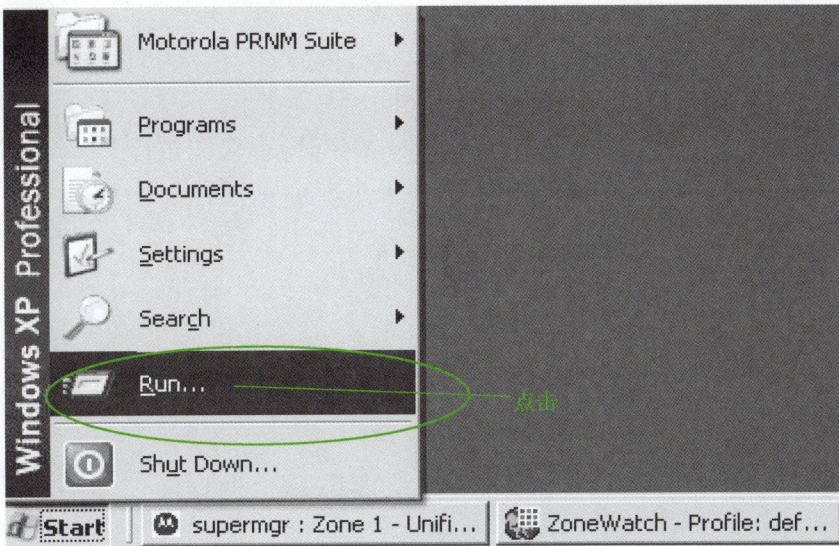

图 5-11　开始菜单中单击 Run

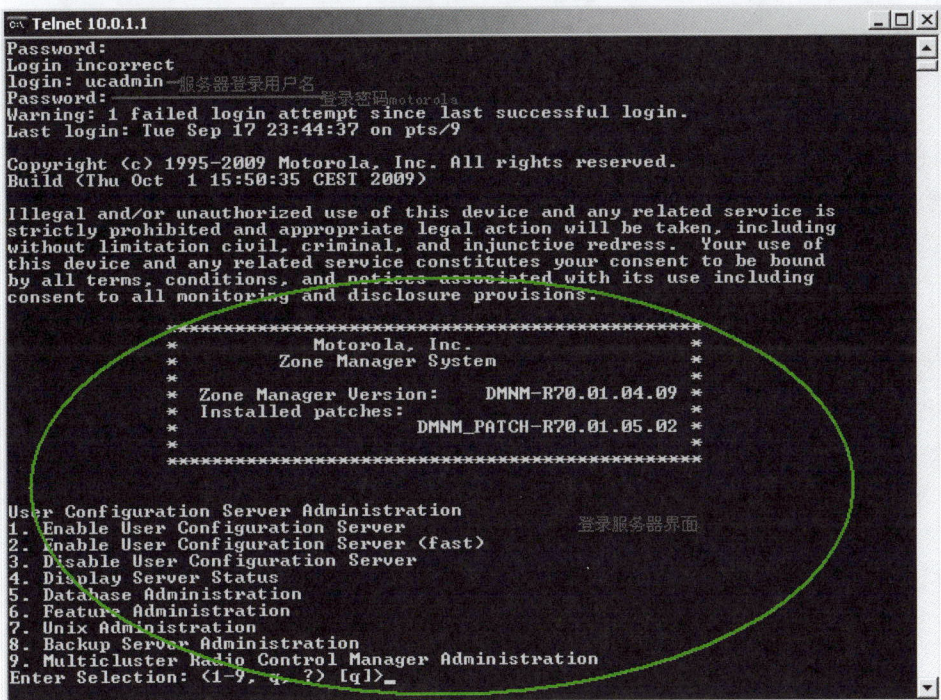

图 5-12　进入登录界面

②选择 2,结束 atr 服务器工作,此时服务器状态应当为 disabled;

③选择 3,显示当前服务器状态,此时服务器状态应当为 disabled;

④选择 1,使当前服务器状态工作正常,此时服务器状态为 enabled;

⑤选择 3,显示当前服务器状态,此时服务器状态应当为 enabled;

⑥按 q 退出优化,atr 优化完成。

（2）优化 ZDS 服务器

优化工作在 motorola 网管终端进行,需要关闭 PRNM 的 MOTO 应用程序及工作进程。方法:右下角图标区域鼠标右键单击 motorola 图标按 exit 退出。

优化过程中,在对 3 个服务器进行 disabled 操作时,atr 最先进行 disabled,第 2 个是 zds,第 3 个是 ucs。enabled 操作的顺序是:第 1 个进行 ucs,第 2 个进行 zds,第 3 个进行 atr,

开始运行栏目中输入 cmd,回车,进入登录界面。

远程连接输入:telnet IP 地址、用户名及密码。

依次做如下操作:

①选择 4,显示当前数据库服务状态,服务器状态为 enabled;

②选择 3,结束 zds 服务器工作;

③选择 4,显示当前服务器状态,此时服务器状态为 disabled;

④选择 6,进入数据管理选项;

⑤选择 1,优化数据库管理;

⑥选择 6,优化数据库;

⑦优化完成之后按 q 退出;

⑧选择 1,使数据服务恢复正常;

⑨选择 4,显示当前服务器状态,此时服务器状态为 enabled;

⑩选择 6,进入数据管理选项;

⑪选择 4,核对数据状态;

⑫优化完成之后按 q 退出,ZDS 优化完成。

（3）优化 UCS 服务器

优化工作在 motorola 网管终端进行。优化之前请关闭 PRNM 的 MOTO 应用程序及工作进程。方法:右下角图标区域鼠标右键点击 motorola 图标按 exit 退出。

优化过程中,在对 3 个服务器进行 disabled 操作时,atr 最先进行 disabled,第 2 个是 zds,第 3 个是 ucs。enabled 操作的顺序是:第 1 个进行 ucs,第 2 个进行 zds,第 3 个进行 atr。开始运行栏目中输入 cmd,回车,进入登录界面远程连接输入:telnet telnet IP 地址、用户名及密码。依次做如下操作:

①选择 4,显示当前数据库服务状态,此时服务器状态为 enabled;

②选择 3,结束 ucs 服务器工作;

③输入 y 确认结束,此时数据库服务器状态 disabled;

④选择 4,显示当前服务器状态,此时服务器状态为 disabled;

⑤选择 6,进入到数据管理选项;

⑥选择 1,优化数据库管理;

⑦选择 6,优化数据库;

⑧优化完成之后按 q 退出;

⑨选择 1,使数据服务恢复正常;

⑩选择 4,显示当前服务器状态,此时服务器状态为 enabled;

⑪选择 5,进入数据管理选项;

⑫选择 3，核对数据状态；

⑬优化完成之后按 q 退出，UCS 优化完成。

(二)无线基站模块更换

(1)更换 BR 的流程

当进行 BR 更换时，先切断连接在 BR 上的电源线，然后再拔 BR 上的其他线缆。安装 BR 时，顺着 BR 卡槽的轨道将 BR 插入卡槽，先连接完 BR 上的其他线缆，最后连接 BR 上的电源线，更换完 BR 后需进行 2 步操作。

1）更改 BR 的位置号

用串口连接 BR 的 service 口，telnet 该 BR 的外部 IP。

输入指令：get position，回车显示 BR 位置号，1 或者 2。

reset 回车，y 回车(重启该 BR)出现＊＊＊＊＊后用 Esc 键打断，进入 Boot 菜单输入指令：cccp 1 1 更改 BR 的位置号，更改完成后进行 reset 重启，启动后执行 get position 命令查看 BR 号，get cabinet 显示 BR 位置。

2）更改 BR 的接收方式

继续执行 get nvm_param rx1 rx_fru_config 显示接收状态。

执行 set nvm_param rx1 rx_fru_config 更改接收状态为 3 级接收。

(2)更换 TSC 流程

①当进行 TSC 更换时，需关闭 PSU 上的电源总开关，将 TSC 插入卡槽，接上所有线缆后，再进行加电。

②TSC 加电之后，用笔记本连接 TSC 的 service 口，使用 BTS service 软件进行配置文件的传送，登录时采用内部 IP10.0.253.1 登录。

③配置文件传送成功之后，由于配置文件中不包括基站的时隙、基站 ID 的配置，需执行命令操作。

配置时隙时需用工厂密码进入：

用户名：任意；

密码：factory；

设置时隙命令：. e1config-channel 1-tsPattern 1 2 3；

设备 ID 命令：输入命令 id 可查看基站是 A 或者 B；

命令：id A 回车设置成功；

配置完成后需执行 reset 重启后才可生效。

(3)实例：基站 BR 模块更换、写频和故障处理

首先，更换 BR 硬件模块。

使用 U 转串线连接电脑的 USB 口和 BR 模块的 service 接口，在电脑上查看 U 转串线的端口号，如图 5-13 所示。

电脑打开 BTS Service Software 软件，如图 5-14 所示。

基站类型 BTS Type 选择 MTS 4，系统版本 System Release 选择 Dimetra R7.0，密码 sys＊mgr，单击 OK。如图 5-15 所示。

单击 configuration 选择 Direct Settings，如图 5-16 所示。

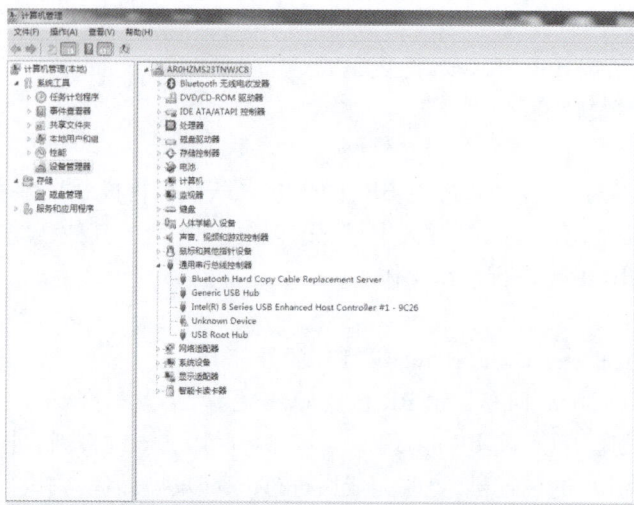

图 5-13　在电脑上查看 U 转串线的端口号

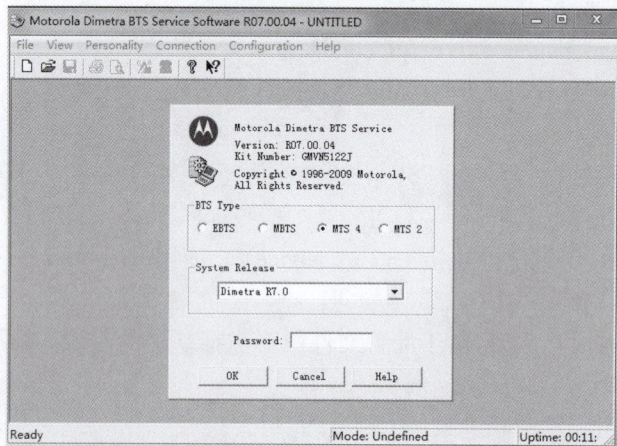

图 5-14　电脑打开 BTS Service Software 软件

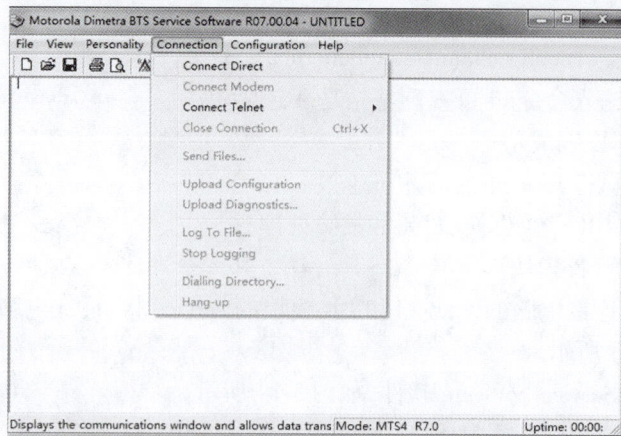

图 5-15　单击 configuration 选择 Direct Settings

端口号选择 com3,单击 OK。菜单键选择 Connecrtion,单击 Connect Direct,进入命令行界面,如图 5-17、图 5-18 所示。

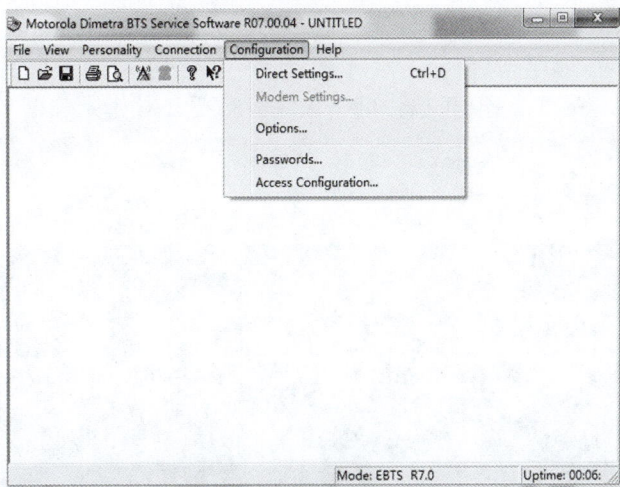

图 5-16　登录界面

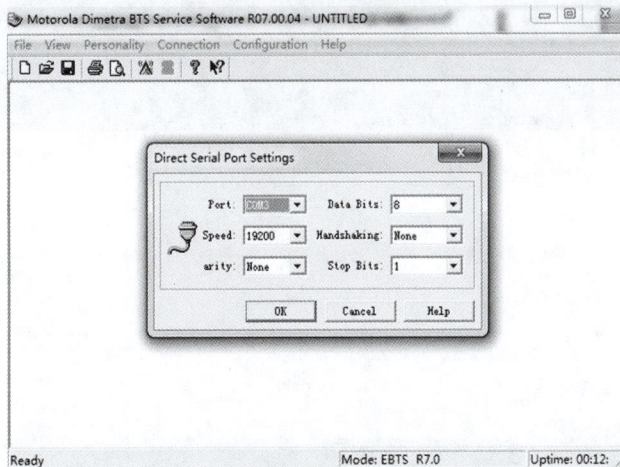

图 5-17　端口配置

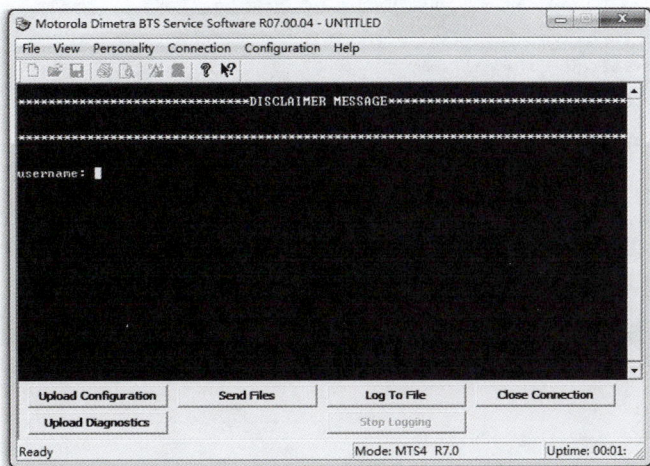

图 5-18　配置界面

Username：任意字母。

Password：Motorola 回车。

输入 get po，输入 reset 重启，重启进度条未完成时按 ESC 键。如图 5-19、图 5-20 所示。

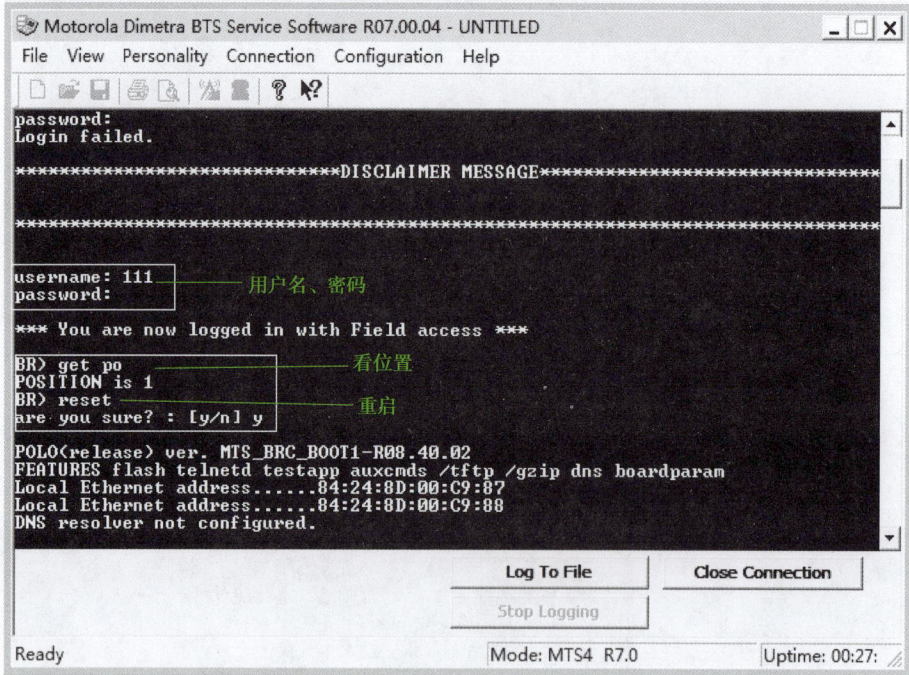

图 5-19　BR 重启

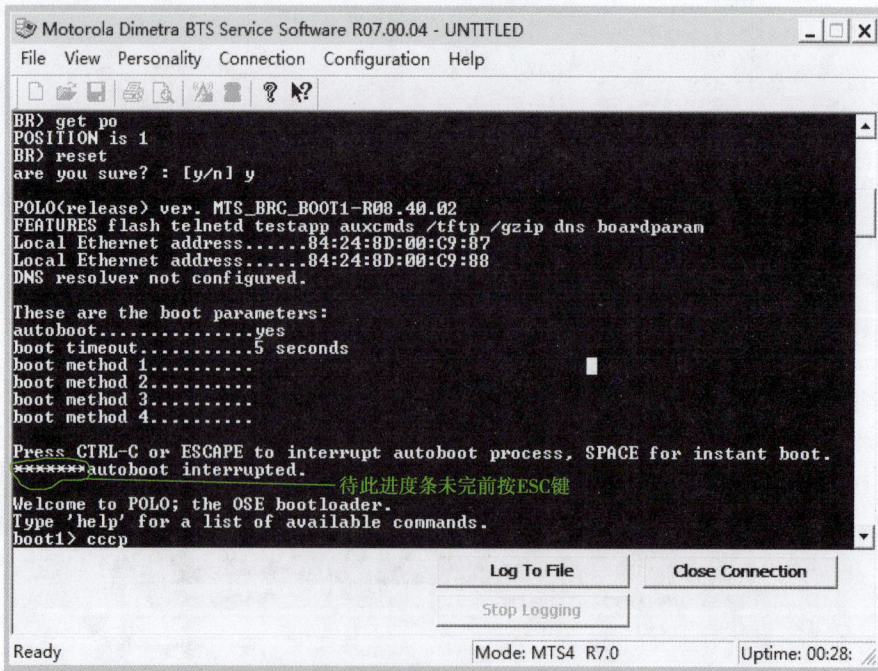

图 5-20　查看 BR 位置

输入 cccp 1（机框）2（BR 模块），输入 reset 重启，完成基站 BR 模块故障处理。如图 5-21 所示。

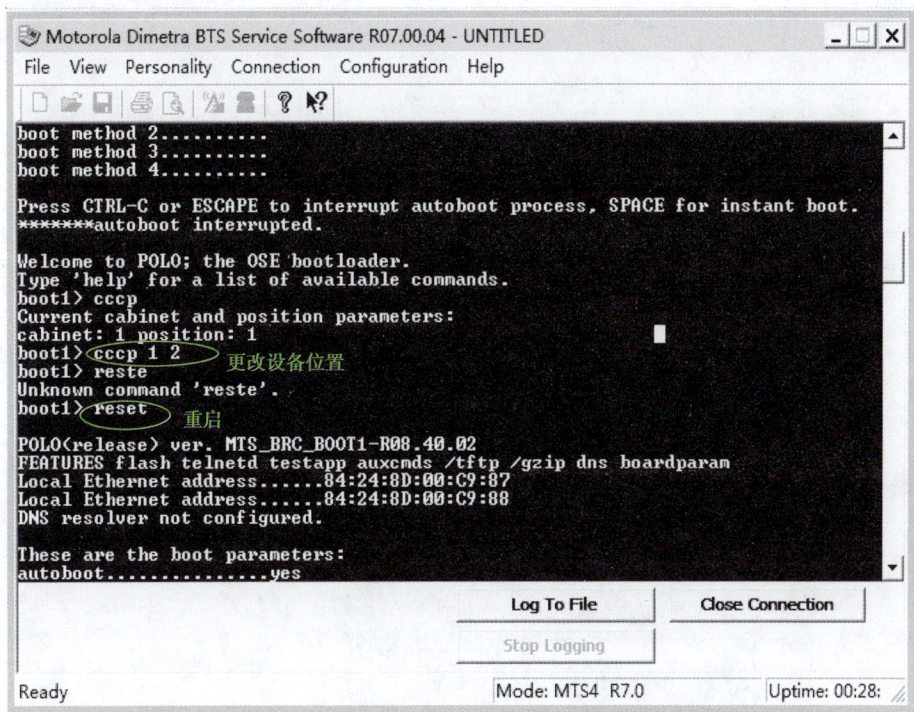

图 5-21 BR 配置

（三）天馈线实操技能
（1）馈线（7/8）接头制作
①将故障点用钢锯锯断，并调直电缆，要求断面整齐。

②先开剥线缆外护套，长度控制在 35 mm 内。

③外导体长度控制在 20 mm，使用细齿锯沿外导体波峰中心线切除多余部分。

④将接头螺套套入电缆并保持端面平齐。

⑤用平锉将电缆端面修理平整。

⑥使用一字螺丝刀将绝缘部分和外导体分离，以便外导体与接头连接紧密。

⑦用刀尖将内导体整理平整。

⑧用毛刷清洁断面及内导体，不得有铜屑、灰尘。

⑨套入接头并拧紧，不得用力过大。

⑩射频缆连接及密封。

a. 将 7\8 射频缆用 1\2 跳线相连，连接时用力均匀，不得用力过猛损坏接头。

b. 顺着接头拧紧的方向使用绝缘胶带对接头进行缠绕保护。

⑪测试：连接完成后，对射频缆接头质量进行测量，测量标准如下：

a. 线缆接头不得短路。

b. 线缆总体驻波 <1.5 计为合格。

⑫出清现场。对现场的物料、工器具、仪器仪表进行出清，放回现场指定区域。

（2）驻波比测试仪（安利331D）测试方法

①Site Master 面板功能介绍

如图5-22、图5-23、图5-24 所示。

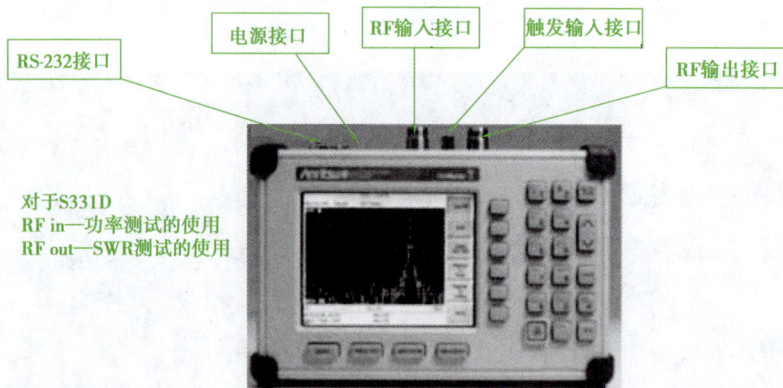

对于S331D
RF in—功率测试的使用
RF out—SWR测试的使用

图 5-22　S331/2D 顶部接口

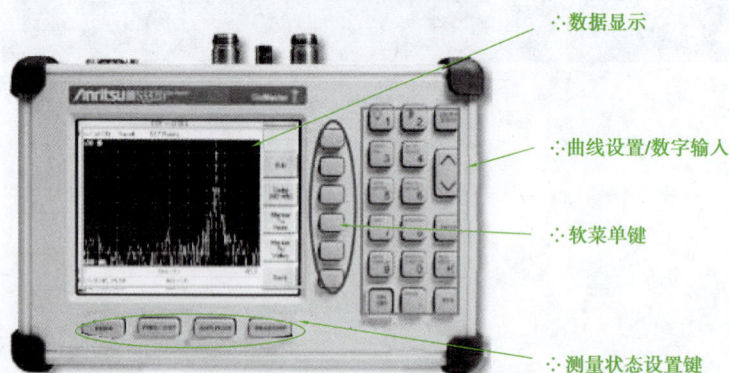

图 5-23　Site Master 的前面板

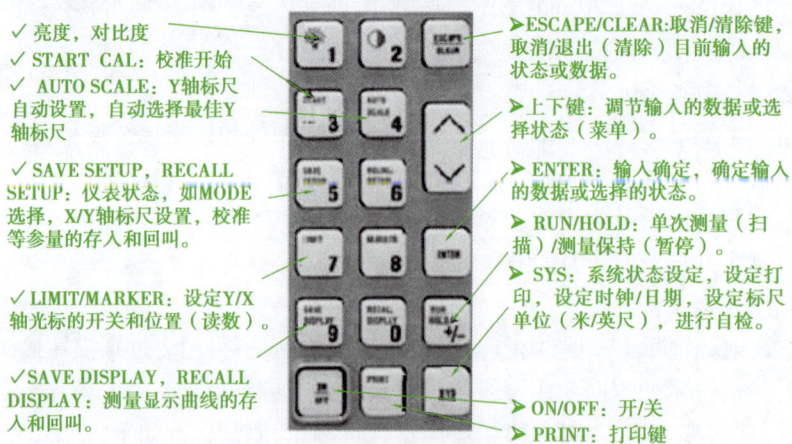

✓ 亮度，对比度
✓ START CAL：校准开始
✓ AUTO SCALE：Y轴标尺自动设置，自动选择最佳Y轴标尺
✓ SAVE SETUP, RECALL SETUP：仪表状态，如MODE选择，X/Y轴标尺设置，校准等参量的存入和回叫。
✓ LIMIT/MARKER：设定Y/X轴光标的开关和位置（读数）。
✓ SAVE DISPLAY, RECALL DISPLAY：测量显示曲线的存入和回叫。

➤ ESCAPE/CLEAR:取消/清除键，取消/退出（清除）目前输入的状态或数据。
➤ 上下键：调节输入的数据或选择状态（菜单）。
➤ ENTER：输入确定，确定输入的数据或选择的状态。
➤ RUN/HOLD：单次测量（扫描）/测量保持（暂停）。
➤ SYS：系统状态设定，设定打印，设定时钟/日期，设定标尺单位（米/英尺），进行自检。
➤ ON/OFF：开/关
➤ PRINT：打印键

图 5-24　曲线设置/数字输入键

②校准

如图 5-25 所示。

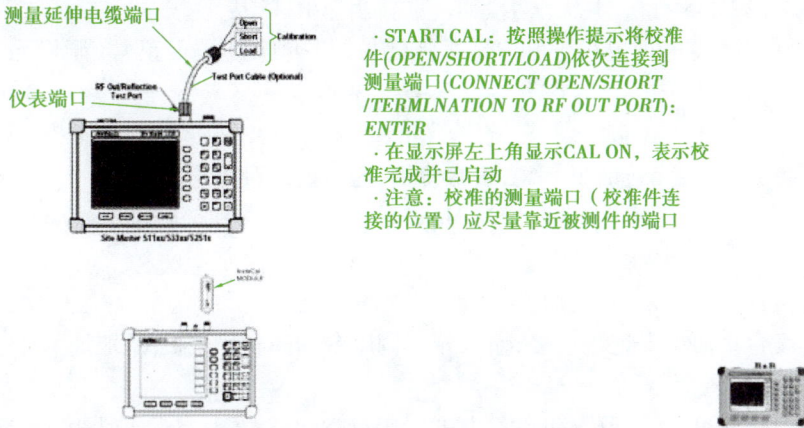

图 5-25　校准

(3)驻波比(VSWR)测试步骤

①SYS—Language Select—简体中文;

②MODE:频率-驻波比:ENTER;

③FREQ/DIST:F1:输入起始频率:ENTER:F2:输入终止频率:ENTER;

④SWEEP:分辨率:选择需要的频率扫描测量点数;

⑤START CAL:参见校准;

⑥接入被测天馈线;

⑦AUTO SCALE;

⑧LIMIT:限制线编辑:输入或调节光标位置;

⑨MARKER:M1(M2、M3、M4):编辑:输入或调节光标位置;

⑩AMPLITUDE:底线（顶线):输入或调节起始(终止)幅度;

⑪SAVE SETUP:选择一个位置:ENTER;

⑫SAVE DISPLAY:选择输入名称:ENTER。

5.2.2　无线系统设备常见故障(调度台故障)及处理措施

(1)故障诊断方法和故障处理内容

①先确认摩托原装调度主机是否开机,摩托原装调度台主机网线硬件连接良好,各接头紧固。

②先在二次开发调度主机上用"ping"命令 ping 摩托原装调度主机 IP(以实际配置文件内 IP 为准,配置文件内的 DispatchIpAddress 项的 IP 地址),看逻辑链路是否接通。

③重启摩托原装调度主机,检查摩托原装调度桌面的"Dsever"文件夹内的"MonitorServer.exe"文件是否开启。

④进入摩托原装调度 ping 摩托中心设备(10.2.253.168),看能否 ping 通,查看逻辑链路是否接通。ping 摩托 CCGW 路由器物理链路是否接通。

⑤在摩托 CCGW 路由器无法 ping 通情况下,检查通信设备室内,CCGW—交换机—光端机物理网线接头是否紧固。

⑥发现一段 RJ45 有松动,无法卡紧后,重新制作 RJ45 接头。

⑦将做好的网线进行复位,重启调度台软件,检查连接是否正常、调度台功能是否恢复。

(2)故障 1

故障现象:调度台无通话组,无法正常使用,显示控制台无连接。

故障原因:控制台无连接,主要指与 Motorola 主机(hp 主机)无连接,Agent. exe 未正常运行。

处理方法:

①在调度台桌面单击远程连接,输入相应调度台 Motorola 主机 IP 地址。

远程访问 IP:

10. 128. 255. 199   (维调 Motorola 主机)、10. 128. 255. 200   (环控调度台 Motorola 主机)、10. 128. 255. 201   (行车 2 Motorola 主机)、10. 128. 255. 202   (行车 1 Motorola 主机)、10. 128. 255. 219   (车辆段调度台 Motorola 主机)。

②单击远程连接,用户名:MotoSec,密码:Motorola12。

③登录成功后,打开桌面 Agent. exe,正常打开,关闭远程登录连接。重新登录相应的调度台软件,设备恢复正常。

④打开调度软件 DPH 之后,待各项运行正常,测试调度台的组合、私密呼叫等功能。

(3)故障 2

故障现象:在调度台上无法远程访问相应的调度台 Motorola 主机(hp 主机无连接)。

故障原因:Motorola 主机数据属性设置有误,Agent. exe 无法正常登录。

处理方法:由于 Motorola 主机未连接显示器,无法显示 hp 主机实际现象,需要 15 针接口转换连接线,用连接线将 Motorola 主机与显示器连接(也可重新连接其他显示器显示),打开桌面 Agent. exe,若能正常打开,则登录正常,故障恢复。若无法打开,单击桌面右下角连接图标,查看属性设置,如有误,需重新设置,设置正确后,打开桌面 Agent. exe,若能正常打开,恢复显示器与调度台工控机的连接,登录相应调度台的用户名及密码,设备恢复正常。

任务 5.3　交换系统

交换系统教学视频

5.3.1　交换系统数据备份

(一)备份数据库(BACKUP)

BACKUP 命令将硬盘中的数据库文件、ACD 统计文件、杂项文件复制到软盘上或者 U 盘上。

交换机应该定期备份数据库文件,以防备在使用中数据库文件的损坏。

软盘备份(图5-26)过程如下：

EDT…? UTI

UTI…? BACKUP

备存[DB]…? HELP

类　型	说　明
DB——	备存一个数据库
MIS——	备存杂项文件：个人缩位拨号号码(ISD)，人工呼叫前转(MANUAL)，激活的呼叫转接组(ACTCRG)
ACD——	备存ACD统计

备存[DB]…?
备存的数据库…? A

放磁盘1在机架1上并输入回车…?
…备存数据库A…□
放磁盘2在机架1上并输入回车…?
…继续备存数据库"A"…
…并记下依次使用的顺利…
…恢复时还按此顺序…
…UTI…?

图5-26　软盘备份过程

U盘备份过程见图5-27。

```
UTI . . . ? backup
备份类型［DB］. . . ?
＊＊＊备份数据库文件＊＊＊
要备份的数据库 . . . ? a
备份盘类型　　［USB］. . . ?
备份盘类型　　［USB］. . . ? help
－－－－－－－－－－－－－－－－－－－－－－－－－－－
磁盘类型　　　　　　　说明
－－－－－－－－－－－－－－－－－－－－－－－－－－－
USB　－－－－－U盘
FLOPPY－－－－－软盘
－－－－－－－－－－－－－－－－－－－－－－－－－－－
备份文件号　　　…? help
备份文件号，号码范围是1～5
备份文件号　　　…? 备份文件号　　…? 4
文件已存在，要覆盖吗?(Y/N)　　　　…? y
继续备份(Y/N) . . . ? y
请插好U盘　　　机架CC－1，然后按回车　…?
备份说明　　　…? 一号机
. . . 给这组备份盘命名，名字是唯一的，同时按所用　. . .
. . . 顺序给磁盘标记卷标　　　　　　　　. . .
. . . 恢复数据库要求所用的磁盘名字相同且顺序相同　. . .
. . .　　　　　　　　　　　　　. . .
UTI . . . ?
```

图5-27　U盘备份过程

列出 USB 盘上的备份信息,见图 5-28。

```
UTI...? list
TYPE FILENUM DATE                COMMENT
DB     1        8-MAR-2013 17:03:39 FRI      四号机
DB     2       10-AUG-2012 13:12:29 FRI
DB     3       30-NOV-2012 15:08:00 FRI
DB     4       19-MAR-2013 10:09:07 TUE      一号机
UTI...?
```

图 5-28　列出 USB 盘上的备份信息

(二)恢复数据库(RESTORE)

RESTORE 命令用于将软盘上、U 盘上的数据库文件,杂项文件,ACD 统计文件复制到交换机的硬盘中。见图 5-29。

举例

```
EDT···? UTI
UTI···? RESTORE
恢复[DB]···?
要恢复的数据库···? A
放磁盘 1 在机架 1 并按回车键···?
···恢复数据库"A"
放磁盘 2 在机架 1 并按回车键···?
···继续恢复数据库"A"···
UTI···?
```

图 5-29　恢复数据库

5.3.2　交换系统数据制作与故障处理

(一)数据库表的制作命令

联机

开电

按 CTRL + C 联机

用户名:ADMIN(大小写均可)

密码:ADMIN(大小写均可,密码在终端上不显示)

例如:

远东哈里斯

汉字系统管理监控程序

远东哈里斯通信有限公司版权所有 1984—1989,1990,1991,1992,1993,1994,1995,1996

用户名 . . . .? admin

口令 . . . . . .?

早上好,ADMIN,现在是 25-DEC-2003 09:10:54 THU

远东哈里斯管理系统　XCPU　中文版　24.00.54 DID

您已联入机架 CC-2

系统状态是 /备用

. . . 输入"HELP"查看菜单 . . .

ADMIN ... ?

在这个提示符下,有下面几种常用操作:

①看告警记录,在此提示符下,输入 ALM,回车。

②看详细话单记录,输入 CDR,回车。

③系统编辑,输入 EDT,回车。包括分机,电路板等。

④测试,输入 TDD ,回车。

⑤设置日期,时间。

进入到数据库以后,使用 HELP 命令 A...? HELPP 可以看到各种类型数据库表的编辑命令。输入命令以后就进入对某一数据库表的配置编辑之中,见表 5-15。

表 5-15　编辑命令

命　令	说　明	命　令	说　明
ACD	ACD 编辑	EQA	等同通路
ANALYZE	分析路由表	EXTENSION	分机
AVR	自动话音应答	FACILITY	出局设备
BILLING	BULKBILLING	FEATURE	功能类
BOARD	电路板	GROUP	分机组
CNF	会议	HIL	HIL 编辑
CODE	授权码	LIST	列表全部数据库
COLLECT	收集路由表	MTP	SS7MTP 第 2&3 层
CONNECT	连接类	NET	网络编辑
CONVERT	转换 CAP 表	OPTIONS	列表/升级 OCR
COS	业务类	PATTERN	路由模式
COUNTS	检验参考计数	PICKUP	代答组
CRG	呼叫转移组	ROUTING	路由类
DATA	数据	SHELF	机架图
DIAL	拨号控制类	SPEED	系统缩位拨号
DIRECTORY	系统号码本	SYSEDT	系统编辑
DDS	调度台号码簿	TRUNK	中继组
SAVE	存储编辑期	KILL	删除编辑期
EXIT	返回到 EDT 提示/退出并挂起编辑期		

提示中的字符表示当前选择的数据库

注意:当你处在某一命令下时,可以直接键入其他数据库表的编辑命令,直接进入到对其他数据库表的配置编辑之中。而不需要退到 A……? 下,再键入其他数据库表的命令。

(二)存储

(1)命令介绍

用于存储对数据库文件所做的修改。在存储之前,修改了的数据不能直接控制交换机的运行。在存储完成以后修改了的数据开始控制交换机的运行。

（2）SAVE 命令所完成的工作

SAVE 命令所完成的工作因数据库是否激活、控制系统是否冗余而不同。

对未激活的数据库，SAVE 命令完成的工作是修改 CPU 硬盘中的数据库文件。

对激活了的数据库，SAVE 命令完成的工作包括修改 CPU 硬盘中的数据库文件以及修改 CPU 内存空间中的数据库文件。

对于非冗余控制系统，SAVE 命令只修改一个 CPU 中的数据。

对于冗余控制系统，SAVE 命令要修改两个 CPU 中的数据。

（3）针对激活的数据库修改完成存储数据时交换机是否要求自举

1）一般情况下交换机不要求自举

对激活的数据库文件修改以后，当数据库文件的容量不发生变化，存盘时系统不会要求自举。SAVE 命令完成的工作包括：两层控制机架硬盘中数据库文件的存储修改、主用机架 CPU 内存空间中数据库文件的存储修改、备用机架 CPU 内存空间中数据库文件的修改（通过备用机架自动重启，数据库文件从硬盘中重新调出修改）。

2）系统要求自举

激活的数据库在增加修改了 col 收集路由表，增加了 tru 中继组表、gro 寻线组表，数据库文件的容量发生了变化，存盘时 SAVE 命令不能修改主控机架 CPU 内存空间的数据库文件时系统会要求自举，SAVE 命令完成的工作包括：两层控制机架硬盘中数据库文件的存储修改、备用机架中内存空间数据库文件的修改（通过机架自动重启，数据库文件从硬盘中重新调出修改）。主控机架内存中的数据库文件要通过自举（手动复位或在 UTII 下用 REB 命令自举主控机架）进行修改。自举完成以后交换机倒换了运行机架。

注意：在主控机架自举之前要观察备用机架是否已经完成了重启工作，一定要等待备用机架完成重启工作以后，处在正常的状态时，再使用 REB 命令，以免造成不必要的瘫机。

（4）使用 SAVE 命令以后，交换机的存储过程

对激活的数据库，在冗余系统或非冗余系统中，存储的过程不相同，分为以下 4 种情况：

在冗余系统中，对激活的数据库做了一般性修改以后，在存储时系统会在两层机架上执行备份刷新，自动自举备份机架。完成修改，如图 5-30 所示。

```
A . . . ? sa
. . . 直接修改 . . .
. . . 冗余修改数据库 'A' . . .
. . . 机架 CC-1 → 机架 CC-2 . . .
. . . 完成冗余修改数据库 'A' . . .
. . . 重启目标机架 . . .
EDT . . . ?
```

图 5-30　冗余系统的直接修改

在冗余系统中，对激活的数据库，增加修改了 col 收集路由表，增加了 tru 中继组表，gro 寻线组表存储以后，交换机会在两层机架上执行备份刷新，自动自举备份机架，并要求系统自举主用机架完成存储。要到命令 uti 下使用 reb 命令自举系统完成系统存储，如图 5-31 所示。

A . . . ? sa

交换机必须重启才能存储这个编辑期。在此提示下输入'Y'或'YES'则开始重

启存盘过程。重启存盘过程：另一机架先冗余修改而后开始重启，先完成该机

架的存盘；而本机架上，数据库的状态是'SAVE UPON REBOOT'（需要重启存盘），并且本机架不能自动重启，只能在另一机架完成重启后用UTIlity中的REBoot来重启，这时才执行本机架数据库的存盘。完成上述所有步骤之后，对数据库所做的修改才起作用。输入'N'或'NO'则挂起编辑期，以后可再选数据库并存储编辑期。

执行重启存盘（YES/NO）. . .？y

. . . 冗余修改数据库'a'. . .

. . . 机架CC-1 → 机架CC-2 . . .

. . . 完成冗余修改数据库'a'. . .

. . . 重启目标机架 . . .

EDT…？SHO

编辑期正运行在公共控制机架CC-1

Shelf   数据库A   数据库B

 _

＊CC-1 | ＊通过重启存储 | 正常 |

 _

 _

 CC-2 | （机架不可用） | （机架不可用） |

 _

 ＋ － 数据库未冗余修改到另一机架

 ＊ － 数据库/机架是激活的

 R － 要存盘系统必须复位

UTI . . .？reb

重启此机架时系统自动切换，在这个过程中，处于稳定状态的呼叫不受影响，而不在通话中的呼叫被停止，确保在允许的情况下进行此操作。

确认重启（YES/NO）. . .？y

. . . 完成当前的CDR请求 . . .

. . . 所有的CDR设备空闲，开始重启 . . .

. . . 把话量统计拷贝到另一机架 . . .

图5-31　冗余系统自举修改

　　在非冗余系统中，对激活数据库做了一般性修改存储时，直接存储完成修改，如图5-32所示。

A . . .？sa

. . . 直接修改 . . .

. . . 存储编辑期，数据库为'A'. . .

EDT . . .？

图5-32　非冗余系统直接存储修改

　　在非冗余系统中，当修改了col收集路由表、增加了tru中继组表及gro分机组表存储以后，系统会要求自举主用机架。这时要在命令uti下使用reb命令自举系统，完成系统存储。在自举的过程中交换机中断工作，如图5-33所示。

```
A . . . ? sa
```

交换机必须重启才能存储这个编辑期。在此提示下输入'Y'或'YES'则开始重启存盘过程。重启存盘过程:另一机架先冗余修改而后开始重启,先完成该机架的存盘;而本机架上,数据库的状态是'SAVE UPON REBOOT'(需要重启存盘),并且本机架不能自动重启,只能在另一机架完成重启后用 UTIlity 中的 REBoot 来重启,这时才执行本机架数据库的存盘。完成上述所有步骤之后,对数据库所做的修改才起作用。输入'N'或'NO'则挂起编辑期,以后可再选数据库并存储编辑期。

```
执行重启存盘(YES/NO) . . . ? y
EDT . . . ? uti
UTI . . . ? reb
＊ ＊ ＊ 提 示 ＊ ＊ ＊
确认重启(YES/NO) . . . ? y
```

图 5-33　非冗余系统自举存储修改

(三)电路板表(BOA)

电路板表是对板子类型、特征参数、所占用槽位的定义。

在交换机中,一块板子能够在一个槽位上使用必须事先在 BOA 表中进行配置定义。

安排接口电路板在机架上的位置时,主要考虑的因素有使用方便、节省出线、出线类型相对集中、工作安全。如对重要的接口电路板应该分散安装在不同的机架上,以减少机架出现故障时对工作的影响。

添加电路板,除了一些特殊的板子如 PCU、DTU(这类板子的特点可以定义多种用途)以外,加板子的过程分 3 步:键入命令 ADD、输入板子类型、输入板子所插的槽位。

如表 5-16 所示为常用的接口电路板的类型。

注意:很多接口电路板在把手上所标明的板子类型与实际在数据库中配置的类型不一样,在加板子类型时可以使用帮助命令查看应该输入的板子类型。

表 5-16　电路板类型一览表

板类型	说　明
ASG	模拟信号发生器
BRI	BRI(基本速率接口)分机
DLU	8 路数字用户单元
DTMF	DTMF 接收器/拨号音检测器单元
DTMF/MUSIC	带/MUSIC 选项的 DTMF 接收器/拨号音检测器单元
ECU	以太网控制单元
GSLS	地启/环启中继单元
HDLU	16 路数字用户单元
HLUT	16 路用户单元
HLUT-T	带测试接口的 HLUT
HLUT-TR	带测试接口和极性反转的 HLUT
HLUT-TRM	带测试接口、极性反转和脉冲计数的 HLUT

板类型	说　明
LUT	用户单元(带测试电路系统)
MFR2FB	MFR2 前向和后向信号接收器单元
MFR2FF	MFR2 前向信号接收器单元
PCU2	2 通道外围控制单元
SIU	串行接口单元(不能用于 UTS)
2MB	2MB 载波数字中继单元
2WEM	2 线 E&M 中继单元
4WEM	4 线 E&M 中继单元
8BRI	8 路 BRI 板
8DTMF	8 端口 DTMF 接收器/拨号音检测器单元
8DTMF/MUSIC	8 端口带/MUSIC 选项的 DTMF 接收器/拨号音检测器单元
8MFR2FB	8 端口 MFR2 前向和后向信号接收器单元
30PRI	30B + D 基群速率接口单元
mPCU	新版外围控制板
MFUA	8DTMF & 8DTMF & 8DLU/EM & 8ASG
MFUB	8DTMF & 8MFC & 8DLU/EM & 8ASG
MFUC	8DLU/EM & 8DTMF
MFUD	16DTMF & 16ASG
HDTMF	16 路 DTMF 板
HMFC	16 路 MFR2 前后向信号检测板

根据实际需要加接口电路板,如图 5-34 所示。

> BOA ...? ADD
>
> 电路板类型 ...? HLUT
>
> 插号 (1-16, ALL, 或 END) [END] ...?
>
> ... 槽 ...? 03-01
>
> 电路加 HLUT 电路板,插槽位置为 03-01 ...

图 5-34　加电路板

根据所加分机、中继类型的不同加不同类型的接口电路板。

模拟分机需要配置的接口板:HLUT、LUT。

模拟分机所需要配置的服务单元电路板:8DTMF、ASG,MFUA、MFUB、MFUC。

数字分机、话务台、DCA、NDCA 需要配置的接口板:HDLU、DLU、MFUA、MFUB、MFUC。

调度台分机需要配置的接口板:BRIU、8BRIU。

环启中继需要配置的接口板:GSLS。

EM 中继需要配置的接口板:4WEM。

一号信令需要配置的接口板:2MB。需要配信令板:MFR2FB。

七号信令需要配置的接口板:2MB。需要配信令板:MPCU、PCU2。

Q 信令、ETSI、透明信令需要配置的接口板:30PRI。

(四)显示电路板 LIST

格式：　　LIST < 范围 > ［/ < 选项 > ］［/ < 方式 > ］，

< 范围 > 是 ALL(全部)、一个机架(SH)或一个插槽(SH-SL)，

< 方式 > 为'LONG'(显示详细内容)或'SHORT'(显示简要内容)

< 选项 > 可以是下列之一：

ALL——所有的板子，

FREE——未分配的插槽，

LUT——LUT，

LU＊——LU 和 LUT，

GSLS——GSLS，

HLUT——HEX LUT，

2WEM——2WE&M，

4WEM——4WE&M，

EM——2WE&M 和 4WE&M，

TRUNKS——DID,GSLS,2WE&M,4WE&M，

DTMF——DTMF, 8DTMF, RDTMF Rec，

DLU——DLU，

HDLU——HEX DLU，

MFR2FF——MFR2 前向接收器，

LINES——LU,LUT,EOPS,OPS,OPST,DLU,HDLU，

MFR2FB——前向和后向接收器，

8MFR2FF——八路前向接收器，

8MFR2FB——八路前向和后向接收器，

8MFR2BB——八路后向接收器，

2MB——2M DTU，

RTU——RTU，

PCU2——2 - 通道 PCU，

23PRI——23 B ＋ D PRI，

PCU＊——所有 PCU，

30PRI——30 B ＋ D PRI，

ASG——模拟信号发生器，

BRI——16BRIU，

8BRIU——8BRIU，

MFUA——8DTMF&8DTMF&8DLU/EM&8ASG，

MFUB——8DTMF&8MFC&8DLU/EM&8ASG，

MFUC——8DLU/EM&8DTMF，

MFUD——16DTMF&16ASG，

HDTMF——16 路 DTMF，

MPCU——Mpcu 电路板，

HASG——16 路模拟信号发生器，

ERAS——ERAS，

V5——带有 V5 协议的 PCU2 板。

几个显示板子的常用方式如图 5-35 所示。

```
BOA . . . ? List   8/hlut /sho    （简短显示 8 层的模拟用户板）

BOA . . . ? List   1/hlut /long

BOA . . . ? List   all

BOA . . . ? List   /free        （显示交换机中未配置板子的槽位）

BOA . . . ? List   /short

BOA . . . ? List   /hlut

BOA . . . ? List   /asg

BOA . . . ? l l/sho

* * * * * * * * * * * * * * * * *  电路板列表  * * * * * * * * * * * * * * * * * * * *

01-01   FREE       01-02   HDLU       01-03   HLUT

01-04   8DTMF      01-05   ASG        01-06   FREE

01-07   FREE       01-08   FREE       01-09   FREE

01-10   FREE       01-11   FREE       01-12   FREE

01-13   FREE       01-14   FREE       01-15   FREE

01-16   FREE
```

图 5-35　显示板子的常用方式

（五）收集路由表（COL）

收集路由表的任务是收集用户（分机用户、中继用户）所拨出的号码，收集路由表与拨号控制级表有直接的关系，在用户的拨号控制级表中需要指定一个收集路由表来收集号码。

收集路由表由收集模式组成。收集模式是对用户所能拨"号码"的描述及限定。在一个收集路由表中可以包含多个收集模式，所有收集模式所限定的号码范围组成了用户的拨号权限。在实际使用中如果用户所拨的号码不在收集模式指定的范围之内将受到数字拦截处理。

在制作数据库时，当用户的拨号权限不同时，需要为用户各制作一个收集路由表。

（1）收集模式

1）收集模式的格式

一个收集模式由 18 个符号与数字组成，如图 5-36 所示。

收集模式中合法的字符有：

数字 0~9、N、P、A、X。

其中字母所表示的含义，如表 5-17 所示。

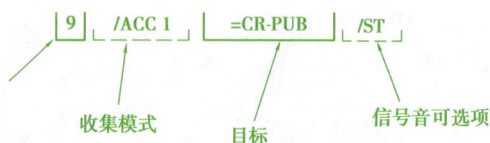

图 5-36　收集模式格式

表 5-17　收集模式中字母的含义

字　符	说　明
N	代表数字 2～9
P	代表数字 0～1
A	代表数字 1～9
X	代表数字 0～9

2）收集模式在收集路由表中的排列顺序

在收集路由表中，系统会自动把表内所有的收集模式按照 X　A　N　P　0　9　8　7　6　5　4　3　2　1 字符的顺序从前到后排列，如图 5-37。

```
模式 1：XXX　XXX　XXXX□
模式 2：X11□
模式 3：NNX　XXXX□
模式 4：NPX　XXXX□
模式 5：NPN　XXXX□
模式 6：*
模式 7：011□
模式 8：415　XXX　XXXX□
模式 9：415　472　XXXX□
模式 10：#
```

图 5-37　收集模式的排列

当系统接收到一个号码以后，就会从表的底部开始向上搜索，当搜索到第一个与此号码相匹配的模式以后，就会用该模式项来控制呼叫。

3）相似收集模式的分辨

在图 5-38 中，两个模式非常相似。

```
模式 1：707　XXX　XXXX
模式 2：707　941　XXXX
```

图 5-38　相似的收集模式

当收集路由表接收到一个被拨的号码时，系统将尽可能地找出与此号码最接近的模式，如接收的号码为 707　941　9381，系统会从下向上寻找按模式 2 来引导。

4）不同长度收集模式的分辨

在图 5-39 中，两个模式初始数字相同，但长度不同。

两个模式都以 0 开头，在这种情况下，系统用一种临界时间的方法来决定使用哪一种模式收集拨号数字。如果呼叫者拨了 0 之后，在临界时间内（通常为 4 s）没有拨其他数字,将按模式 2 引导;如果在限定的时间内又拨了一个数字,系统会进入模式 1 等待其余 9 个数字的接收。主叫也可以用#来表明所拨号码结束。如果在 0 之后拨了"#"号,系统会立即将此呼叫引导到模式 2 而不再等待。

```
模式 1:0  NPN  NXX  XXXX
模式 2:0
```

图 5-39　长度不同的模式

（2）选择项

选择项用来修改收集模式中的数字。在一个收集模式的后面你可以使用多个选择项,其间用"/"隔开。如/REM　1,1/INS　1,9/AUTH 4。

注意:选择项中功能字符与后面的数字之间一定要有空格。如 REM　1,1 中 REM 与 1 之间有空格。

经常使用的选择项有以下几项,如表 5-18 所示。

表 5-18　经常使用的选择项

ACC n	删除被拨号码的前 n 位数字(最多 4 位),并把它们放在 CDR 的调用码区
AUTH n	删除被拨号码的最后 n 位(最多 14 位,如果购买了脉冲计数则最多 10 位),并将其放在 CDR 的授权码区
ID n,m	把 m 个 ID 数字(最多 4 位)插入被拨号码的第 n 位之前。如果是中继,则插入中继的 ID 数字;如果是用户,则插入分机号
INS n,s	把数字序列 s 插入被拨号码的第 n 位之前。数字序列最长 16 位,结果不超过 18 位
REM n,m	从被拨号码的第 n 位开始,删除 m 个数字

（3）目标

目标决定要完成的控制操作,目标有以下几种形式:

1）一个或多个收集路由表。

当一个呼叫满足某个收集模式后,为了做进一步的呼叫处理,它将被送到下一个指定的收集路由表中。如果你指定一个收集路由表作为一个收集模式的目标,你可以选择下列的音调选择项;如果你没有指定音调选择项,那么自动设定选择项为/DT。如果选择了给拨号音,在转表时将听拨号音,一般选用/ST、/NT 转表时不听拨号音,如表 5-19 所示。

表 5-19　音调选择项

收集及路由目标音调选择	说　明
/DT	给出拨号音并能数字收集
/CDT	给出载波拨号音并能数字收集
/ST	给出静默音并能数字收集
/NT	不给音,不再能数字收集

例当主叫拨数字 1 时,用于修正收集号码的选择项为/REM1,1,那么 1 被去掉并且直接送到名为 CR-SAMPLE-DIAL 的另一个收集路由表,给出静默音。后面再拨的数字由 CR-SAMPLE-DIAL 收集。

收集模式	目　　标
1	= CR-SAMPLE-DIAL /ST

2)一个路由模式表

你可以指定一个路由模式作为一个收集模式的目标。当呼叫满足此收集模式时,呼叫将被送到指定的路由模式出局。

3)一个功能调用。

功能的调用将启用交换机的一个特定功能,如表 5-20 所示。

表 5-20　功能调用

收集模式	功能调用
= CHANGE-EXT-COS-1	将分机的服务级别(COS)改变到 COS1 级
= CHANGE-EXT-COS-2	将分机的服务级别(COS)改变到 COS2 级
= CHANGE-EXT-COS-3	将分机的服务级别(COS)改变到 COS3 级
= CRG-OFF	去活指定的呼叫转接组
= CRG-ON	激活指定的呼叫转接组
= DCPU	直接呼叫代答功能调用
= DEFAULT-EXT-COS	将分机的服务级别(COS)改变回在数据库中配置的原来的服务级别
= ERROR-TONE	提供错误音
= GPU	组代答功能调用
= MAINT	维护拨号功能调用
= PRESET-CONF	启动预置会议
= PRIVACY-OFF	取消免打扰
= SET-RMDER-TIME	自身建立唤醒定时
= STA	分机调用
= CANCL-RMDER-TIME	取消所有唤醒定时
= PRIVACY-ON	设置免打扰

4)一个授权码格式名:可以指定一个授权码格式名作为收集模式的目标,此目标既可以表示一个授权码,也可以表示一个跟在授权码后面的电话号码,此格式告诉系统在 CDR 缓冲区中哪些数字被作为授权码对待。

5)一个 AVR 表名:可以指定一个录音通知(AVR)表名作为一个收集模式的目标。

如果为一个收集模式指定一个 AVR 表作为目标,可以选择下列振铃选择项之一,如表 5-21 所示。

表 5-21　AVR 的振铃选择项及说明

AVR 的振铃选择项	说　明
/RI	在进入 AVR 之前提供振铃音
/NRI	在进入 AVR 之前不提供振铃音

振铃选择项允许选择在主叫听 AVR 录音通知之前是否听振铃。主叫接收振铃的次数在 AVR 表中配置,如果两个选择项都没使用,系统会选择/NRI 作为缺省值。可以在 AVR 的收集路由表中用收集模式选择项去掉调用码,如表 5-22 所示。

表 5-22

收集模式	用于修正收集号码的选择项	目　标
22	/ACC2	= AVR-SAMPLE-1

(4)增加一个收集路由表

用 ADD 进入收集路由表,增添或修改收集模式,如表 5-23 所示。

表 5-23　增加或修改收集模式步骤

在这个提示下:	输　入:
COL...? add	ADD
收集路由表名...? cr-sta	选择第一步所加的表
插入数字信息[NONE]...?	按回车键
SEQ[END]...? 5555	输入要设置的收集模式序列。另外还有一些命令: REVIEW,浏览该表已配置的模式 REMOVE,取消一个现存的模式 PURge,取消该表中所有的收集模式 CHange,改变一个收集模式 END,结束编辑
选择项[NONE]...? /acc 1	1 个或多个选择项,用空格和"/"分开多个选择项。如果第 4 步输入了 1 个数字序列
目标...? sta	输入有效的目标。如果是另一个收集路由表,就可选择一种音。之后会返回第 4 步提示,用 END 可以转到第 6 步
新注释[当前注释]...?	关于此表的注释,按回车键保留当前注释

举例见图 5-40。

```
COL...? ADD
收集路由表名...? CR-LOCAL□
插入数字信息[NONE]...?
SEQ[END]...? 8XXX□
选择项[NONE]...? □
目标...? STA□
SEQ[END]...? *2/ACC 2 = PRIVACY-ON
SEQ[END]...? #2/ACC 2 = PRIVACY-OFF
SEQ[END]...? *XXXX/ACC 1 = DCPU
SEQ[END]...? *6/ACC 2 = GPU
SEQ[END]...? 168 = ERROR-TONE
SEQ[END]...? 9/ACC  1 = RP-SHIHUA
SEQ[END]...? 0 = STA
SEQ[END]...?
新注释[分机使用]...?
COL...?
```

图 5-40　举例

（5）拨号控制级别表（DIA）

1）拨号控制的介绍

拨号控制级的作用是控制用户的拨号过程。拨号控制级是服务级别 COS 的一个组成部分。

拨号控制级，主要包括三部分的内容：拨号控制方式、拦截类型、目标。

分机用户或中继用户所发出的号码，由拨号控制级接收。拨号控制级定义了用户的拨号方式，对拨出的号码进行检测，对错误的号码进行拦截。如果号码正确将被送到收集路由表做进一步的分析处理。

在数据库中最多可以配置 64 个拨号控制级，系统已预先定义了 5 个拨号控制级。0 ~ 4 作为特殊用途，可以修改但不能删除，保留级为 5 ~ 9，可以配置的拨号控制级别为 10 ~ 63。

在为用户制作拨号控制级时，拨号方式不同、拨号权限不同时，需要各制作一个拨号控制级。

2）保留级介绍

级别 0：维护拨号。

使用了拨号控制级 0 的主叫用户可以通过直接占用电路位置拨号，检测接口电路的好坏。

级别 1：非始发。

非始发的拨号控制级使用在出中继的服务级别中。

级别 2：强制授权码。

使用了该级别的用户摘机以后会听到一种提示音，提示用户拨一个授权码，当拨了正确的授权码之后，系统会分配给他一个新的服务级别，用于进一步拨号。

级别 3：自动振铃。

当此级别的拨号控制级用于中继入局呼叫时，系统会将此呼叫连接到事先设定的一个固定分机上(通常为话务台)。

级别 4:功能组 D。

所有的功能组 D 中继组要使用一个服务级别,该级别包含了拨号控制级别 4。

3)拨号类型

在配置拨号控制级时,需要配置拨号方式,决定主叫用户用什么方式拨号。

DIAL——普通拨号方式,主叫用户赋予拨号的功能,所拨的号码将送到收集路由表接收。

AUTO-DIAL——自动拨号方式,主叫用户不能拨号,当分机摘机或中继入局占用以后,系统将自动发出一个预先配置好的号码送到收集路由表进行分析,在加分机及加中继数据时需要预先配置这个号码。

DID——直接入局中继方式,入局的呼叫号码送到收集路由表。

DIRECT——直接方式,发送被拨号码直接到一个特定的目标,这个目标可以是一个路由模式、一个功能路由、一个系统拦截等。

FGB——发送功能组 B 中继上的被拨号码到等效调用或一个新的服务级别。

R2——R2 信令规约。

4)目标

号码的去向,最常用的目标为收集路由表,在这个位置上加收集路由表的表名。

5)系统拦截的目标

当所拨号码发生各种类型的错误时,会受到拦截处理,目标告诉系统如何拦截处理。

拦截的目标有 3 种:

错误音:系统送出预先定义好的一种音给主叫。

分机:系统将呼叫拦截到一个分机上。

路由模式:系统将呼叫引导到一个路由模式出局。

拦截的类型有:

空号拦截:主叫拨打的分机号码未定义时,对主叫进行空号拦截处理,缺省值是错误音。

数字拦截:主叫所拨的数字模式未在拨号计划中定义时,对主叫进行数字拦截处理。当遇到第 1 位不可识别的数字时就进行拦截,缺省值是错误音。

拨号不全拦截:主叫拨了 1 位数字但在规定的数字间隔时间内未拨下 1 位数字时,对其进行拨号不全拦截处理。数字间隔时间在 SYSTIM 中定义,缺省值是错误音。

ATB 拦截:被选路由模式中没有空闲中继时,对主叫进行 ATB(中继线全忙)拦截处理。没有空闲中继是指在模式的每个路由点中,所有中继电路全忙,或者路由点受日期/时间所限。注意:路由类受限时不做 ATB 拦截处理,而是由路由模式拦截处理控制,缺省值是快忙音。

路由模式拦截:所选路由模式中的一个或多个路由点都限制路由类使用中继电路时,对主叫进行路由模式拦截处理。不进行路由模式拦截的方法是,主叫输入密码,使其业务类升级,然后再重选中继电路,缺省值是错误音。

功能拦截:主叫试图使用的功能在其功能中未激活时,对主叫进行功能拦截处理,缺省拦截方式是错误音。

网路控制拦截：呼叫被当前激活的网路控制所阻塞时，对主叫进行网路控制拦截处理，缺省值是错误音。

无拨号拦截：主叫摘机，但在初始数字时间内还未拨数字、拍叉簧或按功能键时，对其进行无拨号拦截处理。初始数字时间在 SYSTIME 中定义，缺省值是错误音。

分机暂停使用拦截：对试图拨打暂停使用（SUSPEND）的分机的主叫进行暂停使用拦截，缺省值是错误音。

分机删除拦截：对试图拨打已删除的号码的主叫进行 CANCEL（删除）拦截处理，缺省值是错误音。

维护忙拦截：主叫试图拨打维护忙的分机号时，进行维护忙拦截处理，缺省值是错误音。

信息音拦截：主叫收到 R2 状态 SEND-TONE 或由于 ISUP CAUSE 值选择此拦截时进行信息音拦截，缺省值是错误音。

号码变更拦截：主叫试图拨打号码已改的分机时，进行号码变更拦截处理，缺省值是错误音。

6）增加一个拨号控制级别表，如表 5-24、图 5-41 所示。

表 5-24 增加一个拨号控制级别表的步骤

在这个提示下：	输入：
DIA...? add	ADD
拨号控制级别（10-63）...? 10	未定义的拨号控制级别号
拨号控制类型...? dial	DIAL，拨号型； AUTO-DIAL，自动拨号型； DID，直接拨入类型； DIRECT，直接路由类型； FGB，功能组 B； R2，R2 信令
目标...? cr-sta	输入 1 个已定义的收集路由表名
用户拦截［TONE］...?	按回车键，用错误音拦截
号码拦截［TONE］...?	按回车键，用错误音拦截
部分拨号拦截［TONE］...?	按回车键，用错误音拦截
ATB 拦截［TONE］...?	按回车键，用错误音拦截
路由模式拦截［TONE］...?	按回车键，用错误音拦截
功能拦截［TONE］...?	按回车键，用错误音拦截
网络控制拦截［TONE］...?	按回车键，用错误音拦截
无拨号拦截［TONE］...?	按回车键，用错误音拦截
分机暂停使用拦截［TONE］...?	按回车键，用错误音拦截
分机删除拦截［TONE］...?	按回车键，用错误音拦截
维护忙拦截［TONE］...?	按回车键，用错误音拦截
信息音拦截［TONE］...?	按回车键，用错误音拦截
号码变更拦截［TONE］...?	按回车键，用错误音拦截
注释...?	关于此表的注释

```
DIA...? ADD
拨号控制级别(10-63)...? 12
拨号控制类型...? DIAL
目标...? CR-LOCAL
空号拦截［TONE］...?
数字拦截［TONE］...?
拨号不全拦截［TONE］...?
ATB拦截［TONE］...?
路由模式拦截［TONE］...?
功能拦截［TONE］...?
网路控制拦截［TONE］...?
无拨号拦截［TONE］...?
分机暂停使用拦截［TONE］...?
分机删除拦截［TONE］...?
维护忙拦截［TONE］...?
信息音拦截［TONE］...?
号码变更拦截［TONE］...?
注释...? 系统分机使用
... 加拨号控制类 12 ...
```

图 5-41　增加一个拨号控制级别的例子

(六)功能级别表(FEA)

(1)功能级别介绍

功能级是用户的功能配置描述文件。功能级是服务级别 COS 的一个组成部分。

在功能级中包含了 100 多种功能项。在功能级中开放了的功能项决定了用户可以使用的功能。功能项可以根据用户的需要赋能或去能。当一个用户试图调用交换机的功能时,系统将自动检查主叫服务级别中的功能级。看其下面的功能项是否赋能,如果功能项未赋能,就会受到功能拦截处理。

在数据库中最多可以配置 64 个功能级,其中缺省的 0 级用于维护拨号,可以配置的功能级为 1~63。

在制作数据库的功能级时,不同的分机、中继需要使用的功能不一样时,应该分别制作一个功能级。

在交换机中针对不同类型的用户(如模拟分机、数字分机、话务台分机、入中继、出中继、辅助分机等),在功能上的需求预先定义了一系列功能项集合,在这些功能项集合中开放了适用于此类用户的功能项。把这种预先定义的功能项集合叫作功能类类型。

在制作功能级时,要根据用户的类型选择适当的功能类类型,如选定了一种功能类类型,在功能级中就开放了与之相对应的功能项。如果还需要另外增加某些或减少某些功能项时,可以再做进一步的修改。

注意:在选择功能类类型时要严格按照用户的类型选择,否则不能保证用户的正常工作。如功能类类型中没有合适的选择,可以选择 CUSTOM 的类型。在 CUSTOM 的类型中功能项的选择均为 NO,要开放哪些功能项均由用户选择。

（2）增加一个功能级别

功能级别步骤如表 5-25 所示。

表 5-25　增加一个功能级别的步骤

在这个提示下：	输入：
FEA...？ add	ADD
功能级别(1-n)...？ 12	未定义的功能级别号
功能级别类型...？ sta	AW—话务台 CUSTOM—用户自定义 DATA—OPTIC 数字话机的数据分机 FACILITY—控制设备功能(出局呼叫使用) NOORIG—非始发分机或只出中继的功能 OPTIC—OPTIC 数字话机(非屏显) SCREENER—OPTIC 数字话机屏显分机使用 SDCA—同步 DCA 分机使用 STATION—标准分机使用 TRUNK—中继组功能入中继使用 VMS—LINE—话音邮箱用户类型的中继组功能 VMS—TRUNK—话音邮箱中继类型的中继组功能
功能[END]...？ f101	功能代码 FXX 根据第 3 步所给的功能类型，系统会给出一套缺省的功能 REVIEW:检查这套功能当前配置 RESET:将功能配置恢复成它的缺省值
功能名[当前配置]...？ y	(如果你在第 4 步输入了 1 个功能代号) YES——打开此功能 NO——取消此功能
注释...？	关于此功能的注释

增加一个模拟分机用的功能级，如图 5-42 所示。

FEA...？ ADD
功能级别(1-63)...？ 15
功能级别类型...？ STA

...　编辑器已将功能类中的所有功能设置为默认值
若不需要修改可按回车键继续　...
功能　　[END]...？
功能　　[END]...？
注释 ...？

图 5-42　增加 1 个模拟分机用的功能级的步骤

在图 5-43 中，列出一个功能级别，功能项 YES 为开放的功能项，NO 为关闭的功能项，

N/A 为不允许使用的功能项。

FEA...? list 18	
功能类	18
类型	STATION
通话被弃提示音（F1）	No
应答前缀音（F3）	No
强插（F7）	No
忙强插保护（F8）	No
广播播呼（F9）	No
遇忙回叫（F10）	Yes
呼叫转接（F12）	No
呼叫监督（F13）	No
被叫 CDR 输出（F14）	No
主叫 CDR 输出（F15）	No
主叫应答前缀音（F16）	No
主叫号码显示限制（F17）	No
预占（F18）	Yes
禁止预占提示音（F19）	No
码证实（F21）	Yes
付费(投币)电话（F22）	No
会议（F23）	Yes
会议拆线（F25）	No
连接号码显示限制（F26）	No
提供连接细节（F27）	N/A
拨本机号码激活/去活呼叫前转（F28）	Yes
直接代答（F29）	Yes
显示主叫号码（F30）	N/A
分机拨号（F35）	Yes
分机升降级保护（F36）	No
分机状态查询（F38）	Yes
外线呼叫前转（F39）	No
外线呼叫预占（F40）	Yes
按外线分机处理（F41）	No
组代答（F44）	Yes
保持选路由（F48）	No
为被保持方选路由时复制 AUTH（F49）	No
为被保持方选路由时复制 ACCT（F50）	No
为被保持方选路由时复制 ACC（F51）	No
保持（F52）	Yes
禁止自动重呼（F53）	No
内线呼叫预占（F54）	Yes
线路拆线（F55）	No
维护拨号（F56）	No
MEET-ME 会议（F57）	No
留言（F58）	No
无应答回叫（F60）	Yes
播呼（F62）	No
暂存（F63）	Yes
端口拨号选项（F66）	No
PRESET 会议（F69）	No

```
优先排队（F70） ············································································· No
免打扰（F71） ·············································································· Yes
特权呼叫（F72） ············································································ No
特权呼叫保护（F73） ········································································· No
R2 ANI 禁止（F74） ········································································· N/A
R2 ANI 分机号无前缀零（F75） ······························································ N/A
R2 信令方式协议（F76） ······································································ N/A
远端取消呼叫前转（F80） ····································································· No
远端分机升降级（F81） ······································································· No
远端设免打扰（F83） ········································································· No
远端设定时叫醒（F85） ······································································· No
自设前转（F87） ············································································ Yes
服务监督通知请求（F91） ····································································· N/A
服务监督（F92） ············································································ N/A
静音振铃（F96） ············································································ N/A
缩位拨号（F97） ············································································ No
监督转接（F98） ············································································ No
第三方呼叫拆线（F99） ······································································· No
第三方呼叫建立（F100） ······································································ No
定时叫醒（F101） ··········································································· No
声音振铃（F102） ··········································································· N/A
调用码转接（F103） ·········································································· Yes
中继拨号（F104） ··········································································· Yes
长途插入（F105） ··········································································· N/A
非监督转接（F106） ·········································································· No
VMS 接入（F107） ··········································································· Yes
VMS 系统（F108） ··········································································· N/A
VMS 信号音提示（F109） ······································································ Yes
音乐保持（F116） ··········································································· No
注释 ······
FEA ...？
```

图 5-43　举例一个功能级别及其含义

（3）在制作功能级时，常需要增开的功能项

模拟分机的功能级选功能类类型 STA，一般要增开的功能项有 f14、f15、f39、f101、f53、f12，要关 f60。

调度分机的功能级选功能类类型 STA，要增开的功能项有 f14、f15、f7、f12、f39、f23、f69、f56、f53，要关 f60。

中继入局的功能级使用功能类类型 TRU，要增开的功能项有 f53、f30。

一号信令中继出、入局的功能级使用功能类类型 FAC、TRU，要增开的功能项有 f76。

（4）交换机功能调用的方法

当主叫用户需要使用交换机的某一项功能时，除了需要在用户的功能级 FEA 中打开相应的功能项外，还需要在实际使用中配合使用后续拨号及调用码。

①分机用户调用回叫、强插、转移的功能时，除了在分机的功能级上开放相应的功能项以外，还需要在实际使用中配合使用后续拨号实现。

在为本分机设置转移时，目标分机可以是交换机的内部分机，也可以是外部分机（交换机以外的分机）。如果设置的目标分机是外部分机，本分机必须要有拨外部分机的

权限。

设置方法如下：

忙回叫：主叫分机拨目标分机号后听忙音，拨[2]后听到证实音挂机。

无应答回叫：主叫分机拨目标分机号后无人应答，拨[2]后听到证实音挂机。

强插：主叫分机拨目标分机号后听忙音，拨[4]后听到证实音插入通话。

自全转：主叫分机拨自己分机号后听证实音，拨要转移的分机号后听证实音，再拨[4]后听证实音，挂机。

忙转：主叫分机拨自己分机号后听证实音，拨要转移的分机号后听证实音，再拨[5]后听证实音，挂机。

无应答转：主叫分机拨自己分机号后听证实音，拨要转移的分机号后听证实音，再拨[6]后听证实音，挂机。

忙或无人应答转移：主叫分机拨自己分机号后听证实音，拨要转移的分机号后听证实音，再拨[7]后听证实音，挂机。

以上所设置的转移均可以在 CRG 0 组中看到。

要消取转移，拨自己分机号后听证实音，挂机。

②分机用户调用端口强插、免打扰、定时叫醒、分机代答、维护拨号的功能。

在分机的功能级 FEA 中打开相应的功能项，在 COL 表中配置功能调用的数据模式。

在实际使用中用户需要拨调用码启动所要使用的功能。

③分机用户调用会议、授权码、组代答、转移组功能。

在分机的功能级 FEA 中打开相应的功能项，在 COL 表中配置功能调用的数据模式，在数据库中做相应的数据库表，如会议组表、授权码表、代答组表、转移组表。

在实际使用中，用户需要拨调用码及相应的组号以后启动所要使用的功能。

在下面的收集路由表中显示了一些常用的功能调用模式，见图 5-44。

```
COL . . . ? LIST CR-FEA
收集路由表名 . . . ？ CR-FEA
数字间信号[NONE]
*11/acc 3 = port-barge
*1xx/acc 2 = CRG-ON
#1XX/ACC 2 = CRG-OFF
*2/ACC 2 = PRIVACY-ON
#2/ACC 2 = PRIVACY-OFF
*3/ACC 2 = SET-RMDER-TIME
#3/REM 1,2 = CANCL-RMDER-TIME
*4/REM 1,2 = GPU
*5XXXX/REM 1,2 = DCPU
*6 XXXX/REM 1,2/ID 5,4 = AUTH-CODE
*7/REM 1,2 = MAINT
*81/REM 1,3 = CHANGE-EXT-COS-1
*82/REM 1,3 = CHANGE-EXT-COS-2
*83/REM 1,3 = CHANGE-EXT-COS-3
#8/REM   1,3 = DEFAULT-EXT-COS
*9x/REM 1,2 = PRESET-CONF
新注释      FOR STA
```

图 5-44　收集路由表中常用的功能调用模式

（5）功能项描述

经常使用的功能介绍。

1）强插（BARGE）

此功能允许话务员和分机用户进入一个正在会话的通路中,被强插的用户不能具有"忙强插保护"的功能。

2）忙强插保护（BARGE PROTECTION）

如果某个正在通话的用户开放了此项功能,那么就不允许其他分机使用"强插"功能插入此通话通路中。

3）忙回叫（BUSY CALLBACK）

当一个分机用户拨内部号码遇忙,听到忙音后,此用户可以拨一个功能调用码或按数字话机、话务台上的回叫键来启动"回叫"功能。当这个忙的分机通话完毕挂机后,系统要看一下主叫分机是否空闲。一旦两个分机都空闲后,系统对目标分机振铃,待摘机以后,主叫自动振铃,然后双方通话。

4）呼叫转接（CALL REDIRECTION）

此功能允许一个用户通过拨功能调用码及呼叫转接组的组号来激活或取消呼叫转接。

5）呼叫监督（CALL SUPERVISOR）

此功能允许对超时的中继呼叫重选路由。这个超时包括振铃、预占、暂存或环路暂存的超时。如果最后与中继呼叫通话的用户的功能级别中有"呼叫监督"功能,那么当此中继呼叫超时后,呼叫就会返回到该用户。如果最后与中继呼叫通话的用户的功能级别中没有"呼叫监督"功能或占线时,那么当此中继呼叫超时后,呼叫就会返回到中继组规定的"无人应答分机"上。

6）被叫 CDR 输出（CALLED CDR OUTPUT）

在下列情况下,当一个呼叫的被叫是一个分机或中继线时,会产生 CDR 记录:

①此功能在被叫分机或中继线的功能级别中;

②主叫分机或中继线的功能级别中有"主叫 CDR 输出"功能,通常这个功能只分配给中继组,只入中继组不能使用此功能。"CDR 滤波器"数据库表中配置了关于系统产生 CDR 信息的类型。

7）主叫 CDR 输出（CALLER CDR OUTPUT）

在下列情况下,当一个呼叫的主叫是一个分机或中继线时,会产生 CDR 记录:

①此功能在主叫分机或中继线的功能级别中;

②被叫分机或中继线的功能级别中有"被叫 CDR 输出"功能,通常这个功能只分配给中继组,"CDR 滤波器"数据库表中配置了关于系统产生 CDR 信息的类型。

8）预占（CAMP ON）

此功能允许一个用户当拨了忙分机之后进行排队,忙分机会听到特殊的等待音表明有呼叫预占。

9）预占提示抑制（CAMP ON NOTIFICATION SUPPRESSION）

当此功能有效时,呼叫预占的特殊等待音及显示就会被取消。

10）会议（CONFERENCE）

此功能允许分机用户、数字话机用户或话务台组织一个会议。会议就是三方以上的用户在一起通话。

11）会议拆线（CONFERENCE DISCONNECT）

当此功能有效时，它允许一个分机用户中断他与会议其他两方的通话。

12）直接代答（DIRECTED PICK-UP）

此功能允许一个分机用户代替其他正在振铃的用户应答呼叫。代答时，先拨直接代答调用码（或按数字话机上的"PICKUP"键），然后再拨正振铃的分机号码即可。

13）维护人员修改分机密码（EXTENSION SECURITY ADMINISTRATION COMBINA-TION CHANGE）

如果某个分机有此功能的话，他就可以作为维护人员修改其他分机的闭锁密码，"分机保密"功能必须有效。

14）自己修改分机密码（EXTENSION SECURITY COMBINATION CHANGE）

此功能允许一个闭锁分机用户对自己的密码进行修改。"分机保密"功能必须有效。

15）分机拨号（EXTENSION DIALING）

此功能允许分机用户通过拨号调用 H20-20 系统内的分机（标准分机、数字话机、话务台、DCAS、广播分机等）。

16）限制分机升级（EXTENSION RESTRICTION PROTECTION）

此功能不允许其他分机对自己分机的服务级别进行修改。

17）分机保密（EXTENSION SECURITY）

如果此功能有效的话，它允许一个分机用密码闭锁自己的话机。

18）组代答（GROUP PICK-UP）

此功能允许用户拨"组代答"调用码或特殊的功能键，即可代替同组内正在振铃的用户应答呼叫，如果同时有几个分机正在振铃，振铃时间最长的分机将首先被应答。

19）保持（HOLD）

此功能允许一个标准分机或一个数字分机用户将内部和外部呼叫置成保持状态。

20）自前转（SELF FORWARDING）

此功能也就是"呼叫转移"，它允许一个分机用户将来话呼叫转移到另外一个分机上。

21）缩位拨号（SPEED DIAL）

此功能允许用户拨 3~6 位的系统缩位拨号数字或 1 个部门缩位拨号数字来代替拨与此数字相对应的电话号码。

22）监督转移（SUPERVISED TRANSFER）

此功能允许一个分机用户进行监督方式转移电话。如用户 A 接到电话，要求找分机 B 时，可以将来话转移到 B 分机上，直到 B 用户摘机，A 用户才退出。

23）定时叫醒（TIME REMINDER）

此功能允许用户在自己的分机上设置或取消"定时唤醒"呼叫。

24）调用码转移（TRANSFER BY ACCESS CODE）

此功能有效时，分机用户可以通过拨转移调用码或按数字话机上的"XFER"键来完成一个呼叫的转移。

25）中继拨号（TRUNK DIALING）

此功能允许用户进行出中继呼叫。

26）非监督转移（UNSUPERVISED TRANSFER）

此功能允许一个分机用户进行非监督方式转移。如用户 A 接到电话，要求找分机 B 时，他可以将来话转移接到 B 用户分机上，只要一听到 B 用户振铃，A 用户就可退出。

（七）路由级别表（ROU）

路由级用于主叫用户的出局限定。

路由级与出局路由模式表 PAT 密切相关。在制作出局路由模式表 PAT 时需要配置可以通过路由点的路由级，所有 PAT 表对路由级的配置决定具有某一路由级的用户可以通过那些中继出局。当不同用户使用不同的路由级时，可以因路由级的不同而使出局权限不同。

路由级是服务级别 COS 下的一个组成部分，数据库最大支持 64 个路由级（0～63），其中 0 级用于维护拨号，可以配置的路由级为 1～63。

在制作数据库时一般 1 个服务级别配置 1 个路由级别，如表 5-26 所示。

表 5-26　增加一个路由级别的步骤

在这个提示下：	输入：
ROU...? ADD	ADD
路由级别（1～n）...? 1	输入 1 个未分配的路由级别号
注释...?	关于此级别的注释

（八）服务级别表（COS）

服务级别由以下几部分组成：拨号控制级（DIA）、功能级（FEA）、路由级（ROU）、可靠拆线。

功能级 FEA 决定了哪些功能可以被用户使用。

路由级 ROU 用于出局的限定。当用户出局时，在出局路由模式表 PAT 中检查用户的路由级别，通过检查的呼叫被送到中继组出局。如果不允许该路由级别通过，它就会受到拦截处理。

拨号控制级 DIA 用来控制用户的拨号，对用户的拨号码方式进行限定，对所拨的号码进行检查，对错误的号码进行拦截。如果号码正确将送到收集路由表分析、处理。

当系统在决定是否允许呼叫接续时，要检查服务级别中"可靠拆线"项。当接续双方有一方是 YES 时允许接续，否则不允许接续。对于可靠拆线项缺省值是 YES，如图 5-45 所示。

在数据库中可以配置 256 个服务级（0～255），0 级用于维护拨号。

在制作服务级别时，当用户的类型不同或在服务上有特殊的需要时，需要各设置一个服务级别。

为用户设置不同服务级别的原则如下：

①用户类型不同（FEA 的功能类类型不同），应该分别设置一个服务级别。

②用户所使用的功能不同（FEA 的功能项不同），应该分别设置一个服务级别。

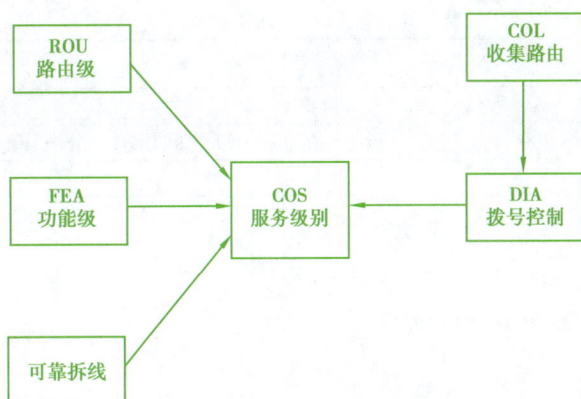

图 5-45　可靠拆线步骤

③出局权限不同(COL 表中的模式不同),应该分别设置一个服务级别。

④拨号方式不同(DIA 中拨号方式不同),应该分别设置一个服务级别。

⑤中继类型不同,收号、转发号的权限不同也同样应该分别设置一个服务级别。

增加一个服务级别,如表 5-27 所示。

表 5-27　增加一个服务级别的步骤

在这个提示下:	输入:
COS...? ADD	ADD
COS 号(1~255)...? 13	从 1~255 中输入一个未分配的 COS 号
拨号控制级别(0~63)...? 10	在 0~63 范围内选择一个已定义的拨号控制级别
功能级别(0~63)...? 15	在 0~63 范围内选择一个已定义的功能级别
路由级别(0~63)...? 20	在 0~63 范围内选择一个已定义的路由级别
可靠拆线(Y/N)...? Y	YES——给出可靠拆线 NO——不能可靠拆线
注释...?	关于此表的注释

(九)分机表(EXT)

分机表是分机特征参数的描述文件,包括分机类型、服务级别、电路位置、名字等。在分机表中,可以配置话务台分机、2b+d 数据话机、OPTIC 数字话机、标准模拟分机等,如图 5-46 所示。

图 5-46　分机表

①增加一个话务台,如表 5-28 所示。

表 5-28   增加一个话务台的步骤

在提示下输入:	解释:
EXT...? add	
分机号（0～9999）...? 2000	在 0～9999 之间指定一个未分配的号码
分机类型...? hel	
有效的分机类型： ACD　　　　数字 ACD 分机 AW　　　　　话务台分机 BRI　　　　　基本速率接口（BRI）分机 CONFKEY　　CONFERENCE KEYSET 分机 DATA　　　　数字话机/KEYSET 数据分机 DCA　　　　异步数据通信适配器分机 DDT　　　　调度台分机 LKEY　　　　LINE KEYSET 分机 OPTIC　　　数字分机 PAGE　　　　播呼分机 SDCA　　　同步数据通信适配器分机 SECONDARY　辅助分机 SKEY　　　　SECONDARY KEYSET 分机 STATION　　标准分机 WF　　　　　无线手机 WILACD　　工作站接口链路（WIL）数字 ACD 分机 0KEY　　　　0 BUTTON KEY SERVICE UNIT 分机 4KEY　　　　数字 KEYSET 分机 10KEY　　　10 BUTTON KEY SERVICE UNIT 分机 20KEY　　　20 BUTTON KEY SERVICE UNIT（带显示或不带显示） CC01　　　　ClearCom 1 分机 CC12　　　　ClearCom 12 分机 CCACD　　ClearCom ACD 分机 CC24　　　ClearCom 24 分机	
分机类型...? AW	
电路位置...? 3-2-1	B+D 的数字用户板在系统中的位置,格式为机架—插槽—电路号
COS 号(0～255)...? 1	为话务台设置的服务级别
下一呼叫分机（0～9999，或 NONE）...? n	拨此号码的呼叫就会显示在话务台的来话区
重叫寻线组（1～200）...? 1	每个话务台专用,输入一个未定义的寻线组号
类别（1～9）[1]...?	用 R2 信令时要传送主叫类别
I 组类别名[KA2...?	
II 组类别名[OPERATOR]...?	
有效的语言类型[ENGLISH]...?	
前缀索引（1～99，DEFAULT）[DEFAULT]...?	
注释...?	关于此表的注释
... 加话务台分机 2000 ...	

②增加一个 OPTIC 数字话机,如表5-29 所示。

表 5-29　增加一个 OPTIC 数字话机的步骤

在提示下输入:	解释:
EXT . . . ? add 2222	0～9999 范围内未分配的分机号码
分机类型. . . ? opt	
电路位置. . . ? 03-02-02	该分机所占用的机架—插槽—电路号,B + D 的数字用户在系统中的位置
COS 号(0～255). . . ? 1	为此分机定义的服务级别
个人缩位拨号块（0～4）[4]. . . ?	每个分机可分配 0、10、20、30 个或 40 个个人缩位拨号号码。输入 0、1、2、3 或 4 表示分配给这个分机的个人缩位拨号块数,每个缩位拨号块中有 10 个号码。在分配了个人缩位拨号表后,分机用户可在其话机上输入缩位拨号号码
按客房电话处理（Y/N）[N]. . . ?	如果此分机要用在客房则输入 'Y',则输入 'N'。
姓. . . ? AFD	姓的字符长度最长是 15。如果号码簿记录只需要一个名字,则在此提示下输入这个名字,在数字话机上只显示名字的前 10 个字符
名字. . . ? G	可在此提示下输入名,长度为 15 减去姓的长度
号码本分机号[2222]. . . ?	在数字话机号码本分机是要显示在数字话机、CLEARCOM 话机、OPTIC、KEYSET、CONFERENCE KEYSET 和话务台上的分机号,最长 7 位,可包含数字 0～9 以及 * 和#
位置. . . ?	输入位置,最长 4 个字符
部门. . . ?	输入部门,最长 4 个字符
在号码本公布号码（YES/NO). . . ? Y	在号码本中公布的分机号码按字母顺序排列,便于查找以及呼叫处理显示。已公布的号码包括用户名、7 位数字分机号、位置和部门。未公布的记录只出现在呼叫处理显示上,包括名字和一个 7 位数的分机号。呼叫处理显示器显示名字和分机号的最后 4 位。话务台进行号码本查询时显示名字、分机号的后 7 位、位置和部门。如果要公布号码输入 'YES',否则输入 'NO'
I 组类别名[KA1]. . . ?	
II 组类别名[SUB-NO-PRIORITY]. . . ?	
前缀索引（1～99,DEFAULT）[DEFAULT]. . . ?	
注释. . . ?	
. . . 加数字分机 2222 . . .	

③修改分机参数

在修改分机号码之前要把此分机的辅助功能项关掉,在修改分机号码以后再开放分机的辅助功能,在修改分机号时要同时修改目录分机号。

在选择新分机号码时,可以使用命令 L/FREE 查看交换机中未使用的分机号码。

见表 5-30。

表 5-30 修改分机参数步骤

```
EXT . . . ? l /free
注意: 标记'＊'的任何范围包含至少一个已改号的分机
空闲分机:
0 ~ 1999 ＊、2017-2100、2102-2200、2205-2998、3000-9999
EXT . . . ? m 2002
新分机号 (0 ~ 9999) [2002] . . . ? 2003
电路位置[03-01-02] . . . ? 3-1-3
COS 号(0 ~ 255) [1] . . . ? 4
信令类型[MIXED] . . . ?
个人缩位拨号块 (0 ~ 4) [4] . . . ?
姓[GDFDSA] . . . ? 李四
名[1FESA] . . . ?
目录分机号[2002] . . . ? 2003
按客房电话处理 (Y/N) [N] . . . ?
位置 . . . ?
部门 . . . ?
公布号码 (YES/NO)[Y] . . . ?
I 组类别名[KA1] . . . ?
II 组类别名[SUB-NO-PRIORITY] . . . ?
前缀索引 (1 ~ 99, DEFAULT)[DEFAULT] . . . ?
注释 . . . ?
. . . 把分机 2002 改为 2003 . . .
EXT…?
```

④LIST 命令

显示分机命令 LIST 的格式如下:

LIST <范围> [/ <选项>] [/ <方式>]

<范围> ALL(全部)、分机范围如 2000 ~ 3000

<选项> 分机类型:/STA、/AW、/OPT

<方式>为'LONG'(显示详细内容)、'SHORT'(显示简要内容)或'FREE'(显示未定义的内容)

例:

LIST 2000-3000　　　　(详细显示 2000-3000 分机)

LIST /FREE　　　　　　(显示未使用的分机号)

LIST /SHORT

LIST 1000-5000/STA/SHO　　（简短显示 1000-5000 模拟分机）

（十）中继组表（TRU）

中继组表是中继特征参数的描述表。在中继组表中定义了出、入中继的电路位置，中继的类型，出、入中继的信令方式，用于入局呼叫的服务级别 COS。入局服务级别的用途是接收对方交换机送来的被拨号码。

出、入中继的数据包括 TRU、FAC、PAT 等 3 个表。中继组表在 3 个表中的位置如图 5-47 所示。制作中继数据时由于指向的关系，要做 TRU，做 FAC，再做 PAT。

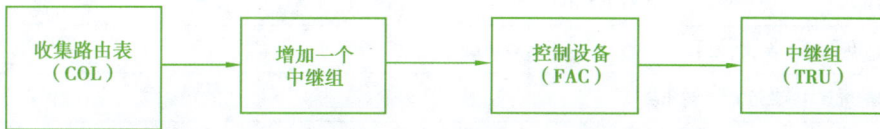

```
┌──────────┐      ┌──────────┐      ┌──────────┐      ┌──────────┐
│ 收集路由表 │ ───> │ 增加一个  │ ───> │ 控制设备  │ ───> │ 中继组    │
│ （COL）   │      │ 中继组    │      │ （FAC）   │      │ （TRU）   │
└──────────┘      └──────────┘      └──────────┘      └──────────┘
```

图 5-47　中继组表的位置

增加一个中继组，如表 5-31 所示。

表 5-31　增加一个中继组的步骤

在提示下输入：	解释：
TRU...? add	
中继组号（1~30）...? hel	中继组号是从 1 到购买的中继组数（不超过 255）
中继组号（1~30）...? 1	
中继组类型［GS］...? hel	

有效的中继组类型：

ALS	--	交替环启
ALSPM	--	带有脉冲计数的交替环启
CC	--	无干扰信道
CTUP	--	CTUP 中继电路
DCA	--	异步数据通信适配器
DF600/750	--	600 Hz 和 750 Hz 双频
DID	--	直接入局拨号
DIDMET	--	DID 计数
EM	--	E&M
GS	--	地启
ISUP	--	ISUP 中继电路
KOLIZEY	--	KOLIZEY DC 信令
LINE	--	用户电路配置成中继组
LS	--	环启
LSM12	--	带有 12 kHz 脉冲计数的环启
LSM16	--	带有 16 kHz 脉冲计数的环启
LSM50	--	带有 50 Hz 脉冲计数的环启
PCM30	--	PCM30 数字中继

在提示下输入:	解释:
PR – – 基群速率 PULSED – – 使用脉冲信令协议的 E&M 中继 R2ANLG – – R2 模拟用户信令 R2DGTL – – R2 数字用户信令 SDCA – – 同步数据通信适配器 SF2100 – – 2 100 Hz 信号频率 4WSF – – 2 600 Hz 单频	
中继组类型[GS]...? r2d	
入局 COS 号（0~255）...? hel	
分配给中继组的入局业务类决定如何处理入局呼叫。出局呼叫用 FAC 的出局业务类。业务类 1~255 在 COS 模块中定义，每个业务类包括控制呼叫处理的拨号控制类、功能类和路由类。注意：如果给中继组分配的业务类的拨号控制类是'NO ORIGINATION'类型，则该中继组的中继线上不允许有入局呼叫，只允许有出局呼叫	
入局 COS 号（0 ~255）...? 6	
中继 ID 数字[NONE]...? hel	
可给中继组分配 ID 数字，最长 4 位。这些识别数字可用在收集路由表中，把中继组 ID 数字插入序列，不需要中继 ID 数字则输入'NONE'	
中继 ID 数字[NONE]...?	
无应答分机...? n	
入局拨号方式[MFC]...?	
拨号控制类是 AUTO-RING 或 AUTO-DIAL 类型，或者是 ANSWER 启动信令的 E&M 入中继自动分配成 DTMF 拨号方式。 　　如果 E&M 入中继的启动信令是 IMMEDIATE，则其拨号方式应该是 DP、MFC 或 SMFC。拨号控制类是 R2 类型的 E&M 入中继和 DID 中继组只能分配 MFC 或 SMFC 拨号方式： 　　启动信令是 IMMEDIATE 的 DID 中继组只能分配 DP、MIXED、MFC 或 SMFC 拨号方式。 　　GS、LS 和 LSM 入中继自动分配 DTMF 拨号方式。 　　拨号控制类不是 R2 类型的 R2DGTL 入中继只能分配 DP、DTMF 或 MIXED 拨号方式。 　　拨号控制类是 R2 类型的 R2DGTL 中继只能分配 MFC 或 SMFC 拨号方式。 　　启动信令是 IMMEDIATE 的 DIDMET 中继组只能分配 DP 或 MIXED 拨号方式。 　　KPOPT – – –具有 KP 可选数字的 MF 入局拨号	
LOOKAHEAD 信令[NO]...? hel	LOOKAHEAD 信令允许中继给呼叫始发端返回一个 WINK 信号
LOOKAHEAD 信令[NO]...?	
允许出局呼叫[YES]...? hel	
中继组可设置成用于入局呼叫和出局呼叫	

在提示下输入：	解释：
出局拨号方式［MFC］…？hel	
拨号控制类是 AUTO-RING 或 AUTO-DIAL 类型,或者是 ANSWER 启动信令的 E&M 入中继自动分配成 DTMF 拨号方式。 　　如果 E&M 入中继的启动信令是 IMMEDIATE,则其拨号方式应该是 DP、MFC 或 SMFC。 　　拨号控制类是 R2 类型的 E&M 入中继和 DID 中继组只能分配 MFC 或 SMFC 拨号方式。 　　启动信令是 IMMEDIATE 的 DID 中继组只能分配 DP、MIXED、MFC 或 SMFC 拨号方式。 　　GS、LS 和 LSM 入中继自动分配 DTMF 拨号方式。 　　拨号控制类不是 R2 类型的 R2DGTL 入中继只能分配 DP、DTMF 或 MIXED 拨号方式。 　　拨号控制类是 R2 类型的 R2DGTL 中继只能分配 MFC 或 SMFC 拨号方式。 　　启动信令是 IMMEDIATE 的 DIDMET 中继组只能分配 DP 或 MIXED 拨号方式。 　　KPOPT － － － 具有 KP 可选数字的 MF 入局拨号	
计数脉冲［NO］…？hel	
中继组从长途电话局接收计数脉冲。 限制:计数脉冲和恶意呼叫线路选项是相互排斥的,因此,有计数脉冲选项就不能有恶意呼叫线路选项;反之亦然	
计数脉冲［NO］…？	
寻线类型［HF］…？hel	
在中继组的电路表中寻找空闲电路时,寻线类型可以是： 　　HF － － 从头正向查找,从第一个电路直到最后一个电路 　　HR － － 从尾反向查找,从最后一个电路直到第一个电路 　　CF － － 正向循环,从上一次使用的电路的下一个开始正向循环查找 　　CR － － 反向循环,从上一次使用的电路的前一个开始反向循环查找	
寻线类型［HF］…？cr	
允许双重占用［YES］…？hel	
双向中继组将检测双重占用。当出现双占用时,接入中继呼叫,断开中继呼叫	
允许双重占用［YES］…？	
电路数（1～1024）…？hel	
保留未用的电路要占用内存,但在以后分配时不要求自举交换机,而在要增加备用电路时需要自举	
电路数（1～1024）…？20	
电路位置［END］…？3-7-1	
电路位置［END］…？3-7-2	
电路位置［END］…？	
话务台显示名…？hel	

在提示下输入：	解释：
当话务台处理的呼叫所涉及的电路属于这个中继组时,在话务台的屏幕上显示这个中继组的话务台显示名(1~8 个字符)。	
话务台显示名　? r2	
数字话机显示名 . . . ? hel	
当数字话机处理的呼叫所涉及的电路属于这个中继组时,在话机上显示此中继组的数字话机显示名	
数字话机显示名 . . . ? r2	
注释. . . ? r2	
. . . 加中继组 1 . . .	

(十一)出局路由模式表(PAT)

(1)介绍

出局路由模式表是交换机出局路径的配置表。一个路由模式表 PAT 通常对应一个目标用户方向。在 PAT 表中可以配置 3 种类型的模块,即路由点、排队点、允许点。

1)路由点

路由点是一个出局的路径,在一个路由点中要对出局呼叫的主叫(分机、中继)路由级别、出局时间、中继的忙闲状态、中继线路的状态以及前方线路的状态进行检查,通过检查的呼叫被送到与此路由点相对应的控制设备表 FAC,再送到中继组 TRU 出局。

在一个 PAT 表中可以配置多个出局路由点,至少要配置一个路由点。一个出局路由点对应一个出中继。对于多个出局路由点有一个选择的顺序,排在第一位的路由点为首选出局路由点,后面的路由点为后续出局路由点,或者是迂回出局路由点。在出局时,当一个路由点不能通过时可以走下一个路由点。

如果一个呼叫因中继全忙不能出局,在这个路由点下有排队点,该呼叫符合排队的条件,可以在下面的排队点上排队等待中继有空闲电路时再出局。否则向下寻找其他的路由点出局,如果所有的路由点都不允许该呼叫通过,主叫就会受到“中继全忙”的拦截处理。

2)排队点

排队点附属于一个路由点并紧跟在路由点的后面制作,用于当此路由点所对应的中继全忙时对进入此路由点的呼叫在此路由点上排队。如果一个呼叫在一个路由点上遇到中继全忙时则检查是否允许在这个路由点上排队。你必须指出排队的方法、排队时间以及允许哪个路由级别的呼叫在此排队等,如果此呼叫不允许在此点排队,就会向下寻找其他的路由点。

3)允许点

在允许点对用户呼叫的路由级进行检查,通过检查的呼叫可以继续向下寻找路由点出局;不能通过的呼叫将受到“中继全忙”的拦截处理。允许点安排在 PAT 表中路由点的前面或者中间。

4）后续路由

后续路由指定从其他出局路由模式出局。

（2）呼叫转接组（CRG）

在呼叫转接组内可以同时设置多个用户的呼叫转移。对每一个转移可以分别配置主叫、被叫各在什么情况下转移，转移的目标分机是什么。

呼叫转接组只有在激活的状态下才能起作用，通过拨打调用码，激活或去活呼叫转接组。在收集路由表中要配置激活呼叫转接组或去活呼叫转接组的调用模式。

例如：

* 4XXX/ACC　2 = CRG – ON

#4XXX/ACC　2 = CRG – OFF

其中，"＊4"为激活呼叫转接组的调用码，"#4"为呼叫转接组去活的调用码，"×××"为转接组的组号。

另外，CRG 组中的分机或中继应该具有呼叫转接的功能，在 FEA 表中把 F12 呼叫转移、F39 外部分机转移打开。

注意：呼叫转移 1 组总是在系统初始化完成以后自动激活。呼叫转移组 0 显示分机用户在本分机上手动设置的自转移。

增加一个呼叫转接组，如表 5-32 所示。

表 5-32　增加一个呼叫转接组的步骤

在此提示下：	输入：
CRG...? ADD	ADD
组号（1～255）...? 2	在 1～255 之内输入一个未分配的呼叫转移组号
分机/电路位置（或命令）...? 114	分机号。为此分机设置呼叫转移 机架—插槽—电路号（入中继电路），为此电路设置呼叫转移 REMOVE——取消已配置的分机或中继电路 REVIEW——浏览组的配置 END——不再配置 注：此提示会重复，直到输入 END
呼叫转接类型［NA］...?	ALL——到此分机的呼叫均转移 NA——只有此分机不应答时转移 BSY——只有此分机忙时转移 BSY/NA——此分机忙或不应答时转移 PRIV——此分机为免打扰方式时转移
主叫类型［ALL］...?	INTernal——转移内部的呼叫 EXTernal——转移外部的呼叫 ALL——转移全部呼叫
目的分机（0～9999）...? 2000	任何的内部分机、话务台、数字话机号码、分机组引导号码等
呼叫转移之前的振铃周期［4］...?	在转移 1 个呼叫之前的振铃次数，可以输入 1～64 中的 1 个数字。如果在第 4 步输入了"NA"或"BSY/NA"

在此提示下：	输入：
分机电路位置（或命令）…? 1-4-1	如果对中继电路设置转移，就可以输入一个"机架—插槽—电路"号
自动预占…? Y	YES——允许主叫在目的分机忙时摘机等待 NO——如果目的分机忙主叫听忙音
目的分机（0~9999）…? 2000	该分机接收从中继电路转移来的所有呼叫
无应答分机…? 2001	如果目的分机不应答，就会转到"无应答分机"上
分机/电路位置（或命令）…?	
注释…?	

列出一个呼叫转接组，如图5-48所示。

```
CRG…?  LIST  2
呼叫前转组  2□
从分机   前类型主叫              到类型        无应答分机   振铃周期
0        FWD-ALL-CALLS          ALL           7000        —
7003     FWD-NO-ANSWER          ALL           7004        7
从中继    自动预占               到分机         无应答分机
02-18-01  NO                    7001          7002
注释…? 夜服功能
```

图5-48　列出一个呼叫转接组的步骤

（十二）分机组表（GROUP）

（1）介绍

分机组由若干个同类型分机组成，成员之间形成关系密切相连、任务目标一致的联合体。分机组包括4种类型：寻线组（HUNT）、话务台组（ATTendant）、屏显组（SCReening）、调度台组（DISPATCH）。

寻线组：由多个模拟分机或数字分机组成。当主叫用户拨了寻线组的引导号或者寻线发起者（在寻线组之内指定）的号码以后，就会在该组内自动寻找一个空闲的分机应答来话。

话务台组：一个话务台组可以包括127个话务台。当主叫用户拨了话务台引导号码以后，系统将自动寻找一个空闲的话务台来应答呼叫。

屏显组：由最多36个OPTIC数字话机来负责最多64个分机的呼叫屏幕显示。调度台组：每个调度台组可以包含最多16个2B+D调度台分机。当用户拨了调度台组的引导号码以后，组内所有调度台分机同时振铃，使用任何一个调度台均可以应答来话。

（2）加一个寻线组

见表5-33。

表 5-33　加一个寻线组的步骤

在此提示下:	输入:
GROUP...? ADD	ADD
分机组号(1-n)...? 2	从 1~255,未定义过的分机组
组类型...? HUN	Hunt——增加一个寻线台组 ATTendant——增加一个话务台组 SCreening——增加一个屏显组
组搜索类型...? TER	CIRCULAR——循环型 系统从上一次被寻线分机的下一个分机开始一直到开始寻线分机的前一个分机。 TERMINAL——终止型 从寻线组的第一个分机一直到最后一个分机
引导号码(0~9999, NONE)[NONE]...? 2999	一个主叫到该组所要拨的号。该号码应是以前未定义过的号码。 NONE——不配置引导号码,那就需要在后面配置起码一个发起者分机
姓...? A	引导号码的姓或部门的名称
名...?	可选。"姓"和"名"的总长度不得超过 15 个字符
目录分机号[第 5 步输入的引导号]...?	该号码会出现在系统号码本中,可以输入其他号码或按回车键
位置...?	可选。表明寻线组的位置
部门...?	可选。表明寻线组属于哪个部门
号码是否公布(YSE/NO)...? Y	YES——该号码会出现在公布的系统号码本中 NO——此号码不公布。话务台查不到该组的信息
寻线组成员数(1-127)...? 10	该组的分机数。 这个数字可以比实际的分机数大,因为修改这个数字系统要自举
分机(或命令)[END]...? 2001	n——加一个分机在该组中 n/ORIG——加一个分机在该组中,而且此分机作为发起者 END——不再增加分机 Find n——将组内分机 n 找到并显示在当前提示下 INSert n——在此提示的分机前将分机 n 插入 PURge——取消该提示列出的分机及后面的全部分机 REMOVE——取消在此提示后输入的分机 REVIEW——列出该组内的所有分机 SKIP——移到分机表的末端
排队...? Y	YES——该组内所有分机忙时,呼叫可以排队等待 NO——组内所有分机忙时,呼叫到"溢出分机"

续表

在此提示下：	输入：
UCD 排队处理...？N （如果第 14 步输入了 YES）	YES——对已排队的呼叫按 UCD 处理 NO——不使用 UCD 排队
振铃周期（0～20）...？2	主叫在听录音通知前应听到的振铃次数
通知源 （ ANN-1—ANN-5，NONE）...？	要主叫听的通知源的名称
溢 出 分 机 （ 0-9999，NONE）...？2222 （如果第 14 步输入了 NO）	如果一个组成员全忙，由该分机来接收呼叫,输入一个分机号或引导号
注释...？	关于此分机组的注释

（3）加一个话务台组

添加一个话务台组的步骤见表 5-34。

表 5-34　加一个话务台组的步骤

在此提示下：	输入：
GROUP...？ADD	ADD
分机组号（1～n）...？3	未定义的一个分机组号
组类型...？ATT	ATT
引 导 号 码 （ 0-9999， NONE ）[NONE]...？114	主叫呼叫话务台组必须拨的号码,事先未定义
姓...？AW	个人的姓或部门的名称
名...？	可选:"姓""名"的总长度应小于 15 个字符
目录分机号 [第 4 步输入的号码]...？	出现在系统号码本中的号码,按回车键保存当前的号码
位置...？	可选:表明该分机组的位置,按回车键,不输入任何信息
部门...？	可选:该分机组的部门名称,按回车键不输入任何信息
号码是否公布（YES/NO）...？Y	YES——该号码会出现在公布的系统号码本中 NO——此号码不公布,话务台查不到它的信息
话 务 台 组 成 员 数 （ 1 ～127）...？5	该组内分机的数目 注:该数应超过目前计划使用的分机数。这样将来再增加分机时,系统不会自举

在此提示下：	输入：
分机（或命令）［END］...? 2222	n——加分机 n 到该组中 END——不再增加分机 Find n——将组内的分机 n 找到并显示在当前提示下 INSert n——在此提示的分机前将分机 n 插入 PURge——取消此提示列出的分机以及后面的全部分机 REMOVE——取消在此提示后面输入的分机 REVIEW——列出该组内的所有分机 SKIP——移到分机表的末端
排队...? Y	YES——该组内分机忙时，呼叫可以排队等待 NO——组内分机忙时，到"溢出分机"
UCD 排队处理...? Y （如果第 13 步输入了 YES）	YES——给已排队的呼叫 UCD 处理 NO——不使用 UCD 排队
振铃周期（0~20）...? 2	主叫在听录音前应听到的振铃次数
通知源（ANN-1-ANN-5，NONE）...? ANN-1	要主叫听的通知源的名称
溢出分机（0~9999,NONE）...? （如果第 13 步输入了 NO）	如果一个组内分机全忙时，由溢出分机来接收呼叫，输入一个分机号或引导号
注释...?	关于此分机组的注释

（4）加一个调度台组

调度台组的步骤见表 5-35。

表 5-35　加一个调度台组的步骤

在此提示下：	输入：
GROUP ...? ADD	add
分机组号（1~200）...? 2	2　（有效的分机组号是 1~200）
组类型...? DIS	DIS
有 4 种组类型： HUNT——包括在分机表中定义的分机 ATTENDANT——包括在分机表中已定义的话务台分机，在各个话务台之间循环寻线以分配呼叫 SCREENING——包括用作共屏的数字话机和用作被共屏的已定义的分机 DISPATCH——组中的分机是在 BRI 板上定义的分机，有呼叫时同时振铃。组类型不能修改，只能把整个组删除之后重新加成其他类型的组	
引导号（0~9999）...? 2233	2233
姓...? DDT	ddt

续表

在此提示下：	输入：
名字…？	
号码本分机号［2233］…？	
位置…？	
部门…？	
在号码本公布号码（YES/NO）…？	y
urgent 号（0～9999）…？ 2244	2244 有紧急事件时，呼叫此号码的，调度台上显示颜色与普通的不同
姓..？	fd
名字…？	dd
号码本分机号［2244］…？	
位置…？	
部门…？	
在号码本公布号码（YES/NO）…？	y
调度台组号（1～4）…？	1
调度台左手分机(或命令)［END］…？	2201
调度台右手分机(或命令)［END］…？	hel
分机组成员包含分机组中已定义的分机。修改分机组成员时可使用如下命令： n————用新成员 n 取代当前的成员 END————结束编辑 FIND n——在分机组中寻找成员 n REVIEW——列出所有的分机组成员 SKIP——跳到分机组的末尾	
调度台右手分机(或命令)［END］…？	2202
调度台左手分机(或命令)［END］…？	2203
调度台右手分机(或命令)［END］…？	2204
调度台左手分机(或命令)［END］…？	
排队…？	hel
当所有的组成员全忙时，如果希望呼叫排队则回答'YES'，不希望排队回答'NO'。没有引导号的寻线组的呼叫不排队	
排队…？	n
UCD 排队…？	hel
如果希望 UCD 排队则输入'YES'，回答'NO'则是标准的排队处理	
UCD 排队 …？	n
会议 COS（1～255）…？	255
会议调用码（＊#或1～9）…？	＊#
注释…？	
加调度台组2 …	

（5）列出一个寻线组

列出一个寻线组的步骤，见图5-49。

```
GROUP…?  LIST   1
分机组号 ································································································· 1
分机组类型 ····················································································· 寻线组
分机搜索类型 ················································································· 终止型
引导号 ··························································································· 7777
输入引导电话号 ····································································· 已登记分机□
名字 ····························································································· 公安处
分机 ····························································································· 7777
位置
部门
成员/尺寸 ························································································ 3/12
组成员 ················································································ 7005、7006、7007
排队 ································································································ N
溢出号 ··························································································· 7998
注释 ··························································································· 寻线组1
GROUP…?
```

图5-49 列出一个寻线组的步骤

（十三）会议组表（CONFERENCE）

（1）介绍

在交换机中可以配置两种类型的会议，预置会议PRESET及牵头会议MEET-ME。这两种会议均需要事先制作会议组表。会议成员可以是内部分机，也可以是外部分机。在实际使用中，当发起人拨了会议的调用码以后，即可以形成会议。

（2）制作会议数据的方法及使用方法

参加会议的成员需要开放相应的会议功能，预置会议开放F23、F69，牵头会议开放F23、F57。

需要在COL表中配置会议的调用码。例如：召开预置会议的调用码＊#1XX/ACC 3＝PRESET-CONF，加入预置会议的调用码＊#2XX/ACC 3＝PRESET-CONF，召开及加入牵头会议调用码＊#2XXX/ACC 3＝MEET-ME。

会议组成员可以是本交换机的内部分机也可以是外部分机，均需要事先在系统号码本DIR中登录。

预置会议：要事先在预置会议组表中加入会议组成员。需要开会时，任何有拨号权限的分机均可以召开预置会议，不管他是否是会议组中的成员，当拨了召开会议的调用码以后，在会议组中设置的会议成员将同时振铃，被振铃的成员起机以后进入会议。会议召开以后如果有其他人员需要加入会议，可以通过拨加入会议的调用码进入会议。当所有分机挂机以后会议结束。

牵头会议：在牵头会议组中加入会议控制人的数据，需要开会时任意一个分机拨了会议调用码以后控制人电话振铃，控制人电话起机以后会议召开，其他人员要通过拨会议调用码加入会议。控制人挂机会议结束。

（3）预置会议数据的做法

预置会议数据的做法如图5-50所示。

```
B ...? cnf
CNF ...? help

    CNF 分系统用于定义会议。有效的 CNF 命令是:
    =======================================
        命令                说明
    ---------------------------------------
        MEET-ME    －－编辑 MEET－ME 会议
        PRESET     －－编辑 PRESET 会议
        PROFILE    －－编辑 BUTTON PROFILE
        EXIT       －－退出
    ---------------------------------------
CNF ...? pre
CNFPRESET ...? help
有效的 CONFERENCE(会议)命令是:
        命令                说明
    ---------------------------------------
        ADD        －－  增加
        DELETE     －－  删除
        LIST       －－  查看
        MODIFY     －－  修改
        EXIT       －－  退出
    ---------------------------------------
```

图 5-50　预置会议数据的制作

在 DIR 中增加外部分机,见图 5-51。

```
B ...? dir
DIR ...? add
外部记录类型 ...? cu
姓 ...? abc
名字 ...?
号码簿中的用户电话号码 ...? 82177282
... 加用户号码簿记录 ...
DIR ...? add cu
姓 ...? abcd
名字 ...?
号码簿中的用户电话号码 ...? 013833127791
... 加用户号码簿记录 ...
B ...? dir
DIR ...? l
要列的名字〔ALL〕...?
NAME          EXT LOC    DEPT
----          --- ---    ---- ----
A                 2001
ABC               82177282
ABCD              013833127791
B                 2002
C                 2003
DIR ...? cnf
CNF ...? pre
CNFPRESET ...? add
会议号 (1 - 32) ...? 1
姓,或者命令〔END〕...? a
名 ...?
号码 ...? 2001
姓,或者命令〔END〕...? b
名 ...?
号码 ...? 2002
姓,或者命令〔END〕...? c
名 ...?
号码 ...? 2003
姓,或者命令〔END〕...? abc
号码 ...? 82177282
姓,或者命令〔END〕...? abcd
名 ...?
号码 ...? 013833127791
姓,或者命令〔END〕...?
业务类 (1 - 255) ...? 10
给会议成员送强插音 (Y/N)〔N〕...? Y
代替设置的振铃 (Y/N)〔N〕...?
会议发起模式是否为单工 (Y/N)      〔N〕...?
会议是否允许自动追呼 (Y/N)        〔N〕...? Y
注释 ...?
... 加 PRESET 会议 4 ...
```

图 5-51　在 DIR 中增加外部分机的步骤

（十四）系统号码本（DIRECTORY）

系统号码本是交换机所使用号码的记录本，登记了内部分机的记录以及其他所使用号码的姓名、号码记录。

系统号码本中包含两种记录，一种是内部分机记录，一种是外部用户记录。

内部分机记录是交换机对内部分机的记录。在加内部分机时，当系统提示是否在号码本中登录时，回答 YES，系统自动把分机参数直接登录到系统号码本中。当需要修改记录时，只能在分机表中修改。

外部用户记录主要使用在加会议组成员、调度台按键用户数据参数、40 分机按键用户数据参数时。当所添加的数据参数为非本交换机内部分机数据时，必须事先在系统号码本中进行登录。否则不能添加数据，在号码本中登录的数据类型是用户记录类型，系统号码本常用命令见图 5-52。

```
命令                        说明
ADD  — — — — — — —          增加
MODIFY  — — —               修改
DELETE  — — — —             删除
LIST  — — — — — — — —       以电话号码簿的形式列出公布的号码
ADMIN  — — — — — —          以管理表的形式列出所有电话记录
EXIT  — — — — — — —         退出
```

图 5-52　系统号码本

增加一个 CUSTOM 类型的外部用户记录到系统号码本中，见图 5-53。

```
A ... ? DIR

DIR ... ? ADD

外部记录类型 ... ? HEL

    外部记录既可以是分机记录也可以是用户记录。分机记录和其他数据库中分机记录有相同的记录
信息和格式。如：姓、可选的名字、一个 1~7 位数字的分机号码、位置和部门。用户记录有姓、可选的名
字、1~16 位数字的电话号码，但没有位置和部门。选择下列外部号码簿记录类型之一：

        EXTENSION    — —   分机记录
        CUSTOM       — —   用户记录

外部记录类型 ... ? CUS

姓 ... ? HE

名字 ... ?

号码簿中的用户电话号码 ... ? 82177273

... 加用户号码本记录 ...

DIR ... ?
```

图 5-53　增加一个 CUSTOM 类型的外部用户记录到系统号码本中的步骤

用 LIST 命令列出系统号码本，见图 5-54。

```
DIR ...? list
要列的名字［ALL］...?
  NAME              EXT      LOC   DEPT
  _ _ _ _           _ _      _ _ _ _ _     _ _ _ _
  HE                82177273
  LIU               13012345678
  LS                2099
  PX                0311 82175802
  PX                0311 83626132
  QUNHU             #4
  SD                2098
DIR ...?
```

图 5-54　用 LIST 命令列出系统号码本的步骤

用 ADMIN 命令列出系统号码本中的全部信息,见图 5-55。

```
DIR ...? ADMIN
要列的名字［ALL］...?
  NAME   C  DEPT  DIAL      EXT/TYPE   COS   PG    GRP/TYPE   CIRCUIT
  _____  __ ____  ____      _____   ___   ____  _____   _____
  11                        2011       2011/STA   11    ---- --------  01-08-11
  7Y ]                      2015       2015/STA   20    ---- --------  01-08-15
  A                         3001
  C                         0311 82177282
  C                         138 0311 5514
  C                         2003       2003/STA   11    ---- --------  01-08-03
  D                         2004       2004/STA   11    ---- --------  01-08-04
  DDFJ                      2200       2200/DDT   11    ---- --------  01-09-07
  DDFJ                      2201       2201/DDT   11    ---- --------  01-09-08
  DDT                       2000       2000/MAS   --- ----  10/DG  ---------
  DDT                       2999       2999/MAS   --- ----  10/DG  ---------
  SHICHANG                  13923590834
  SHICHANG                  82177273
DIR ...?
```

图 5-55　用 ADMIN 命令列出系统号码本中的全部信息的步骤

任务 5.4　电源系统

5.4.1　UPS 的工作原理

(一)UPS 的组成

UPS 主要由整流/充电器、逆变器、静态旁路开关、监控单元和输入输出开关组成。

(二) UPS 的工作原理

UPS 的工作原理如图 5-56 所示。

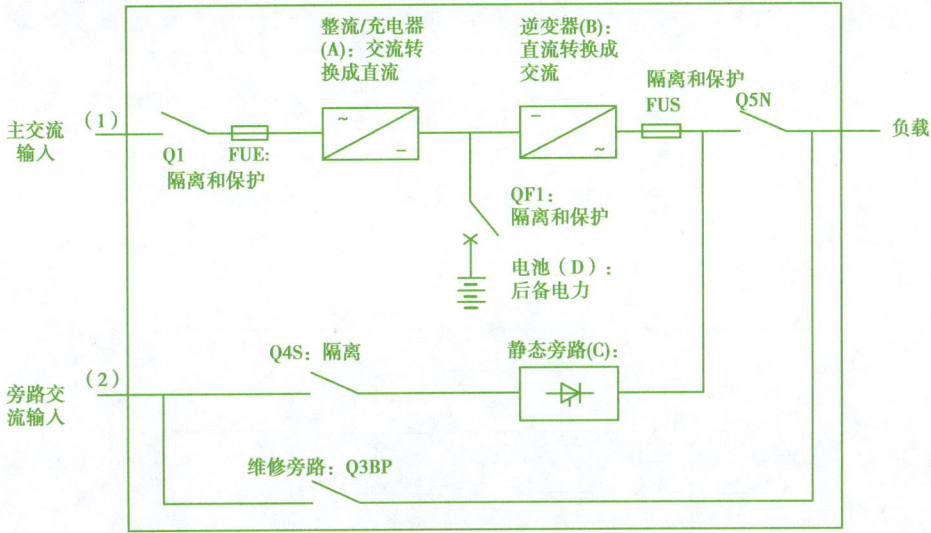

图 5-56 UPS 工作原理示意图

①整流/充电模块将主交流电源提供的三相交流电转换成直流电,用于逆变器的正常输入和电池进行浮充电或强充电。

②电池单元在主交流电源超限或停电的情况下为逆变器提供后备电源。

③逆变器模块将整流/充电器或电池单元提供的直流电转换成三相交流电供给负载。

④静态旁路模块保证在逆变器停机(由用户操作或保护装置引起)或突然过载的情况下同时将负载切换到旁路交流电源。

⑤维修旁路用于维修时将 UPS 进行隔离,并将负载无间断切换到旁路交流电源,维修旁路由 3 个手动开关(Q3BP、Q4S 和 Q5N)组成。

(三) UPS 的基本工作状态

(1) 正常工作状态

UPS 的正常工作状态如图 5-57 所示。

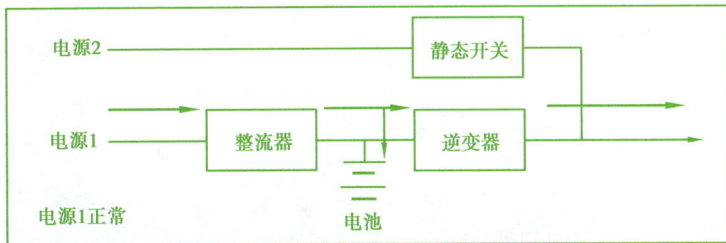

图 5-57 在线式 UPS 的正常工作状态

(2) 市电停电(超限)

市电停电如图 5-58 所示。

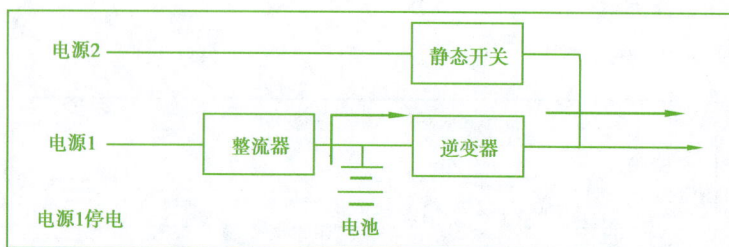

图 5-58　在线式 UPS 在市电停电时的工作状态

（3）市电恢复正常（充电）

市电恢复正常如图 5-59 所示。

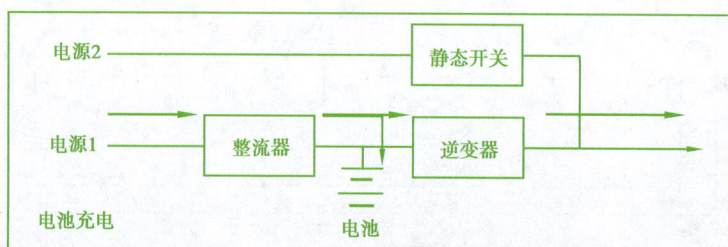

图 5-59　在线式 UPS 在市电恢复正常时的工作状态

（4）过载或故障

过载或故障如图 5-60 所示。

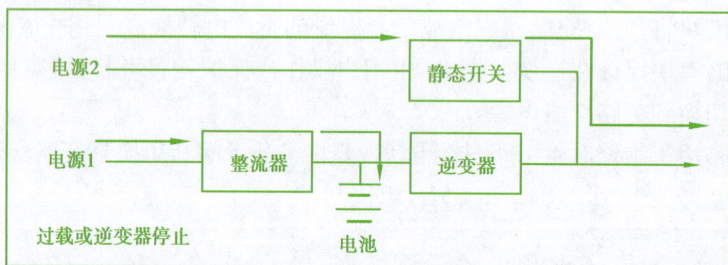

图 5-60　在线式 UPS 在过载或故障时的工作状态

（5）维修状态

维修状态如图 5-61 所示。

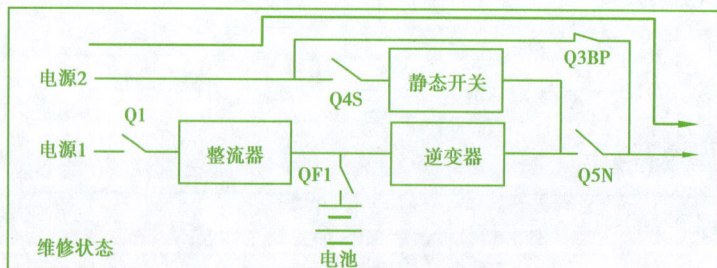

图 5-61　在线式 UPS 在维修时的工作状态

5.4.2 蓄电池容量的计算方法

蓄电池按照后备 4 h 负载和后备 1 h 负载分别计算,计算后将两者容量相加,再通过查表,向上选取最近的规格。

蓄电池容量计算公式:

$$C = \frac{P * T}{V * \eta * k}$$

其中,C 为蓄电池计算容量;P 为负载功率,单位 W;T 为后备时间,单位 h;V 为直流电池组电压,单位 V;η 为 UPS 逆变效率;k 为蓄电池放电容量系数,与后备时间相关,当 T 等于 1 h 时,k 取 0.55,当 T 等于 4 h 时,k 取 0.8。

5.4.3 电源设备故障处理

(一)故障处理检修

智能通信配电柜部分器件本身具备故障判断功能,当系统出现故障时监控单元可显示故障内容。检修的一般步骤:

第一步,查看告警内容。系统出现故障时,一般会有声光告警:故障灯亮和蜂鸣器告警,监控单元自动跳到告警界面。查看监控单元的告警内容,根据告警内容便可以确认故障范围。

第二步,根据故障内容,对故障进行核实。

第三步,故障检修。根据故障内容和实际情况,应该积极地消除故障隐患,保证设备的安全运行,参见表 5-1。

第四步,记录故障系统编号、故障部件编号、故障现象,填写维修单据。

配电柜告警种类如表 5-36 所示。

表 5-36　配电柜告警种类及处理方法

外界条件	告警状态	告警原因	处理方法
交流输入相电压大于过压告警点(缺省值为 245 Vac)	故障灯亮,蜂鸣器告警,监控单元报警显示	交流当前状态:交流输入过压	改善电网条件,电压下降后自动恢复
交流输入相电压小于欠压告警点(缺省值为 195 Vac)	故障灯亮,蜂鸣器告警,监控单元报警显示	交流当前状态:交流输入欠压	改善电网条件,电压上升后自动恢复
交流输入缺相	故障灯亮,蜂鸣器告警,监控单元报警显示	交流当前状态:交流输入缺相	交流输入正常后会自动恢复
当前工作电网交流输入停电	故障灯亮,蜂鸣器告警,监控单元报警显示	交流当前状态:交流输入停电	交流输入正常后会自动恢复

外界条件	告警状态	告警原因	处理方法
两路输入其中有一路出现故障	故障灯亮,蜂鸣器告警,监控单元报警显示	交流当前状态:交流输入1(或2)断	交流输入1(或2)正常后会自动恢复
C级防雷器出现故障	故障灯亮,蜂鸣器告警,监控单元报警显示	交流当前状态:C级防雷空开跳	更换防雷器后会自动恢复
辅助电源板故障	故障灯亮,蜂鸣器告警,监控单元报警显示	模块当前状态:辅助电源板故障	消除故障会自动恢复
输出空开跳	故障灯亮,蜂鸣器告警,监控单元报警显示	当前状态: * * * 输出断电	消除故障会自动恢复

注意:

①在进行故障检测时,不要接触交流高压部分。

②在进行故障维修时,工具应做绝缘包扎处理。

③模块维修后,在上电测试之前要测试是否有短路现象。

(二)配电故障检修

配电的故障一般有交流输入过压、交流输入欠压、交流输入缺相、交流输入停电、空开跳闸、防雷器故障、UPS故障等。

配电故障发生时,监控单元上可以观察到交流故障告警的内容,同时蜂鸣器告警;维修时,先按下蜂鸣器的消音开关,然后查找相应的故障内容,进行相应的处理。

配电故障告警时,请核实告警内容是否和实际相符,如果不符合,可以基本判定为数据采集装置故障,如辅助触点等。

输出空开可以手动操作,断开空气开关,使空气开关跳闸,可以模拟故障发生时的现象,输出告警信号;将空开置于接通位置,告警消失。

C级防雷器输出为一常闭信号,断开防雷器的空开,输出告警信号;将防雷空开闭合,告警消失。

(1)交流输入故障检测

1)故障原因

交流输入采样部分线路错误会导致监控单元显示交流输入故障。

2)检修流程

检修流程如图5-62所示。

(2)交流负载故障检修

1)故障原因

交流负载故障导致空开跳闸,空开本身故障将导致空开跳闸故障告警。

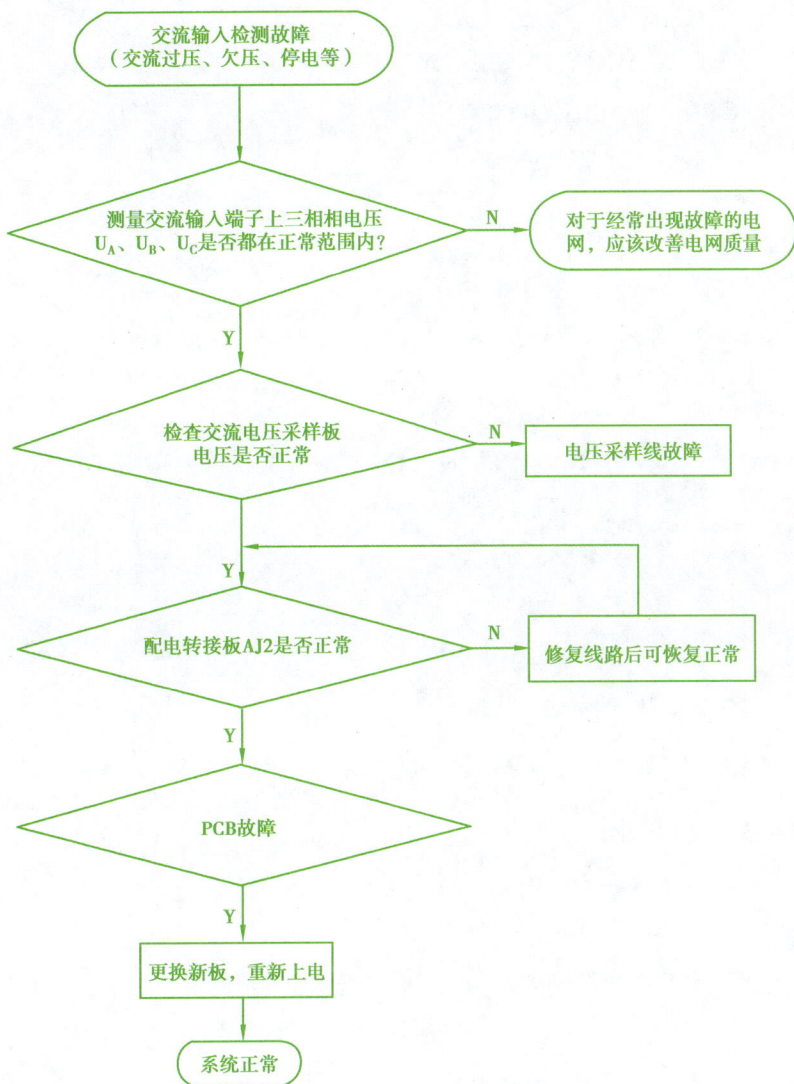

```
             交流输入检测故障
            （交流过压、欠压、停电等）
                    │
                    ▼
   测量交流输入端子上三相电压          N        对于经常出现故障的电
   Uₐ、U_B、U_C是否都在正常范围内？ ─────▶     网，应该改善电网质量
                    │
                    │ Y
                    ▼
       检查交流电压采样板            N
       电压是否正常           ─────────▶    电压采样线故障
                    │
                    │ Y
                    ▼
     配电转接板AJ2是否正常          N
                             ─────────▶    修复线路后可恢复正常
                    │
                    │ Y
                    ▼
          PCB故障
                    │
                    │ Y
                    ▼
       更换新板，重新上电
                    │
                    ▼
          系统正常
```

图 5-62　交流输入故障检修流程

2）检修流程

检修流程如图 5-63 所示。

3）器件更换方法

C 级防雷器更换方法：

断开 C 级防雷空开；取下盖板；用手抓住防雷器突出部分上下端，慢慢向外拔出；插入新的防雷器；安装盖板；接通 C 级防雷空开。

（三）监控系统故障检修

（1）检修说明

监控系统的故障一般有辅助触点损坏、辅助电源板故障、PCB 故障等。

监控系统故障发生时，监控单元上可以观察到故障告警的内容，同时蜂鸣器告警；维修时，选按下蜂鸣器（位于机柜上门内部）的消音开关，然后查找相应的故障内容，进行相应的处理。

```
                    ┌─────────────────────────┐
                    │  监控单元显示某路输出空开断  │
                    └────────────┬────────────┘
                                 │
                    ┌────────────▼────────────┐        ┌─────────────────────┐
                    ╱ 检查配电各个输出空开是  ╲   Y     │  排除空开跳闸原因     │
                    ╲ 否存在某个空开跳闸      ╱ ──────► │  将空开置于断开位置，再  │
                    └────────────┬────────────┘        │  合上，则系统恢复正常   │
                                 │N                     └─────────────────────┘
                    ┌────────────▼────────────┐
                    ╱    检查空开辅助触点       ╲   Y     ┌─────────────────┐
                    ╲    是否故障              ╱ ──────► │   更换辅助触点    │
                    └────────────┬────────────┘        └─────────────────┘
                                 │N
                    ┌────────────▼────────────┐
                    ╱   检查辅助触点线路情况     ╲   Y     ┌─────────────┐
                    ╲                         ╱ ──────► │   更改线路   │
                    └────────────┬────────────┘        └─────────────┘
                                 │N
                    ┌────────────▼────────────┐
                    ╱   监控单元软件问题，更改    ╲
                    ╲                         ╱
                    └────────────┬────────────┘
                                 │
                    ┌────────────▼────────────┐
                    │        系统正常          │
                    └─────────────────────────┘
```

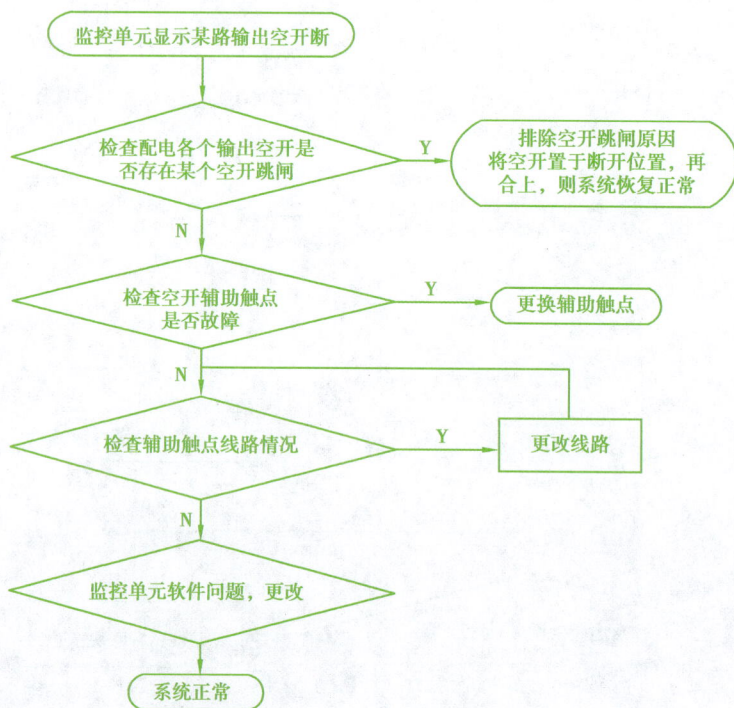

图 5-63 输出空开跳检修流程

（2）检修流程

检修流程如图 5-64 所示。

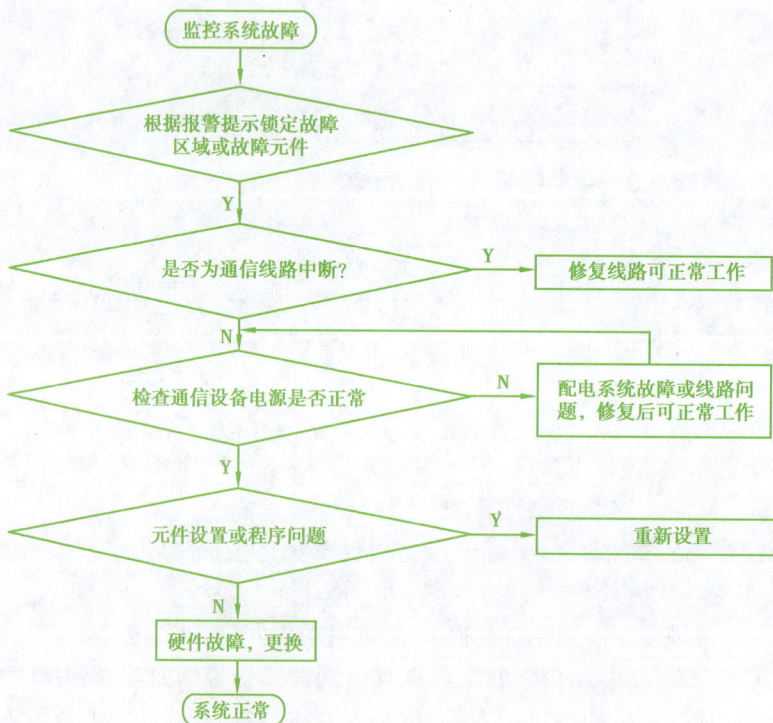

```
                    ┌─────────────────┐
                    │   监控系统故障     │
                    └────────┬────────┘
                             │
                    ┌────────▼────────┐
                    ╱ 根据报警提示锁定故障 ╲
                    ╲ 区域或故障元件     ╱
                    └────────┬────────┘
                             │Y
                    ┌────────▼────────┐        ┌─────────────────┐
                    ╱ 是否为通信线路中断? ╲  Y    │ 修复线路可正常工作 │
                    ╲                  ╱ ────► └─────────────────┘
                    └────────┬────────┘
                             │N
                    ┌────────▼────────┐        ┌─────────────────────┐
                    ╱ 检查通信设备电源是否正常 ╲ N  │ 配电系统故障或线路问  │
                    ╲                      ╱ ──► │ 题，修复后可正常工作   │
                    └────────┬────────┘        └─────────────────────┘
                             │Y
                    ┌────────▼────────┐        ┌─────────────┐
                    ╱ 元件设置或程序问题  ╲   Y    │   重新设置   │
                    ╲                  ╱ ────► └─────────────┘
                    └────────┬────────┘
                             │N
                    ┌────────▼────────┐
                    │  硬件故障，更换    │
                    └────────┬────────┘
                             │
                    ┌────────▼────────┐
                    │    系统正常       │
                    └─────────────────┘
```

图 5-64 交流输入故障检修流程

(四)UPS 电源故障

对于单机系统来说,可手动闭合 UPS"维修旁路"(在控制中心、车站及计算机房,UPS 自带维修旁路;在信号楼与运用库,该维修旁路开关位于配电柜上),此时电源质量不能保证。有故障报警但实际正常现象的应急处理,当输出电压正常,而有故障报警时电源系统只起监视和故障定位的作用,若电源系统仍正常使用,可将该路对应的输出告警暂时屏蔽,不告警。

(1)GALAXY PW UPS 通信、显示问题(GTCI、AFC/SI、COSI)

①电池后备时间最多显示 180 min,负载量大于 20% 时显示 120 min,这属于正常现象。

②电池后备时间显示为"＊＊＊＊＊",可重写 GTCI 参数以恢复正常后备时间显示。

③面板或者日志里有误报警,例如"Q1 open,QF1 open,Q4S open",升级 GTCI 和 AFC/SI 到较高的版本,参考 Technical Information F/R/033。

④并联 UPS 面板不显示"并联在线运行"而显示"在线运行",可尝试将 GTCI 升级到 NT07。

⑤电池充电结束后,电池灯仍然绿色闪烁,可以通过 SOFT-TUBER 初始化电池管理或者将 GTCI 升级到 NT07。

⑥正常运行的 UPS 面板死机或者花屏,一般重新启动 UPS 即可解决问题。

⑦UPS 面板反复重启,一般不影响 UPS 正常运行。如果正常运行的 UPS 出现这种情况,建议将 UPS 下电重启。如果由插拔通信卡造成,一般 UPS 可自行恢复。

⑧UPS 面板黑屏,但是可以自行恢复,一般为 AFC/SI 故障。

⑨电池温度显示为零度,但是 ATIZ 正常,并且 SOFT-TUNER 可以读到温度。需要将 COSI 板升级到 ED\NT02。

⑩调试使用 AFCI 的 UPS 时,建议使用 AFSI 的芯片将系统时间校准,以便使用 BALI 或者 TLS2 下载日志的时候可以得到与时间对应较准确的状态日志。

(2)AQUI 常见问题

①更换 AQUI 之后,闭合 QM1,整流器报故障,无法开环启动。

解决办法:闭合 QM1(保持 QF1 断开),检查面板直流电流显示值和 SOFT-TUNER 测量值的直流电流值是否已大于 SOFT-TUNER 中 Charge current(battery protection)所设定的值;如果是,拔下"EPO",将 SOFT-TUNER 中 Charge current(limitation)和 Chargecurrent(battery protection)的值增加到大于上述直流电流值;按正常步骤开环启动整流器并校验;恢复 SOFT-TUNER 中充电电流的正常设置。

②面板显示负载切换故障,SOFT-TUNER 状态报警显示通风故障,但是风机运行正常。

解决办法:闭合 Q4S,分别测量光耦管 VP1、VP2、VP3 的 4、5 脚的电压,看是否存在 24 VDC电压;如果测量到 24 VDC 电压,在没有 AQUI 板可更换的情况下,可临时将光耦管的 4、5 脚短接以消除报警。

③CROI 常见问题:

逆变器无故停机,SOFT-TUNER 有报警"Hardware major fault",但是可以直接通过按绿色键启动逆变器。

解决办法:建议将 CROI 升级为 DB\NT05 以上的版本,该版本也解决了逆变器输出直流分量较大的问题,同时也提高了逆变器输出的稳定精度。

(五)高开整流模块黄灯亮故障处理

①先检查该模块开关是否合上,测量该开关上市电是否正常。

②如果一切正常,将黄灯亮的模块与正常模块交换位置。若是槽位问题造成的,那么该槽位上的模块黄灯会亮,而原来黄灯模块交换位置后应该正常。若是模块问题,那么交换位置后该模块还是黄灯亮。

(六)高开电源"模块丢失"告警处理

当拔掉整流模块以后,监控会出现"模块通信中断"告警。当按"ESC"与"ENTER"键复位监控模块,监控模块则会出现"模块丢失"的告警。此时,翻到当前告警,进入"模块丢失告警"该条告警信息,先按方向键中的向右键,然后按"ENTER"键确认,该告警清除。

(七)设备物理检查

①检查机房通风散热设备的运行状态,机房温度对电池和 UPS 内部电解电容的使用寿命有着直接的影响。

②检查设备通风路径是否通畅。

③检查设备散热风机叶片是否可自由转动。

④检查 UPS 内部交流电容、直流电容是否有漏液或者鼓胀现象,如图 5-65、图 5-66所示。

图 5-65　UPS 电容漏液

⑤检查设备内部部件是否出现过温、过热的痕迹。

⑥检查主要板件版本等,判断是否有升级的必要。

⑦检查各级开关上下口连线是否有松动。

⑧检查系统各级开关的整定值设置,确认断路器选择性的正确设定。

(八)设备加电检查

①整流器的检查:GALAXY PW 采用六脉冲整流,其主要产生 5 次、7 次谐波,可以使用 FLUKE 43B 测量输入电流的谐波判断整流器的状态。

图 5-66　UPS 电容端面鼓胀

②测量三相输入电流是否均衡。

③输入端滤波器的检查：测量每一个 LEG 的电流值，应当是一样的，若相差太大则需要重点检查滤波器电容。

④在没有启动逆变器、没有闭合电池开关的情况下测量直流母排纹波，若 $Vac < 1$ V，则直流电容是正常的；若 $Vac > 5$ V，则需要检查 UPS 直流电容和整流器 SCR。

⑤逆变器的检查：测量逆变器输出电压及频率，并和面板显示值相比较。

⑥逆变器与旁路的同步检查：测量逆变器输出与旁路输入相对应的相之间的电压，应当是一个比较稳定的值。

⑦输出交流电容的检查：测量输出交流电容支路的电流，3 个支路电流值应当基本一致，且有效值在 40 ~ 50 A。

⑧输出静态开关/K3N 的检查：在切换到逆变器之后，即输出静态开关/K3N 处于导通状态，测量输出静态开关/K3N 上下端的压差，应当小于 2 V，不应大于 5 V。

⑨静态旁路的检查：在逆变器工作的条件下，测量静态旁路前端的电流，应当小于 1.5A，否则请检查旁路 SCR。

⑩检查各散热风机运转是否正常。

任务 5.5　视频监控系统

5.5.1　视频监控系统软件系统操作与维护

（一）NICE 编码器配置说明

西安地铁 2 号线 CCTV 系统的视频编码器采用的是以色列 NICE 公司的八路双编码

器,在日常的维护过程中经常需要对备用的编码器进行配置,以替换站上的故障编码器,现在就配置步骤做简要说明。

①需要设备:笔记本电脑 1 台(需安装 Alpha 软件)、网线 1 根。

②打开软件,点开始—软件—alpha technology —Installation—VX Manager,打开后界面如图 5-67 所示。

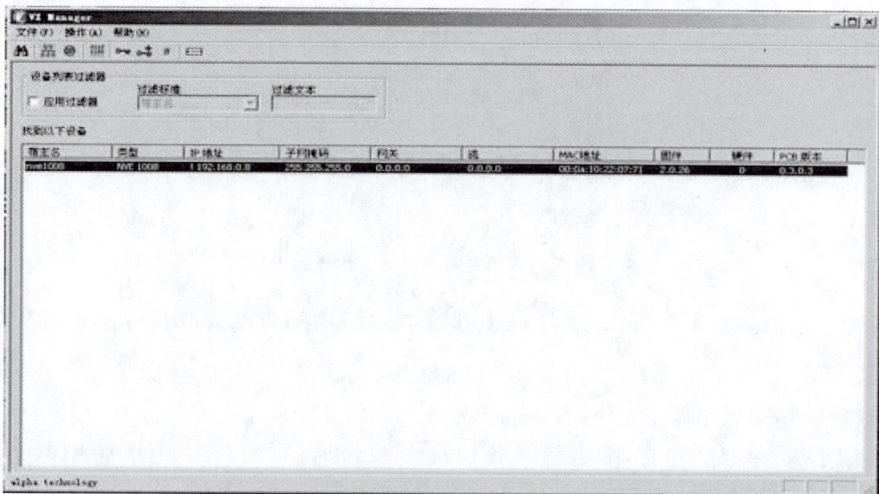

图 5-67　软件主界面

③点击右键—设置 IP 地址,弹出如下对话框。此时需注意以下两点。

a. 当宿主名为 Nve1008 时,说明此时电脑连接的是 MPEG- 4(录像端口);

b. 此时组播的流地址的 IP 不需要配置,如图 5-68 所示。

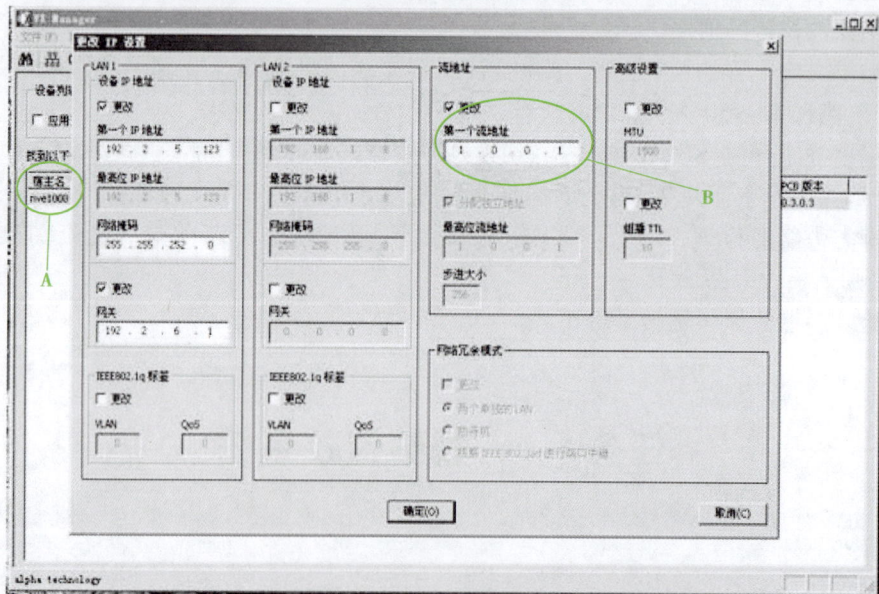

图 5-68　设置 IP 地址

④以大明宫西站第一台编码器为例,其配置如图 5-69 所示。

⑤配置完成后点击"确定",会弹出要求输入密码的对话框,密码为"pass",输入密码

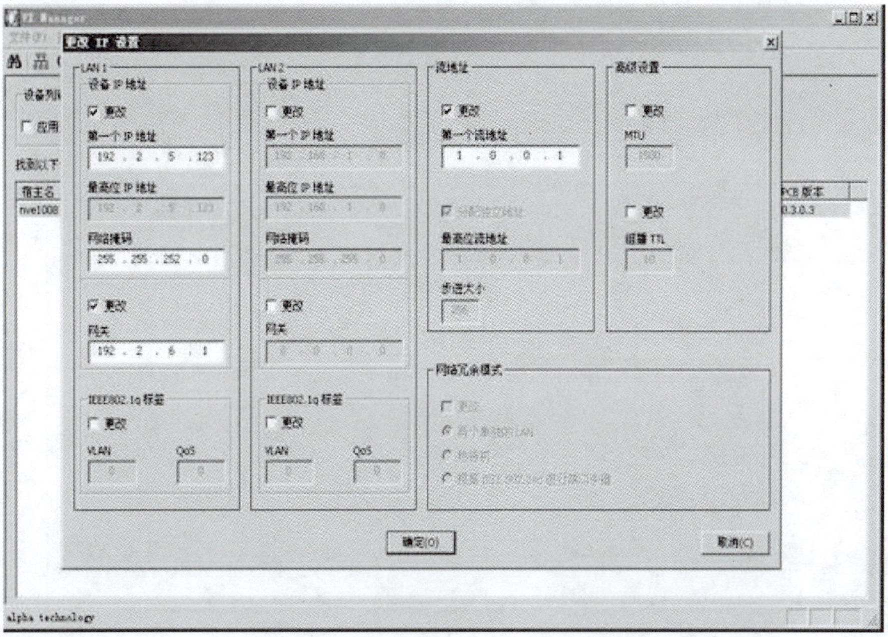

图 5-69　大明宫西站第一台编码器配置

后点击"确定"键,设备会自动重启。如图 5-70、图 5-71 所示:

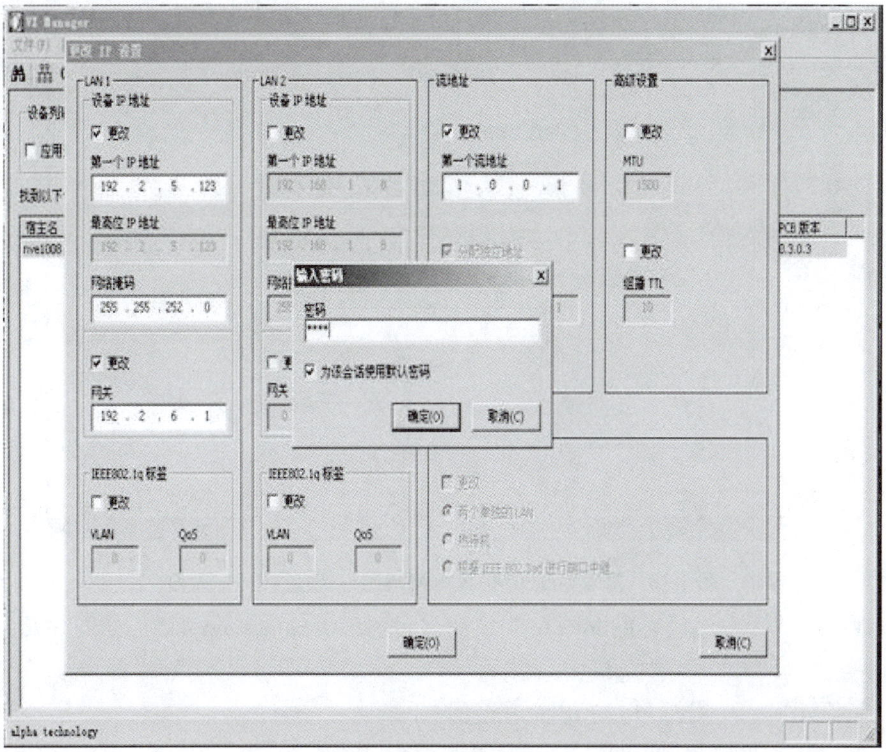

图 5-70　输入密码"pass"

⑥重启完成后将电脑的 IP 地址和编码器的 IP 地址设置在同一网段,如图 5-72 所示。

⑦更改电脑 IP 和编码器 IP 在同一网段后,打开软件,右键打开后进行更改编码器名

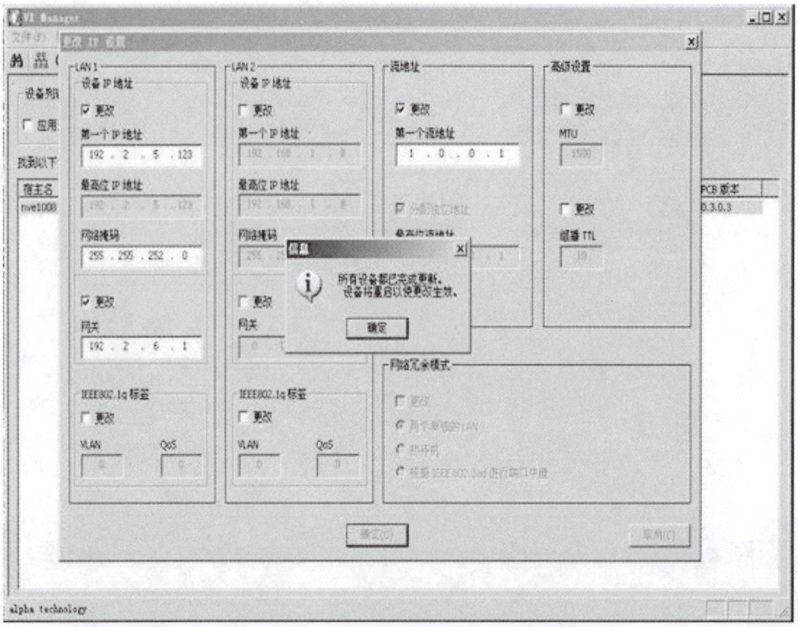

图 5-71 设备将自动重启

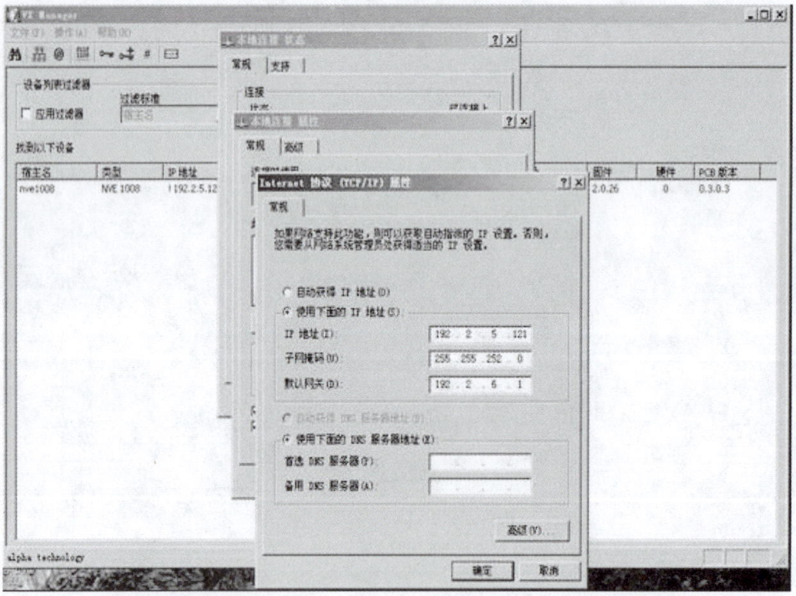

图 5-72 重设电脑 IP 地址和编码器 IP 地址在同一网段

称(命名原则,第一台编码器的 MPEG-4 口命名,例如:daminggongxi4-1),如图 5-73、图 5-74 所示。

⑧更改 MPEG-2(实时)口的 IP 时,注意以下两点:

a.当 A 处宿主名为 ENC8M2 时端口类型为 MPEG-2(实时)口。

b.此口若为 MPEG-2(实时)口,需注意 B 处需要设置流地址。

c.其余的更改 IP、子网掩码、网关和 MPEG-4 步骤一致,MPEG-2(实时)口命名原则, 例如大明宫西第一台编码器:daminggongxi2-1,如图 5-75 所示。

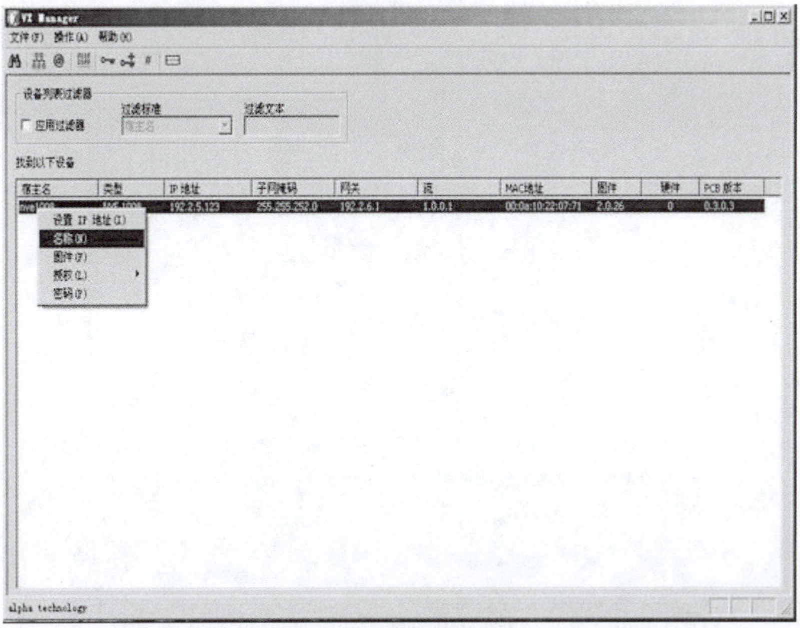

图 5-73　更改编码器名称

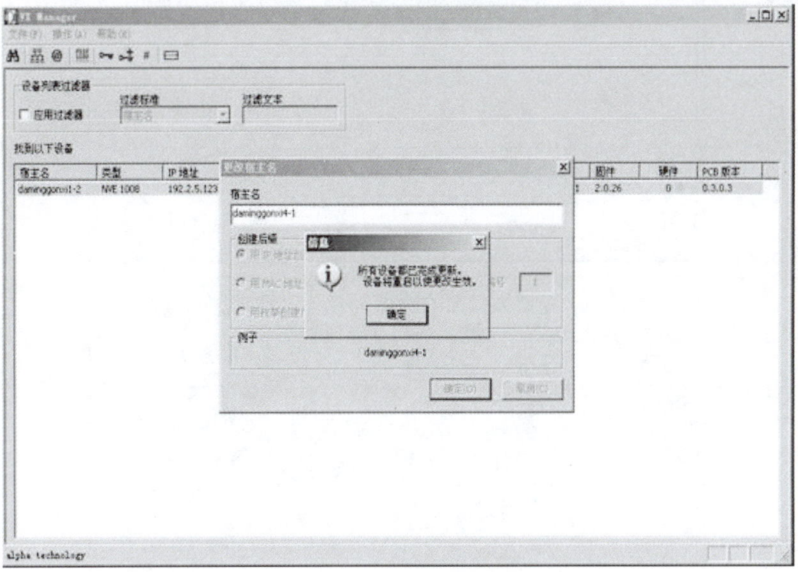

图 5-74　更名后将重启

⑨在对设备的 IP 更改完后需要进一步查看编码器的授权是否与现场所需的一致,如图 5-76 所示:选择设备—右键—授权—修改许可协议分配。

⑩打开后,弹出如图 5-77 所示对话框,全线的编码器需要的授权如下:

a. 完全分辨率,8 个通道每个通道需要 1 个。

b. 全镇率,8 个通道每个通道需要 1 个。

c. SNMP 和 NTP 各需要 1 个。

d. 完成后点击确定,然后退出。

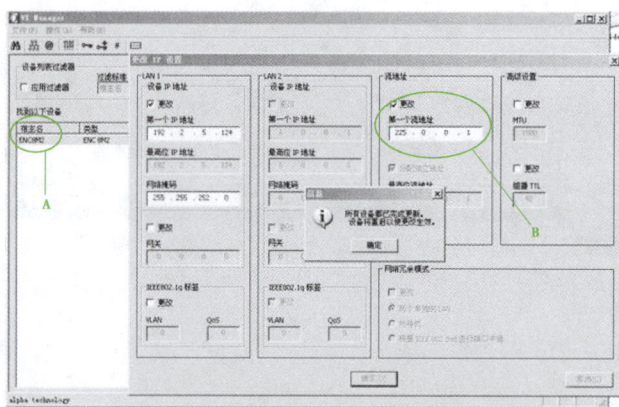

图 5-75　更改 MPEG-2(实时)口的 IP

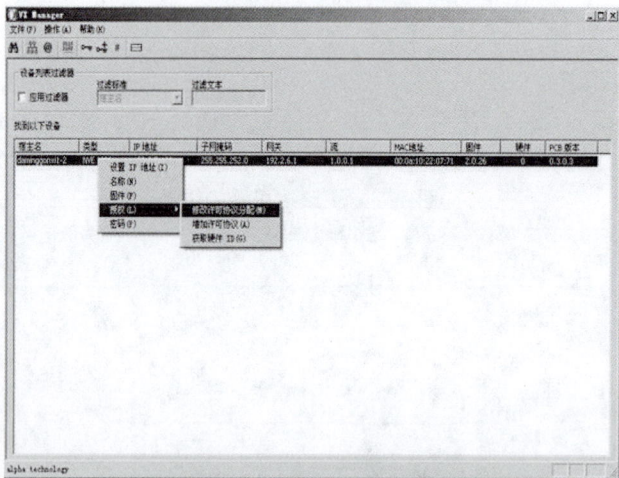

图 5-76　查看编码器的授权是否与现场所需的一致

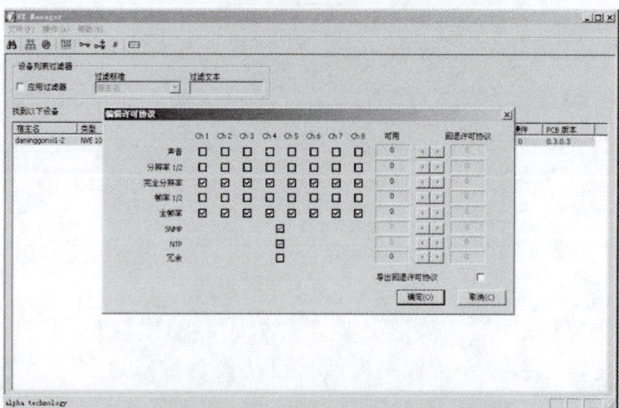

图 5-77　查看编码器的授权界面

（二）字符编程软件操作说明

（1）编程设备的连接

本软件由北京市警视达机电设备研究所开发,是为多功能控制器输入的视频信号添加任意字符的设置操作而用,版本号1.0。

（2）软件操作说明

将附带光盘放入 CD-ROM，双击"字符安装"文件夹，运行 SETUP. EXE。

按照安装提示进行软件安装。注意：该程序必须安装在"c：\program files\字符发生器"目录下，不要更改安装路径，否则软件不能正常运行。

确定所用计算机至少有 1 个 RS-232 串口，如果没有，请自备 1 个 USB 转 RS-232 转换器，将计算机的 1 个 USB 口转换为 RS-232 口。并自备 1 个 RS-232 转 422 转换器。

①系统要求：必须安装有 office XP 以上产品，否则软件不能正常运行。

②软件使用说明：

确保 JSD-Z/F/J 设备正常运行，将随机附带数据线插入 JSD-Z/F/J 的键盘接口。连线另外一端接入 RS-422 端口，接线图见图 5-78。确保 RS-232 转 422 转换器已经连接在计算机的 1 个 RS-232 口上。

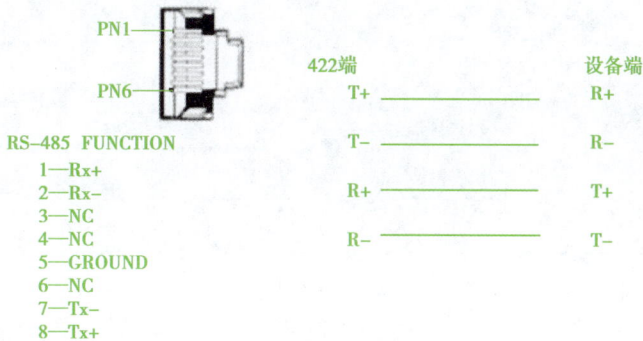

图 5-78　接线图

运行桌面（或程序）上的"字符发生器. exe"。出现图 5-79 所示界面。

"通讯端口"处，选择适当的串口。

编辑"本站字符显示"框中的每一路视频叠加的字符及字符在屏幕中的显示位置。如果本路没有字符，则将该路后面字符框中的所有字符删除。

点击"查询"按钮，如果上面输入的字符在字符库中没有存档，则会显示在"查询"按钮后面的字符框中。点击"编辑"按钮，查询框中的第 1 个字符会出现在右侧"示例图形"框中；如果输入的字符在字符库中已经全部存档，查询框内为空。

左键点击"示例图形"中白色区域，会在旁边"生成数据库"中出现点击形成的字符样式，也可以直接点击"生成数据库"中的相应区域，生成字符样式。右键点击已经生成的字符样式的黑点，可以去掉字符样式中已经生成的点。点击"清除所有选中点"，可以清除所有选中点；点击"保存到数据库"，将所编辑的字符样式保存为数据库格式。如果此时"查询框"中还有字符，则会继续出现在"示例图形"中，重复上面过程，继续编辑下一个字符。当已经编辑成数据库的字符不符合用户要求时，可以直接点击"手动编辑输入"，在"手动编辑输入框"中直接输入要重新编辑的字符（注意：一次只能编辑 1 个字符），然后点击"示例显示"，在"示例图形"中会显示标准的字符，点击图 5-79 中的"查询"按钮，原来编辑的字符样式会出现在"生成数据库"框中，然后重新编辑字符的黑点，再点击"保存到数据库"，则会生成重新编辑的字符数据。

当"查询"框中的字符数为 0 时，可以点击"发送数据"按钮，将本站的所有字符发送到

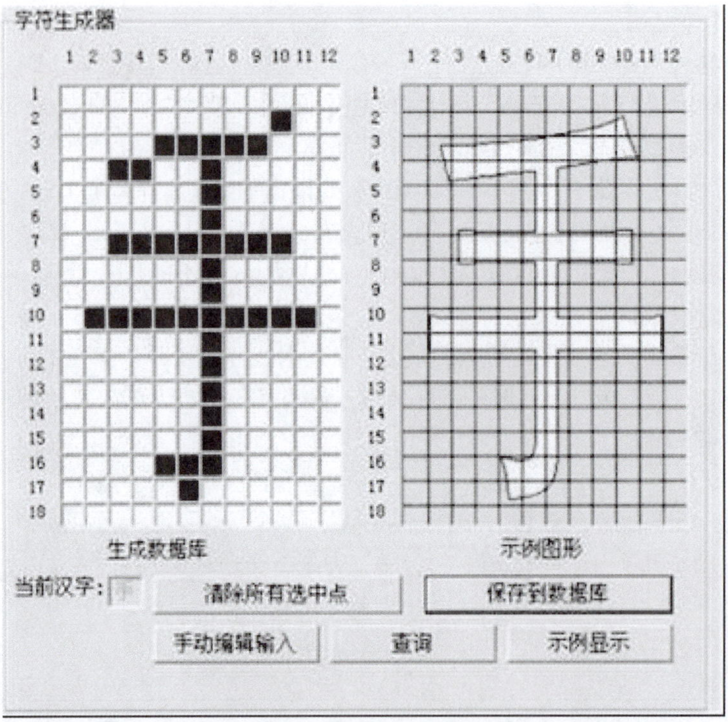

图 5-79　字符生成器

JSD-Z/F/J 中。

待所有数据发送完毕,关闭 JSD-Z/F/J 电源,等待 10 s 左右,重新打开电源,所有图像上就应该叠加有新编辑的字符。如果字符显示效果不好或没有字符,则重复以上所有步骤,重新编辑并发送字符。

待所有站的字符编辑完毕后,应该将"c:\program files\字符发生器"目录下的"字符库、mdb"复制到其他盘符做备份,以备日后重新编辑字符时使用。

③软件卸载:执行"控制面板"中的卸载步骤或执行"程序"中的卸载选项,卸载本程序。

(三)数字视频管理软件介绍

数字视频网管软件 NICE DVS6400、数字视频控制软件(提供给综合监控系统的 NICE DVS-SDK 软件开发包)、数字视频录像软件 NICE DVS4800、数字视频回放软件 NICE Viewer 的基本功能均基本相同(但各有侧重点),其界面也基本相同,在此统一介绍。

(1)全面五重操作功能

5 种操作:实时录像、回放、实时监视、归档和数据传输。执行各个操作时录像不会停止。

可以对各个摄像机输入通道进行单独设置:如图像质量、录像速度、开关音频、对比度、饱和度。

视频验证加密输出格式,可以被法庭接受为证据。

提供 SDK 开发工具,可集成到综合安防管理系统中。

视频录像和代码转换可以对特定事件实施文字覆盖和单独的文字列表。

视频数据镜像与文字特性,便于使用文字检索特定事件的功能实现。
如图 5-80 所示。

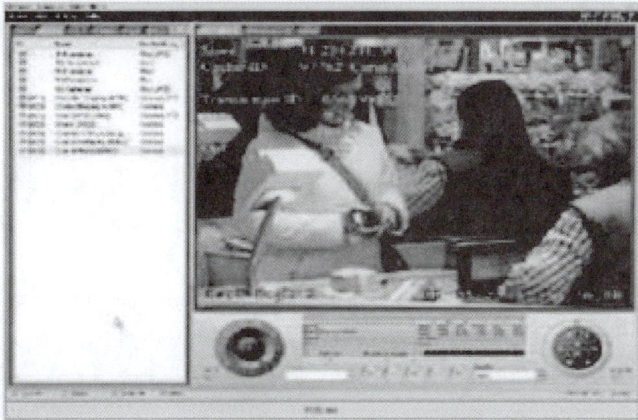

图 5-80　5 种操作功能

(2)多用户实时监控

网络上的任意一台计算机都可作为监控终端。用户经过用户名、密码认证后,可获得监控权限。监控客户端的数量没有限制,多个客户端可同时进行监控操作。

监控客户端可使用 3 种传输协议接收视频流:Unicast、Multicast、Tcp。

局域网方式登录:客户端与视频编码器在一个 IP 网段内。客户端直接接收视频服务器发送的视频流数据。

因特网(Internet)方式登录:客户端与视频服务器在不同的 IP 网段内或在 Internet 上登录。客户端接收由监控管理服务器转发的 Unicast 或 Tcp 视频流。客户端能够自动选择最佳的传输协议。

多画面界面方案:监控客户端提供单画面、4 画面、9 画面、16 画面等多种视频实时显示界面。

(3)监控界面

分组监控:摄像机可划分成站点,对不同的用户分配不同的站点。用户只能监控所分配的摄像机图像。此项功能非常方便系统设置多个分监控中心。针对分监控中心的不同职责,对其用户分配不同的摄像机组和控制权限。

分级监控:根据不同的权限级别进行监控,级别高的可抢先对摄像机进行控制。

摄像机控制功能:可对权限范围内的摄像机进行远程控制,包括镜头上下左右移动、镜头缩放、光圈调整、调焦,对于球机,还可设定预置位,可快速将镜头切换到预先设定的位置,如图 5-81 所示。

图像数字缩放:监控时可对当前的摄像机图像的指定区域进行实时数字缩放显示。

即时重放:实时监控图像的同时,可对同一图像前几秒或几分钟的图像进行重放。这项功能对于视频监控具有非常重要的意义:对于监控人员来说,长时间的视频监控很容易造成视觉疲劳,很可能对监控的图像不能及时做出反应。即时重放功能,通过重放前一时刻发生的图像,能够大大加强监控人员对事件的判断能力。即时重放功能使用技术手段减少了监控人员的人为错误。

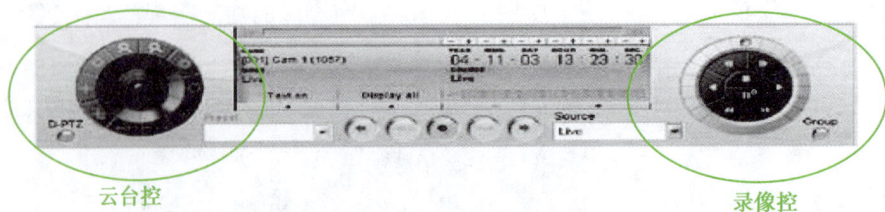

云台控　　　　　　　　　　　　　　　录像控

图 5-81　摄像机控制功能

警报提示:系统中设定的报警事件发生时,在监控界面中弹出相应的摄像图像,并发出警报声音和提示信息。

电子地图:能够提供多级交互式 HTML 电子地图。电子地图可以显示摄像机录像状态、报警器的状态。用户可以在电子地图上打开图像、运行控制命令,如图 5-82 所示。

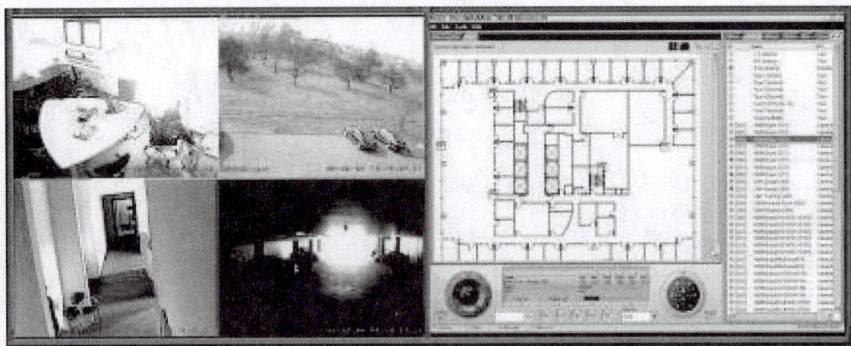

图 5-82　电子地图

(4) 数字虚拟矩阵

Alpha 技术提供数字虚拟矩阵功能,支持统一的系统框架平台,确保系统用户的不同层次级别的操作要求;支持自动的事件场景再现;提供低成本可靠统一的操作平台;支持拖曳摄像机到本地的工作站或模拟监视器的监视窗口,分别查看实时或录像视频;支持模拟监视器的监视画面切换,可以通过外部控制键盘操作。

视频编码器(对应视频矩阵主机的视频输入)、视频解码器(对应视频矩阵主机的视频输出)、DVS 软件(对应矩阵主机的中心处理器)、CCTV 键盘、客户端软件(软件 CCTV 键盘)在逻辑上构成了一个模拟的传统矩阵主机系统,称为"虚拟矩阵"。

虚拟矩阵服务可以完成高端矩阵主机系统的所有功能,而且还没有传统矩阵的各种限制。因为是虚拟的矩阵,所以它可以提供无数量限制的输入和输出。这样使 DVS 成为真正意义上的可升级、可扩展的系统。此外,它也没有地理位置的限制,位于不同地区的视频都可以并入一个虚拟矩阵里。

使用监控键盘,完成摄像机图像到模拟监视器的切换,创建和执行多个摄像机在模拟监视器上的轮巡计划,可设定每个摄像机在监视器上的显示时间和预置位置,后台定时执行模拟监视器屏幕切换计划、计算机客户端画面轮跳、警报联动处理。

(5) 图像记录

图像记录可使用计划、手动、报警 3 种录像方式。每种录像方式可设定不同的录像质量。录像时图像分辨率可达 D1。通过双视频流的特性,录像的图像可与显示的图像具有不同的质量参数。循环存储:系统可设定录像数据保存时间,自动删除过期录像数据。可设定报警前、后录像时间。自动备份录像数据。自动向硬盘、NAS、SAN、磁带备份录像数据。

(6)图像回放

网络上的任意一台计算机都可进行录像查询及回放。用户经过用户名、密码认证后(internet 用户使用因特网登录方式),可获得查询权限。多个用户可同时进行录像查询及回放,并可同时回放同一录像数据。提供多画面图像同时回放功能。图像回放可按摄像机名、时间段、报警事件进行查询,并可抓拍图像或打印图像。可将录像数据转换成其他媒体格式。提供 0.25 信,0.5 信,1 信,2 信,4 信速度回放。DVS 录像查询工具能够将视频记录文件转换成 AVI、ASF 格式,方便录像数据在 DVS 系统之外使用。

(7)报警

移动帧测报警。系统可对摄像机的图像进行分析,检测图像是否发生变化。如有变化,则产生报警事件。系统可对图像设定任意的多个区域为图像检测区域。能够设定报警灵敏度。

视频丢失报警。视频编码器在检测不到视频信号时会产生报警事件。

红外侦测报警。每个视频编码器可接入 1 路红外报警信号。当红外探测器触发时,会产生报警事件。

报警联动。系统中发生的每一个事件都可定义报警联动。

(8)数据恢复

系统突遇停电时,可能会造成录像数据毁坏。DVS 能够时刻记录系统的工作状态,并能够通过分析应用程序日志,把系统恢复到停电前的状态。

(9)视频存储数据加密

录像数据可添加 248 bits 指纹信息(WATERMARKING),防止录像数据被非法篡改,DVS 录像查询工具能够检查录像数据的指纹信息,如果发现文件被篡改能够向用户发出提示信息。

(10)人机界面方案

多画面界面方案,用户可选配置。

(11)特殊功能

①支持模拟矩阵、CCTV 控制键盘、门禁和 POS 系统连接。

②支持后台录像的视频活动检测分析。

③提供传呼机、手机和电子邮件的报警通知形式。

④提供命令化语言编程,可以关联报警事件。

⑤提供安全的 Internet 连接、监视及 PTZ 控制。

(12)超高品质图像质量,超级数字压缩技术

①提供 MEPG-2 工业标准压缩满足最佳视频要求和法律法规的要求。

②提供 MEPG-4 满足低带宽网络和远程应用。

③Alpha 技术代码转换基于 H、264-MPEG-4 Part10(未来的视频压缩标准)提供基于 IP 网络的高品质视频流和移动特性。提供功能强大的 SDK 工具。

④高品质 4CIF 通道解析度。

⑤固定式摄像机的数字缩放及移动。

⑥更加安全可靠：多用户密码或刷卡（可选）防止未经授权的系统存取。专门加密归档技术存储视频保证未经授权用户无法观看视频录像资料。

⑦企业级系统管理。

最新的 VX 管理系统是使用 Alpha 技术进行全面的编码器、解码器、编解码器的数字视频管理系统。

⑧系统支持远程的固件升级。

⑨支持 IP 地址池管理。

⑩提供各个编码器的版权分配。

⑪支持最新的技术更新。

⑫支持 DAS、NAS 及 SAN 多种存储技术，保持 7 ~ 30 d 或更多的存储量。

⑬支持无限的前端摄像机数量、DVS、监视工作站或存储阵列。

⑭模块化设计的 DVS 系统、编码器和存储设备容易管理，维护及扩展、低成本。

⑮通过本地或远程计算机终端配置摄像机、DVS 和存储设备。

⑯自动可变解析度控制能够根据摄像机场景变化自动分配各个摄像机的解析度以节约视频的存储成本。

⑰支持多种 IP 摄像机型号（室内外、球机、PTZ 摄像机）的多种压缩算法（MPEG-2，MEPG-4，MJEPG，H、264），支持主要的产品供应商，例如 AXIS 等。

（13）储存系统特性

①优秀的图形图像品质。

②开放式结构。

③每个 DVS 最多 64 路实时全帧、全解析度音视频流同步录像，整个系统可以管理数以千计的视频流。

④可以管理 PB 存储量。

⑤提供多达 5 种操作：实时监视、回放监视、录像、音视频归档和 PTZ 控制。

⑥每个 DVS 可以处理最多 3 000 帧/s 的录像。

⑦特殊加密的视频格式，可以作为法庭证据。

⑧视频输入的自动防护：自动监测摄像机倾斜、脏污、遮盖和照射。

⑨基于 Web 的远程浏览。

⑩H、264：MEPG-4 Part 10 代码转换。

（四）网管终端控制软件

（1）软件启动

出现如图 5-83、图 5-84 所示界面，输入用户名和密码，单击确定按钮进入主界面。

默认用户和密码：c c

（2）主界面

主界面分为两部分。

站点地图：显示西安地铁 1 号线 1 期工程站点分布图；

站点图标颜色状态有 3 种。

红色：站点报警；

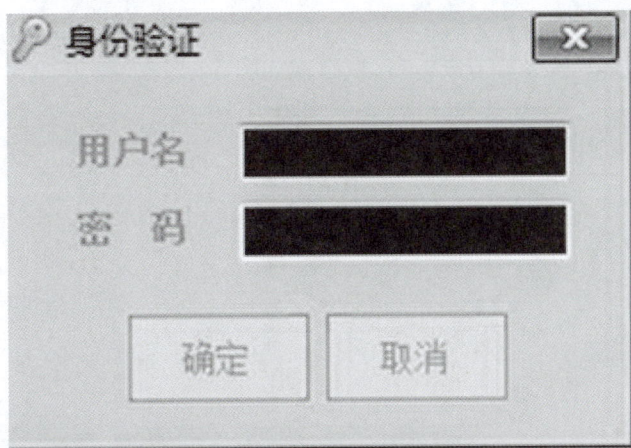

图5-83　软件启动：输入用户名和密码

图5-84　软件启动：进入主界面

黑色：此站点下位机和中心脱管；

绿色：站点工作正常且无告警。

功能图标：包括报警参数设置图标、全局报警统计图标、帮助图标、退出图标，如图5-85所示。

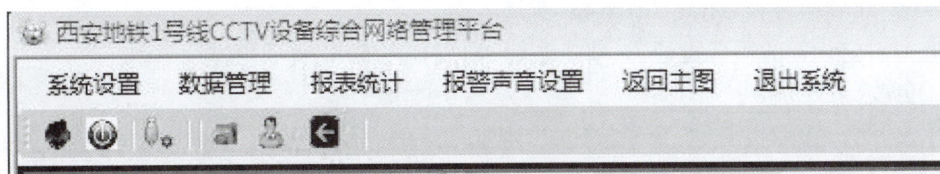

图5-85　主界面功能图标

（3）功能操作

在主界面的站点图标上单击鼠标右键，出现如图 5-86 所示菜单。

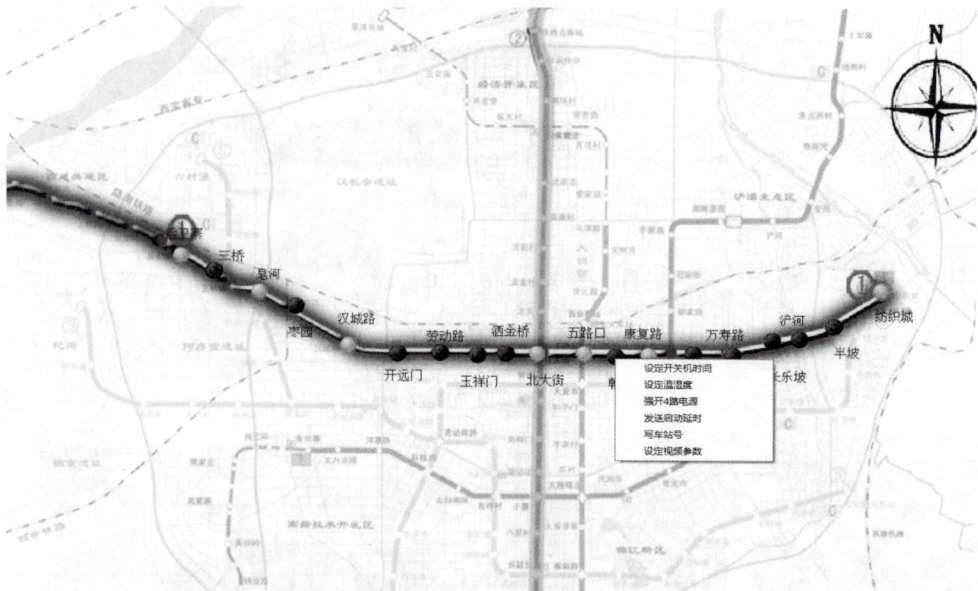

图 5-86　功能操作

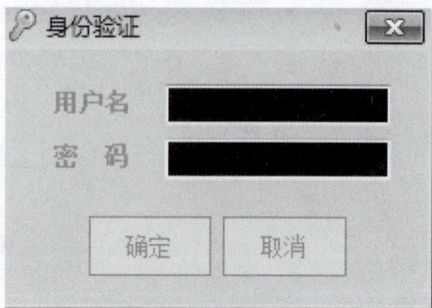

图 5-87　身份验证界面

1）右键菜单功能

发送启动延时：

左键单击发送启动延时菜单按钮即可出现如图 5-87 所示身份验证界面。

输入用户名和密码，用左键单击"确定"按钮进入操作电源延时设置界面，如图 5-88 所示。

2）按钮功能

单击"全部相同"按钮，单击"下发延时启动设置"按钮，将所有站点"启动延时"和"允许校时"参数设置成相同值；

单击"全选"按钮，所有站点全部选中；

单击"清除"按钮，取消所有选中的站点；

单击"刷新数据"按钮，将重新获得各个站点的"启动延时"和"允许校时"参数值。

3）摄像机布局

单击"布置摄像机"出现如图 5-89 所示界面。

选中需要设置的摄像机通道，双击左键，出现如图 5-90 所示操作菜单。

①更改摄像机名称

单击"更改摄像机名称"菜单按钮，出现如图 5-91 所示界面。在输入框内输入摄像机名称，单击"更新数据"按钮，更改摄像机名称。

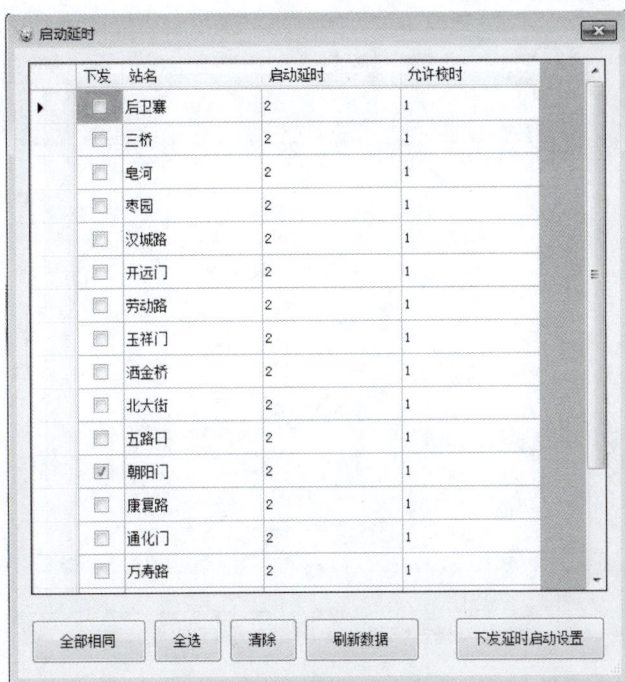

图 5-88　操作电源延时设置界面

图 5-89　摄像机布局

②使用该通道

双击"模拟是否显示"菜单按钮,开始启用该摄像机(把方框中的值改为"1"),单击"更新数据"按钮,如图 5-92 所示。

图 5-90　选中需要设置的摄像机通道

图 5-91　更改摄像机名称

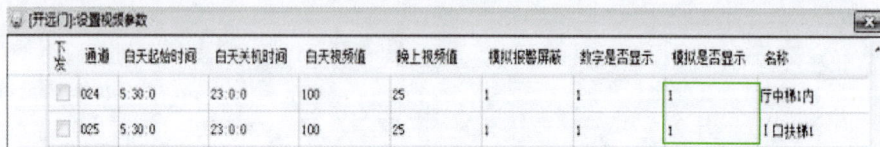

图 5-92　开始启用该摄像机

③屏蔽该通道

单击"模拟是否显示道"菜单按钮,停止使用该摄像机(把方框中的值改为"0"),单击"更新数据"按钮。

④本站报警统计分析

单击"本站报警统计分析"菜单按钮查看当前选中站点内各通道报警统计信息,界面如图5-93所示。

4)全线报警统计分析

单击"全线报警统计分析"菜单按钮查看全线各个站点报警统计信息,界面如图 5-94所示。

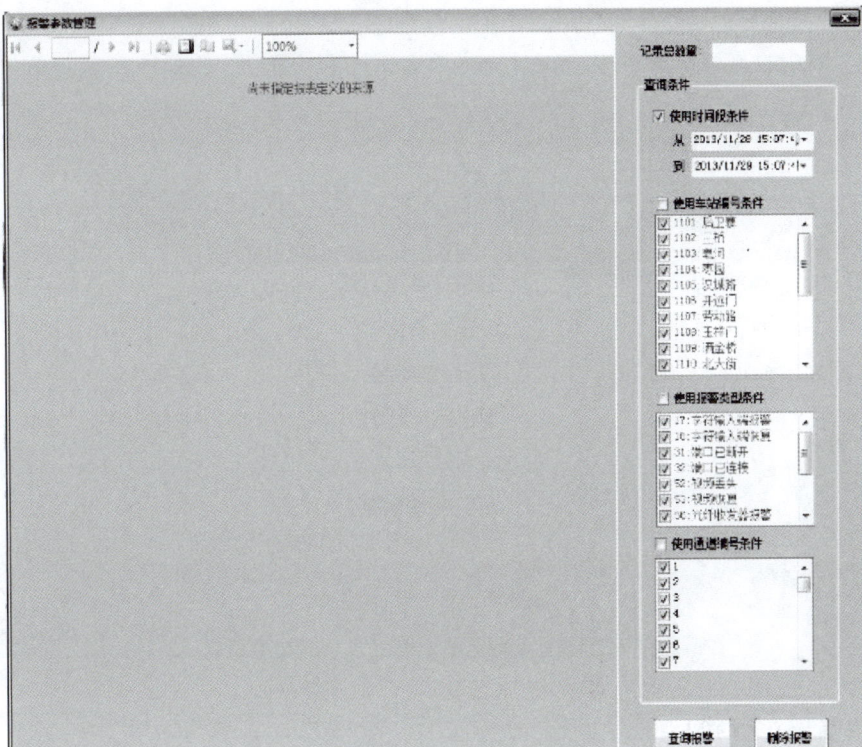

图 5-93　本站报警统计分析

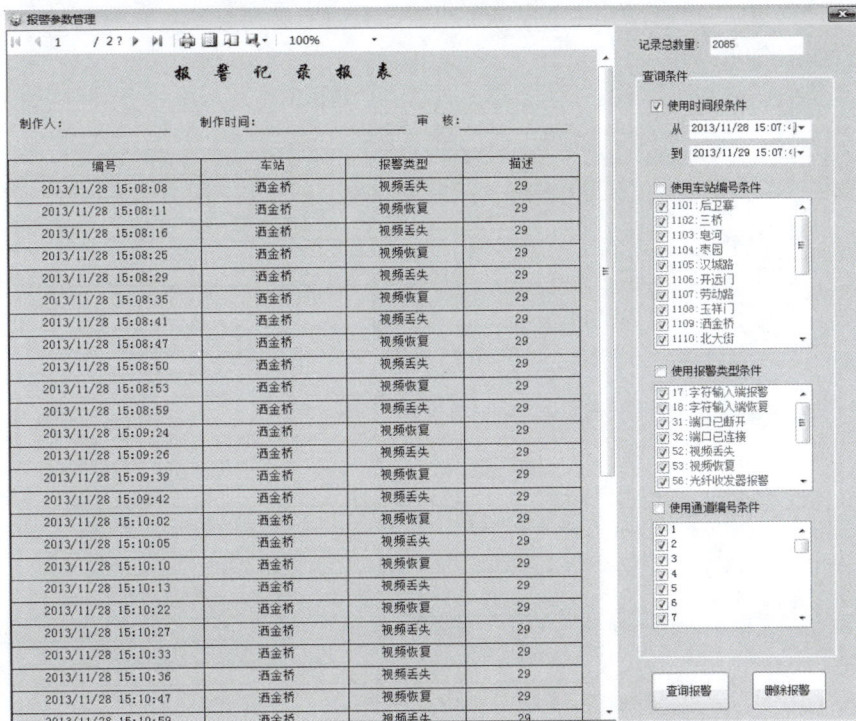

图 5-94　全线各个站点报警统计信息

①站点右键所有功能

描述:该功能菜单比站点未运行时的菜单多出许多功能,如图 5-95 所示菜单:

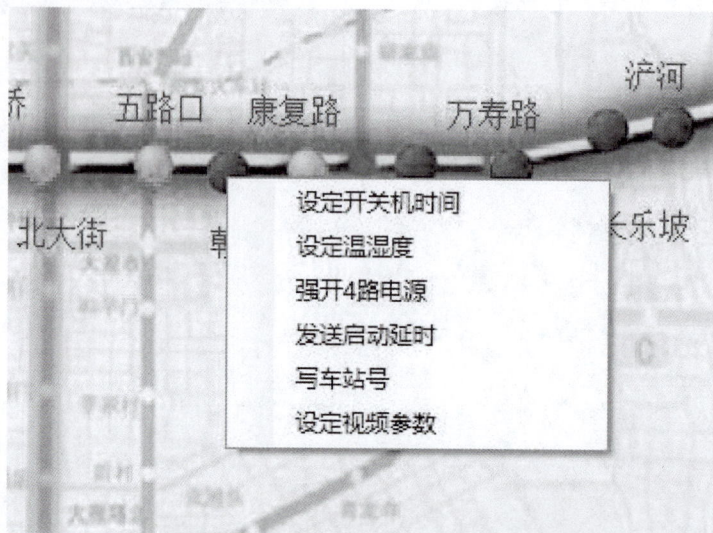

设定开关机时间
设定温湿度
强开4路电源
发送启动延时
写车站号
设定视频参数

图 5-95　全线报警统计分析站点右键菜单功能

功能:

A.下传开关机时间

按钮功能:

单击"全部相同"按钮,单击"下发开关机时间"按钮,将所有站点开关机时间参数设置成相同值,如图 5-96 所示。

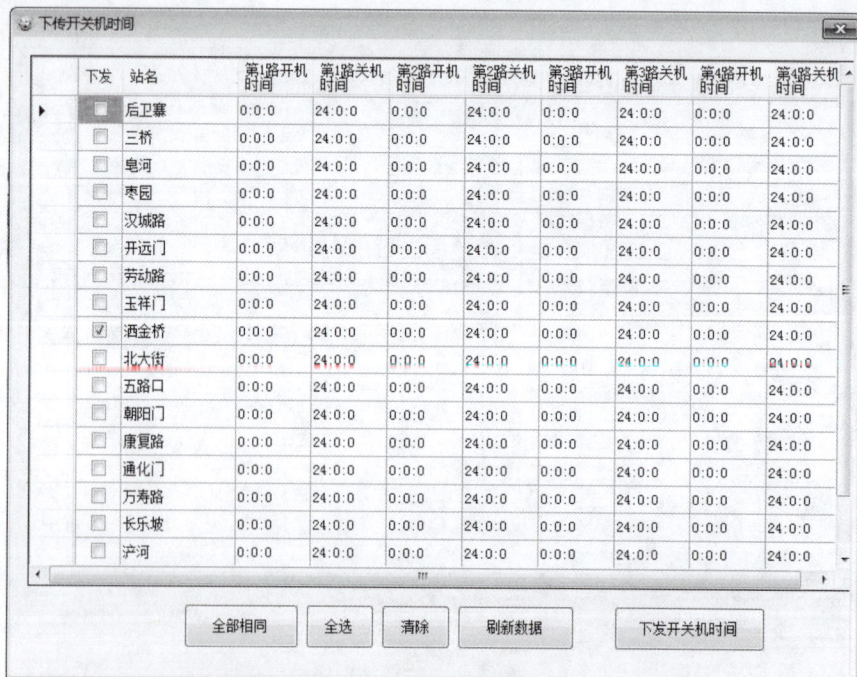

下发	站名	第1路开机时间	第1路关机时间	第2路开机时间	第2路关机时间	第3路开机时间	第3路关机时间	第4路开机时间	第4路关机时间
☐	后卫寨	0:0:0	24:0:0	0:0:0	24:0:0	0:0:0	24:0:0	0:0:0	24:0:0
☐	三桥	0:0:0	24:0:0	0:0:0	24:0:0	0:0:0	24:0:0	0:0:0	24:0:0
☐	皂河	0:0:0	24:0:0	0:0:0	24:0:0	0:0:0	24:0:0	0:0:0	24:0:0
☐	枣园	0:0:0	24:0:0	0:0:0	24:0:0	0:0:0	24:0:0	0:0:0	24:0:0
☐	汉城路	0:0:0	24:0:0	0:0:0	24:0:0	0:0:0	24:0:0	0:0:0	24:0:0
☐	开远门	0:0:0	24:0:0	0:0:0	24:0:0	0:0:0	24:0:0	0:0:0	24:0:0
☐	劳动路	0:0:0	24:0:0	0:0:0	24:0:0	0:0:0	24:0:0	0:0:0	24:0:0
☐	玉祥门	0:0:0	24:0:0	0:0:0	24:0:0	0:0:0	24:0:0	0:0:0	24:0:0
☑	洒金桥	0:0:0	24:0:0	0:0:0	24:0:0	0:0:0	24:0:0	0:0:0	24:0:0
☐	北大街	0:0:0	24:0:0	0:0:0	24:0:0	0:0:0	24:0:0	0:0:0	24:0:0
☐	五路口	0:0:0	24:0:0	0:0:0	24:0:0	0:0:0	24:0:0	0:0:0	24:0:0
☐	朝阳门	0:0:0	24:0:0	0:0:0	24:0:0	0:0:0	24:0:0	0:0:0	24:0:0
☐	康复路	0:0:0	24:0:0	0:0:0	24:0:0	0:0:0	24:0:0	0:0:0	24:0:0
☐	通化门	0:0:0	24:0:0	0:0:0	24:0:0	0:0:0	24:0:0	0:0:0	24:0:0
☐	万寿路	0:0:0	24:0:0	0:0:0	24:0:0	0:0:0	24:0:0	0:0:0	24:0:0
☐	长乐坡	0:0:0	24:0:0	0:0:0	24:0:0	0:0:0	24:0:0	0:0:0	24:0:0
☐	浐河	0:0:0	24:0:0	0:0:0	24:0:0	0:0:0	24:0:0	0:0:0	24:0:0

全部相同　全选　清除　刷新数据　下发开关机时间

图 5-96　下传开关机时间设置

单击"全选"按钮,所有站点全部选中;

单击"清除"按钮,取消所有选中的站点;

单击"刷新数据"按钮,将重新获得各个站点的开关机参数值;

B. 强开 4 路电源

单击"强开 4 路电源"菜单按钮,出现如图 5-97 所示对话框。

单击"确定"按钮,输入身份验证账号和密码后开启 4 路电源。

C. 写车站号

单击"写车站号"菜单按钮,出现如图 5-98 所示对话框。

单击"确定"按钮,输入身份验证账号和密码后开始写车站号。

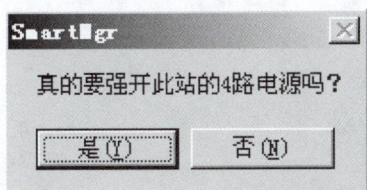

图 5-97 强开 4 路电源对话框   图 5-98 写车站号

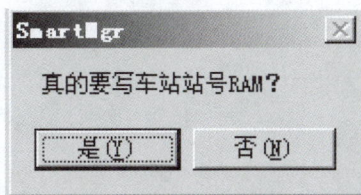

D. 视频设定

单击"视频设定"菜单按钮,出现身份验证对话框,经过身份验证后出现如图 5-99 所示对话框。

下发	通道	白天起始时间	白天关机时间	白天视频值	晚上视频值	模拟报警屏蔽	数字是否显示	模拟是否显示	名称
☐	024	5:30:0	23:0:0	100	25	1	1	1	厅中梯1内
☐	025	5:30:0	23:0:0	100	25	1	1	1	I口扶梯1
☐	026	5:30:0	23:0:0	100	25	1	1	1	I口扶梯2
☐	027	5:30:0	23:0:0	100	25	1	1	1	II口扶梯1
☐	028	5:30:0	23:0:0	100	25	1	1	1	II口扶梯2
☐	029	5:30:0	23:0:0	100	25	1	1	1	III口扶梯1
☐	030	5:30:0	23:0:0	100	25	1	1	1	III口扶梯2
☐	031	5:30:0	23:0:0	100	25	1	1	1	IV口扶梯1
☐	032	5:30:0	23:0:0	100	25	1	1	1	IV口扶梯2
☐	033	5:30:0	23:0:0	100	25	1	1	1	IV口电梯
☐	034	5:30:0	23:0:0	100	25	1	1	1	车控室
☐	035	5:30:0	23:0:0	100	25	1	1	1	站台西扶梯
☐	036	5:30:0	23:0:0	100	25	1	1	1	站台东扶梯
☐	037	5:0:0	24:0:0	0	0	0	0	0	厅西扶1
☐	038	5:0:0	24:0:0	0	0	0	0	0	厅西扶2

开始行 1
结束行 20

选中   清除   数据相网   更新数据   刷新数据   下发视频设定值

图 5-99 视频设定

按钮功能:

单击"全部相同"按钮,单击"下发视频设定值"按钮,将所有站点视频设定参数设置成相同值;

单击"全选"按钮,所有站点全部选中;

单击"清除"按钮,取消所有选中的站点;

单击"刷新"数据按钮,将重新获得各个站点的视频设定参数值。

(五)站点功能

描述:在站点图标为红色或绿色时,左键单击站点图标,进入站点视频交换机信息查看界面,界面如图 5-100 所示。

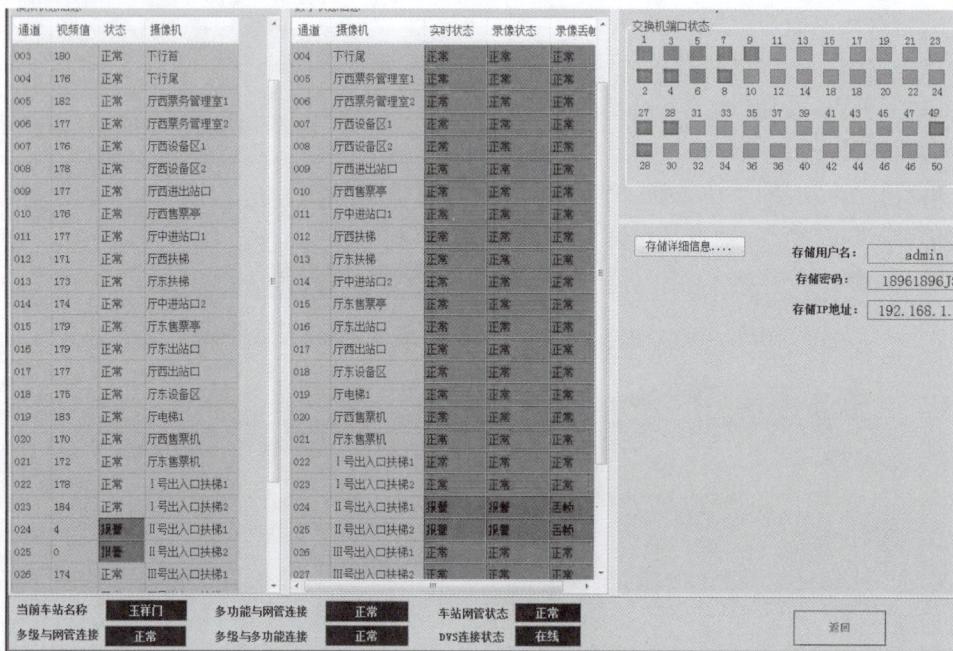

图 5-100 所示界面为站点视频交换机信息查看界面,包含左侧模拟视频状态信息表、中间数字视频状态信息表、右侧交换机端口及存储状态。

当前车站名称:王祥门　多功能与网管连接:正常　车站网管状态:正常
多级与网管连接:正常　多级与多功能连接:正常　DVS连接状态:在线

存储用户名:admin
存储密码:18961896J
存储IP地址:192.168.1.

图 5-100　站点视频交换机信息查看

界面分布:

左边:模拟视频状态信息;

中间:数字视频状态信息;

右边:右边交换机端口、存储状态;

下面:当前站点名称、各设备之间连接信息及服务器引擎是否在线等信息。

5.5.2　视频监控系统服务器安装与维护

(一)BIOS 的设置

BIOS 是基本输入输出系统的缩写。在进入 Windows 等操作系统前对硬件进行基本的管理,通过 BIOS 的升级和设置可以解决很多硬件兼容性问题。每一个设置页面菜单包含有一些特性,除了那些只给出信息提示的以外,每一个特性都有一个包含可选参数的值域,根据安全设置,这些参数可以改动。如果某个参数因为安全权限的原因(或者其他原因)不可修改,那么这个特性的值域就是不可选的。

在屏幕的最底部提供了设置程序里要用到的命令说明。

开机后进入如表 5-37 所示的界面提示后按 < F2 > 进入 BIOS 设置。

表 5-37　Bios 设置步骤

"Press ＜ESC＞ to view diagnostic messages

Press ＜F2＞ to enter SETUP, ＜F12＞ Network Boot"

键盘命令说明表 ＜Enter＞	执行命令：当选择的特性是一个子菜单时进入子菜单，当选择的特性是一个值域时进入选项列表，或从多值域(如时间和日期)中的一个子域进入另一个子域，在选项列表显示出来的时候，按回车键会退出列表进入子菜单
＜ESC＞	退出：＜ESC＞键提供了在任何窗口下的退出机制，会取消回车键的执行。不管是在选择值还是正在选择菜单，按＜ESC＞都会重新进入子菜单。在任何一个主菜单页面按下＜ESC＞键，都会显示退出/确认窗口，确认是否不保存所做的更改就退出
＜↑＞,＜↓＞	选择列表项目：在菜单条目选项列表或值域选择列表中的项目中移动，按回车键完成选择
＜←＞,＜→＞	切换：左、右键用来在主菜单页面之间进行切换，在子菜单或选择列表中左、右键是不起作用的
Tab	选择：用于不同文件之间的选择，例如 Tab 键可以从小时项转到分钟项
＜－＞,＜＋＞	改变值的大小：用来改变当前值的大小，在不显示全部值列表的情况下，滚动显示可选值
＜F9＞	默认设置：按＜F9＞出现下面的弹出窗口： Setup Confirmation Load default configuration now? ［Yes］［No］ 如果选"Yes"并回车，BIOS 设置会被设为默认值并退出 BIOS，系统重新启动。如果选"No"并回车，将返回按＜F9＞前的 BIOS 设置窗口，对现在的设置没有任何影响
＜F10＞	保存并退出：按＜F10＞出现下面的弹出窗口。 Setup Confirmation Save Configuration changes and exit now? ［Yes］［No］ 如果选"Yes"并回车，将保存对 BIOS 设置所做的更改并退出。如果选"No"并回车，将返回按＜F10＞前的窗口，对现在的设置没有任何影响。

根目录菜单说明，如表 5-38 所示。

表 5-38　根目录菜单说明

Main	为硬件组件配置资源
Advanced	配置芯片组高级特性
Security	安全性设置
Server Management	服务管理
Boot Options	设定启动顺序
Boot Manager	快速从指定设备启动
Error Manger	错误信息报告
Exit	保存/放弃对设置程序修改

（1）Main 菜单说明

Logged in as Admin.

BIOS Version：BIOS 版本号。

BIOS Build Date：BIOS 版本发布日期。

Platform ID：S5000VSA。

Processor：处理器信息。

Total Memory：内存总量。

Quiet Boot：默认为［Disabled］，若设为 Enabled，系统启动时将显示 Logo 画面；若为 Disabled，系统启动时将显示 BIOS POST 信息。

POST. Error Pause：默认为［Disabled］；若设为 Enabled，系统将等待用户干预后跳过重要的 POST 错误启动；若设为 Disabled，无论是否有 POST 错误，系统都将直接启动。

System Date：设置系统日期，格式为 MM/DD/YYYY（月/天/年）。MM 的取值范围为 1～12，DD 的取值范围为 1～31，YY 的取值范围为 1998～2099。

System Time：设置系统时间，格式为 HH：MM：SS（小时：分钟：秒）。HH 的取值范围为 0～23，MM 的取值范围为 0～59，SS 的取值范围为 0～59。

（2）Advanced 菜单

Processor 子菜单：查看/配置 CPU 信息和设置。

Core Frequency：核心频率。

System BIOS Frequency：系统 BIOS 时钟频率。

HyperThreading Technology：默认为［Enabled］，开启或关闭 Intel 超线程。

Enhanced SpeedStep Technology：默认为［Enabled］，开启或关闭 Intel SpeepStep。请联系操作系统供应商确定该系统是否支持。

SpeedStep Dual Core：默认为［Enabled］，开启或关闭双核应用。若设置为 Disabled，超线程技术将被自动禁用。

Virtulization Technology：默认为［Disabled］，若设为 Enabled，虚拟机监视器 VMM 使用 Intel VT 技术提供的硬件指令加强对虚拟系统的支持。请注意在设置生效前，重新加载 AC 电源。

Execute Disbit Bit：默认为［Enabled］，开启或关闭处理器 Execute Disbit Bit 功能。此功能可以通过防止恶意软件执行代码来实现对数据的保护。

Hardware Prefetcher：默认为［Enabled］，开启或关闭在处理器中的特定硬件预处理单位。改变此设置将影响系统性能。

Adjacent Cache Line Prefetch：默认为［Enabled］，若设置为 Enabled，Cache line 将被成对取出；若设置为 Disabled，仅有当前的 Cache line 被取出。改变此设置可能影响系统性能。

Processor Re-Test：默认为［Disabled］，若设置为 Enabled，所有的处理器将在下次系统启动时进行激活和重新检测。此选项将在系统再一次启动时自动设置为 Disabled。

（3）Processor 1 Information 子菜单

Processor 1 Family：Genuine Intel（R）CPU。

Maximum Frequency：时钟频率。

L2 Cache RAM：双核 CPU 均为 4 MB。

Processor Stepping。

CPU Register。

Processor 2 Information 子菜单。

同 Processor 1 Information 子菜单。

（4）Memory 子菜单

Total Memory：内存总量。

Effective Memory：有效内存总量。

Current Configuration：Maximum Performance Mode 最高性能模式 DIMM Information 显示 DIMMA1-DIMMA4，DIMMB1-DIMMB4 的内存信息。

（5）ATA 子菜单

OnBoard PATA Controller：默认为［enabled］，开启或关闭板载 PATA 控制器。

OnBoard SATA Controller：默认为［enabled］，开启或关闭板载 SATA 控制器。

SATA Mode：默认为［enabled］，设置 SATA 模式（Legacy 模式和 Enhanced 模式）。

Configure SATA as RAID：默认为［enabled］，开启 Intel 631xESB/632xESB ICH 的 RAID 功能选项。

Primary IDE master：主 IDE 设备状态。

Primary IDE slave：从 IDE 设备状态。

（6）Serial Port 子菜单

Serial A Enabled：默认为［enabled］，开启或关闭串口 A。

Address：默认为［3F8］，选择串口 A 的基本 I/O 地址。

IRQ：默认为［4］，选择串口 A 的中断号。

（7）USB 子菜单

USB Device Enabled：列出检测到可用的 USB 设备。

USB Controller：默认为［enabled］，若设置为 disabled，所有的 USB 控制器将被关闭，且操作系统不能访问。

Legacy USB Support：默认为［enabled］，开启继承 Legacy 支持模式，Auto 选项在没有 USB 设备连接的情况下将自动禁用 Legacy 支持。

Port 60/64 Emulation：默认为［enabled］，开启旧版本操作系统对 USB 键盘的支持。

Device Reset Timeout：默认为［20 sec］，USB 存储设备开始工作的超时时间设置。

USB 2.0 Controller：默认为［enabled］，若设置为 Disabled，USB 2.0 模式将被禁用，设备将在 USB 1.1 模式下运行。

（8）PCI 子菜单

PCI Memory Mapped I/O Space：此条目设置当 PCI 地址空间低于 4 GB 时保留的内存数量。具体请参考相关技术文档。

OnBoard Video：默认为［Enabled］，开启或关闭视频控制器。当 Dual Monitor Vider 启用时，此选项必须设置为 enabled。

ual Monitor Vider：默认为［Disabled］，若设置为 Enabled，将允许板载显卡和外插显卡联合使用，其中板载显卡被设置为 Primary。

OnBoard NIC ROM：默认为［enabled］，开启或关闭板载网卡 ROM。若设置为 Disabled，网卡1和网卡2不能用来启动系统。

I/O Module NIC ROM：默认为［disabled］，开启或关闭板载网卡 I/O 模块的 ROM。

NIC1 MAC Address：网卡1的 MAC 地址。

NIC2 MAC Address：网卡2的 MAC 地址。

IO Acceleration Technology：默认为［enabled］，开启或关闭 IOAT。

（9）System Acoustic And Performance Configuration 子菜单。

Set fan profile［performance］：设定风扇控制模式。

Altitude［301m－900m］：根据服务器所处海拔高度选择最优性能运行模式。

Server Management：

Console Redirection：选择控制台重定向的串口。

System Information：包含以下主板和平台信息。

Board Part Number

Board Serial Number

System Part Number

Chassis Part Number

Chassis Serial Number

BMC Firmware Revision

HSB Firmware Revision

SDR Revision

UUID

（10）Security 菜单

Admin Password：设置管理员口令（最大长度为7个字符）。User Password 必须在 Admin Password 设置后设置。

User Password：设置用户口令。

Front Panel Lockout：若设置为 enabled，前面板的电源开关和重启功能将被锁定。这些被锁定的功能只能通过系统管理接口来控制运行。

（11）Server Mangement 菜单

Assert NMI on SERR：默认为［Enabled］，若设置为 Enable，PCI 总线系统错误（SERR，System errors）会生成系统 NMI。

Assert NMI ON PERR：默认为［Enabled］，若设置为 Enable，PCI 总线奇偶校验错误（PERR，Parity errors）会生成系统 NMI。

Resume on AC Power Loss：默认为［Stay off］，系统断电后再次通电时不开机。

Clear System Event Log：默认为［Disabled］，清空系统日志文件。

FRB-2 Enable：默认为［Enable］，在发生了 FRB-2 错误以后，禁止故障 CPU 的设置。

Watchdog 超时控制设置：继续、重启、关机。

O/S Boot Watchdog Timer［Disabled］。

O/S Boot Watchdog Timer Policy［Power off］。

O/S Boot Watchdoy Timer Timeout［10 minutes］。

（12）Boot Options 菜单

Boot Time Out：默认为［10］，设置系统启动前默认的超时时间（s）。若设置为 65535，将完全禁止超时设置。

Boot Option：设置启动顺序。

Network Device Order：设置网卡设备启动顺序。

（13）Boot Manager 菜单

使用指定的条目启动系统。

Error Manager 菜单。

显示错误信息。

Exit 菜单。

Save Changes and Exit：保存更改并退出。

Discard Changes and Exit：不保存更改并退出。

Save Changes；保存更改设置。

Discard Changes：不保存更改设置。

Restore Defaults F9：按 F9 恢复默认设置。

Save as User Default Values：作为用户默认设置保存。

（二）RAID 1、RAID 5 制作

①开机过程中按＜ESC＞进入诊断信息。

②按照图 5-101 提示信息，按＜Ctrl＞+＜E＞的组合键进入 RAID 设置。

③出现创建 RAID 主菜单，进入 Disk Array Management，可以创建磁盘阵列。

用方向键选择"Create Disk Array"，按"Enter"键进入，如图 5-101 所示。

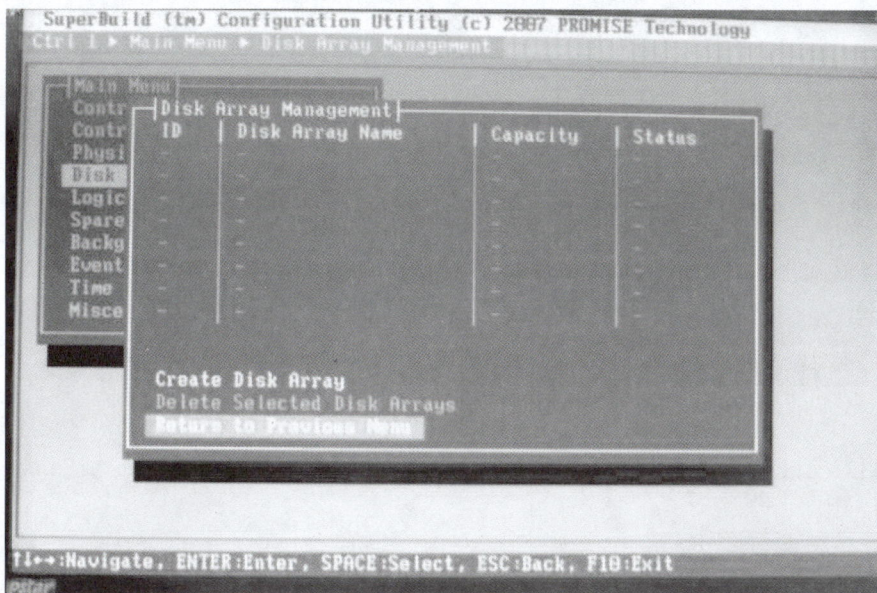

图 5-101　创建 RATD 主菜单

④选择"Disk Array Name"，按"Enter"键后，为阵列命名，如图 5-102 所示。

例如这里命名为"RAID5"，如图 5-103 所示。

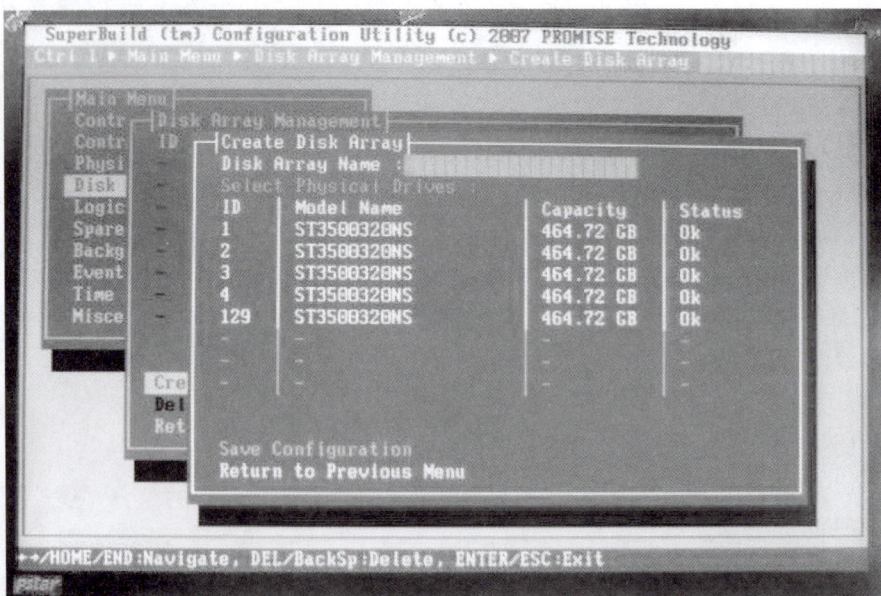

图 5-102 为磁盘阵列命名

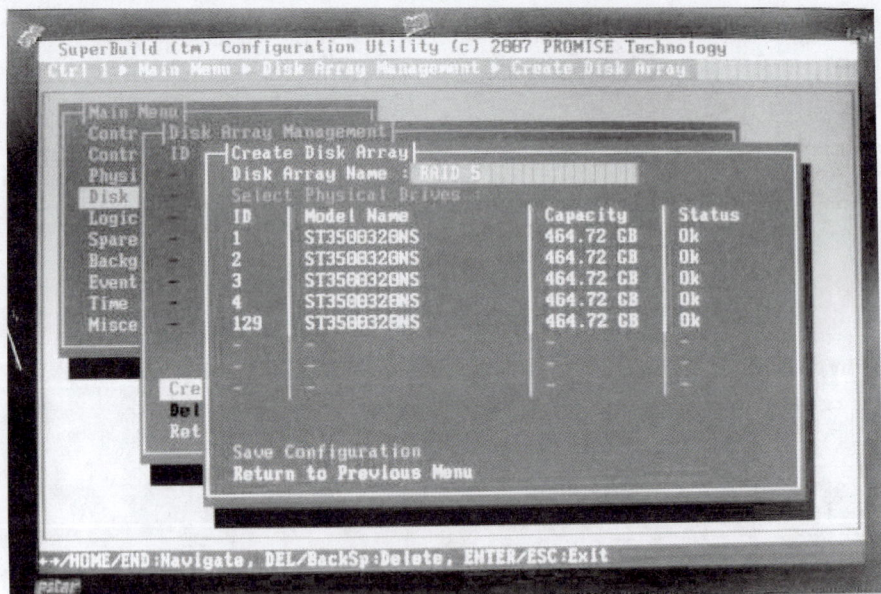

图 5-103 命名为"RAID5"

⑤用方向键将亮度条移动至需要做阵列的各个硬盘位置,按"Space"或"Enter"键选定,如图 5-104 所示。

选定的硬盘会变成黄色,ID 号前会有个"*",选定完毕后将亮度条移动至"Save Configuration",按"Enter"键保存配置,如图 5-105 所示。

⑥保存完毕后会返回到 Disk Array Management 界面,显示阵列信息。如果还有多余硬盘需要做阵列,可继续选择"Create Disk Array",重复上述动作做另一组阵列,如图5-106所示。

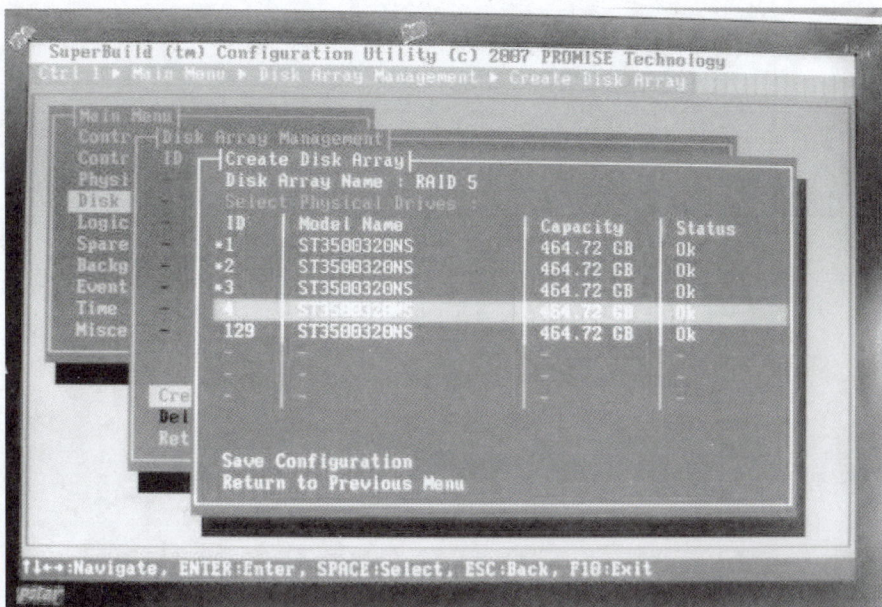

图 5-104　选中需要做阵列的各个硬盘位置

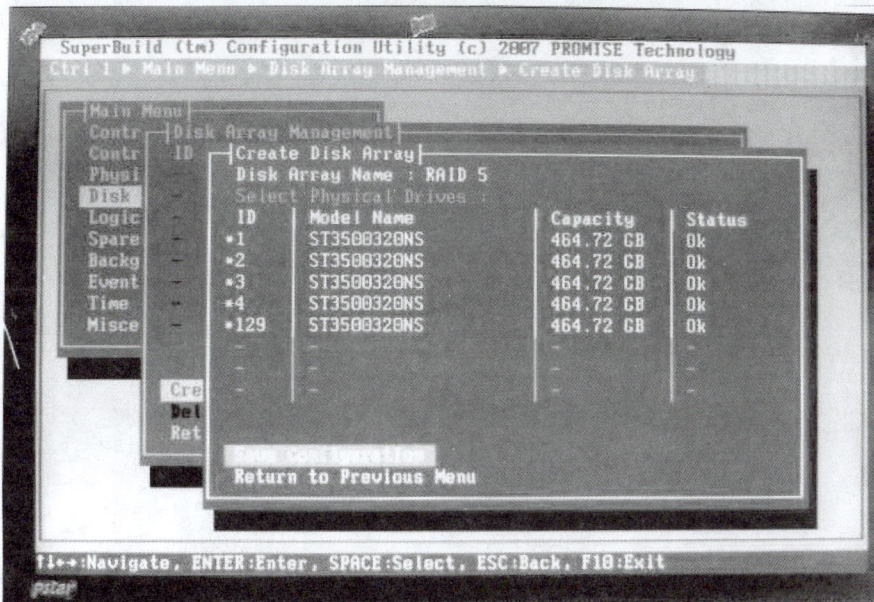

图 5-105　保存设置

⑦如果要删除以前做的阵列,用 < Space: > 选择要删除的阵列后,选择"Delete Select-ed Disk Array"即可。注意:删除阵列,该阵列下的所有逻辑磁盘同时也会被删除,数据会丢失,如图 5-107 所示。

⑧进入 Logic Drive Management,可以创建逻辑磁盘。选择"Create Logical Drive"按 < Enter > 进入,如图 5-108 所示。

用 < Space > 或 < Enter > 选择要创建逻辑盘的阵列,选定后的阵列颜色变黄,ID 号前会多个" ＊ ",如图 5-109 所示。

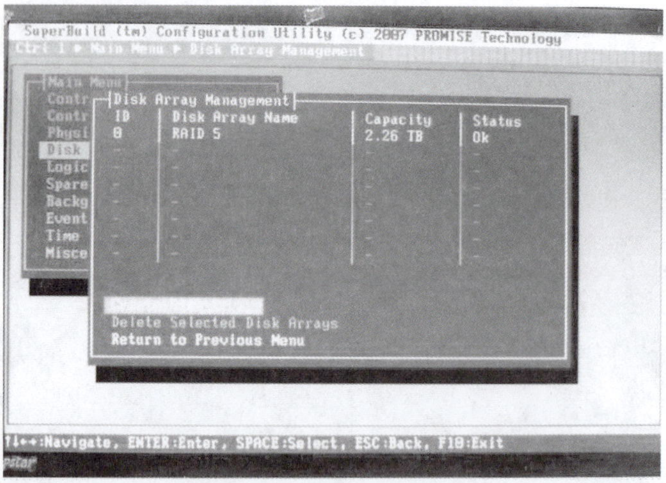

图 5-106　做另一组阵列

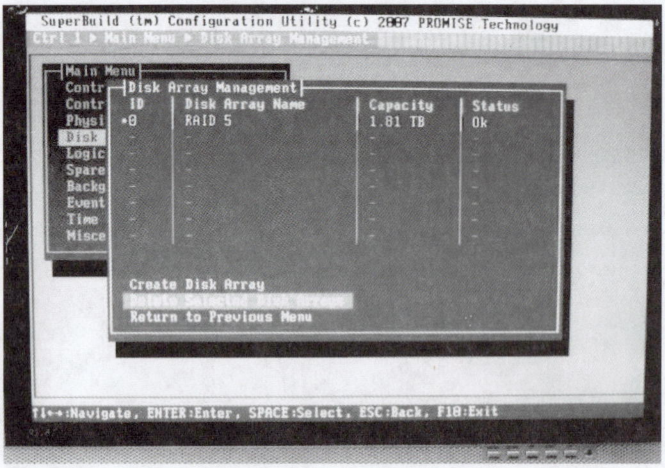

图 5-107　删除阵列

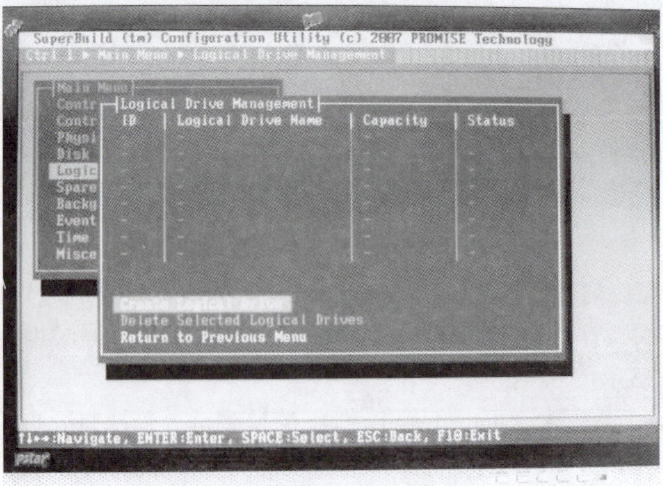

图 5-108　创建逻辑磁盘

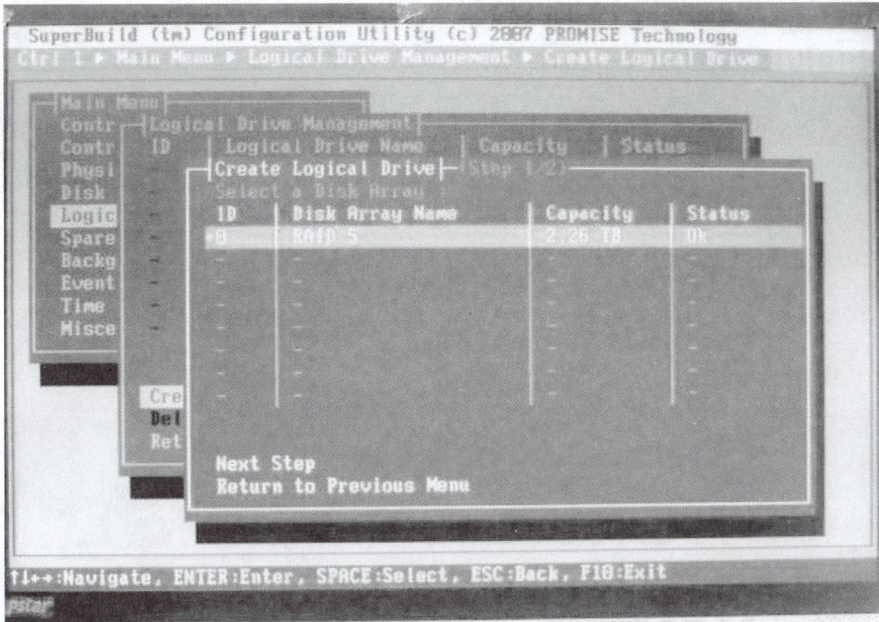

图 5-109　选择要创建逻辑盘的阵列

将亮度条移至"Next Step"，按 < Enter > 进入 RAID 配置界面。

将亮度条移至"Logic Drive Name"处，按 < Enter > 后，为将要建立的逻辑盘命名，一般按照 RAID 级别命名，如图 5-110 所示。

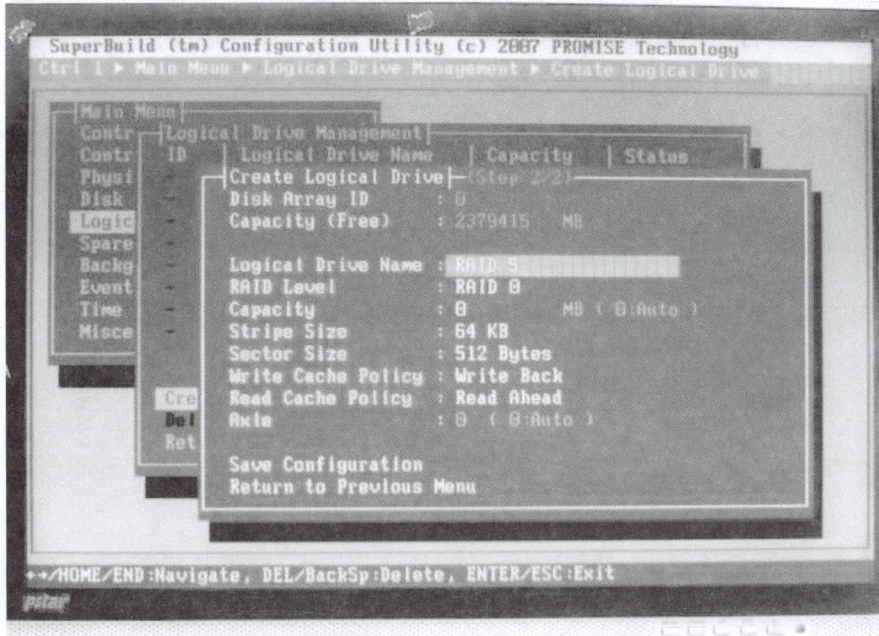

图 5-110　为将要建立的逻辑盘命名

选择 RAID 级别，EX8650 支持 RAID 0、RAID 1E、RAID 5. RAID6，如图 5-111 所示。

⑨选择"Capacity"可为逻辑磁盘配置容量大小，"0"表示所有能用到的容量。"Stripe

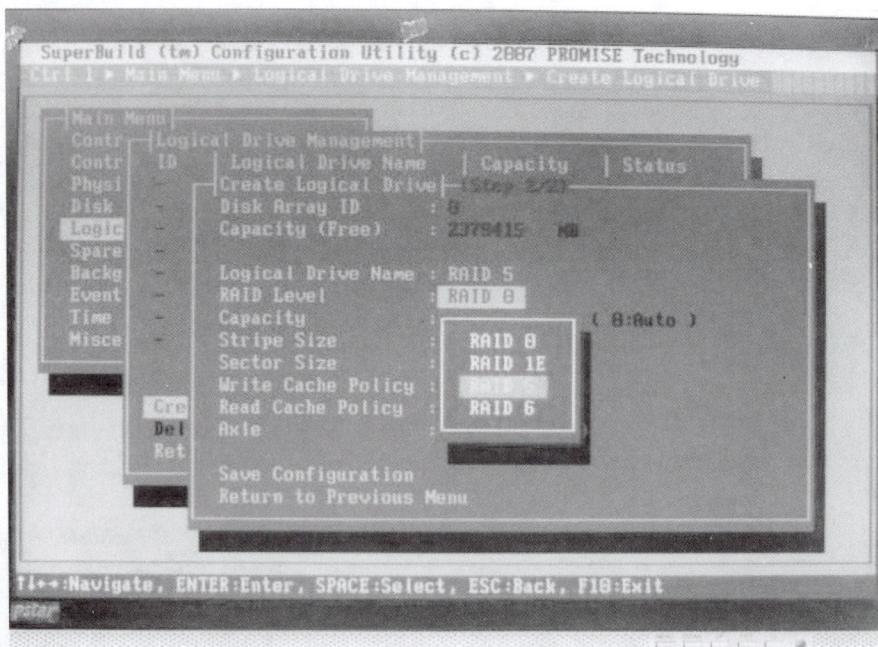

图 5-111　选择 RAID 级别

Size"和"Sector Size"可以根据需要选择，一般默认即可。配置完毕后选择"Save Configuration"，按＜Enter＞保存，如图 5-112 所示。

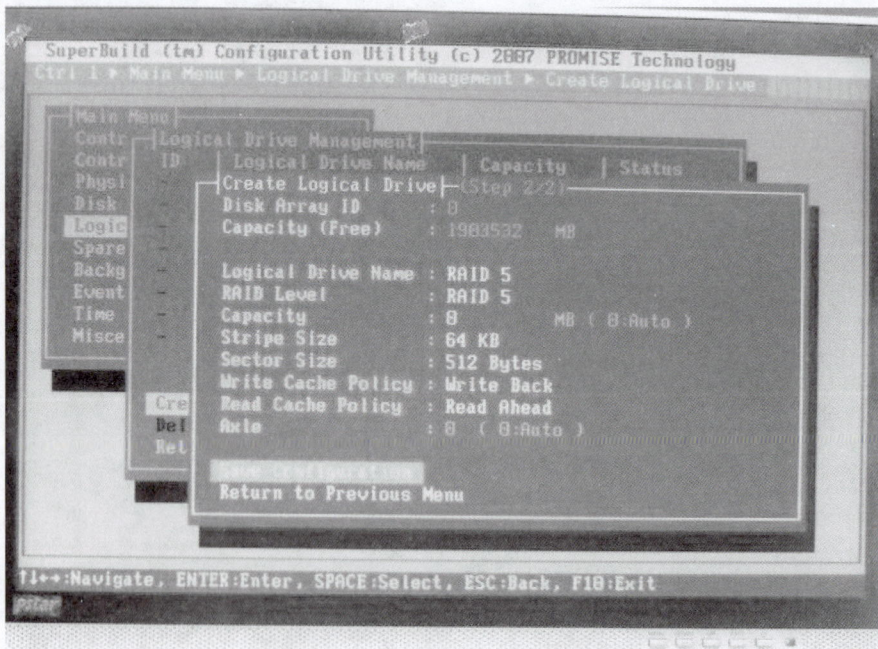

图 5-112　为逻辑盘配置容量大小

保存完毕后返回到 Logical Drive Management 界面，显示所做 RAID 信息。逻辑磁盘开始同步，如图 5-113 所示。

RAID 做完后会自动同步，如图 5-114 所示。

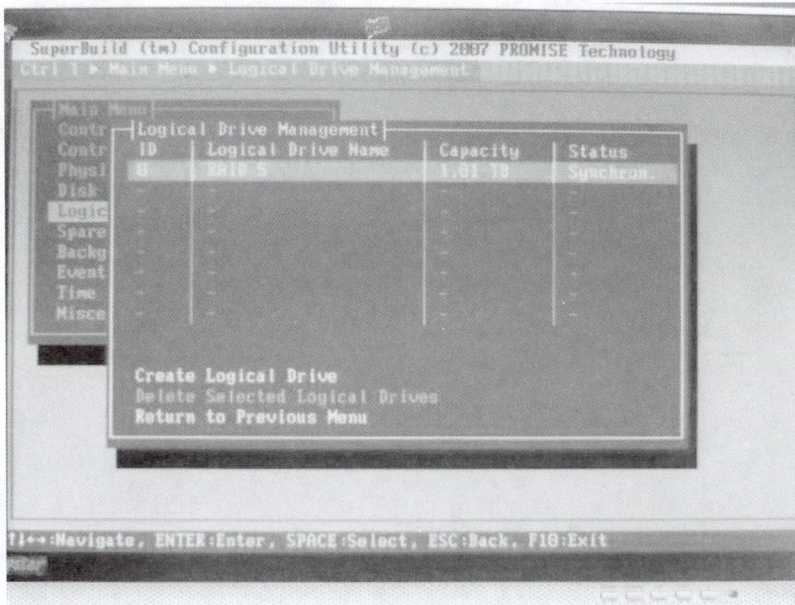

图 5-113　显示所做 RAID 信息

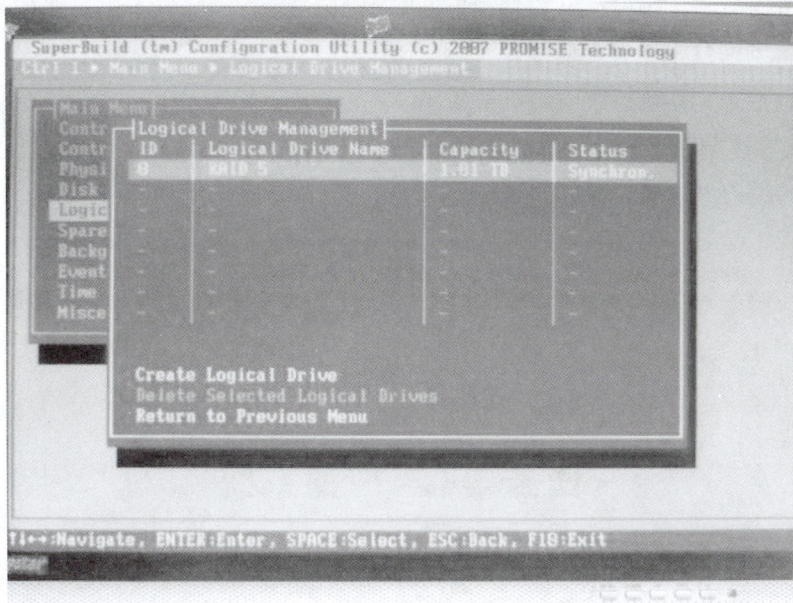

图 5-114　RAID 做完后自动同步

5.5.3　视频监控设备常见故障及处理措施

(一)机柜所有设备不能启动

如图 5-115 所示。

可能出现的情况:UPS 没有提供电源、网管程序没有运行、电源机箱故障。

处理流程:首先检查市电是否加到空开的上端;若网管机箱电源指示灯亮,重新启动

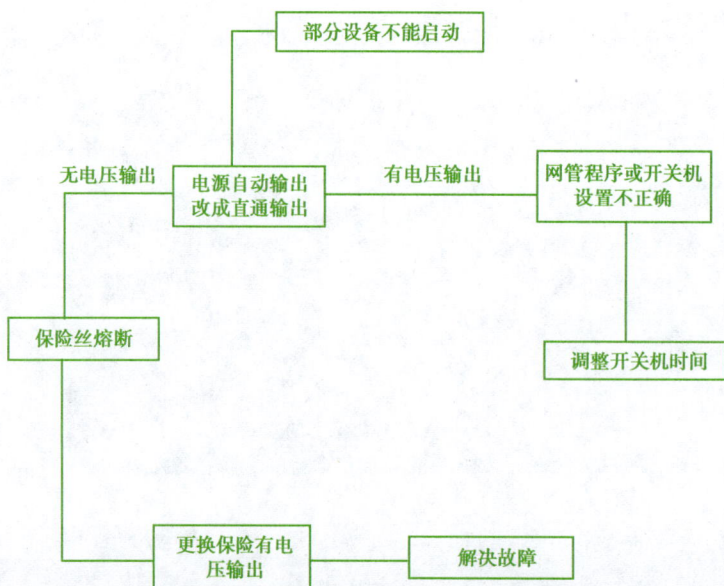

图 5-115　机柜设备不能启动的处理措施

网管,是否能听到 4 次继电器的吸合声(也可用万用表测量有无电压)。若不能听到继电器的吸合声,则网管程序没有运行,需要重新灌程序(网管最终程序提供维护组)。若听到继电器的吸合声,则需要检查电源机箱的保险是否熔断。

(二)数字终端频繁出现黑屏现象

可能出现的情况:系统软件问题。

处理流程:先对现有的软件进行测试,开启日志功能,等待黑屏现象出现后,停抓日志,并且分析日志,待研发人员对软件打补丁之后,对现使用设备软件进行升级,重启服务器,故障恢复。

任务 5.6　广播系统

5.6.1　广播系统音频加载

(一)广播系统音频的下发

本广播系统具有二级控制,在控制中心可以对各车站进行广播,在各车站可对本站的各广播区域进行广播,在车辆段可以对本段的各广播区域进行广播。

中心广播设备与车站广播设备通过有线传输网连接,广播语音及数据采用总线式 10 M 以太网接口广播设备控制数据支持标准:IEEE 802.3。

在控制中心的网管终端通过传输设备的 10 M 以太网可以监测全线各站广播设备的运行状态,包括车辆段广播设备的运行状态。在各车站预留有 RS232 监测接口,通过该接口,利用便携式维护计算机可监测任何车站设备的运行状态,便于维护人员进行维修。

中心操作人员通过广播操作台进行选站、选区等操作,操作信息经数据接口发送至广播系统的数字接口(通信扩展模块),广播系统将控制信息进行处理后,转换成符合TCP/IP的格式通过以太网传输到车站,对应的车站根据收到的操作信息开关相应的广播区,接通相应的广播通道。

广播操作台的音频信号连接到广播系统的音频接口(双路前级放大器),经选通控制,选通相应的通道,将相应的音频输出至以太网接口模块。在以太网接口模块中,将模拟音频信号变换为数字信号,按照 TCP/IP 的格式通过以太网传输到车站。

(二)语音卡的制作

系统中的语音内容可以根据需要进行更改,更改的过程分为录音、优化及复制 3 个步骤。

(1)录音

可通过计算机应用语音编辑软件(Cool edit)进行录音,将录制的语音编辑、修改并试听,达到满意后以 mp3 格式保存。录音时,应保持语气平稳,不可过于抑扬顿挫。

(2)优化

应用系统提供的语音优化程序将录好的 mp3 文件进行优化。

(3)复制

复制到 SD 卡中的语音文件名为 5 位数字,扩展名为 mp3。比如,第 3 段语音的文件名为 00003. mp3,第 236 段语音的文件名为 00236. mp3。在播音的过程中,系统根据文件名寻找语音文件并进行播放。

注 1:新购入的 SD 卡应进行格式化,并必须格式化为 FAT(FAT16)格式。

注 2:SD 卡应采用质量好的卡。

(4)更换 SD 卡

更换 SD 卡时,应先将语音合成模块从机箱中拔出,然后换卡,换好后,将语音合成模块插入机箱即可。

注意:向语音合成模块插卡时应注意 SD 卡的正反面,不可过于用力,以免损坏 SD 卡座的插针。

5.6.2 系统主要参数

(一)系统主要性能指标

系统主要性能指标如表5-39 所示。

表 5-39　系统主要性能指标

频率特性	60 Hz ~ 16 kHz≤ ±1 dB
谐波失真	60 Hz ~ 16 kHz≤1%
信噪比	≥70 dB
输出电压及方式	120 V/100 V 平衡式定压输出
输入过激能力	≥20 dB
防卫度	≥50 dB
输出电压调整率	400 Hz≤1 dB,4 kHz≤1 dB
输出总功率	≥1.2 kW/站(满足系统要求)
负载区	8 路
电源	单相220 V +10% ~ －15% ,50 Hz ±5 Hz
设备工作时间	连续
系统平均无故障时间(MTBF)	≥10 000 h
机柜尺寸	600 * 600 * 2200 mm
用电量	220 V/15 A
车站广播设备机柜功耗	2 000 W

(二)主要设备参数设置

①吸顶扬声器(LHM0606),如表5-40 所示。

表 5-40　吸顶扬声器参数设置

输入方式	120 V/100 V 平衡式输入
额定输出功率	6 W(有 1.5、3、6 W 抽头)
频响	80 Hz ~ 18 kHz
灵敏度	声压级≥95 dB
外部尺寸	199 ×70 mm(直径×高度)
安装开孔直径	165 ±5 mm
质量	620 g
原产地	中国

②功率放大器,如表5-41 所示。

表 5-41　功率放大器参数设置

输出电压	120 V/100 V(适用于 BOSCH 扬声器)
输出功率	240 W
频率响应	60 Hz ~ 16 kHz≤ ±0.5 dB
失真度	1 kHz,≤0.5%
信噪比	≥100 dB
输入灵敏度	0 dBm(0.775 V)
质量	16.5 kg

③广播操作台(TBA-3833),如表5-42所示。

表5-42　广播操作台(TBA-3833)参数设置

输入电压	−50 dBm(话筒)
输出电平	0 dBm
频率响应	40 Hz ~ 16 kHz, ≤ ±1 dB
失真度	1 kHz, ≤1%
信噪比	≥60 dB
信源	话筒、线路、语音合成
尺寸	280 mm(长) ×180 mm(宽) ×85 mm(厚)
质量	1.05 kg

④广播操作台(TBA-3800),如表5-43所示。

表5-43　广播操作台(TBA-3800)参数设置

输入电压	−50 dBm(话筒)
输出电平	0 dBm
频率响应	40 Hz ~ 16 kHz ≤ ±1 dB
失真度	1 kHz, ≤1%
信噪比	≥60 dB
信源	话筒、线路、语音合成
尺寸	380 mm(长) ×220 mm(宽) ×90 mm(厚)
质量	1.5 kg

⑤噪音传感器,如表5-44所示。

表5-44　噪音传感器参数设置

最大音量控制范围	−20 ~ +20 dB
频率响应	60 Hz ~ 16 kHz, ≤ ±1 dB
失真度	1 kHz ≤0.05%
有效时间	1.2 ~ 300 s
噪音对增益比率	2:1 ~ 1:2
信噪比	≥85 dB

　　广播系统功率放大器采用240 W的配置,超出需求的200 W,保证设备在较低额度下工作(降额使用),从而保证设备的使用寿命,同时为可能出现的扬声器增加预留余量。

5.6.3　广播系统设备故障处理及深度分析

(一)广播系统中心典型故障处理

(1)广播控制盒开机没有指示

检查线缆及广播控制盒内部是否有电/应急按键是否按下。

(2)广播控制盒开机有电,但液晶屏显示不正常

检测液晶屏的数据排线,或者更换 CPU 的程序。

(3)广播控制盒不能话筒广播/但能语音广播

检查话筒及广播控制盒内部的话筒接线。

(4)广播控制盒不能语音/不能用话筒广播

试试别的广播控制盒能否正常工作(注意广播控制盒的设置是否正确),检查广播控制盒通信是否正常,语音合成器通信是否正常。

(5)广播控制盒没有上电就有占区

查看"应急"按键是否有被按下,若被按下复位即可;若"应急"按键未被按下,则可尝试重启一下小信号机箱和控制机箱。

(6)中心广播控制盒不能编组广播/全线广播

更换 CPU 程序/或者试试别的广播控制盒能否正常工作(注意广播控制盒的设置是否正确)。

(7)监听没有声音

检查广播控制盒内的扬声器接线,换个广播控制盒,看看是否有监听。

(8)监听声音较小且有电流杂音

检查广播盒插头电缆焊接是否稳固,是否有毛刺或者短路,若没有的话可以考虑更换广播控制盒。

(9)中心不能对车站广播

看看广播控制盒上的中心指示灯是否亮,LCD 屏上的源信是否为中心,有无广播选区指示,检测广播控制盒车站地址设置是否正确。如果中心对全部车站都不能广播,请检查中心广播系统。查看开关控制模块有无输出,如果没有输出请查看开关控制模块有无输入,如果没有输入请检查双路前级放大模块有无输入输出,如果前级无输入,请检查中心自动化集成的话筒前级与中心站广播系统的连接线是否有问题,如果有问题请做相应处理,如果没有请更换一个新的话筒前级试试。

(10)不能语音合成广播

先用后备广播盒内话筒试试能否正常广播,如果话筒能正常广播,说明广播线路没有问题,检查语音合成器的音频线是否有输出和通信是否正常,更换 CPU 程序/或者更换 CF 卡,如果不能解决,更换语音合成。

(11)开关控制模块面板指示灯工作不正常

首先检测面板指示灯的好坏,更换开关控制模块的 CPU 程序,或者更换开关控制模块后观察面板指示灯是否正常。

（12）开关控制模块切换不正常

更换开关控制模块的 CPU 程序,或者是更换开关控制模块,如果问题还是存在更换中央模块检查问题是否解决。

（13）某个广播区广播声音小

检测该广播区的回路的扬声器是否有短路现象,检测该区的噪声传感器是否工作正常,检测本机柜内的噪声检测模块,查看其工作是否正常。断掉功率放大器的通信线,手动调节功率放大器的输出信号的倍数。

（14）某个广播区不能广播,而其他广播区可以正常广播

检查该广播区的扬声器线缆是否被正确接在相应接线箱位置处,若已正确接线则用阻抗仪检测该路扬声器是否被短路,若都正常的话,则可以尝试更换该路广播区对应的输出控制模块。

（15）中央控制模块 LCD 屏开机没有显示

检测该设备内部连接到该屏的数据线是否正常,重新插一次看看能否正常显示,如果不能正常显示更换一块中央控制模块。

（16）功率放大器开机后不能正常显示

打开功率放大器机壳后,检查功率放大器连接到前面板的数据线,重新插一次看看能否正常显示,如果不能请换台功率放大器看看显示能否正常。

（17）功率放大器不能上电

检查可编程电源控制器上对应该路功放的电源指示灯是否亮起,若没有亮起可在右侧按该路功放对应数字键上电后再打开功放电源;若不起作用可考虑更换一台功率放大器。

（18）自动无法正常广播

先用后备广播盒进行广播操作,观察广播是否正常,如果正常检测自动化集成系统与广播系统之间的通信,如果通信正常,检测自动化集成系统是否正常。如果后备广播盒不能进行话筒广播,则用后备广播盒进行语音合成广播,观察有无广播,如果能进行语音广播,用自动化集成系统试试可否进行语音合成广播,如果自动化集成系统能进行语音广播,不能用话筒进行广播,检测话筒前级与广播机柜之间的连接线有无损坏,检查话筒是否正常。

（19）站台广播盒不能正常广播

先用广播控制盒试试该广播区是否正常,如果广播正常,检测站台广播盒与机柜之间的连接线,更换新的 CPU 程序,如果不行更换新的站台广播控制盒。

（二）广播系统不能正常选区

查看广播控制盒通信是否正常,观察开关控制模块面板指示灯确定输出信号是否正确,查看功率放大器有无音频输入/输出,如果无音频输入查看信源(广播控制盒/话筒前级/语音合成模块)开关控制模块等设备。若无音频输出,请查功率放大器是否正常工作,输出控制模块工作是否正常。

（1）YP-H-1 音频话筒盒故障

1）当控制台供电不正常时检查故障的一般步骤

①关闭控制台电源开关;

②断开直流供电电缆接头；

③检查直流 ±5 V 供电正常与否，若供电不正常应将其修复。

以上均正常时应打开 YP-H-1 音频话筒盒的机壳，拔下电源插头检查电源插座至电源插头间连线是否正常。

检查直流稳压部分是否有连接、焊接或器件故障。以上各部分经检修正常后应能正常供电。

2）话筒放大器的故障

信号通道：音频信号通过 MIC_in 插座的 2 脚，经 U3 前级放大器放大后，信号进入 Q1 压控部分，调整后的信号通过 JDQ1 继电器后输出给 U4，单端转平衡后接入 J5 的 2 脚和 3 脚，输出音频信号，如图 5-116 所示。

图 5-116　话筒放大器信号通道

在发现话筒放大器不能正常输出信号时，检查故障的一般步骤是对话筒讲话、观察话筒的电平显示是否正常。正常时用示波器检查音频输出的 2 脚和 3 脚的信号输出，若正常，故障应是在音频输出插座的其他部分。在话筒电平指示不正常或是音频输出插头无输出时应检查 MIC_in 的 2 脚是否有 1.2 V 直流电压。查看 U3 的 7 脚是否信号正常，发现故障应予以修复，修复后话筒放大器应能够恢复正常信号输出。

3）语音放大器故障

信号通道：音频信号通过语音插座的 2 脚和 3 脚，经 U1 前级放大器放大后，调整后的信号通过 U2 平衡输出后，接 J5 的 4 脚和 5 脚，输出音频信号，如图 5-117 所示。

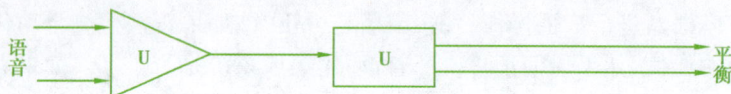

图 5-117　语音放大器信号通道

在发现语音放大器故障时，检查故障的一般步骤是：先检查语音输入插孔与线路板之间的连线是否完好无损，发现断接或假焊及时排除；若连线正常，再通过语音输入插孔输入 −8 dB 音频信号，检测 U1 的 7 脚、音频输出插头的 4 脚和 5 脚，是否有正常的音频信号输出，逐级检查放大器的各输出级状态，发现故障后将损坏部分的故障排除，语音放大器应能够恢复正常信号输出。

4）监听故障

信号通道：监听音频信号经音频输入插头的 6 脚和 7 脚，平衡输入至 U5，接入 DV3 电位器，进行音量调节，调节后的音频信号进入 U6 小功率放大器，再经 LB 接入扬声器，输出监听信号，如图 5-118 所示。

在发现监听故障时，检查故障的一般步骤是首先检查监听扬声器是否损坏，若损坏，更换即可；若监听扬声器正常，再检查引线，发现断接或假焊及时排除；若以上两项都正常，再通过音频输入插头的 6 脚和 7 脚音频信号依次检查，U5 的 1 脚，DV3 电位器是否损坏，U6 是否能正常工作，同时检查周边器件是否正常，经过将损坏部分的故障排除后，监

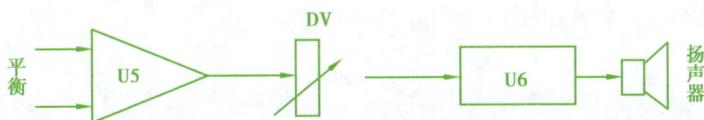

图 5-118　监听信号通道

听器应能恢复正常工作。

注意：更换器件时应断电进行。长时间使用后若有故障发生，应先检查接插件是否接触不良等。

(2)FK-ZC-1 中心广播控制盒故障

当操作台供电不正常时检查故障的一般步骤是关闭操作台电源开关；断开直流供电电缆接头；检查直流稳压电源是否能正常输出 +5 V（数字）；以上均正常时应打开 FK-ZC-1 广播控制盒的机壳，并拔下电源插头检查电源插座至电源插头间连线是否正常。检查直流稳压部分是否有连接、焊接或器件故障。以上各部分经检修正常后应能正常供电。背景灯光熄灭后，按键不响应，此时应检查 ADP0530、IC7C、T1. BACK 是否损坏，发现故障及时排除即可。

(3)DK-SC-1 车站广播控制盒故障

①屏幕无显示，指示灯不亮。处理方法：检查电源盒输入供电是否正常，输入为 AC 220 V，检查电源线有无断路现象；将电源盒开关处于接通位置检查电源盒指示灯是否亮，如不亮请更换保险管。检查输出是否正常，如不正常请更换电源盒；输出定义 1 为 +5 V，2 为 GND，3 为 +5 V，4 为 GND，5 为 −5 V。

②话筒无法广播，紧急广播可以广播。处理方法：语音可以广播，说明广播盒与机柜通信正常，更换鹅颈话筒。

③所有音源无法广播。处理方法：所有音源无法广播，说明广播盒与机柜没有正常连接。

联机为"×"表明联机异常，广播盒与机柜之间的接口是 RJ45 接口，传输线为网线，或着重检测水晶头是否损坏，或是网线是否断开。

若联机正常，且所有音源无法广播，着重检查音频信号线是否断开，广播盒的音频都是传输给机柜，可以去机房机柜处测量。

④死机现象。处理方法：重新上电。

因为广播盒是用单片机软件控制，软件在运行的时候会没有规律性地死机，就像电脑死机一样，这种死机情况很少出现，即使偶尔出现，重启一下电源，问题即可解决。

(4)功率放大器 TG200S 故障分析及排除方法

功率放大器非正常保护：刚开机时功率放大器延时保护属正常现象，若在正常工作中偶然出现保护，则需弄清原因。

可能的原因有：

1)输入信号过大，以致输出功率严重超标（此时黄灯亮）

处理方法：减小输入信号，使黄灯熄灭。

2)负载过重

应检查负载功率是否超过额定值，可用阻抗测量法，进行测量判断。处理方法：若测出阻抗值低于额定值,应减少所接扬声器的总功率。

3)负载短路

若测出阻抗值远低于理论值,可以判定为线路短路。

处理方法:检修扬声器网络(负载及电缆)。

4)保险丝烧断

处理方法:检查修理功放。检查顺序:将散热器上的插头拔下,用万用表分别检查每个末级管基极和发射极之间的电阻,若某管短路或接近短路,则该管已损坏,应剔除坏管。末级管检查完后,剔除所有损坏的末级管,再检查功放大板,功放大板上可能还有被烧坏的管子。

检查方法:用万用表量 V 20、V 21 两端的电阻(见功放大板正面元件字符图)。万用表的黑表笔接二极管的负极,红表笔接正极,万用表的指针应从小往大逐渐增长,最后达到 15 k 左右。若不对,应采用逐个孤立的方法,一步一步往下进行,直至达到要求为止。一般情况下,可能是某个中功率管坏,有时中功率管损坏还会把和它相连的有关电阻一起烧坏。

修理后,通电,用万用表检查下列部分电压:

机内两个大电解上的电压,满载时应为 70 V 左右,空载时可达 80 V,因它未经稳压,所以随电网电压的高低而变。

功放板 V1、V2 两端的电压应为 15 V 左右,保护电路的直流电压应为 +24 V。

无输入信号时,OCL 电路中点的直流电压应为 0。

从机后 6.35 插孔输入 0.775 V 频率为 1 kHz 的正弦信号,在额定负载上应得到不小于额定值的正弦信号,波形应良好,无自激保护电路应工作正常。

(5)DSK-10 电源时序控制器故障

在使用过程中 DSK-10 如有故障发生,应根据故障具体现象进行检修。

当所有输出端口中有 1 个或多个(但不是全部)无输出电压时,应检查故障端口的电源保险或输出继电器是否熔断或损坏。检查继电器应打开机箱进行。

电网对控制器供电正常,但 DSK-10 不能控制输出端口的供电,应检查 DSK-10 保险丝是否熔断,工作开关及其连线是否正常。

检查线路板的焊接及其连线是否正常,检查稳压管 Z1 是否故障。

注意:在打开机箱检修时,应注意高电压部分,防止触电。

任务 5.7　时钟系统

5.7.1　时钟系统校时原理

中心一级母钟通过信号输入端口不断(每秒)接收来自 GPS 信号接收装置(由烟台持久钟表集团有限公司提供,采用内部接口、内部协议)发出的标准时间信号,随时对自身内部时钟信号源进行校准,使系统实现无累积误差运行。一级母钟不断接收来自 GPS 的时间码及其相关代码,并对接收到的数据进行分析,判断这些数据是否真实可靠。如果数据可靠即对母钟进行校对,如果数据不可靠便放弃,继续接收。当外部信号中断或无效时,中心一级母钟将自动转换采用自身的高稳定晶振产生的时间信号作为时间基准,驱动二级母钟或自带子钟正常工作并向时钟系统网管设备发出告警或向通信网管控制中心综合网管系统发出告警信息。

当一级母钟发生故障和传输通道故障,二级母钟接收不到一级母钟的校时信号时,二级母钟立即转入独立工作状态,采用自身的高稳定晶振产生的时间信号作为时间基准,以"独立运行"模式运行,使其本身及附属系统(子钟)保持连续性。

一级母钟的标准校时信号通过传输子系统传给车站/车辆段及停车场的二级母钟,二级母钟根据标准时间信号校准自身精度,再由二级母钟把标准时间信号发送给所辖子钟,子钟根据标准时间信号对自身校时,从而使所有子钟按统一标准显示时间信息,为各车站/车辆段及停车场的运行管理及各车站站厅等主要工作场所的工作人员提供统一标准时间信息和定时信号,为广大乘客提供统一的标准时间。

中心一级母钟和二级母钟通过系统配置的标准多路输出接口设备为其他各系统提供统一的标准时间信号,使全线其他通信系统与时钟系统同步,从而实现地铁全线统一的时间标准。

5.7.2　时钟同步技术

NTP 时钟同步

NTP 时钟同步服务器是针对计算机、自动化装置等进行校时而研发的高科技产品,NTP 时钟同步服务器从 GPS 卫星上获取标准的时间信号,将这些信号通过各种接口传输给自动化系统中需要时间信息的设备(计算机、保护装置、故障录波器、事件顺序记录装置、安全自动装置、远动 RTU),这样就可以达到整个系统的时间同步。

在城市轨道交通行业中,一般在中心一级母钟设置 2 路标准时间码输出接口,在整秒时刻为地铁控制中心的电力监控系统(PSCADA)提供标准毫秒级的时间信号,另外还设有 2 路以太网(NTP 协议)接口,通过传输通道传送给各车站、停车场、车辆段的 PSCADA 系统。

一级母钟实时向综合监控系统、PSCADA 提供毫秒级标准时间信号,同时通过以太网接口经由传输系统将该毫秒级信号送至各车站、停车场、车辆段的 PSCADA 系统。毫秒级信号具体实现方式如下:

中心一级母钟每秒 1 次,通过标准时间数据 RS422 接口,从每秒的零毫秒时刻开始以9 600 波特率连续发送 21 个含有年、月、日、星期、时、分、秒、毫秒的时间字符,并且包含起始位、结束位、校验位、GPS 校时等字符信息。标准时间的接收方可在接收到结束符后可直接用接收到的时间信息来替换自身设备的毫秒计时,然后再依次校准分、时、日、月、年、星期等计时单元。

车站/车辆段及停车场二级母钟接受中心一级母钟发出的标准时间,实时校准自身的内部时间;采用同中心一级母钟一样的发送方式,每秒钟 1 次,通过标准时间数据 RS422接口,给车站/车辆段及停车场的子钟发送时间信号,同时给车站/车辆段/停车场的SCADA系统以及其他子系统提供毫秒级标准时间信号。二级母钟对所辖子钟的发送和接收可同步进行。

时间信号的时隙图，如图 5-119 所示。

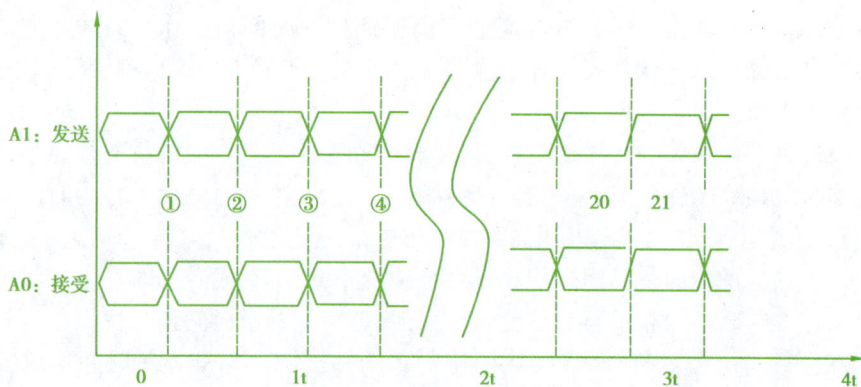

图 5-119　时间信号时隙图

说明：

横轴代表时间，单位 t 为发送或接收 1 个字节的时间，在波特率为 9 600 位/s 的情况下（每个字节占用 8 位），1 t 约等于 1 ms；

纵轴 A 代表事件，A1 代表发送方发送的数据，A0 代表接收方接收的数据；

①、②…⑳、㉑分别代表发送和接收的第①、②…⑳、第㉑个字节数据。

对于串行口数据传输，具体的发送和接收时序均由硬件自动实现，移位传输时发送和接收同时进行，因此，在实际传输中，发送方发送一个字节数据的同时接收方也完成了接收一个字节数据，即发送方完成 21 个毫秒级标准时间的同时，接收方亦完成接收 21 个毫秒级标准时间；再换句话说，发送方发送标准时间所花费的时间 21 t 也就是接收方接收标准时间所需要的时间 21 t。

任务 5.8　集中告警系统

5.8.1　集中告警系统数据备份

（一）备份恢复
备份恢复包含备份设置、系统备份和备份日志 3 个模块。

（二）备份设置
点击"备份设置"，在内容展示区弹出系统备份设置，可以修改备份 FTP 服务器地址设置、备份文件临时保存位置、备份文件保存时间，备份完成后邮件通知打勾后会出现邮件地址输入框。

（三）系统备份
点击"系统备份"弹出系统备份界面，填写备份参数后点击"执行"进行手动备份操作，备份结果可以在备份日志里查看,点击"备份恢复",在内容展示区弹出工作交接设置。

(四)备份日志

点击"备份日志"弹出系统备份日志界面,内容展示区显示所有备份操作记录,以列表形式展示。

选择姓名、操作起始时间、输入 IP 地址、操作描述等查询项,点击"查询",列表中会显示符合条件的日志信息,查询条件可以选择一项或多项,不选会显示全部记录,点击"清空"按钮清除所有查询条件。

5.8.2　集中告警系统常见故障及处理措施

(一)当系统连接指示不是绿色时

出现这种情况,一般是由网络问题造成的可以从两方面检查:(1)检查网络是否通畅,找到出现问题的子系统网管的 ip 地址,在 windows 系统中开始菜单里找到"运行"输入 ping ip 地址命令(如:ping 192.2.8.11)看网络是否通,如果不通,检查网线连接情况。(2)检查子系统网管上和综合网管系统的通信模块程序是否打开。一般经过这两步就可以解决问题。

(二)启动时提示网络错误,出现"无效的授权文件"

出现这种情况,一般是客户端和服务器端失去网络连接造成的,请检查网络连接情况。

(三)当新的告警来临,系统无声光告警可能是什么原因(无声音,根本不显示有新告警)

无声音首要先看音箱开关是否打开。其次,如果之前有相同的告警在告警列表中已经存在则不再提示。

(四)进行查询时或关闭正打开的窗口有时会等待几秒

此种情况是因为系统后台可能在处理数据,请耐心等待,属于正常情况。

(五)时钟与其他子系统的时间不一致

请检查服务器后端串口是否接线良好,线路是否有时钟信号。

(六)将指定的数据做成报表打印或输出为电子表格

在所有查询结果的界面中都有打印命令按钮,执行打印预览里面有直接打印结果和导出为 excel 文件。

(七)告警确认和告警解除的区别

告警确认主要是对正在发生的告警进行确认,执行后可以消除一直不断的告警声音,在告警列表中告警会仍然存在着直到自动恢复或手动恢复才会消失。告警解除是当确定告警已经不存在但仍有告警信息在告警列表中时使用的命令,执行该命令后告警列表中该告警记录将消失。

任务 5.9　PIS 系统

5.9.1　PIS 系统故障处理及深度分析

（一）操作终端、服务器故障处理的一般方法

1）设备替换法

所谓设备替换，是指当怀疑哪个设备有问题时，用同样功能（最好是同一型号）的设备替换它，如果替换后问题消失了，那么多半就是这个设备出现了问题。这种方法比较简单，一般能很快查出故障所在的部件；这是维修中最常用的一种方法。替换法尤其适用于两台型号及配置相同的电脑，若其中一台出故障，则可以将两台电脑功能相同的板卡相互交换，若故障转移到没有问题的电脑上，说明就是交换的板卡故障。

替换法既适用于部件级之间的交换，如硬盘、光驱、显示器及打印机等，也适用于板卡级，如声卡、网卡、显示卡等，甚至适用于芯片级，如内存条、CPU 以及 BIOS 芯片等。任何两个可拔插的相同型号的部件都可以交换。

2）程序诊断法

即使用诊断程序来定位故障的方法。

①ROM BIOS 的上电自检程序 POST；POST 程序是固化在 ROM 中的，当启动计算机时，POST 程序就依次对 CPU 及其基本数据通道、内存 RAM 和 I/O 接口各功能模块进行检查。如果通不过自检，一般会有出错标志和出错声音等提示，以指出故障部件。

②PC 机高级诊断程序 DIAGNOSTICS；先用系统软盘启动系统，然后用高级诊断程序对机器进行检查，通过诊断程序的出错代码了解出故障的设备和故障性质。

③利用系统诊断和维护的工具软件，如 QAPLUS、NORTON，根据诊断结果可大致确定硬件的故障部位。

3）直接观察法

直接观察法就是通过"看、听、闻、摸"来检测硬件故障。

一般情况下，硬件出现故障时会有一些提示，或者显示故障的提示信息，或者出现各种各样的告警声音。接通电脑的电源，系统在 BIOS 的控制下开始进行自检和初始化。当电脑出现不能启动的故障时，加电自检程序会通过电脑扬声器发出报警声。

（二）故障处理维修分类

实践表明，大部分操作终端、服务器故障都是因为误操作、病毒感染、设置不当等原因引起的软件故障或假故障。在未确定硬件真故障之前，最好不要匆忙地将整机拆卸维修或盲目送返商家检修。另一方面，操作终端、服务器的软硬故障并没有很明确的界线，很多硬故障是软件使用不当引起的，而很多软故障也是由硬件不能正常工作造成的。因此，在实际分析处理故障时一定要全面分析。

操作终端、服务器维修分为板卡级维修和芯片级维修两个层次。

板卡级维修是指找出有故障的板卡,更换成好的板卡,以排除 PC 系统的硬故障。这种维修方式的重点在于故障的定位,只要发现故障点,更换部件,就可以排除故障。目前,大多数场合都采用板卡级维修。

芯片级维修是指将故障定位于板卡上具体的芯片和电子元件,然后更换新的元器件。这种维修方式,确能节省维修费用,但要求具备完善的检测设备和较深的专业知识和丰富的维修经验。一般不提倡用户自己进行芯片级维修。

5.9.2 PIS 系统常见故障及处理措施

①故障现象:整列车厢 LCD 屏无播放内容,声音断断续续或全车 LCD 播放内容颜色偏色。

原因分析:在从设备向编码板传输视频信号这一端连接中,信号传输出现问题。

故障处理:先检查从主机到编码板连接的短 VGA 视频信号线是否连接松动,一般产生的故障主要是播放内容偏色,检查连接没问题后,取一根新 VGA 线,采用替换法检查看是否是短 VGA 线出现问题,如是线的问题,更换 VGA 线。

②故障现象:列车显示 PIS 传送异常故障

分析原因:a. 负责接收处理 ATI 信号的接收板未加电。

　　　　　b. ATI 连接信号接收板的接口连接出问题。

故障处理:a. 检查接收板电源显示灯是否正常亮着,如果未亮,将设备重启,故障排除。

b. 在设备中间会发现有一个绿色插头,这是从列车传给车载服务器的 ATI 信号线,检查它是否与设备连接好,如未连接好,重新连接,故障排除。

③故障现象:系统无法启动。

分析原因:系统引导区出错。

故障处理:将系统重启后,仍不能进入系统,断电重启也不行,将系统断电,取出两块硬板,将备份硬盘插入主硬盘口,加电启动系统,正常启动,然后将问题硬盘热插入备份硬盘口,30 min 后再关机。

④故障现象:触摸屏黑屏。

分析原因:a. 连接硬盘录像机的 VGA 线松动或未连接。

　　　　　b. 触摸屏后面的电源连接松动或未连接。

故障处理:a. 检查从触摸屏后方到硬盘录像机上连接的 VGA 视频传输线是否松动或未连接,如果连接正常,仍有问题,取一根新 VGA 线替换测试,排除 VGA 线的问题。

　　　　　b. 检查触摸屏后方的电源插件,看电源插件是否松动,或未连接,看屏幕后方的电源指示灯是否正常。

⑤故障现象:触摸屏触摸点击无反应。

分析原因:连接触摸屏与硬盘录像机的触摸控制线接触不良,导致无法控制触摸。

故障处理:先检查线路连接是否连接好,如果发现仍然有问题,将连接硬盘录像机的触摸控制线换一个 com 插口连接,然后将设备重启,故障解决。

⑥故障现象:列车无报站信息且在司机室列车状态显示屏中出现 LCD 播放控制器

故障。

分析原因:a.与播控连接的信号线松动或未连接,将线重新连接好即可。

b.系统显示端口占用,软件未正常启动。

故障处理:当故障判断为 b 时,进入微软系统的设备管理器,会在设备管理界面下的设备菜单中发现其中一个设备显示黄色叹号,将这个设备禁用,然后重启系统,发现软件功能正常。

⑦故障现象:列车 LCD 屏上显示时间与 ATI 时间不一致。

原因分析:接受 ATI 信号时,校时出现错误。

故障处理:将 TCMS 接口软件重新启动,使 TCMS 接口软件实现重新校时功能。

⑧故障现象:监控摄像头显示正常,监控摄像头全部无画面黑屏。

原因分析:服务管理平台的 ccs 自动生成的 ccs 文件损坏。

故障处理:先将 CCTV 和西安车载视音频管理平台服务全部关闭,然后进入 C:\Program Files\ccs 文件夹中,将 ccs. db,ccs01. db 到 ccs09. db 等数据文件全部删除,重启 CCTV 和西安车载视音频管理平台服务,故障恢复。

⑨故障现象:两端列车司机室监控摄像头同一位置显示摄像头为灰色不可排。

原因分析:此状态为摄像头掉线状态,一般是因为车厢内为该组摄像头连接的网关交换机连接松动或交换机故障导致无法连接。

故障处理:找到相应位置的车厢网关,检查状态,然后联系该设备厂家进行处理。

⑩故障现象:连接 AP 设备信号弱。

分析原因:

a. max-power 设置太小。

b. 没有安装天线或者天线连接不可靠。

c. 2.4 GHz 和 5 GHz 的天线安装错位。

d. 内外置天线设置有问题。

解决方法:

a. max-power 设置最大。

b. 安装天线并检查天线安装是否到位。

c. 正确安装 2.4 GHz 和 5 GHz 的天线。

d. 正确设置内外置天线。

⑪故障现象:系统上电启动后,发现设备与其他设备对接时网口不能 Link。

问题原因:

a. 网线插错,如果插到 CONSOLE 口就不会 Link。

b. 配置了端口强制 Link down。

c. 网线的 RJ-45 连接头与设备网口接触不好,或者网线的线序有误。

d. 对端设备相应端口工作异常。

e. 网线质量问题。

f. 网线长度超过了规格要求(如 100 m)

解决方法：

a. 确认网线没有插错。

b. 检查设备当前配置，确认没有将端口强制 Link down。

b. 确认网线的 RJ-45 连接头与设备网口接触良好，网线的线序无误。

c. 确认对端设备相应端口工作正常。

e. 确认网线良好，或可更换网线重试。

f. 确认网线长度没有超过规格要求（如 100 m）。

g. 如果故障现象依然存在，可能有其他原因，需要联系客服人员解决。

⑫故障现象：光模块插入后无法 Link。

问题原因：

无线控制产品的 Combo 口是光口优先的，如果 Combo 中的 RJ-45 以太网口已经 Link，则光口无法 Link。

所插入的光模块的型号设备不支持，或者连接两端光模块类型（单/多模，波长）不匹配。

对端光模块端口工作不正常。

当光模块插入设备时，如果插反，会将光口的 I2C 总线的 SCL 时钟信号拉到 GND。这样的话，有的 CPU 的 I2C 就会挂死，导致后续光口的 I2C 工作异常，且 CPU 会一直在访问 I2C 的现象，影响 CPU 处理其他业务包括串口打印等。

光纤或者光模块本身的质量问题。

f. 光纤长度超过光模块支持距离。

解决方法：

确认 Combo 口的 RJ-45 以太网口处于 Link down 或无连接状态。

确认使用的光模块为设备支持的类型，同时确保连接两端使用的光模块类型（单/多模，波长）匹配正确，设备支持的光模块类型请参见随机附带的安装手册中的相关描述。

确认对端设备相应端口工作正常。

确认光纤连接正确，光纤的两端分别连接两个光模块的 Tx 和 Rx 端。

确认光纤（单模或多模）选用正确，光纤质量良好，或可更换光纤重试。

确认光模块正常工作，可以使用光纤将光模块的 Tx 和 Rx 环回，观察光口是否 Link，若仍无法 Link，将光模块环回后插入能正常工作的光口，观察光口是否 Link，若仍无法 Link，可能光模块存在问题，用同样的办法确认另一光模块是否良好，或更换光模块重试。

g. 确认光纤长度未超过光模块支持距离。

h. 如果故障现象依然存在，可能有其他原因，需要联系客服人员解决。

⑬故障现象：PIS 系统车站 LCD 到站信息显示紊乱

故障原因：PIS 系统中心与 ISCS 之间接口问题。

解决方法：依据以下接口协议原则进行数据分析，查找是数据发送过程、传输过程或是终端处理数据故障。

ATS 列车到、离站信息（写多个寄存器）。

ATS 列车到、离站信息通过 Modbus（10H 功能码）下发给 PIS。

寄存器定义如表 5-40 所示。

列车到、离站信息按站台顺序给出，每个站台信息占41个寄存器，包括一个站台标志寄存器（表5-48中灰色部分），4列列车到、离站信息（表5-48中白色部分，每列车10个寄存器）。

表5-45 寄存器定义

Starting Address	High Byte								Low Byte							
	15	14	13	12	11	10	9	8	7	6	5	4	3	2	1	0
30 000	(n)更新								(b)跳停标志				(a)扣车标志			
30 001	(c)列车车组号 M								(c)列车车组号 L							
	(c)列车车组号 H															
	(d)列车追踪号 M								(d)列车追踪号 L							
	(d)列车追踪号 M															
	(v)01 = 有效，其他无效								(i)左/右向		(h)上/下行	(g)到/离站	(f)末班车		(e)首班车	
	(j)到站时间_分								(j)到站时间_秒							
	(j)到站时间_时															
	(k)离站时间_分								(k)离站时间_秒							
	(k)离站时间_时															
30 010	(m)目的地号								(l)终点站号							
30 011	(c)列车车组号 M								(c)列车车组号 L							
	……															

说明：

a. 扣车标志：=1为扣车，否则=0。

b. 跳停标志：=1为跳停，否则=0。

c. 列车车组号：3个ASCII字母组成，如L=0×31，M=0×32，H=0×30，那么车组号为"120"。

d. 列车车追踪号：3个ASCII字母组成，如L=0×31，M=0×32，H=030，那么追踪号为："120"。

e. 首班车标志：=01为首班车，其他为非首班车。

f. 末班车标志：=01为末班车，其他为非末班车。

g. 到/离站标志：=01到站，=10离站，其他无效。

h. 上/下行标志：=01列车运行于上行线，=10列车运行于下行线，其他无效。

i. 左/右向标志：=01列车向左运行，=10列车向右运行，其他无效。

j. 到站时间：16进制表示的时分秒，占2个寄存器。

k. 离站时间：16进制表示的时分秒，占2个寄存器。

l. 终点站号：16进制表示的时分秒，占1个寄存器。

m. 目的地号：16进制表示的时分秒，占1个寄存器。

n. 更新标志：ISCS每次更新站台信息则将此位置设成01，PIS读取完该站台信息后自动将其置00。ISCS不会对此标志作判断,PIS用此标志判断站台信息更新状态。

任务5.10 安防系统

5.10.1 安防设备故障处理及深度分析

红外对射故障处理。

（1）设备原理

红外发射机驱动红外发光二极管发射出一束调制的红外光束。在离红外发射机一定距离处,与之对准放置一个红外接收机。它通过光敏晶体管接收发射端发射的红外辐射能量,并经过光电转换将其转变为电信号。此电信号经适当的处理再送往报警控制器电路。

分别置于收、发端的光学系统一般采用的是光学透镜。它起到将红外光聚集成较细的平行光束的作用,以使红外光的能量能集中传送。红外发光管置于发端光学透镜的焦点上,而光敏晶体管置于收端光学透镜的焦点上。

当有物体遮挡红外光束时,红外接收器机无法收到红外辐射能量,红外对射设备会产生一个开关量信号,传至报警主机,报警主机经过处理发出声光信号提醒值班人员该防区有入侵,如图5-120～图5-122所示。

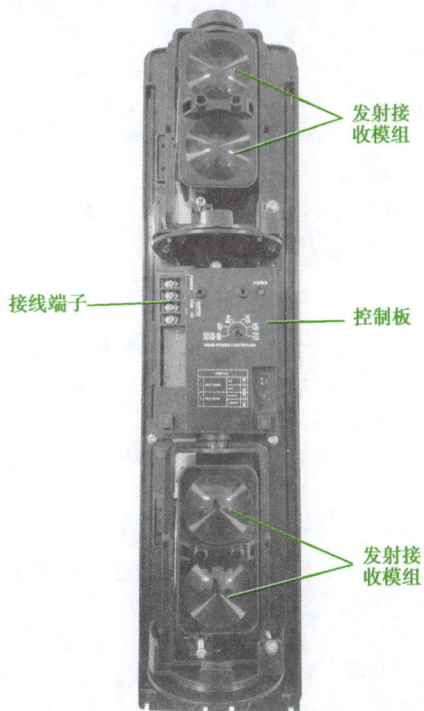

图5-120 红外对射模组示意图

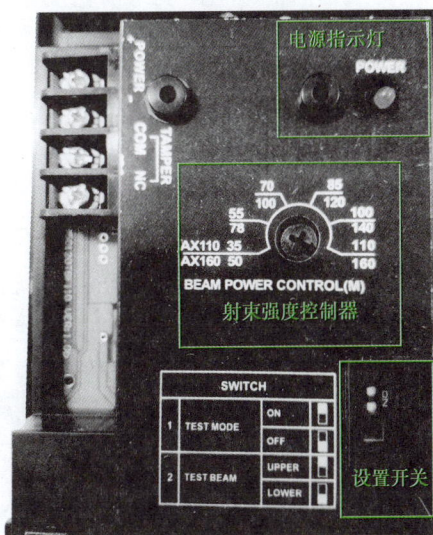

图5-121 红外对射发射模组控制板

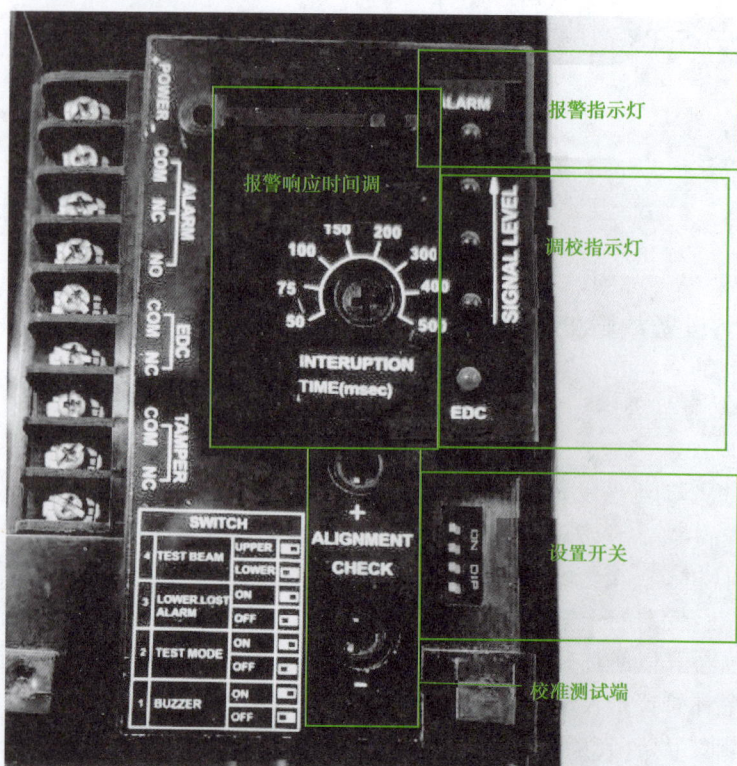

图 5-122　红外对射接收模组控制板

5.10.2　安防设备软件安装及常见故障处理

（2）红外对射设备典型故障分析处理

某红外对射防区频繁出现入侵误报警。

故障原因分析：根据红外对射原理得知，红外对射防区出现入侵报警原因主要为红外对射发射端与接收端直接红外线束被遮挡或红外对射本身设备故障。故本故障重点排查是否为设备故障，并找到入侵异物。

故障处理：检修人员现场对设备环境进行查看，未发现有树木或异物遮挡，随机拆开红外对射设备对发射及接收设备进行检查并测试电压，并对设备进行交叉验证，发现设备正常。检修人员对报警录像进行逐帧查看，附近树林较多，林中飞鸟频繁穿越防区造成误报警。由于飞鸟为不可控因素，所以需要多设备进行调整。将接收端模块的报警响应时间调整为最大值 500 ms，调整后出现误报警的概率大大减少。

（一）安防网管平台设备安装及维护操作

如图 5-123、图 5-124 所示：

（1）设备管理

用来添加删除编解码器和键盘等设备，配置编解码器的调用代码，更改显示名称，如图 5-125 所示。

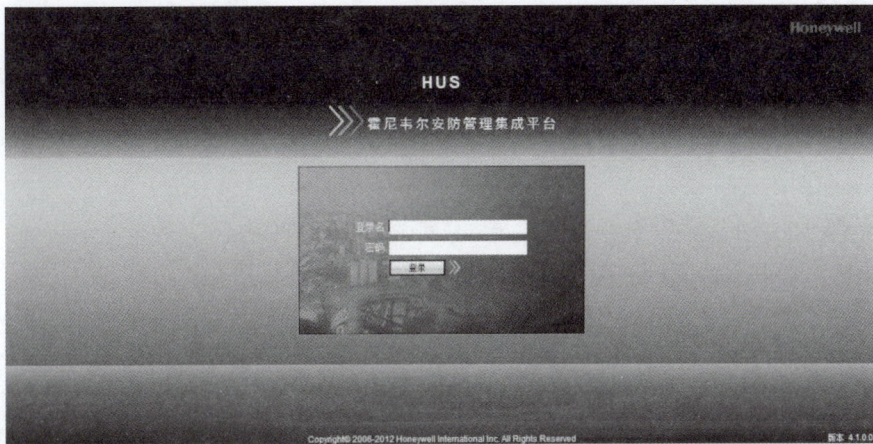

图 5-123　安防设备平台管理登录页面

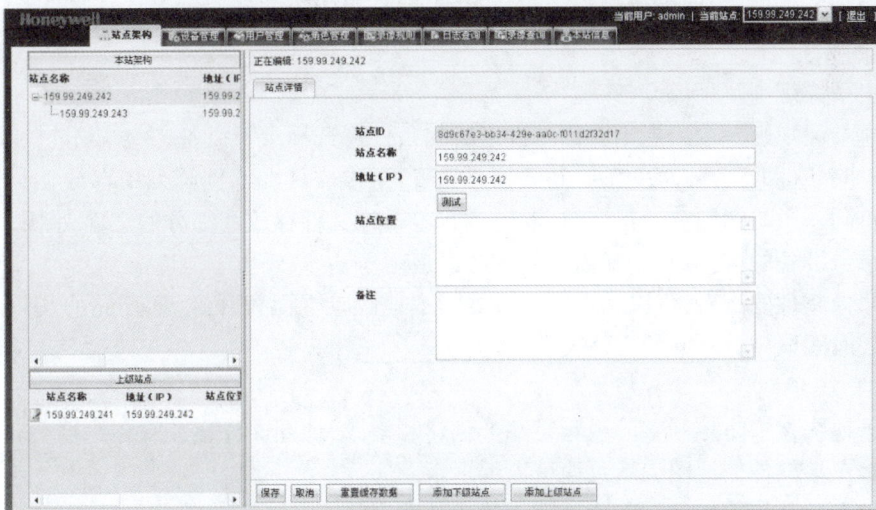

图 5-124　安防设备平台设备管理页面

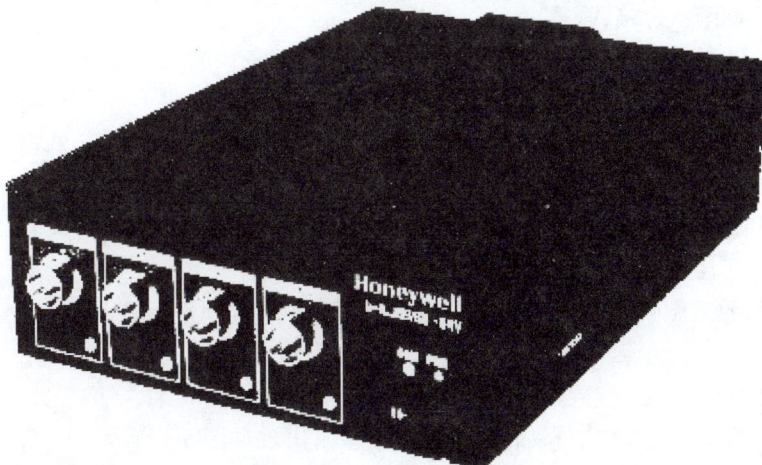

图 5-125　视频解码器

（2）角色管理及用户管理

1）角色管理

角色为用户类型，也是设定用户权限的地方。

①配置一个新角色：角色管理—新建—填写角色名称—配置中心权限、设备视图、功能权限—保存。

②修改一个角色：选中要修改的角色名，直接修改即可。

③删除一个角色：选中要删除的角色名，点击批量删除即可。

2）用户管理

可以新建和删除用户，为用户分配角色，即可达到为用户分配权限的目的。

①配置一个新用户：用户管理—新建—填写用户名及登录密码等信息—为用户选择角色—保存。

②修改一个用户：选中要修改的用户名，直接修改即可。

③删除一个用户：选中要删除的用户名，点击批量删除即可。

3）录像管理

设定录像规则及录像设备。

新建录像规则—输入规则名称—设定时间条件—选择录像设备。

①时间条件的选择：每一条时间条件意味着，录像文件在存储阵列中存放在一个文件夹中。将同一段时间细分为很多时间段，意味着录像文件存放在细分的文件夹中。

②录像设备的选择：只选择需要录像的通道。

③录像文件的查看：可以在视频服务器的本地磁盘界面打开磁盘，存储的文件都在磁盘中。按时间段划分不同的文件夹存放。

（3）电子地图

电子地图在消防控制室的视频终端上创建和修改，地图文件也在视频终端上。

在客户端软件的地图编辑页面可以编辑地图。

①进入地图编辑界面—新建地图—输入地图名称。

②选中建好的地图名称，点击图层列表下的添加图层来加载底图，主要支持 AUTO-CAD2000、JPEG 等图片格式。

③在底图上添加摄像机和防区等设备，点选左侧任务栏的添加设备点。

（4）添加摄像机

先点击添加设备点，在要添加的位置点击左键，出现如图 5-126 所示的窗口，选择编码器下的对应摄像机，在图形设置内选择图标样式、边框等，确定即可。

①删除和修改设备点：先在左侧任务栏选中箭头图标，在设备点上点击右键，可以删除或者修改。

②拖动缩放地图：选中左侧任务栏的手图标，可拖放地图，滚动鼠标滚轮可以缩放地图。

（5）添加防区

先点击添加设备点，在要添加的位置点击左键，出现如图 5-127 所示的窗口，选择报警下的防区，选择一个防区即可。

有联动视频时，选择下方的联动视频，选择对应的视频通道，然后在联动配置栏中，选

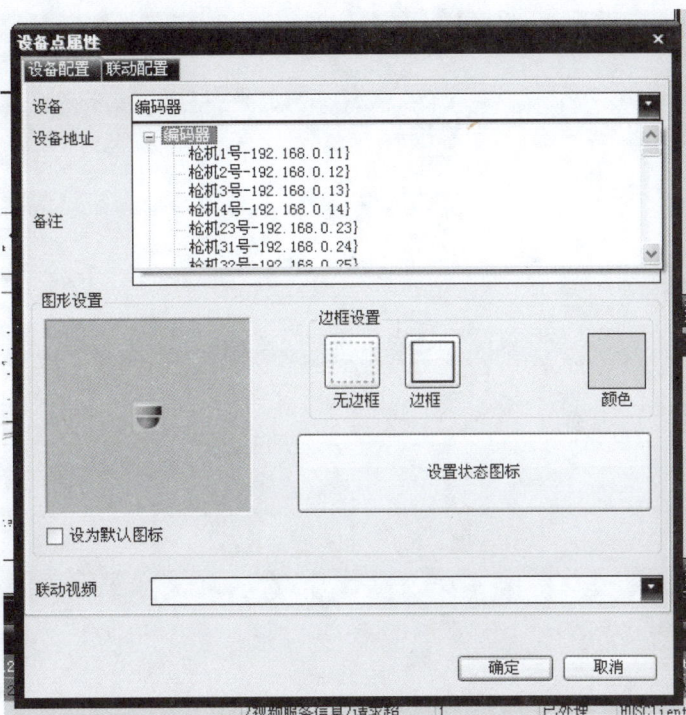

图 5-126　添加摄像机

择报警—防盗—周边盗警—联动项中,点击 + 符号,出现联动设置,在联动设置—设备项中选择视频弹出的位置(即告警时视频在哪个大屏上弹出),在设备指令中,选择虚拟矩阵切换,连接方式选择(多播),切换名称(1),编码器 IP、用户名、密码(对应联动视频通道),确定即可完成。

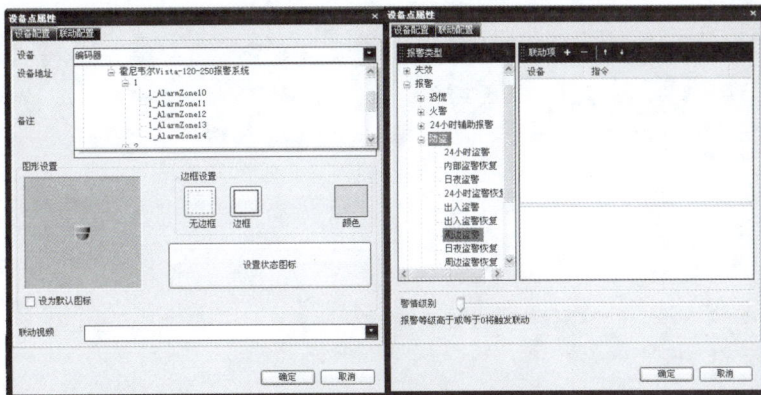

图 5-127　添加防区

(二)红外对射软件防区和子系统设置

①打开 IPALARM 软件,进入报警系统—编辑用户界面,如图 5-128 所示。

②进入添加用户界面,如图 5-129 所示。

依次添加用户编号、设备编号、用户名称、所属子系统,最后点击添加即可。

③选择已添加的用户—添加防区,可以为子系统划分防区,如图 5-130 所示。

④最后点击上方任务栏的更新系统。在左侧任务栏显示板—全部用户界面可以看到

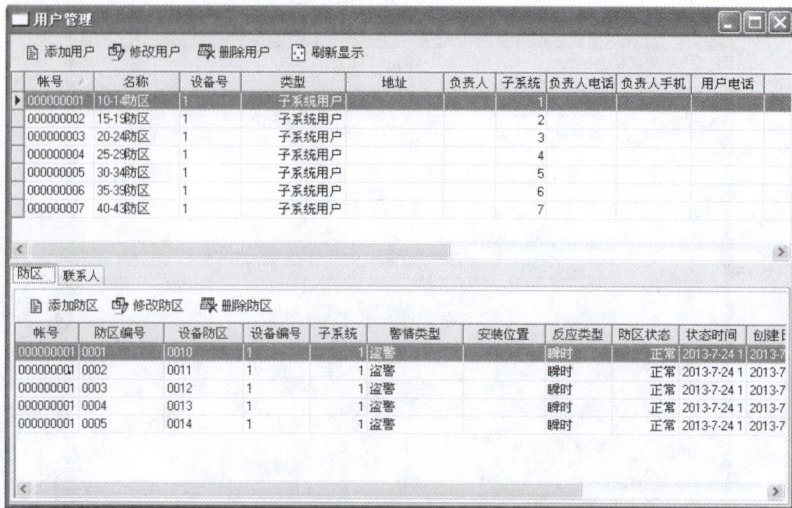

图 5-128   用户管理界面

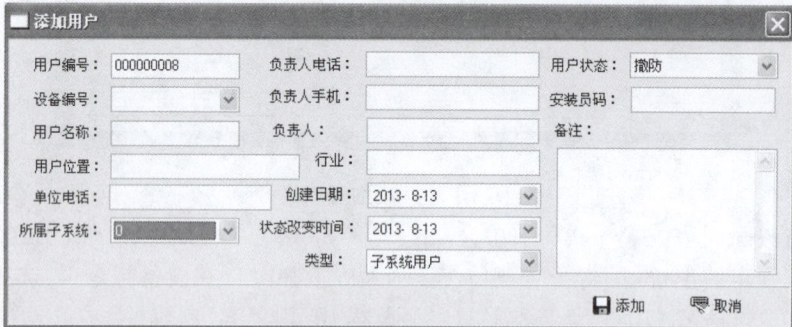

图 5-129   添加用户界面

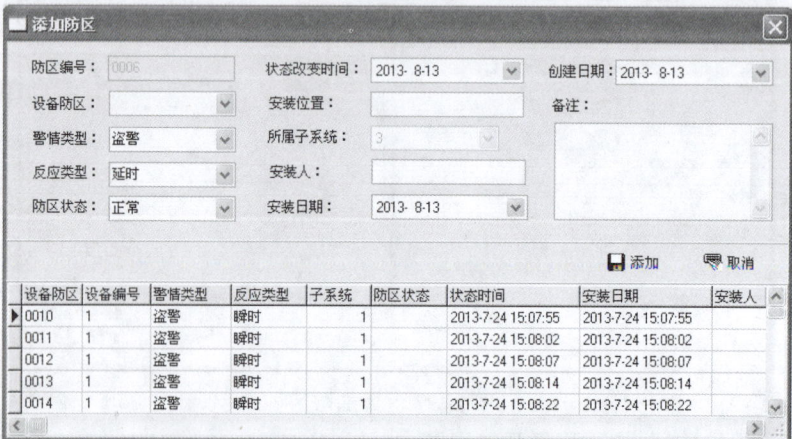

图 5-130   添加防区界面

所有子系统;显示板—全部防区界面可以看到所有防区,如图 5-131、图 5-132 所示。

(三)SQL 压缩数据库

对安防数据库进行日常不同操作时,会产生不同的日志文件记录。随着数据库日记文件的增大,服务器存储空间会越来越小,当服务器空间用尽时数据库文件无法增大反之

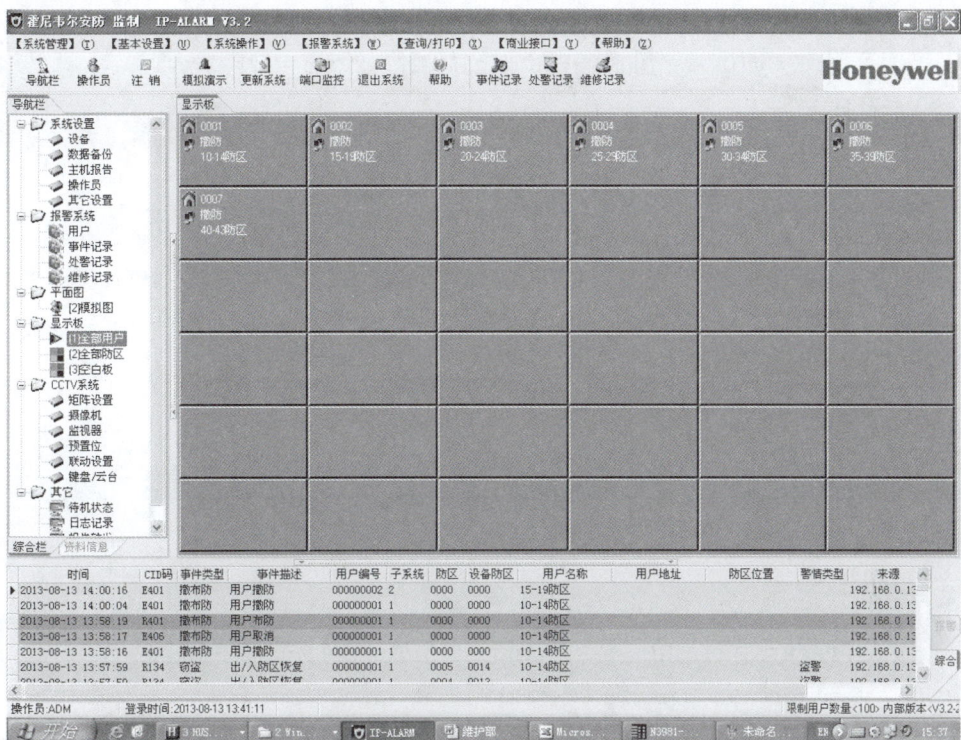

图 5-131　全部防区界面

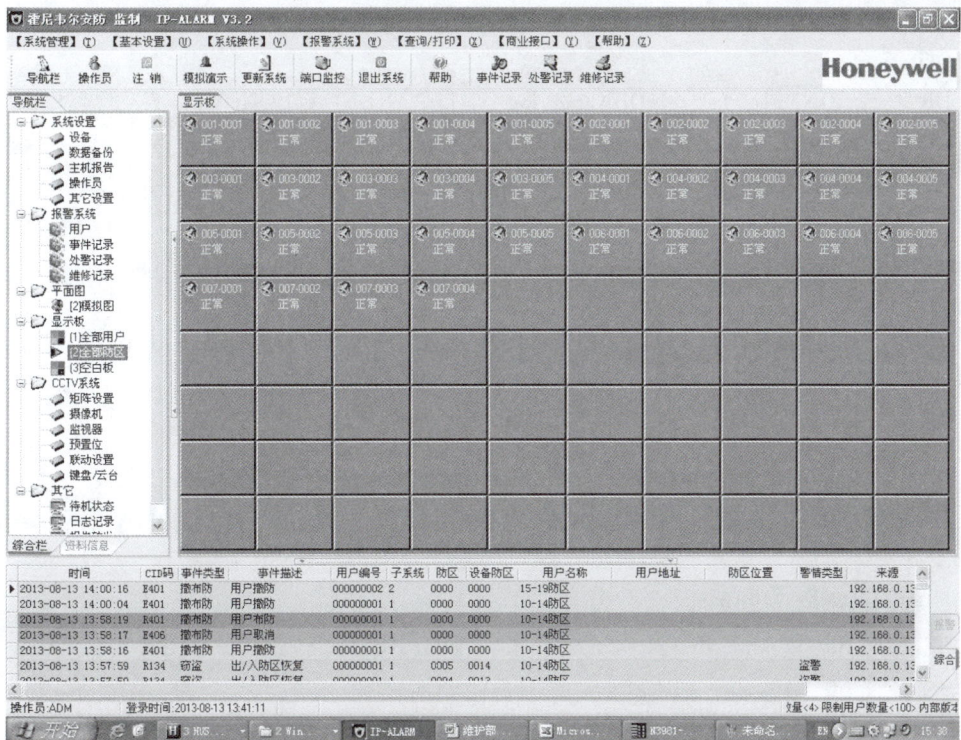

图 5-132　全部防区界面

则影响安防软件的日常使用,如无法巡更画面,无法调取监控历史视频等,所以数据库需要定期进行压缩。下面以 SQL2008 为例说明如何删除清空日志,压缩数据库。

(1)查看日志信息

DBCC loginfo('MyDBName')。

status＝0 的日志,代表已经备份到磁盘的日志文件。

status＝2 的日志,代表还没有备份。

当收缩日志文件时,收缩掉的空间其实就是 status＝0 的空间,如果日志物理文件无法减小,这里一定能看到非常多 status＝2 的记录。

(2)清除 status＝2 的记录

sp_removedbreplication 'MyDBName'。

(3)对数据库日志文件进行收缩

在 SQL2008 中清除日志就必须在简单模式下进行,等清除动作完毕再调回到完全模式。

USE［master］

Go

ALTER DATABASE MyDBName SET RECOVERY SIMPLE WITH NO_WAIT

GO

ALTER DATABASE MyDBName SET RECOVERY SIMPLE －－简单模式

GO

USE MyDBName

GO

DBCC SHRINKFILE(N'MyDBName_log', 11, TRUNCATEONLY)

GO

USE［master］

GO

ALTER DATABASE MyDBName SET RECOVERY FULL WITH NO_WAIT

GO

ALTER DATABASE MyDBName SET RECOVERY FULL——还原为完全模式

GO

说明:

①如果执行上面语句时报"在 sys. database_files 中找不到数据库'master'的文件'MyDBName_log'。该文件不存在或者已被删除"的错误,原因是数据库的逻辑文件名和物理文件名不一致。

②查询数据库逻辑文件名。

SELECT file_id,name from sys. master_files WHERE database_id＝db_id('wac_mall');

SELECT file_id, name FROM sys. database_files;

③如果数据库通过备份文件还原并重新命名后,数据库的逻辑文件名和数据库名(物理文件名)不一致。

修改数据库逻辑文件名。

alter database MyDBName modify file(name = MyDBName_old, newname = MyDBName);

alter database MyDBName modify file(name = MyDBName_old_log, newname = MyDB-Name_log)。

（4）查询数据库服务器各数据库日志文件的大小及利用率

DBCC SQLPERF(LOGSPACE)。

（5）查询当前数据库的磁盘使用情况

Exec MyDBName. dbo. sp_spaceused。

（6）查询数据库的数据文件及日志文件的相关信息

select * from MyDBName. [dbo]. [sysfiles]。

（7）查询各个物理磁盘分区的剩余空间

Exec master. dbo. xp_fixeddrives。

复习思考题

1. 传输系统故障定位的原则是什么？
2. 西安地铁 1 号线无线通信系统基站更换 TSC 流程。
3. CCTV 系统出现设备不能启动故障原因及处理流程。
4. UPS 各模块主要功能。
5. 简述广播系统可编程电源的作用。
6. 某路子钟接收不到二级母钟时间信号，请分析原因。
7. 写出"列车显示 PIS 传送异常故障"的原因及处理过程。